AutoCAD全套图纸绘制系列丛书

U0268523

AutoCAD 2014 全套市政施工图纸绘制

张日晶　主编

中国建筑工业出版社

图书在版编目(CIP)数据

AutoCAD 2014 全套市政施工图纸绘制/张日晶主
编. —北京：中国建筑工业出版社，2014.5
（AutoCAD 全套图纸绘制系列丛书）
ISBN 978-7-112-16362-5

Ⅰ.①A… Ⅱ.①张… Ⅲ.①市政工程-工程施工-建
筑制图-计算机制图-AutoCAD 软件 Ⅳ.①TU99-39

中国版本图书馆 CIP 数据核字(2014)第 019231 号

本书以工程理论知识为基础，以典型的实际市政工程施工图为案例，带领读者全面学习 AutoCAD 2014 中文版，希望读者能从本书中温故知新 AutoCAD 的基本平面绘图知识，同时能够熟悉市政工程实际建设施工图绘制的基本要求和思路。本书共分六篇 20 章，其中第一篇介绍 AutoCAD 2014 基础知识，包括基本绘图界面和参数设置、基本绘图命令和编辑命令的使用方法、基本辅助绘图工具以及文本和尺寸的标注方法。第二篇介绍城市道路施工图的绘制。主要通过学习使读者掌握城市道路平面、横断面、纵断面、交叉口等绘制的基本知识以及施工图实例的绘制。第三篇介绍桥梁施工图的绘制。主要通过学习使读者掌握桥梁的基本构造，桥梁绘制的方法和步骤，掌握混凝土梁、墩台、桥台的绘制方法。第四篇介绍市政道路给水排水施工图的绘制。主要介绍给水、雨水、排水的分类、组成、功能、管线布置以及绘制的方法和步骤。第五篇介绍市政园林景观施工图的绘制。主要介绍园林水景、园林绿化、园林建筑、园林小品的基础知识，在此基础上了解园林水景、园林绿化、园林建筑、园林小品施工图的基本知识以及绘图步骤。第六篇介绍市政供热施工图的绘制。主要介绍读者掌握市政热网的基础知识，在此基础上了解热网施工图的基本知识以及绘图步骤。重点对热网施工图中管线平面图、管线纵剖面图、检查室进行 AutoCAD 绘图讲解，使读者能把握使用 AutoCAD 进行热网施工图制图的一般方法。

本书适合从事市政建设施工和设计的相关工程人员作为自学辅导教材，也适合作为相关学校作为授课教材使用。

责任编辑：郭　栋　辛海丽
责任设计：董建平
责任校对：陈晶晶　刘梦然

AutoCAD 全套图纸绘制系列丛书
AutoCAD 2014 全套市政施工图纸绘制
张日晶　主编

＊

中国建筑工业出版社出版、发行（北京西郊百万庄）
各地新华书店、建筑书店经销
北京科地亚盟排版公司制版
北京君升印刷有限公司印刷

＊

开本：787×1092 毫米　1/16　印张：36¾　字数：915　千字
2014 年 12 月第一版　2014 年 12 月第一次印刷
定价：89.00 元（含光盘）
ISBN 978-7-112-16362-5
（25086）

前　　言

　　AutoCAD 是由美国 Autodesk 公司开发的通用计算机辅助设计（Computer Aided Design，CAD）软件，具有易于掌握、使用方便、体系结构开放等优点，能够绘制二维图形与三维图形、标注尺寸、渲染图形以及打印输出图纸，目前已广泛应用于建筑、机械、电子、航天、造船、石油化工、土木工程、冶金、地质、气象、纺织、轻工、商业等领域。

　　AutoCAD 2014 是 AutoCAD 系列软件中的优秀版本，与 AutoCAD 先前的版本相比，它在性能和功能方面都有较大的增强，同时保证与低版本完全兼容。AutoCAD 2014 软件为从事各种造型设计的客户提供了强大的功能和灵活性，可以帮助他们更好地完成设计和文档编制工作。AutoCAD 2014 强大的三维环境，能够帮助您加速文档编制，共享设计方案，更有效地探索设计构想。AutoCAD 2014 具有上千个即时可用的插件，能够根据您的特定需求轻松、灵活地进行定制。现在，您可以在设计上走得更远。

　　本书以工程理论知识为基础，以典型的实际市政工程施工图为案例，带领读者全面学习 AutoCAD 2014 中文版，希望读者能从本书中温故知新 AutoCAD 的基本平面绘图知识，同时能够熟悉市政工程实际建设施工图绘制的基本要求和思路。本书共分六篇 20 章，具体内容如下：

　　第一篇介绍 AutoCAD 2014 基础知识，包括基本绘图界面和参数设置、基本绘图命令和编辑命令的使用方法、基本辅助绘图工具以及文本和尺寸的标注方法。通过本篇的学习，读者可以打下 AutoCAD 绘图的基础，为后面的具体专业设计技能学习进行必要的知识准备。

　　第二篇介绍城市道路施工图的绘制。主要通过学习使读者掌握城市道路平面、横断面、纵断面、交叉口等绘制的基本知识以及施工图实例的绘制，对道路有关附属设施的要求进行了解，能正确进行城市道路平面定线工作，横断面的规划工作，能识别 AutoCAD 2014 道路施工图以及熟练使用 AutoCAD 2014 进行一般城市道路绘制和识图。

　　第三篇介绍桥梁施工图的绘制。主要通过学习使读者掌握桥梁的基本构造，桥梁绘制的方法和步骤，掌握混凝土梁、墩台、桥台的绘制方法。能识别 AutoCAD 桥梁施工图，熟练掌握使用 AutoCAD 2014 进行简支梁、墩台、桥台制图的一般方法，使读者具有一般桥梁绘制、设计技能的基础。

　　第四篇介绍市政道路给水排水施工图的绘制。主要介绍给水、雨水、排水的分类、组成、功能、管线布置以及绘制的方法和步骤。能识别 AutoCAD 市政给水排水施工图，熟练掌握使用 AutoCAD 进行给水、雨水、排水制图的一般方法，使读者具有一般给水、雨水、排水绘制、设计技能。

　　第五篇介绍市政园林施工图的绘制。主要介绍园林水景、园林绿化、园林建筑、园林小品的基础知识，在此基础上了解园林水景、园林绿化、园林建筑、园林小品施工图的基本知识以及绘图步骤，使读者对园林施工图的表达方式、绘图步骤有所了解，能识别

AutoCAD 园林施工图。重点对园林施工图中绘制园林围墙、园林建筑、园林山石、园林水体、园路、园路铺装、植物等典型构成元素进行 AutoCAD 绘图讲解，使读者能把握使用 AutoCAD 进行园林设计制图的一般方法，具有园林常见图例、典型元素绘制、设计技能。

第六篇介绍市政供热施工图的绘制。主要介绍读者掌握市政热网的基础知识，在此基础上了解热网施工图的基本知识以及绘图步骤，使读者对热网施工图的表达方式、绘图步骤有所了解，能识别 AutoCAD 热网施工图。重点对热网施工图中管线平面图、管线纵剖面图、检查室进行 AutoCAD 绘图讲解，使读者能把握使用 AutoCAD 进行热网施工图制图的一般方法。

本书的特色在于将各种知识结合起来，解决综合的市政建设施工图问题。我们将写作的重心放在体现内容的实用性上和普遍性上。因此无论从各种专业知识讲解，以及各种案例的选择，都与工程实践施工图紧密地联系在一起。采用了详细的实用案例式的讲解，同时附有简洁明了的步骤说明，使用户在制作过程中不仅巩固知识，而且通过这些学习建立起市政施工图设计基本思路，为今后的设计工作能达到触类旁通的效果。

为了方便读者学习，提高学习效果，本书随书配赠了多媒体光盘，包括全书所有实例的源文件、结果文件和全书所有实例操作过程的录音讲解动画文件，可以帮助读者形象直观地学习本书。

本书由三维书屋工作室策划，张日晶主编，参与编写的人员还有胡仁喜、康士廷、王敏、王艳池、张俊生、王培合、董伟、王义发、李瑞、王玉秋、周冰、王佩楷、袁涛、王兵学、路纯红、王渊峰、李鹏、周广芬、阳平华、孟清华、郑长松、王文平、李广荣、李世强、陈丽芹、陈树勇、史清录、张红松、赵永玲、辛文彤、刘昌丽、孟培、闫聪聪、杨雪静等。

由于时间仓促，加之水平有限，疏漏之处在所难免，敬请读者朋友联系 win760520@126.com 批评指正！

目 录

第二篇 道路施工篇

第三篇　桥梁施工篇

第四篇 给水排水施工篇

第五篇 市政园林施工篇

第六篇　供热管网施工篇

1

AutoCAD 是由美国 Autodesk 公司开发的通用计算机辅助设计 (Computer Aided Design，CAD) 软件，具有易于掌握、使用方便、体系结构开放等优点，能够绘制二维图形与三维图形、标注尺寸、渲染图形以及打印输出图纸，目前已广泛应用于机械、建筑、电子、航天、造船、石油化工、土木工程、冶金、地质、气象、纺织、轻工、商业等领域。

AutoCAD 目前是市政施工设计中应用的主要软件，能够大大提高市政施工设计的效率，在具体设计工作中有非常重要的作用。

第一篇　基础知识篇

本篇主要介绍 AutoCAD 2014 基础知识，包括基本绘图界面和参数设置、基本绘图命令和编辑命令的使用方法、基本辅助绘图工具以及文本和尺寸的标注方法。通过本篇的学习，读者可以打下 AutoCAD 绘图的基础，为后面的具体专业设计技能学习进行必要的知识准备。

第 **1** 章

AutoCAD 2014 基础

本章我们学习 AutoCAD 2014 绘图的基本知识。了解如何设置图形的系统参数、绘图环境，熟悉创建新的图形文件、打开已有文件的方法等，为进入系统学习准备必要的前提知识。

学 习 要 点

- ◎ 操作界面
- ◎ 设置绘图环境
- ◎ 配置绘图系统
- ◎ 文件管理
- ◎ 基本输入操作

1.1 操 作 界 面

AutoCAD 操作界面是 AutoCAD 显示、编辑图形的区域，一个完整的 AutoCAD 操作界面如图 1-1 所示，包括标题栏、菜单栏、工具栏、快速访问工具栏、交互信息工具栏、功能区、绘图区、十字光标、坐标系图标、命令行窗口、状态栏、布局标签、滚动条、状态托盘等。

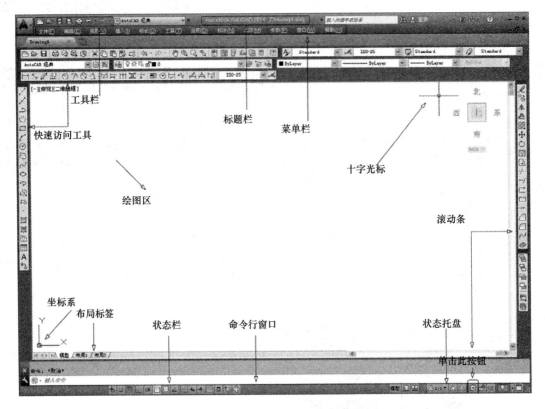

图 1-1 AutoCAD 2014 中文版操作界面

1. 标题栏

在 AutoCAD 2014 中文版操作界面的最上端是标题栏。在标题栏中，显示了系统当前正在运行的应用程序（AutoCAD 2014）和用户正在使用的图形文件。在第一次启动 AutoCAD 2014 时，在标题栏中，将显示 AutoCAD 2014 在启动时创建并打开的图形文件的名称"Drawing1.dwg"，如图 1-1 所示。

2. 菜单栏

在 AutoCAD 标题栏的下方是菜单栏，同其他 Windows 程序一样，AutoCAD 的菜单也是下拉形式的，并在菜单中包含子菜单。AutoCAD 的菜单栏中包含 12 个菜单："文件"、"编辑"、"视图"、"插入"、"格式"、"工具"、"绘图"、"标注"、"修改"、"参数"、"窗口"和"帮助"，这些菜单几乎包含了 AutoCAD 的所有绘图命令，后面的章节将对这些菜单功能作详细的讲解。一般来讲，AutoCAD 下拉菜单中的命令有以下三种：

（1）带有子菜单的菜单命令。这种类型的菜单命令后面带有小三角形。例如，选择菜单栏中的"绘图"命令，指向其下拉菜单中的"圆"命令，系统就会进一步显示出"圆"子菜单中所包含的命令，如图 1-2 所示。

（2）打开对话框的菜单命令。这种类型的命令后面带有省略号。例如，选择菜单栏中的"格式"→"表格样式"命令，如图 1-3 所示，系统就会打开"表格样式"对话框，如图 1-4 所示。

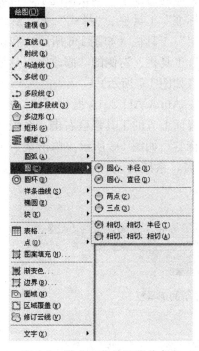

图 1-2　带有子菜单的菜单命令

图 1-3　打开对话框的菜单命令

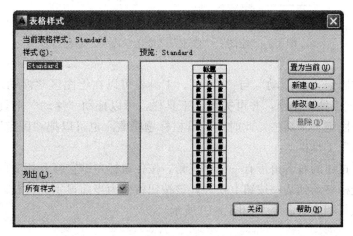

图 1-4　"表格样式"对话框

图 1-5　直接执行操作的菜单命令

（3）直接执行操作的菜单命令。这种类型的命令后面既不带小三角形，也不带省略号，选择该命令将直接进行相应的操作。例如，选择菜单栏中的"视图"→"重画"命令，系统将刷新显示所有视口，如图 1-5 所示。

3. 工具栏

工具栏是一组按钮工具的集合，把光标移动到某个按钮上，稍停片刻即在该按钮的一侧显示相应的功能提示，同时在状态栏中，显示对应的说明和命令名，此时，单击按钮就可以启动相应的命令了。默认情况下，可以看到操作界面顶部的"标准"工具栏、"样式"工具栏、"特性"工具栏以及"图层"工具栏（如图 1-6 所示）和位于绘图区左侧的"绘图"工具栏、右侧的"修改"工具栏和"绘图次序"工具栏（如图 1-7 所示）。

设置工具栏。AutoCAD 2014 提供了 36 种工具栏，将光标放在操作界面上方的工具栏区右击，系统会自动打开单独的工具栏标签，如图 1-8 所示。单击某一个未在界面显示的工具栏名，系统自动在界面打开该工具栏；反之，关闭工具栏。

图 1-6　默认情况下显示的工具栏

图 1-7　"绘图"、"修改"、"绘图次序"工具栏

工具栏的"固定"、"浮动"与"打开"。工具栏可以在绘图区"浮动"（如图 1-9 所示），此时显示该工具栏标题，并可关闭该工具栏，可以拖动"浮动"工具栏到绘图区边界，使它变为"固定"工具栏，此时该工具栏标题隐藏。也可以把"固定"工具栏拖出，使它成为"浮动"工具栏。

有些工具栏按钮的右下角带有一个小三角，按住鼠标左键会打开相应的工具栏，按住鼠标左键，将光标移动到某一按钮上松开，该按钮就变为当前显示的按钮。单击当前显示的按钮，就可执行相应的命令（如图 1-10 所示）。

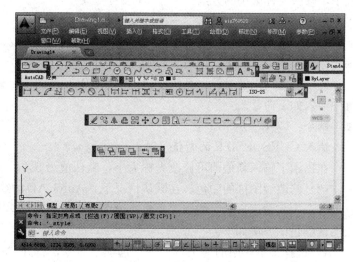

图 1-8 单独的工具栏标签　　　　　图 1-9 "浮动"工具栏

4. 快速访问工具栏和交互信息工具栏

（1）快速访问工具栏。该工具栏包括"新建"、"打开"、"保存"、"放弃"、"重做"和"打印"6 个最常用的工具按钮。用户也可以单击此工具栏后面的小三角下拉按钮选择设置需要的常用工具。

（2）交互信息工具栏。该工具栏包括"搜索"、"速博应用中心"、"通讯中心"、"收藏夹"和"帮助"5 个常用的数据交互访问工具按钮。

5. 功能区

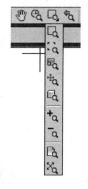

图 1-10 打开工具栏

包括"常用"、"插入"、"注释"、"参数化"、"视图"、"管理"和"输出"7 个功能区，每个功能区集成了相关的操作工具，方便了用户的使用。用户可以单击功能区选项板后面的　按钮，控制功能的展开与收缩。打开或关闭功能区的操作方法如下。

- 命令行：RIBBON（或 RIBBONCLOSE）。
- 菜单：选择菜单栏中的"工具"→"选项板"→"功能区"命令。

6. 绘图区

绘图区是指在标题栏下方的大片空白区域，绘图区是用户使用 AutoCAD 绘制图形的区域，用户要完成一幅设计图形，主要工作都是在绘图区中完成。

在绘图区中，有一个作用类似光标的十字线，其交点坐标反映了光标在当前坐标系中的位置。在 AutoCAD 中，将该十字线称为光标，如图 1-1 中所示，AutoCAD 通过光标坐标值显示当前点的位置。十字线的方向与当前用户坐标系的 X、Y 轴方向平行，十字线的长度，系统预设为绘图区大小的 5%。

（1）修改绘图区十字光标的大小。光标的长度，用户可以根据绘图的实际需要修改其大小，修改光标大小的方法如下。

选择菜单栏中的"工具"→"选项"命令，打开"选项"对话框。单击"显示"选项卡，在"十字光标大小"文本框中直接输入数值，或拖动文本框后面的滑块，即可以对十字光标的大小进行调整，如图 1-11 所示。

此外，还可以通过设置系统变量 CURSORSIZE 的值，修改其大小，其方法是在命令行中输入如下命令。

命令：CURSORSIZE↙

输入 CURSORSIZE 的新值〈5〉：

在提示下输入新值即可修改光标大小，默认值为 5%。

（2）修改绘图区的颜色。在默认情况下，AutoCAD 的绘图区是黑色背景、白色线条，这不符合大多数用户的习惯，因此修改绘图区颜色，是大多数用户都要进行的操作。修改绘图区颜色的方法如下。

1）选择菜单栏中的"工具"→"选项"命令，打开"选项"对话框，单击如图 1-11 所示的"显示"选项卡，再单击"窗口元素"选项组中的"颜色"按钮，打开如图 1-12 所示的"图形窗口颜色"对话框。

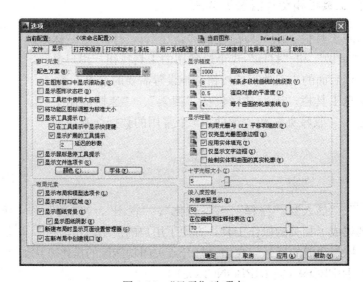

图 1-11 "显示"选项卡

2）在"颜色"下拉列表框中，选择需要的窗口颜色，然后单击"应用并关闭"按钮，此时 AutoCAD 的绘图区就变换了背景色，通常按视觉习惯选择白色为窗口颜色。

7. 坐标系图标

在绘图区的左下角，有一个箭头指向的图标，称之为坐标系图标，表示用户绘图时正使用的坐标系样式，如图 1-1 所示。坐标系图标的作用是为点的坐标确定一个参照系。根据工作需要，用户可以选择将其关闭，其方法是选择菜单栏中的"视图"→"显示"→"UCS 图标"→"开"命令，如图 1-13 所示。

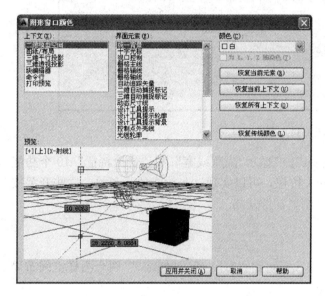

图 1-12 "图形窗口颜色"对话框

图 1-13 "视图"菜单

8. 命令行窗口

命令行窗口是输入命令名和显示命令提示的区域，默认命令行窗口布置在绘图区下方，由若干文本行构成，如图 1-1 所示。对命令行窗口，有以下几点需要说明。

（1）移动拆分条，可以扩大和缩小命令行窗口。

（2）可以拖动命令行窗口，布置在绘图区的其他位置。默认情况下在图形区的下方。

（3）对当前命令行窗口中输入的内容，可以按〈F2〉键用文本编辑的方法进行编辑，如图 1-14 所示。AutoCAD 文本窗口和命令行窗口相似，可以显示当前 AutoCAD 进程中命令的输入和执行过程。在执行 AutoCAD 某些命令时，会自动切换到文本窗口，列出有关信息。

（4）AutoCAD 通过命令行窗口，反馈各种信息，也包括出错信息，因此，用户要时刻关注在命令行窗口中出现的信息。

9. 状态栏

状态栏在操作界面的底部，左端显示绘图区中光标定位点的坐标 x、y、z 值，右端依次有"捕捉模式"、"栅格显示"、"正交模式"、"极轴追踪"、"对象捕捉"、"对象捕捉追

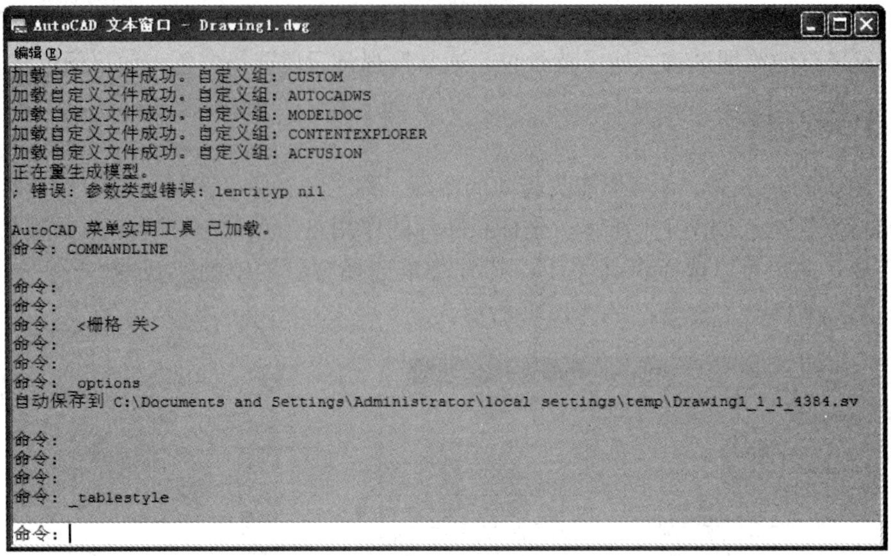

图 1-14　文本窗口

踪"、"允许/禁止动态 UCS"、"动态输入"、"显示/隐藏线宽"和"快捷特征"10 个功能开关按钮，如图 1-1 所示。单击这些开关按钮，可以实现这些功能的开和关。这些开关按钮的功能与使用方法将在第 4 章详细介绍，在此从略。

10. 布局标签

AutoCAD 系统默认设定一个"模型"空间和"布局 1"、"布局 2"两个图样空间布局标签。在这里有两个概念需要解释一下。

（1）布局。布局是系统为绘图设置的一种环境，包括图样大小、尺寸单位、角度设定、数值精度等，在系统预设的 3 个标签中，这些环境变量都按默认设置。用户根据实际需要改变这些变量的值在此暂且从略。用户也可以根据需要设置符合自己要求的新标签。

（2）模型。AutoCAD 的空间分模型空间和图样空间两种。模型空间是通常绘图的环境，而在图样空间中，用户可以创建叫做"浮动视口"的区域，以不同视图显示所绘图形。用户可以在图样空间中调整浮动视口并决定所包含视图的缩放比例。如果用户选择图样空间，可打印多个视图，也可以打印任意布局的视图。AutoCAD 系统默认打开模型空间，用户可以通过单击操作界面下方的布局标签，选择需要的布局。

11. 滚动条

在 AutoCAD 的绘图区下方和右侧还提供了用来浏览图形的水平和竖直方向的滚动条。拖动滚动条中的滚动块，可以在绘图区按水平或竖直两个方向浏览图形。

12. 状态托盘

状态托盘包括一些常见的显示工具和注释工具按钮，包括模型与布局空间转换按钮，如图 1-15 所示，通过这些按钮可以控制图形或绘图区的状态。

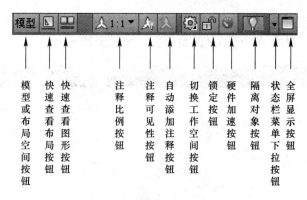

图 1-15　状态托盘工具

- 模型与布局空间按钮：在模型空间与布局空间之间进行转换。
- 快速查看布局按钮：快速查看当前图形在布局空间中的布局。
- 快速查看图形按钮：快速查看当前图形在模型空间中的位置。
- 注释比例按钮：单击此按钮，打开注释比例列表，如图 1-16 所示，可以根据需要选择适当的注释比例。
- 注释可见性按钮：当此按钮图标亮显时，显示所有比例的注释性对象；当按钮图标变暗时，仅显示当前比例的注释性对象。
- 自动添加注释按钮：注释比例更改时，自动将比例添加到注释对象中。
- 切换工作空间按钮：进行工作空间转换。
- 锁定按钮：控制是否锁定工具栏或绘图区在操作界面中的位置。
- 硬件加速按钮：设定图形卡的驱动程序以及设置硬件加速的选项。
- 隔离对象按钮：当选择隔离对象时，在当前视图中显示选定对象，所有其他对象都暂时隐藏；当选择隐藏对象时，在当前视图中暂时隐藏选定对象。所有其他对象都可见。
- 状态栏菜单下拉按钮：单击该按钮，打开如图 1-17 所示的快捷菜单，可以选择打开或锁定相关选项位置。

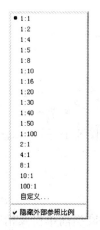

图 1-16　注释比例列表　　　　图 1-17　工具栏/窗口位置锁快捷菜单

11

- 全屏显示按钮：单击该按钮可以清除操作界面中的标题栏、工具栏、选项板等界面元素，全屏显示 AutoCAD 的绘图区，如图 1-18 所示。

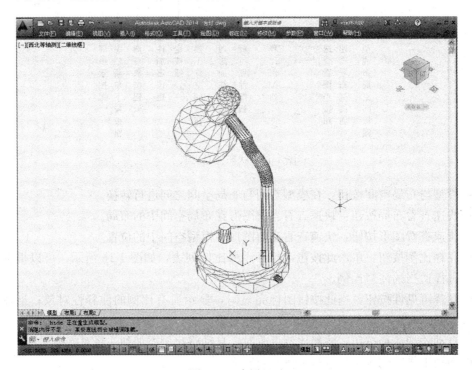

图 1-18　全屏显示

1.2　设置绘图环境

1.2.1　设置图形单位

【执行方式】

- 命令行：DDUNITS（或 UNITS）。
- 菜单："格式"→"单位"。

【操作步骤】

执行上述命令后，系统打开"图形单位"对话框，如图 1-19 所示，该对话框用于定义单位和角度格式。

【选项说明】

（1）"长度"与"角度"选项组：指定测量的长度与角度当前单位及精度。

（2）"插入时的缩放单位"选项组：控制插入到当前图形中的块和图形的测量单位。

如果块或图形创建时使用的单位与该选项指定的单位不同，则在插入这些块或图形时，将对其按比例进行缩放。插入比例是源块或图形使用的单位与目标图形使用的单位之比。如果插入块时不按指定单位缩放，则在其下拉列表框中选择"无单位"选项。

（3）"输出样例"选项组：显示用当前单位和角度设置的例子。

（4）"光源"选项组：控制当前图形中光度控制光源的强度测量单位。为创建和使用光度控制光源，必须从下拉列表框中指定非"常规"的单位。如果"插入比例"设置为"无单位"，则将显示警告信息，通知用户渲染输出可能不正确。

（5）"方向"按钮：单击该按钮，系统打开"方向控制"对话框，如图 1-20 所示，可进行方向控制设置。

图 1-19 "图形单位"对话框

图 1-20 "方向控制"对话框

1.2.2 设置图形界限

 【执行方式】

- 命令行：LIMITS。
- 菜单："格式"→"图形界限"。

 【操作步骤】

命令行提示与操作如下。

命令：LIMITS↙

重新设置模型空间界限：

指定左下角点或［开（ON）/关（OFF）]〈0.0000，0.0000〉：输入图形界限左下角的坐标，按〈Enter〉键。

指定右上角点〈12.0000，9.0000〉：输入图形界限右上角的坐标，按〈Enter〉键。

【选项说明】

（1）开（ON）。使图形界限有效。系统在图形界限以外拾取的点将视为无效。

（2）关（OFF）。使图形界限无效。用户可以在图形界限以外拾取点或实体。

（3）动态输入角点坐标。可以直接在绘图区的动态文本框中输入角点坐标，输入了横坐标值后，按〈,〉键，接着输入纵坐标值，如图 1-21 所示。也可以按光标位置直接单击，确定角点位置。

图 1-21 动态输入

1.3 配置绘图系统

每台计算机所使用的显示器、输入设备和输出设备的类型不同，用户喜好的风格及计算机的目录设置也不同。一般来讲，使用 AutoCAD 2014 的默认配置就可以绘图，但为了使用用户的定点设备或打印机，以及提高绘图的效率，推荐用户在开始作图前先进行必要的配置。

【执行方式】

• 命令行：PREFERENCES。

• 菜单："工具"→"选项"。

• 快捷菜单：在绘图区右击，系统打开快捷菜单，如图 1-22 所示，选择"选项"命令。

【操作步骤】

执行上述命令后，系统打开"选项"对话框。用户可以在该对话框中设置有关选项，对绘图系统进行配置。下面就其中主要的两个选项卡作一下说明，其他配置选项，在后面用到时再作具体说明。

（1）系统配置。"选项"对话框中的第 5 个选项卡为"系统"选项卡，如图 1-23 所示。该选项卡用来设置 AutoCAD 系统的有关特性。其中"常规选项"选项组确定是否选择系统配置的有关基本选项。

（2）显示配置。"选项"对话框中的第 2 个选项卡为"显示"选项卡，该选项卡用于控制 AutoCAD 系统的外观，如图 1-24 所示。该选项卡设定滚动条显示与否、界面菜单显示与否、绘图区颜色、光标大小、AutoCAD 的版面布局设置、各实体的显示精度等。

图 1-22 快捷菜单

14

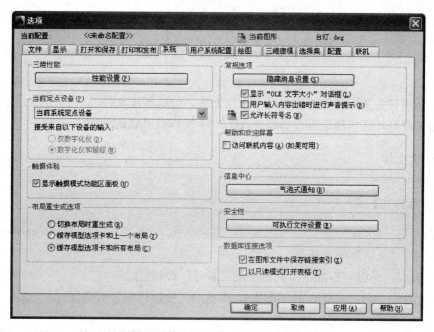

图 1-23 "系统"选项卡

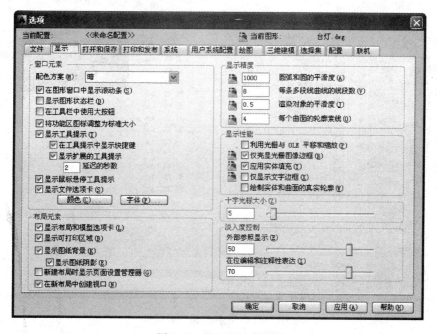

图 1-24 "显示"对话框

 技巧荟萃

  设置实体显示精度时，请务必记住，显示质量越高，即精度越高，计算机计算的时间越长，建议不要将精度设置的太高，显示质量设定在一个合理的程度即可。

1.4 文件管理

本节介绍有关文件管理的一些基本操作方法，包括新建文件、打开已有文件、保存文件、删除文件等，这些都是进行 AutoCAD 2014 操作最基础的知识。

1. 新建文件

 【执行方式】

- 命令行：NEW。
- 菜单："文件"→"新建"。
- 工具栏：单击"标准"工具栏中的"新建"按钮。
执行上述命令后，系统打开如图 1-25 所示的"选择样板"对话框。

图 1-25 "选择样板"对话框

另外还有一种快速创建图形的功能，该功能是开始创建新图形最快捷的方法。

命令行：QNEW↙

执行上述命令后，系统立即从所选的图形样板中创建新图形，而不显示任何对话框或提示。

在运行快速创建图形功能之前必须进行如下设置。

（1）在命令行输入"FILEDIA"，按〈Enter〉键，设置系统变量为 1；在命令行输入"STARTUP"，设置系统变量为 0。

（2）选择菜单栏中的"工具"→"选项"命令，在"选项"对话框中选择默认图形样板文件。具体方法是：在"文件"选项卡中，单击"样板设置"前面的"＋"，在展开的选项列表中选择"快速新建的默认样板文件名"选项，如图 1-26 所示。单击"浏览"按钮，打开"选择文件"对话框，然后选择需要的样板文件即可。

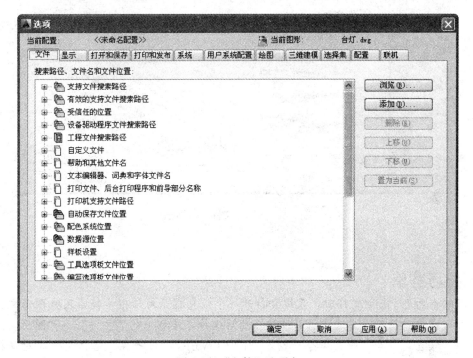

图 1-26　"文件"选项卡

2. 打开文件

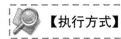【执行方式】

- 命令行：OPEN。
- 菜单："文件"→"打开"。
- 工具栏：单击"标准"工具栏中的"打开"按钮。

【操作步骤】

执行上述命令后，打开"选择文件"对话框，如图 1-27 所示，在"文件类型"下拉列表框中用户可选 .dwg 文件、.dwt 文件、.dxf 文件和 .dws 文件。.dws 文件是包含标准图层、标注样式、线型和文字样式的样板文件。.dxf 文件是用文本形式存储的图形文件，能够被其他程序读取，许多第三方应用软件都支持 .dxf 格式。

图 1-27 "选择文件"对话框

 **技巧荟萃**

有时在打开 .dwg 文件时，系统会打开一个信息提示对话框，提示用户图形文件不能打开，在这种情况下先退出打开操作，然后选择菜单栏中的"文件"→"图形实用工具"→"修复"命令，或在命令行输入"RECOVER"，接着在"选择文件"对话框中输入要恢复的文件，确认后系统开始执行恢复文件操作。

3. 保存文件

 【执行方式】

- 命令行：QSAVE（或 SAVE）。
- 菜单："文件"→"保存"。
- 工具栏：单击"标准"工具栏中的→"保存"按钮 。

 【操作步骤】

执行上述命令后，若文件已命名，则系统自动保存文件，若文件未命名（即为默认名 drawing1.dwg），则系统打开"图形另存为"对话框，如图 1-28 所示，用户可以命名保存。在"保存于"下拉列表框中指定保存文件的路径，在"文件类型"下拉列表框中指定保存文件的类型。

为了防止因意外操作或计算机系统故障导致正在绘制的图形文件丢失，可以对当前图

图 1-28 "图形另存为"对话框

形文件设置自动保存，方法如下：

（1）在命令行输入"SAVEFILEPATH"，按〈Enter〉键，设置所有自动保存文件的位置，如：C:\HU\。

（2）在命令行输入"SAVEFILE"，按〈Enter〉键，设置自动保存文件名。该系统变量储存的文件名文件是只读文件，用户可以从中查询自动保存的文件名。

（3）在命令行输入"SAVETIME"，按〈Enter〉键，指定在使用自动保存时多长时间保存一次图形，单位是"分"。

4. 另存为

【执行方式】

- 命令行：SAVEAS。
- 菜单："文件"→"另存为"。

【操作步骤】

执行上述命令后，打开"图形另存为"对话框，如图 1-28 所示，系统用另存名保存，并为当前图形更名。

技巧荟萃

系统打开"选择样板"对话框，在"文件类型"下拉列表框中有 4 种格式的图形样板，后缀分别是 .dwt、.dwg、.dws 和 .dxf。

5. 退出

【执行方式】

- 命令行：QUIT 或 EXIT。
- 菜单："文件"→"退出"。
- 按钮：单击 AutoCAD 操作界面右上角的"关闭"按钮❌。

【操作步骤】

命令：QUIT✓（或 EXIT✓）。

执行上述命令后，若用户对图形所做的修改尚未保存，则会打开如图 1-29 所示的系统警告对话框。单击"是"按钮，系统将保存文件，然后退出；单击"否"按钮，系统将不保存文件。若用户对图形所做的修改已经保存，则直接退出。

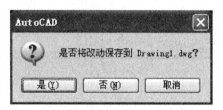

图 1-29　系统警告对话框

1.5　基本输入操作

1.5.1　命令输入方式

AutoCAD 交互绘图必须输入必要的指令和参数。有多种 AutoCAD 命令输入方式，下面以画直线为例，介绍命令输入方式。

（1）在命令行输入命令名。命令字符可不区分大小写。例如，命令"LINE"。执行命令时，在命令行提示中经常会出现命令选项。在命令行输入绘制直线命令"LINE"后，命令行中的提示如下。

命令：LINE✓

指定第一点：在绘图区指定一点或输入一个点的坐标。

指定下一点或［放弃（U）］：

选项中不带括号的提示为默认选项，因此可以直接输入直线段的起点坐标或在绘图区指定一点，如果要选择其他选项，则应该首先输入该选项的标识字符，如"放弃"选项的标识字符"U"，然后按系统提示输入数据即可。在命令选项的后面有时还带有尖括号，尖括号内的数值为默认数值。

（2）在命令行输入命令缩写字。如 L（Line）、C（Circle）、A（Arc）、Z（Zoom）、R（Redraw）、M（More）、CO（Copy）、PL（Pline）、E（Erase）等。

（3）选择"绘图"菜单栏中对应的命令，在命令行窗口中可以看到对应的命令说明及命令名。

（4）单击"绘图"工具栏中对应的按钮，命令行窗口中也可以看到对应的命令说明及命令名。

（5）在命令行打开快捷菜单。如果在前面刚使用过要输入的命令，可以在命令行右击，打开快捷菜单，在"近期使用的命令"子菜单中选择需要的命令，如图 1-30 所示。"近期使用的命令"子菜单中储存最近使用的 6 个命令，如果经常重复使用某 6 个命令以内的命令，这种方法就比较快速简洁。

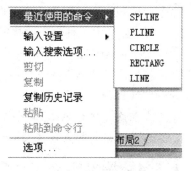

图 1-30　命令行快捷菜单

（6）在绘图区右击。如果用户要重复使用上次使用的命令，可以直接在绘图区右击，系统立即重复执行上次使用的命令，这种方法适用于重复执行某个命令。

技巧荟萃

在命令行中输入坐标时，请检查此时的输入法是否是英文输入。如果是中文输入法，例如输入"150，20"，则由于逗号"，"的原因，系统会认定该坐标输入无效。这时，只需将输入法改为英文即可。

1.5.2　命令的重复、撤销、重做

（1）命令的重复。单击〈Enter〉键，可重复调用上一个命令，不管上一个命令是完成了还是被取消了。

（2）命令的撤销。在命令执行的任何时刻都可以取消和终止命令的执行。

【执行方式】

- 命令行：UNDO。
- 菜单："编辑" → "放弃"。
- 快捷键：按〈Esc〉键。

（3）命令的重做。已被撤销的命令要恢复重做，可以恢复撤销的最后的一个命令。

【执行方式】

- 命令行：REDO。
- 菜单："编辑" → "重做"。
- 快捷键：按〈Ctrl〉+〈Y〉键。

AutoCAD 2014 可以一次执行多重放弃和重做操作。单击"标准"工具栏中的"放弃"按钮或"重做"按钮后面的小三角，可以选择要放弃或重做的操作，如图 1-31 所示。

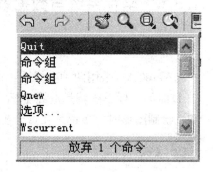

图 1-31　多重放弃选项

1.5.3 透明命令

在 AutoCAD 2014 中有些命令不仅可以直接在命令行中使用，还可以在其他命令的执行过程中，插入并执行，待该命令执行完毕后，系统继续执行原命令，这种命令称为透明命令。透明命令一般多为修改图形设置或打开辅助绘图工具的命令。

1.5.2 节中 3 种命令的执行方式同样适用于透明命令的执行，命令行提示如下：

命令：ARC ↙

指定圆弧的起点或 ［圆心（C）］：'ZOOM ↙（透明使用显示缩放命令 ZOOM）。

〉〉（执行 ZOOM 命令）

正在恢复执行 ARC 命令。

指定圆弧的起点或 ［圆心（C）］：继续执行原命令。

1.5.4 按键定义

在 AutoCAD 2014 中，除了可以通过在命令行输入命令、单击工具栏按钮或选择菜单栏中的命令来完成操作外，还可以通过使用键盘上的一组或单个快捷键快速实现指定功能，如按〈F1〉键，系统调用 AutoCAD 帮助对话框。

系统使用 AutoCAD 传统标准（Windows 之前）或 Microsoft Windows 标准解释快捷键。有些快捷键在 AutoCAD 的菜单中已经指出，如"粘贴"的快捷键为"〈Ctrl〉+〈V〉"，这些只要用户在使用的过程中多加留意，就会熟练掌握。快捷键的定义见菜单命令后面的说明，如"粘贴〈Ctrl〉+〈V〉"。

1.5.5 命令执行方式

有的命令有两种执行方式，通过对话框或通过命令行输入命令。如指定使用命令行方式，可以在命令名前加短划线来表示，如"-LAYER"表示用命令行方式执行"图层"命令。而如果在命令行输入"LAYER"，系统则会打开"图层特性管理器"对话框。

另外，有些命令同时存在命令行、菜单和工具栏 3 种执行方式，这时如果选择菜单或工具栏方式，命令行会显示该命令，并在前面加一下划线。例如，通过菜单或工具栏方式执行"直线"命令时，命令行会显示"_line"，命令的执行过程和结果与命令行方式相同。

1.5.6 坐标系统与数据输入法

1. 新建坐标系

AutoCAD 采用两种坐标系：世界坐标系（WCS）与用户坐标系。用户刚进入 AutoCAD 时的坐标系统就是世界坐标系，是固定的坐标系统。世界坐标系是坐标系统中的基准，绘制图形时大多都是在这个坐标系统下进行的。

【执行方式】

• 命令行：UCS。

- 菜单："工具" → "新建 UCS"。
- 工具栏：单击"UCS"工具栏中的相应按钮。

AutoCAD 有两种视图显示方式：模型空间和图纸空间。模型空间使用单一视图显示，我们通常使用的都是这种显示方式；图纸空间能够在绘图区创建图形的多视图，用户可以对其中每一个视图进行单独操作。在默认情况下，当前 UCS 与 WCS 重合。如图 1-32 所示，图（a）为模型空间下的 UCS 坐标系图标，通常在绘图区左下角处；如当前 UCS 和 WCS 重合，则出现一个 W 字，如图（b）所示；也可以指定其放在当前 UCS 的实际坐标原点位置，此时出现一个十字，如图（c）所示；图（d）为图纸空间下的坐标系图标。

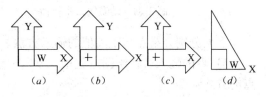

图 1-32 坐标系图标

2. 数据输入法

在 AutoCAD 2014 中，点的坐标可以用直角坐标、极坐标、球面坐标和柱面坐标表示，每一种坐标又分别具有两种坐标输入方式：绝对坐标和相对坐标。其中直角坐标和极坐标最为常用，具体输入方法如下。

（1）直角坐标法。用点的 X、Y 坐标值表示的坐标。

在命令行中输入点的坐标"15，18"，则表示输入了一个 X、Y 的坐标值分别为 15、18 的点，此为绝对坐标输入方式，表示该点的坐标是相对于当前坐标原点的坐标值，如图 1-33（a）所示。如果输入"@10，20"，则为相对坐标输入方式，表示该点的坐标是相对于前一点的坐标值，如图 1-33（c）所示。

（2）极坐标法。用长度和角度表示的坐标，只能用来表示二维点的坐标。

在绝对坐标输入方式下，表示为："长度<角度"，如"25<50"，其中长度表示该点到坐标原点的距离，角度表示该点到原点的连线与 X 轴正向的夹角，如图 1-33（b）所示。

在相对坐标输入方式下，表示为："@长度<角度"，如"@25<45"，其中长度为该点到前一点的距离，角度为该点至前一点的连线与 X 轴正向的夹角，如图 1-33（d）所示。

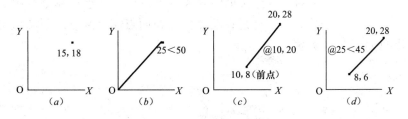

图 1-33 数据输入方法

（3）动态数据输入。动态数据输入是 AutoCAD 2014 新增的功能。按下状态栏中的"动态输入"按钮，系统打开动态输入功能，可以在绘图区动态地输入某些参数数据。例如，绘制直线时，在光标附近，会动态地显示"指定第一个角点或"，以及后面的坐标框，当前显示的是光标所在位置，可以输入数据，两个数据之间以逗号隔开，如图 1-34 所示。指定第一点后，系统动态显示直线的角度，同时要求输入线段长度值，如图 1-35

所示，其输入效果与"@长度＜角度"方式相同。

图 1-34　动态输入坐标值

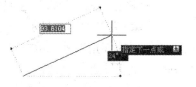

图 1-35　动态输入长度值

下面分别介绍点与距离值的输入方法。

1）点的输入。在绘图过程中，常需要输入点的位置，AutoCAD 提供了如下几种输入点的方式：

（a）用键盘直接在命令行输入点的坐标。直角坐标有两种输入方式：x，y（点的绝对坐标值，如 100，50）和@x，y（相对于上一点的相对坐标值，如@ 50，－30）。

极坐标的输入方式为长度＜角度（其中，长度为点到坐标原点的距离，角度为原点至该点连线与 X 轴的正向夹角，如 20＜45）或@长度＜角度（相对于上一点的相对极坐标，如@50＜－30）。

（b）用鼠标等定标设备移动光标，在绘图区单击直接取点。

（c）用目标捕捉方式捕捉绘图区已有图形的特殊点（如端点、中点、中心点、插入点、交点、切点、垂足点等）。

（d）直接输入距离。先拖拉出直线以确定方向，然后用键盘输入距离。这样有利于准确控制对象的长度，如要绘制一条 10mm 长的线段，命令行提示与操作方法如下。

命令：_line↙

指定第一点：在绘图区指定一点。

指定下一点或［放弃（U）］：

这时在绘图区移动光标指明线段的方向，但不要单击鼠标，然后在命令行输入 10，这样就在指定方向上准确地绘制了长度为 10mm 的线段，如图 1-36 所示。

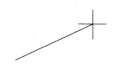

图 1-36　绘制 10mm 直线

2）距离值的输入。在 AutoCAD 命令中，有时需要提供高度、宽度、半径、长度等表示距离的值。AutoCAD 系统提供了两种输入距离值的方式：一种是用键盘在命令行中直接输入数值；另一种是在绘图区选择两点，以两点的距离值确定出所需数值。

绘图和编辑命令

　　二维图形是指在二维平面空间绘制的图形，Auto-
CAD 提供了大量的绘图工具，可以帮助用户完成二维图
形的绘制。本章主要介绍直线、圆和圆弧、椭圆与椭圆
弧、平面图形、点、轨迹线与区域填充、多段线、样条曲
线和多线的绘制。

　　AutoCAD 2014 为用户提供了 30 多种图形编辑命令，
在实际绘图中绘图命令与编辑命令交替使用，可大量节省
绘图时间。图形编辑是对已有的图形进行修改、移动、复
制和删除等操作。本章将详细介绍图形编辑的各种方法。

◉ 绘图命令

◉ 编辑命令

2.1 绘 图 命 令

2.1.1 直线类命令

直线类命令包括直线段、射线和构造线。这几个命令是 AutoCAD 中最简单的绘图命令。

1. 直线段

【执行方式】

命令行：LINE。

菜单：选择菜单栏中的"绘图"→"直线"命令。

工具栏：单击"绘图"工具栏中的"直线"按钮。

【操作步骤】

命令行提示与操作如下。

命令：LINE✓

指定第一点：输入直线段的起点坐标或在绘图区单击指定点。

指定下一点或 [放弃（U）]：输入直线段的端点坐标，或利用光标指定一定角度后，直接输入直线的长度。

指定下一点或 [放弃（U）]：输入下一直线段的端点，或输入选项"U"表示放弃前面的输入；右击或按〈Enter〉键，结束命令。

指定下一点或 [闭合（C）/放弃（U）]：输入下一直线段的端点，或输入选项"C"使图形闭合，结束命令。

【选项说明】

（1）若采用按〈Enter〉键响应"指定第一点"提示，系统会把上次绘制图线的终点作为本次图线的起始点。若上次操作为绘制圆弧，按〈Enter〉键响应后绘出通过圆弧终点并与该圆弧相切的直线段，该线段的长度为光标在绘图区指定的一点与切点之间线段的距离。

（2）在"指定下一点"提示下，用户可以指定多个端点，从而绘出多条直线段。但是，每一段直线是一个独立的对象，可以进行单独的编辑操作。

（3）绘制两条以上直线段后，若采用输入选项"C"响应"指定下一点"提示，系统会自动连接起始点和最后一个端点，从而绘出封闭的图形。

（4）若采用输入选项"U"响应提示，则删除最近一次绘制的直线段。

（5）若设置正交方式（按下状态栏中的"正交模式"按钮），只能绘制水平线段或垂直线段。

（6）若设置动态数据输入方式（按下状态栏中的"动态输入"按钮），则可以动态输入坐标或长度值，效果与非动态数据输入方式类似。除了特别需要，以后不再强调，而只按非动态数据输入方式输入相关数据。

2. 构造线

 【执行方式】

命令行：XLINE。

菜单：选择菜单栏中的"绘图"→"构造线"命令。

工具栏：单击"绘图"工具栏中的"构造线"按钮。

 【操作步骤】

命令行提示与操作如下。

命令：XLINE↙

指定点或［水平（H）/垂直（V）/角度（A）/二等分（B）/偏移（O）］：指定起点1。

指定通过点：指定通过点2，绘制一条双向无限长直线。

指定通过点：继续指定点，继续绘制直线，如图2-5（a）所示，按〈Enter〉键结束命令。

 【选项说明】

（1）执行选项中有"指定点"、"水平"、"垂直"、"角度"、"二等分"和"偏移"6种方式绘制构造线，分别如图2-1（a）～（f）所示。

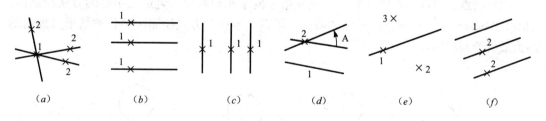

（a）　　　　　（b）　　　　　（c）　　　　　（d）　　　　　（e）　　　　　（f）

图2-1　构造线

（2）构造线模拟手工作图中的辅助作图线。用特殊的线型显示，在图形输出时可不作输出。应用构造线作为辅助线绘制机械图中的三视图是构造线的最主要用途，构造线的应用保证了三视图之间"主俯视图长对正、主左视图高平齐、俯左视图宽相等"的对应关系。图2-2所示为应用构造线作为辅助线绘制机械图中三视图的绘图示例。图中细线为构造线，粗线为三视图轮廓线。

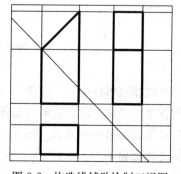

图2-2　构造线辅助绘制三视图

27

2.1.2　圆类命令

圆类命令主要包括"圆"、"圆弧"、"圆环"、"椭圆"以及"椭圆弧"命令，这几个命令是AutoCAD中最简单的曲线命令。

1. 圆

【执行方式】

命令行：CIRCLE。

菜单：选择菜单栏中的"绘图"→"圆"命令。

工具栏：单击"绘图"工具栏中的"圆"按钮◎。

【操作步骤】

命令行提示与操作如下。

命令：CIRCLE✓

指定圆的圆心或［三点（3P）/两点（2P）/切点、切点、半径（T）］：指定圆心。

指定圆的半径或［直径（D）］：直接输入半径值或在绘图区单击指定半径长度。

指定圆的直径〈默认值〉：输入直径值或在绘图区单击指定直径长度。

【选项说明】

（1）三点（3P）。通过指定圆周上三点绘制圆。

（2）两点（2P）。通过指定直径的两端点绘制圆。

（3）切点、切点、半径（T）。通过先指定两个相切对象，再给出半径的方法绘制圆。如图2-3（a）～（d）所示给出了以"切点、切点、半径"方式绘制圆的各种情形（加粗的圆为最后绘制的圆）。

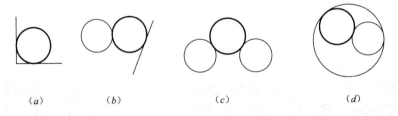

图2-3　圆与另外两个对象相切

（4）选择菜单栏中的"绘图"→"圆"命令，其子菜单中多了一种"相切、相切、相切"的方法，当选择此方式时（如图2-4所示），命令行提示如下。

指定圆上的第一个点：_tan 到：选择相切的第一个圆弧。

指定圆上的第二个点：_tan 到：选择相切的第二个圆弧。

指定圆上的第三个点：_tan 到：选择相切的第三个圆弧。

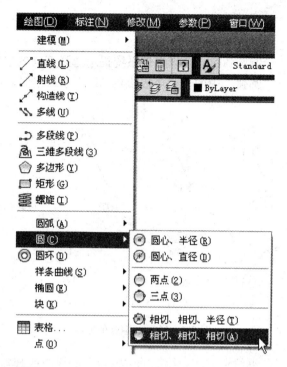

图 2-4 用"相切、相切、相切"的方法绘制圆

技巧荟萃

对于圆心点的选择，除了直接输入圆心点外，还可以利用圆心点与中心线的对应关系，利用对象捕捉的方法选择。按下状态栏中的"对象捕捉"按钮囗，命令行中会提示"命令：〈对象捕捉 开〉"。

2. 圆弧

【执行方式】

命令行：ARC（缩写名：A）。

菜单：选择菜单栏中的"绘图"→"圆弧"命令。

工具栏：单击"绘图"工具栏中的"圆弧"按钮。

【操作步骤】

命令行提示与操作如下。

命令：ARC↙

指定圆弧的起点或 [圆心（C）]：指定起点。

指定圆弧的第二点或 [圆心（C）/端点（E）]：指定第二点。

指定圆弧的端点：指定末端点。

【选项说明】

（1）用命令行方式绘制圆弧时，可以根据系统提示选择不同的选项，具体功能和利用菜单栏中的"绘图"→"圆弧"中的子菜单提供的 11 种方式相似。这 11 种方式如图 2-5 (a)～(k) 所示。

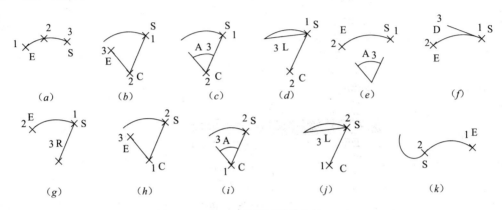

图 2-5　11 种画圆弧的方法

（2）需要强调的是"继续"方式，绘制的圆弧与上一线段或圆弧相切，继续绘制圆弧段，只提供端点即可。

技巧荟萃

绘制圆弧时，注意圆弧的曲率是遵循逆时针方向的，所以在选择指定圆弧两个端点和半径模式时，需要注意端点的指定顺序，否则有可能导致圆弧的凹凸形状与预期的相反。

3. 圆环

【执行方式】

命令行：DONUT。

菜单：选择菜单栏中的"绘图"→"圆环"命令。

【操作步骤】

命令行提示与操作如下。

命令：DONUT↙

指定圆环的内径〈默认值〉：指定圆环内径。

指定圆环的外径〈默认值〉：指定圆环外径。

指定圆环的中心点或〈退出〉：指定圆环的中心点。

指定圆环的中心点或〈退出〉：继续指定圆环的中心点，则继续绘制相同内外径的圆环。按〈Enter〉、〈Space〉键或右击，结束命令，如图 2-6 (a) 所示。

【选项说明】

（1）若指定内径为零，则画出实心填充圆，如图 2-6（b）所示。

（2）用命令 FILL 可以控制圆环是否填充，具体方法如下。

命令：FILL↙

输入模式［开（ON）/关（OFF）］〈开〉：（选择"开"表示填充，选择"关"表示不填充，如图 2-6（c）所示。）

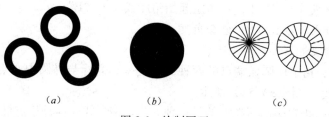

（a）　　　　　（b）　　　　　　（c）

图 2-6　绘制圆环

4. 椭圆与椭圆弧

【执行方式】

命令行：ELLIPSE。

菜单：选择菜单栏中的"绘制"→"椭圆"→"圆弧"命令。

工具栏：单击"绘图"工具栏中的"椭圆"按钮⬭或"椭圆弧"按钮⬭。

【操作步骤】

命令行提示与操作如下。

命令：ELLIPSE↙

指定椭圆的轴端点或［圆弧（A）/中心点（C）］：指定轴端点 1，如图 2-7（a）所示。

指定轴的另一个端点：指定轴端点 2，如图 2-7（a）所示。

指定另一条半轴长度或［旋转（R）］：

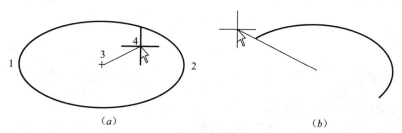

（a）　　　　　　　　　　　　（b）

图 2-7　椭圆和椭圆弧

（a）椭圆；（b）椭圆弧

【选项说明】

（1）指定椭圆的轴端点。根据两个端点定义椭圆的第一条轴，第一条轴的角度确定了

31

整个椭圆的角度。第一条轴既可定义椭圆的长轴也可定义其短轴。

（2）圆弧（A）。该选项用于创建一段椭圆弧，与"单击'绘图'工具栏中的'椭圆弧'按钮 "功能相同。其中第一条轴的角度确定了椭圆弧的角度。第一条轴既可定义椭圆弧长轴也可定义其短轴。选择该项，系统继续提示如下。

　　指定椭圆弧的轴端点或［中心点（C）］：指定端点或输入"C"，✓。

　　指定轴的另一个端点：指定另一端点。

　　指定另一条半轴长度或［旋转（R）］：指定另一条半轴长度或输入"R"，✓。

　　指定起始角度或［参数（P）］：指定起始角度或输入"P"，✓。

　　指定终止角度或［参数（P）/包含角度（I）］：

　　其中各选项含义如下。

1）起始角度：指定椭圆弧端点的两种方式之一，光标与椭圆中心点连线的夹角为椭圆端点位置的角度，如图 2-7（b）所示。

2）参数（P）：指定椭圆弧端点的另一种方式，该方式同样是指定椭圆弧端点的角度，但通过以下矢量参数方程式创建椭圆弧：

$$p(u) = c + a \times \cos(u) + b \times \sin(u)$$

其中，c 是椭圆的中心点，a 和 b 分别是椭圆的长轴和短轴，u 为光标与椭圆中心点连线的夹角。

3）包含角度（I）：定义从起始角度开始的包含角度。

（3）中心点（C）。通过指定的中心点创建椭圆。

（4）旋转（R）。通过绕第一条轴旋转圆来创建椭圆。相当于将一个圆绕椭圆轴翻转一个角度后的投影视图。

 技巧荟萃

椭圆命令生成的椭圆是以多义线还是以椭圆为实体是由系统变量 PELLIPSE 决定的，当其为 1 时，生成的椭圆就是以多义线形式存在。

2.1.3 平面图形

1. 矩形

 【执行方式】

命令行：RECTANG（缩写名：REC）。

菜单：选择菜单栏中的"绘图"→"矩形"命令。

工具栏：单击"绘图"工具栏中的"矩形"按钮 。

 【操作步骤】

命令行提示与操作如下。

命令：RECTANG✓

指定第一个角点或［倒角（C）/标高（E）/圆角（F）/厚度（T）/宽度（W）］：

指定另一个角点或［面积（A）/尺寸（D）/旋转（R）］：

 【选项说明】

（1）第一个角点。通过指定两个角点确定矩形，如图 2-8（a）所示。

（2）倒角（C）。指定倒角距离，绘制带倒角的矩形，如图 2-8（b）所示。每一个角点的逆时针和顺时针方向的倒角可以相同，也可以不同，其中第一个倒角距离是指角点逆时针方向倒角距离，第二个倒角距离是指角点顺时针方向倒角距离。

（3）标高（E）。指定矩形标高（Z 坐标），即把矩形放置在标高为 Z 并与 XOY 坐标面平行的平面上，并作为后续矩形的标高值。

（4）圆角（F）。指定圆角半径，绘制带圆角的矩形，如图 2-8（c）所示。

（5）厚度（T）。指定矩形的厚度，如图 2-8（d）所示。

（6）宽度（W）。指定线宽，如图 2-8（e）所示。

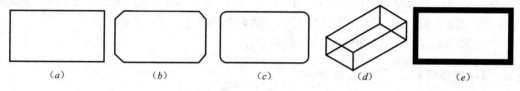

图 2-8　绘制矩形

（7）面积（A）。指定面积和长或宽创建矩形。选择该项，系统提示如下。

输入以当前单位计算的矩形面积〈20.0000〉：输入面积值。

计算矩形标注时依据［长度（L）/宽度（W）］〈长度〉：按〈Enter〉键或输入"W"。

输入矩形长度〈4.0000〉：指定长度或宽度。

指定长度或宽度后，系统自动计算另一个维度，绘制出矩形。如果矩形被倒角或圆角，则长度或宽度计算中也会考虑此设置，如图 2-9 所示。

（8）尺寸（D）。使用长和宽创建矩形，第二个指定点将矩形定位在与第一角点相关的 4 个位置之一内。

（9）旋转（R）。使所绘制的矩形旋转一定角度。选择该项，系统提示如下。

指定旋转角度或［拾取点（P）］〈135〉：指定角度。

指定另一个角点或［面积（A）/尺寸（D）/旋转（R）］：指定另一个角点或选择其他选项。

指定旋转角度后，系统按指定角度创建矩形，如图 2-10 所示。

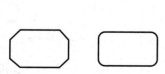

倒角距离(1,1)　圆角半径：1.0
面积：20 长度：6　面积：20 长度：6

图 2-9　按面积绘制矩形

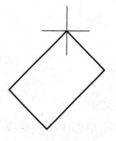

图 2-10　按指定旋转角度绘制矩形

2. 多边形

 【执行方式】

命令行：POLYGON。

菜单：选择菜单栏中的"绘图"→"多边形"命令。

工具栏：单击"绘图"工具栏中的"多边形"按钮⬠。

 【操作步骤】

命令行提示与操作如下。

命令：POLYGON✓

输入侧边数〈4〉：指定多边形的边数，默认值为4。

指定正多边形的中心点或［边（E）］：指定中心点。

输入选项［内接于圆（I）/外切于圆（C）］〈I〉：指定是内接于圆或外切于圆，I表示内接于圆如图2-11（a）所示，C表示外切于圆，如图2-11（b）所示。

指定圆的半径：指定外接圆或内切圆的半径。

 【选项说明】

如果选择"边（E）"选项，则只要指定多边形的一条边，系统就会按逆时针方向创建该正多边形，如图2-11（c）所示。

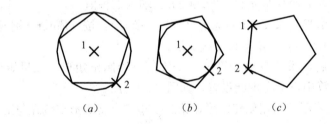

（a）　　　　　　（b）　　　　　　（c）

图 2-11　绘制正多边形

2.1.4　点

点在 AutoCAD 中有多种不同的表示方式，用户可以根据需要进行设置，也可以设置等分点和测量点。

1. 点

 【执行方式】

命令行：POINT。

菜单：选择菜单栏中的"绘图"→"点"命令。

工具栏：单击"绘图"工具栏中的"点"按钮▣。

【操作步骤】

命令行提示与操作如下。

命令：POINT↙

指定点：指定点所在的位置。

【选项说明】

（1）通过菜单方法操作时（如图 2-12 所示），"单点"命令表示只输入一个点，"多点"命令表示可输入多个点。

（2）可以按下状态栏中的"对象捕捉"按钮，设置点捕捉模式，帮助用户选择点。

（3）点在图形中的表示样式，共有 20 种。可通过 DDPTYPE 命令或选择菜单栏中的"格式"→"点样式"命令，通过打开的"点样式"对话框来设置，如图 2-13 所示。

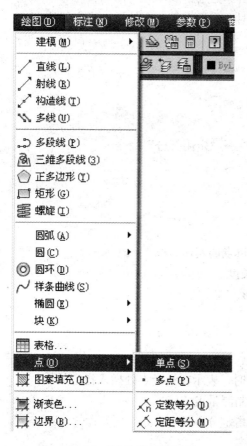

图 2-12 "点"的子菜单

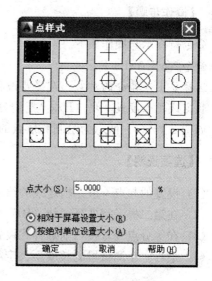

图 2-13 "点样式"对话框

2. 等分点

【执行方式】

命令行：DIVIDE（缩写名：DIV）。

菜单：选择菜单栏中的"绘图"→"点"→"定数等分"命令。

【操作步骤】

命令行提示与操作如下。

命令：DIVIDE ↙

选择要定数等分的对象：

输入线段数目或［块（B）］：指定实体的等分数。

如图 2-14（a）所示为绘制等分点的图形。

【选项说明】

（1）等分数目范围为 2～32767。

（2）在等分点处，按当前点样式设置画出等分点。

（3）在第二提示行选择"块（B）"选项时，表示在等分点处插入指定的块。

3. 测量点

【执行方式】

命令行：MEASURE（缩写名：ME）。

菜单：选择菜单栏中的"绘图"→"点"→"定距等分"命令。

【操作步骤】

命令行提示与操作如下。

命令：MEASURE ↙

选择要定距等分的对象：选择要设置测量点的实体。

指定线段长度或［块（B）］：指定分段长度。

如图 2-14（b）所示为绘制测量点的图形。

【选项说明】

（1）设置的起点一般是指定线的绘制起点。

（2）在第二提示行选择"块（B）"选项时，表示在测量点处插入指定的块。

（3）在等分点处，按当前点样式设置绘制测量点。

（4）最后一个测量段的长度不一定等于指定分段长度。

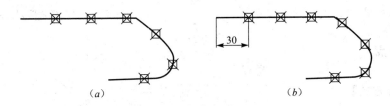

（a）   （b）

图 2-14　绘制等分点和测量点

2.1.5 绘制徒手线和云线

1. 绘制徒手线

在 AutoCAD 中，用户可以利用鼠标或图形输入板游标进行徒手绘图。徒手绘画用于绘制非规则图形边界。

徒手绘图时，应像使用画笔一样使用定点设备的拾取键，单击定点设备将"Pen（画笔）"放到屏幕上进行绘制，再次单击将其提起并停止绘图。徒手绘制的图形由若干条线段组成，每条线段都是可分离的对象或多段线。用户可以设置线段的增量，增量小可提高图形精度，但会大大增加图形文件的大小。徒手绘制的图形应采用 Continuous（连续）线型，可通过系统变量 Celtype 进行检查。徒手绘图时还应该关闭正交模式。

 【执行方式】

命令行：SKETCH。

 【操作步骤】

命令：SKETCH✓

记录增量〈0.1000〉：（输入增量）。

徒手画：画笔（P）/退出（X）/结束（Q）/记录（R）/删除（E）/连接（C）。

 【选项说明】

（1）记录增量：输入记录增量值。徒手线实际上是将微小的直线段连接起来模拟任意曲线，其中的每一条直线段称为一个记录。记录增量的意思实际上是指单位线段的长度。不同的记录增量绘制的徒手线精度和形状不同。如图 2-15 所示。

（2）画笔（P）：按 P 键或单击鼠标左键表示徒手线的提笔和落笔。在用定点设备选取菜单项前必须提笔。

（3）连接（C）：自动落笔，继续从上次所画的线段的端点或上次删除的线段的端点开始画线。将光标移到上次所画的线段的端点或上次删除的线段

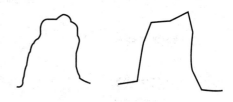

图 2-15　不同的记录增量

的端点附近，系统自动连接到上次所画的线段的端点或上次删除的线段的端点，并继续绘制徒手线。

2. 绘制云线

 【执行方式】

命令行：revcloud。

菜单：选择菜单栏中的"绘图"→"修订云线"命令。

工具栏：单击"绘图"工具栏中的"样条曲线"按钮。

【操作步骤】

命令行提示与操作如下。

命令行：revcloud

最小弧长：0.5000 最大弧长：0.5000

指定起点或［弧长（A）/对象（O）/样式（S）］〈对象〉：拖动绘制修订云线、输入选项或按 ENTER 键

沿云线路径引导十字光标…

【选项说明】

(1) 弧长：指定云线中弧线的长度，最大弧长不能大于最小弧长的三倍。

(2) 对象：指定要转换为云线的对象。

(3) 样式：指定修订云线的样式。

2.1.6 多段线

多段线是由宽窄相同或不同的线段和圆弧组合而成的。图 2-16 是利用多段线绘制的图形。用户可以用 PEDIT（多段线编辑）命令对多段线进行各种编辑。

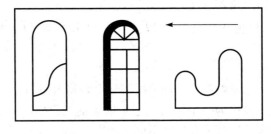

图 2-16 用多段线绘制的图形

1. 绘制多段线

【执行方式】

命令行：PLINE（缩写名：PL）。

菜单："绘图"→"多段线"。

工具栏："绘图"→"多段线" 🔲。

【操作步骤】

命令：PLINE✓

指定起点：（指定多段线的起点）

当前线宽为 0.0000

指定下一个点或［圆弧（A）/半宽（H）/长度（L）/放弃（U）/宽度（W）］：（指定多段线的下一点）

【选项说明】

（1）圆弧（A）：该选项使 Pline 命令由绘直线方式变为绘圆弧方式，并给出绘圆弧的提示。

指定圆弧的端点或［角度（A）/圆心（CE）/闭合（CL）/方向（D）/半宽（H）/直线（L）/半径（R）/第二个点（S）/放弃（U）/宽度（W）］：

（2）闭合（C）：执行该选项，系统从当前点到多段线的起点以当前宽度画一条直线，构成封闭的多段线，并结束 Pline 命令的执行。

（3）半宽（H）：该选项用来确定多段线的半宽度。

（4）长度（L）：用于确定多段线的长度。

（5）放弃（U）：可以删除多段线中刚画出的直线段（或圆弧段）。

（6）宽度（W）：该选项用于确定多段线的宽度，操作方法与半宽度选项类似。

2. 编辑多段线

【执行方式】

命令行：PEDIT（缩写名：PE）。

菜单："修改"→"对象"→"多段线"。

工具栏："修改 II"→"编辑多段线" 。

快捷菜单：选择要编辑的多段线，右击鼠标，在打开的快捷菜单中选择"编辑多段线"命令。

【操作步骤】

命令：PEDIT↙

选择多段线或［多条（M）］：（选择一条要编辑的多段线）

输入选项［闭合（C）/合并（J）/宽度（W）/编辑顶点（E）/拟合（F）/样条曲线（S）/非曲线化（D）/线型生成（L）/放弃（U）］：

【选项说明】

（1）合并（J）：以选中的多段线为主体，合并其他直线段、圆弧和多段线，使其成为一条多段线。能合并的条件是各段端点首尾相连，如图 2-17 所示。

（2）宽度（W）：修改整条多段线的线宽，使其具有同一线宽，如图 2-18 所示。

（3）编辑顶点（E）：选择该项后，在多段线起点处出现一个斜的十字叉"×"，它为当前顶点的标记，并在命令行出现进行后续操作的提示：

［下一个（N）/上一个（P）/打断（B）/插入（I）/移动（M）/重生成（R）/拉直（S）/切向（T）/宽度（W）/退出（X）］〈N〉：

这些选项允许用户进行移动、插入顶点和修改任意两点间的线宽等操作。

（4）拟合（F）：将指定的多段线生成由光滑圆弧连接的圆弧拟合曲线，该曲线经过多段线的各顶点，如图 2-19 所示。

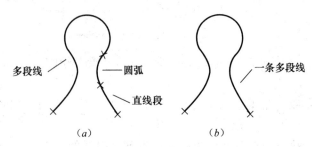

图 2-17　合并多段线

（a）合并前；（b）合并后

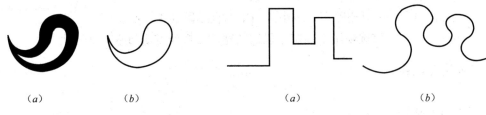

图 2-18　修改整条多段线的线宽

（a）修改前；（b）修改后

图 2-19　生成圆弧拟合曲线

（a）修改前；（b）修改后

（5）样条曲线（S）：将指定的多段线以各顶点为控制点生成 B 样条曲线，如图 2-20 所示。

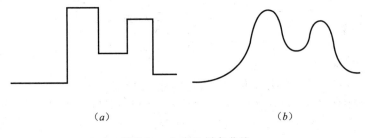

图 2-20　生成 B 样条曲线

（a）修改前；（b）修改后

（6）非曲线化（D）：将指定的多段线中的圆弧由直线代替。对于选用"拟合（F）"或"样条曲线（S）"选项后生成的圆弧拟合曲线或样条曲线，则删去生成曲线时新插入的顶点，恢复成由直线段组成的多段线。

（7）线型生成（L）：当多段线的线型为点画线时，控制多段线的线型生成方式开关。选择此项，系统提示：

输入多段线线型生成选项［开（ON）/关（OFF）］〈关〉：

选择 ON 时，将在每个顶点处允许以短画开始和结束生成线型；选择 OFF 时，将在每个顶点处以长画开始和结束生成线型。"线型生成"不能用于带变宽线段的多段线。如图 2-21 所示。

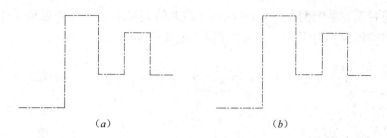

图 2-21　控制多段线的线型（线型为点画线时）
(*a*) 关；(*b*) 开

2.1.7　样条曲线

1. 绘制样条曲线

样条曲线常用于绘制不规则零件轮廓，例如零件断裂处的边界。

【执行方式】

　　命令行：SPLINE。

　　菜单："绘图"→"样条曲线"。

　　工具栏："绘图"→"样条曲线" ⬰。

【操作步骤】

　　命令：SPLINE ↙

　　指定第一个点或［对象（O）］：（指定一点或选择"对象（O）"选项）

　　指定下一点：（指定一点）

　　指定下一个点或［闭合（C）/拟合公差（F）］〈起点切向〉：

【选项说明】

　　（1）对象（O）：将二维或三维的二次或三次样条曲线拟合多段线转换为等价的样条曲线，然后（根据 DELOBJ 系统变量的设置）删除该多段线。

　　（2）闭合（C）：将最后一点定义为与第一点一致，并使它在连接处相切，这样可以闭合样条曲线。

　　（3）拟合公差（F）：修改当前样条曲线的拟合公差。根据新公差以现有点重新定义样条曲线。公差表示样条曲线拟合所指定的拟合点集时的拟合精度。公差越小，样条曲线与拟合点越接近。公差为 0，样条曲线将通过该点。输入大于 0 的公差，将使样条曲线在指定的公差范围内通过拟合点。在绘制样条曲线时，可以改变样条曲线拟合公差以查看效果。

　　（4）〈起点切向〉：定义样条曲线的第一点和最后一点的切向。如果在样条曲线的两端都指定切向，可以输入一个点或者使用"切点"和"垂足"对象捕捉模式使样条曲线与已有的对象相切或垂直。如果按 Enter 键，AutoCAD 将计算默认切向。

（5）变量控制：系统变量 Splframe 用于控制绘制样条曲线时是否显示样条曲线的线框。将该变量的值设置为 1 时，会显示出样条曲线的线框。

2. 编辑样条曲线

【执行方式】

命令行：SPLINEDIT。

菜单："修改"→"对象"→"样条曲线"。

快捷菜单：选择要编辑的样条曲线，右击鼠标，从打开的快捷菜单上选择"编辑样条曲线"命令。

工具栏："修改 II"→"编辑样条曲线" 。

【操作步骤】

命令：SPLINEDIT↙

选择样条曲线：（选择要编辑的样条曲线。若选择的样条曲线是用 SPLINE 命令创建的，其近似点以夹点的颜色显示出来；若选择的样条曲线是用 PLINE 命令创建的，其控制点以夹点的颜色显示出来）

输入选项 ［拟合数据（F）/闭合（C）/移动顶点（M）/精度（R）/反转（E）/放弃（U）］：

【选项说明】

（1）拟合数据（F）：编辑近似数据。选择该项后，创建该样条曲线时指定的各点以小方格的形式显示出来。

（2）移动顶点（M）：移动样条曲线上的当前点。

（3）精度（R）：调整样条曲线的定义。

（4）反转（E）：翻转样条曲线的方向。该项操作主要用于应用程序。

2.1.8 多线

多线是一种复合线，由连续的直线段复合组成。多线的突出优点就是能够大大提高绘图效率，保证图线之间的统一性。

1. 绘制多线

【执行方式】

命令行：MLINE。

菜单：选择菜单栏中的"绘图"→"多线"命令。

【操作步骤】

命令行提示与操作如下。

命令：MLINE✓

当前设置：对正＝上，比例＝20.00，样式＝STANDARD。

指定起点或［对正（J）/比例（S）/样式（ST）］：指定起点。

指定下一点：指定下一点。

指定下一点或［放弃（U）］：继续指定下一点绘制线段。输入"U"，则放弃前一段多线的绘制；右击或按〈Enter〉键，结束命令。

指定下一点或［闭合（C）/放弃（U）］：继续给定下一点绘制线段。输入"C"，则闭合线段，结束命令。

 【选项说明】

（1）对正（J）。该项用于指定绘制多线的基准。共有 3 种对正类型"上"、"无"和"下"。其中，"上"表示以多线上侧的线为基准，其他两项依此类推。

（2）比例（S）。选择该项，要求用户设置平行线的间距。输入值为零时，平行线重合；输入值为负时，多线的排列倒置。

（3）样式（ST）。该项用于设置当前使用的多线样式。

2. 定义多线样式

 【执行方式】

命令行：MLSTYLE。

 【操作步骤】

命令：MLSTYLE✓

执行上述命令后，系统打开如图 2-22 所示的"多线样式"对话框。在该对话框中，用户可以对多线样式进行定义、保存和加载等操作。下面通过定义一个新的多线样式来介绍该对话框的使用方法。欲定义的多线样式由 3 条平行线组成，中心轴线和两条平行的实线，相对于中心轴线上、下各偏移 0.5，步骤如下：

（1）在"多线样式"对话框中单击"新建"按钮，系统打开"创建新的多线样式"对话框，如图 2-23 所示。

（2）在"创建新的多线样式"对话框的"新样式名"文本框中输入"THREE"，单击"继续"按钮。

（3）系统打开"新建多线样式"对话框，如图 2-24 所示。

（4）在"封口"选项组中可以设置多线起点和端点的特性，包括以直线、外弧还是内弧封口以及封口线段或圆弧的角度。

（5）在"填充颜色"下拉列表框中可以选择多线填充的颜色。

（6）在"图元"选项组中可以设置组成多线元素的特性。单击"添加"按钮，可以为多线添加元素；反之，单击"删除"按钮，为多线删除元素。在"偏移"文本框中可以设置选中元素的位置偏移值。在"颜色"下拉列表框中可以为选中的元素选择颜色。单击"线型"按钮，系统打开"选择线型"对话框，可以为选中的元素设置线型。

图 2-22 "多线样式"对话框   图 2-23 "创建新的多线样式"对话框

（7）设置完毕后，单击"确定"按钮，返回到如图 2-22 所示的"多线样式"对话框。在"样式"列表中会显示刚设置的多线样式名，选择该样式，单击"置为当前"按钮，则将刚设置的多线样式设置为当前样式，下面的预览框中会显示所选的多线样式。

（8）单击"确定"按钮，完成多线样式设置。

如图 2-25 所示为按设置后的多线样式绘制的多线。

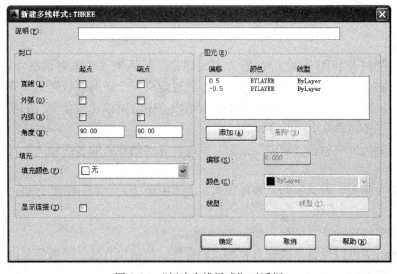

图 2-24 "新建多线样式"对话框   图 2-25 绘制的多线

3. 编辑多线

 【执行方式】

命令行：MLEDIT。

菜单：选择菜单栏中的"修改"→"对象"→"多线"命令。

【操作步骤】

执行上述命令后，打开"多线编辑工具"对话框，如图2-26所示。

图2-26 "多线编辑工具"对话框

利用该对话框，可以创建或修改多线的模式。对话框中分4列显示示例图形。其中，第一列管理十字交叉形多线，第二列管理T形多线，第三列管理拐角接合点和节点，第四列管理多线被剪切或连接的形式。

单击选择某个示例图形，就可以调用该项编辑功能。

下面以"十字打开"为例，介绍多线编辑的方法，把选择的两条多线进行打开交叉。命令行提示与操作如下：

选择第一条多线：选择第一条多线。

选择第二条多线：选择第二条多线。

选择完毕后，第二条多线被第一条多线横断交叉，命令行提示如下：

选择第一条多线：

可以继续选择多线进行操作。选择"放弃"选项会撤销前次操作。执行结果如图2-27所示。

选择第一条多线　　　选择第二条多线　　　执行结果

图2-27 十字打开

2.1.9 图案填充

当用户需要用一个重复的图案（pattern）填充一个区域时，可以使用 BHATCH 命令建立一个相关联的填充阴影对象，然后指定相应的区域进行填充，即所谓的图案填充。

1. 基本概念

（1）图案边界

当进行图案填充时，首先要确定填充图案的边界。定义边界的对象只能是直线、双向射线、单向射线、多段线、样条曲线、圆弧、圆、椭圆、椭圆弧、面域等对象，或用这些对象定义的块，而且作为边界的对象在当前屏幕上必须全部可见。

（2）孤岛

在进行图案填充时，我们把位于总填充域内的封闭区域称为孤岛，如图 2-28 所示。在用 BHATCH 命令填充时，AutoCAD 允许用户以点取点的方式确定填充边界，即在希望填充的区域内任意点取一点，AutoCAD 会自动确定出填充边界，同时也确定该边界内的岛。如果用户是以点取对象的方式确定填充边界的，则必须确切地点取这些岛。

（3）填充方式

在进行图案填充时，需要控制填充的范围，AutoCAD 为用户设置了 3 种填充方式实现对填充范围的控制。

1）普通方式。如图 2-29（a）所示，该方式从边界开始，由每条填充线或每个填充符号的两端向里画，遇到内部对象与之相交时，填充线或符号断开，直到遇到下一次相交时再继续画。采用这种方式时，要避免剖面线或符号与内部对象的相交次数为奇数。该方式为系统内部的默认方式。

2）最外层方式。如图 2-29（b）所示，该方式从边界向里画剖面符号，只要在边界内部与对象相交，剖面符号便由此断开，而不再继续画。

3）忽略方式。如图 2-29（c）所示，该方式忽略边界内的对象，所有内部结构都被剖面符号覆盖。

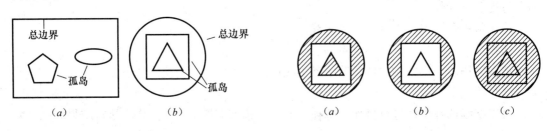

图 2-28　孤岛　　　　　　　　　　图 2-29　填充方式

2. 图案填充的操作

【执行方式】

命令行：BHATCH。

菜单:"绘图"→"图案填充"。

工具栏:"绘图"→"图案填充" ▨ 或"绘图"→"渐变色" ▨。

【选项说明】

执行上述命令后,系统打开如图2-30所示的"图案填充和渐变色"对话框,下面介绍各选项卡中选项的含义。

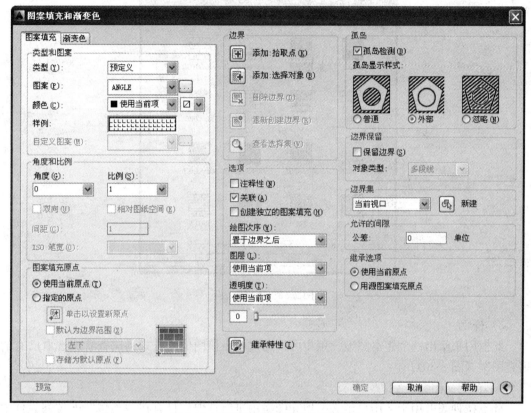

图2-30 "图案填充和渐变色"对话框

(1)"图案填充"选项卡

此选项卡中的各选项用来确定图案及其参数。打开此选项卡后,可以看到图2-30左边的选项。下面介绍各选项的含义。

1)类型

此下拉列表框用于确定填充图案的类型及图案。单击右侧的下三角按钮,弹出其下拉列表(图2-31)。其中,"用户定义"选项表示用户要临时定义填充图案,与命令行方式中的"U"选项作用一样;"自定义"选项表示选用ACAD. PAT图案文件或其他图案文件(. PAT文件)中的图案填充;"预定义"选项表示用AutoCAD标准图案文件(ACAD. PAT文件)中的图案填充。

2)图案

此下拉列表框用于确定标准图案文件中的填充图案。在弹出的下拉列表中,用户可从中选取填充图案。选取所需要的填充图

预定义
用户定义
自定义

图2-31 填充图案类型

案后，在"样例"框内会显示出该图案。只有用户在"类型"下拉列表框中选择了"预定义"，此项才以正常亮度显示，即允许用户从自己定义的图案文件中选取填充图案。

如果选择的图案类型是"预定义"，单击"图案"下拉列表框右边的 按钮，会弹出如图 2-32 所示的对话框，该对话框中显示了所选类型所具有的图案，用户可从中确定所需要的图案。

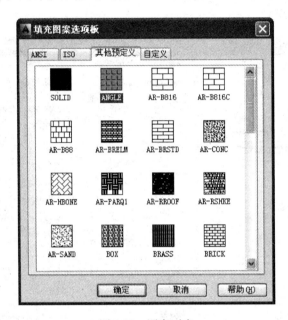

图 2-32　图案列表

3）样例

此框用来给出一个样本图案。用户可以通过单击该图像的方式迅速查看或选取已有的填充图案（图 2-30）。

4）自定义图案

此下拉列表框用于从用户定义的填充图案中进行选取。只有在"类型"下拉列表框中选用"自定义"选项后，该项才以正常亮度显示，即允许用户从自己定义的图案文件中选取填充图案。

5）角度

此下拉列表框用于确定填充图案时的旋转角度。每种图案在定义时的旋转角度为零，用户可在"角度"下拉列表框中输入所希望的旋转角度。

6）比例

此下拉列表框用于确定填充图案的比例值。每种图案在定义时的初始比例为 1，用户可以根据需要放大或缩小，方法是在"比例"下拉列表框内输入相应的比例值。

7）双向

用于确定用户临时定义的填充线是一组平行线，还是相互垂直的两组平行线。只有当在"类型"下拉列表框中选用"用户定义"选项，该项才可以使用。

8）相对图纸空间

确定是否相对于图纸空间单位确定填充图案的比例值。选择此选项，可以按适合于版面布局的比例方便地显示填充图案。该选项仅仅适用于图形版面编排。

9）间距

指定线之间的间距，在"间距"文本框内输入值即可。只有在"类型"下拉列表框中选中"用户定义"选项后，该项才可以使用。

10）ISO 笔宽

此下拉列表框告诉用户根据所选择的笔宽确定与 ISO 有关的图案比例。只有选择了已定义的 ISO 填充图案后，才可确定它的内容。

11）图案填充原点

控制填充图案生成的起始位置。某些图案填充（例如砖块图案）需要与图案填充边界上的一点对齐。默认情况下，所有图案填充原点都对应于当前的 UCS 原点。也可以选择"指定的原点"及下面一级的选项重新指定原点。

（2）"渐变色"选项卡

渐变色是指从一种颜色平滑过渡到另一种颜色。渐变色能产生光的效果，可为图形添加视觉效果。单击该标签，打开如图 2-33 所示的选项卡，其中各选项含义如下：

1）"单色"单选按钮

单击此单选按钮，系统应用单色对所选择的对象进行渐变填充。其下面的显示框显示了用户所选择的真彩色，单击右边的小按钮，系统打开"选择颜色"对话框，如图 2-34 所示。该对话框在第 3 章有详细介绍，这里不再赘述。

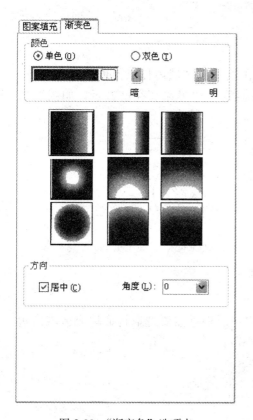

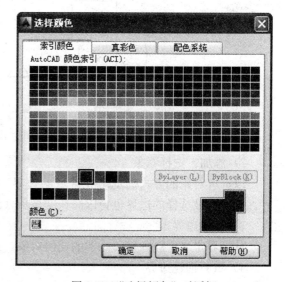

图 2-33 "渐变色"选项卡　　　　　　　　图 2-34 "选择颜色"对话框

2）"双色"单选按钮

单击此单选按钮，系统应用双色对所选择的对象进行渐变填充。填充颜色将从颜色1渐变到颜色2。颜色1和颜色2的选取与单色选取类似。

3）"渐变方式"样板

在"渐变色"选项卡的下方有9种渐变方式，包括线形、球形和抛物线形等方式。

4）"居中"复选框

该复选框决定渐变填充是否居中。

5）"角度"下拉列表框

在该下拉列表框中选择角度，此角度为渐变色倾斜的角度。不同的渐变色填充如图2-35所示。

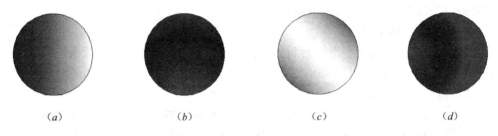

(a)   *(b)*   *(c)*   *(d)*

图2-35　不同的渐变色填充

(a) 单色线居中0角度渐变填充；*(b)* 双色抛物线居中0角度渐变填充；*(c)* 单色线形居中45°渐变填充；
(d) 双色球形不居中0角度渐变填充

（3）边界

1）添加：拾取点

以点取点的形式自动确定填充区域的边界。在填充的区域内任意点取一点，Auto-CAD会自动确定出包围该点的封闭填充边界，并且这些边界以高亮度显示，如图2-36所示。

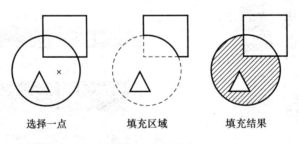

选择一点　　　　　填充区域　　　　　填充结果

图2-36　边界确定

2）添加：选择对象

以选取对象的方式确定填充区域的边界。用户可以根据需要选取构成填充区域的边界。同样，被选择的边界也会以高亮度显示（图2-37）。

3）删除边界

从边界定义中删除以前添加的任何对象，如图2-38所示。

4）重新创建边界

围绕选定的图案填充或填充对象创建多段线或面域。

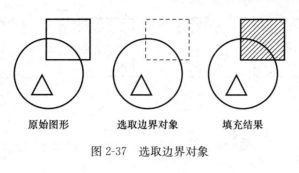

图 2-37　选取边界对象

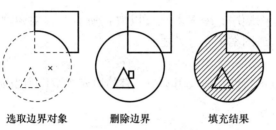

图 2-38　删除边界后的新边界

5）查看选择集

观看填充区域的边界。单击该按钮，AutoCAD 将临时切换到作图屏幕，将所选择的作为填充边界的对象以高亮方式显示。只有通过"添加：拾取点"按钮或"添加：选择对象"按钮选取了填充边界，"查看选择集"按钮才可以使用。

（4）选项

1）注释性

此选项用于确定填充图案是否有注释性。

2）关联

此选项用于确定填充图案与边界的关系。若单击此按钮，则填充的图案与填充边界保持着关联关系，即图案填充后，当用钳夹（Grips）功能对边界进行拉伸等编辑操作时，AutoCAD 会根据边界的新位置重新生成填充图案。如图 2-39 所示。

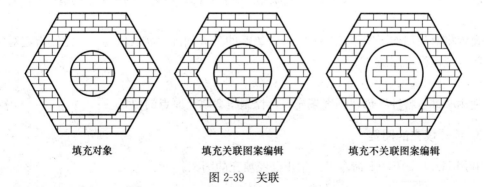

图 2-39　关联

3）创建独立的图案填充

当指定了几个独立的闭合边界时，该选项用于控制是创建单个图案填充对象，还是创建多个图案填充对象。如图 2-40 所示。

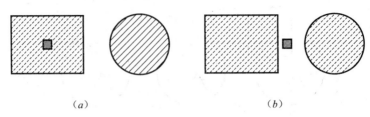

图 2-40　独立与不独立

（a）独立，选中时不是一个整体；（b）不独立，选中时是一个整体

4）绘图次序

指定图案填充的绘图顺序。图案填充可以放在所有其他对象之后、所有其他对象之前、图案填充边界之后或图案填充边界之前。

（5）继承特性

此按钮的作用是继承特性，即选用图中已有的填充图案作为当前的填充图案。

（6）孤岛

1）孤岛检测

确定是否检测孤岛。

2）孤岛显示样式

该选项组用于确定图案的填充方式。用户可以从中选取所需要的填充方式。默认的填充方式为"普通"。用户也可以在右键快捷菜单中选择填充方式。

（7）边界保留

指定是否将边界保留为对象，并确定应用于这些边界对象的对象类型是多段线还是面域。

（8）边界集

此选项组用于定义边界集。当单击"添加：拾取点"按钮以根据一指定点的方式确定填充区域时，有两种定义边界集的方式：一种是将包围所指定点的最近的有效对象作为填充边界，即"当前视口"选项（系统的默认方式）；另一种方式是用户自己选定一组对象来构造边界，即"现有集合"选项，选定对象通过选项组中的"新建"按钮实现，按下该按钮后，AutoCAD 临时切换到作图屏幕，并提示用户选取作为构造边界集的对象，此时若选取"现有集合"选项，AutoCAD 会根据用户指定的边界集中的对象来构造一封闭边界。

（9）允许的间隙

设置将对象用作图案填充边界时可以忽略的最大间隙。默认值为 0，此值指定对象必须封闭区域而没有间隙。

（10）继承选项

使用"继承特性"创建图案填充时，控制图案填充原点的位置。

3. 编辑填充的图案

利用 HATCHEDIT 命令可以编辑已经填充的图案。

【执行方式】

命令行：HATCHEDIT。

菜单："修改"→"对象"→"图案填充"。

【操作步骤】

执行上述命令后，AutoCAD会给出下面提示：

选择关联填充对象：

选取关联填充对象后，系统弹出如图2-41所示的"图案填充编辑"对话框。

在图2-41中，只有正常显示的选项才可以对其进行操作。该对话框中各项的含义与图2-30所示的"图案填充和渐变色"对话框中各项的含义相同。利用该对话框，可以对已选中的图案进行一系列的编辑修改。

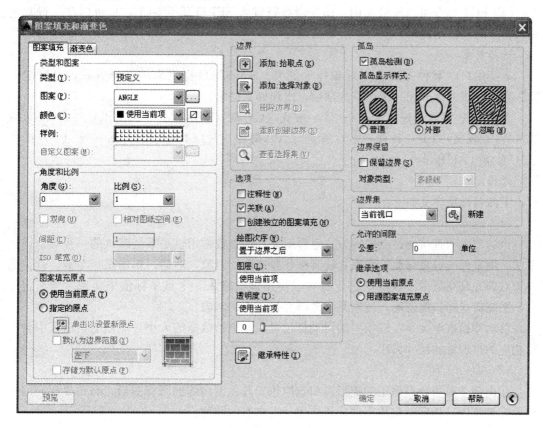

图2-41 "图案填充编辑"对话框

2.2 编辑命令

2.2.1 构造选择集及快速选择对象

1. 构造选择集

选择集可以仅由一个图形对象构成，也可以是一个复杂的对象组，如位于某一特定层上具有某种特定颜色的一组对象。选择集的构造可以在调用编辑命令之前或之后。

AutoCAD 提供以下几种方法构造选择集：

- 先选择一个编辑命令，然后选择对象，用回车键结束操作。
- 使用 SELECT 命令。
- 用点取设备选择对象，然后调用编辑命令。
- 定义对象组。

无论使用哪种方法，AutoCAD 都将提示用户选择对象，并且光标的形状由十字光标变为拾取框。

下面结合 SELECT 命令说明选择对象的方法。

SELECT 命令可以单独使用，即在命令行键入 SELECT 后回车，也可以在执行其他编辑命令时被自动调用。此时，屏幕出现提示：

选择对象：

等待用户以某种方式选择对象作为回答。AutoCAD 提供多种选择方式，可以键入"？"查看这些选择方式。选择该选项后，出现如下提示：

需要点或 窗口（W）/上一个（L）/窗交（C）/框（BOX）/全部（ALL）/栏选（F）/圈围（WP）/圈交（CP）/编组（G）/添加（A）/删除（R）/多个（M）/上一个（P）/放弃（U）/自动（AU）/单个（SI）

选择对象：

上面各选项含义如下：

（1）点

该选项表示直接通过点取的方式选择对象。这是较常用也是系统默认的一种对象选择方法。用鼠标或键盘移动拾取框，使其框住要选取的对象，然后，单击鼠标左键，就会选中该对象并高亮显示。该点的选定也可以使用键盘输入一个点坐标值来实现。当选定点后，系统将立即扫描图形，搜索并且选择穿过该点的对象。

移动"拾取框大小"选项组的滑动标尺可以调整拾取框的大小。左侧的空白区中会显示相应的拾取框的尺寸大小。

（2）窗口（W）

用由两个对角顶点确定的矩形窗口选取位于其范围内部的所有图形，与边界相交的对象不会被选中。指定对角顶点时应该按照从左向右的顺序。

（3）上一个（L）

在"选择对象："提示下键入 L 后回车，系统会自动选取最后绘出的一个对象。

（4）窗交（C）

该方式与上述"窗口"方式类似，区别在于：它不但选择矩形窗口内部的对象，也选中与矩形窗口边界相交的对象。

（5）框（BOX）

该方式没有命令缩写字。使用时，系统根据用户在屏幕上给出的两个对角点的位置而自动引用"窗口"或"窗交"选择方式。若从左向右指定对角点，为"窗口"方式；反之，为"窗交"方式。

（6）全部（ALL）

选取图面上所有对象。在"选择对象："提示下键入 ALL，回车。此时，绘图区域内的所有对象均被选中。

（7）栏选（F）

用户临时绘制一些直线，这些直线不必构成封闭图形，凡是与这些直线相交的对象均被选中。这种方式对选择相距较远的对象比较有效。交线可以穿过本身。

（8）圈围（WP）

使用一个不规则的多边形来选择对象。

（9）圈交（CP）

类似于"圈围"方式，在提示后键入 CP，后续操作与 WP 方式相同。区别在于：与多边形边界相交的对象也被选中。

其他对象选择方式与上面所述方式类似，这里不再赘述。

2. 快速选择对象

快速选择对象可以同时选中具有相同特征的多个对象，如选择具有相同颜色、线型或线宽的对象，并可以在对象特性管理器中建立并修改快速选择参数。操作过程如下：

【执行方式】

命令行：QSELECT。

菜单："工具"→"快速选择"。

右键快捷菜单："快速选择"（图 2-42）。

【操作步骤】

命令：QSELECT ↙

执行上述命令后，系统打开"快速选择"对话框，如图 2-43 所示。

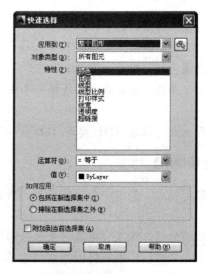

图 2-42　右键快捷菜单　　　　　　图 2-43　"快速选择"对话框

【选项说明】

在"快速选择"对话框里有以下选项：

（1）应用到：确定范围，可以是整张图也可以是当前的选择集。

（2）对象类型：指出要选择的对象类型。

（3）特性：在该列表框中列出了作为过滤依据的对象特性。

（4）运算符：用4种运算符来确定所选特性与特性值之间的关系，有等于、大于、小于和不等于。

（5）值：根据所选特性，指定特性的值，也可以从列表中选取。

（6）如何应用：选择是"包括在新选择集中"还是"排除在新选择集之外"。

（7）附加到当前选择集：该选项是让用户多次运用不同的快速选择，从而产生累加的选择集。

2.2.2　复制类命令

本节详细介绍 AutoCAD 2010 的复制类命令，利用这些编辑功能，可以方便地编辑绘制的图形。

1. 复制命令

【执行方式】

命令行：COPY。

菜单：选择菜单栏中的"修改"→"复制"命令。

工具栏：单击"修改"工具栏中的"复制"按钮。

快捷菜单：选中要复制的对象右击，选择快捷菜单中的"复制选择"命令。

【操作步骤】

命令行提示与操作如下：

命令：COPY↙

当前设置：复制模式＝多个

用前面介绍的对象选择方法选择一个或多个对象，按〈enter〉键结束选择，命令行提示如下。

指定基点或［位移（D)/模式（O)]〈位移〉：指定基点或位移。

【选项说明】

（1）指定基点。指定一个坐标点后，AutoCAD 系统把该点作为复制对象的基点，并提示：

指定位移的第二点或〈用第一点作位移〉：

指定第二个点后，系统将根据这两点确定的位移矢量把选择的对象复制到第二点处。如果此时直接按〈Enter〉键，即选择默认的"用第一点作位移"，则第一个点被当作相对

于 X、Y、Z 的位移。例如，如果指定基点为（2，3），并在下一个提示下按〈Enter〉键，则该对象从它当前的位置开始在 X 方向上移动 2 个单位，在 Y 方向上移动 3 个单位。复制完成后，命令行提示如下：

指定位移的第二点：

这时，可以不断指定新的第二点，从而实现多重复制。

（2）位移（D）。直接输入位移值，表示以选择对象时的拾取点为基准，以拾取点坐标为移动方向，纵横比移动指定位移后确定的点为基点。例如，选择对象时拾取点坐标为（2，3），输入位移为 5，则表示以点（2，3）为基准，沿纵横比为 3：2 的方向移动 5 个单位所确定的点为基点。

（3）模式（O）。控制是否自动重复该命令，该设置由 COPYMODE 系统变量控制。

2. 镜像命令

镜像命令是指把选择的对象以一条镜像线为轴作对称复制。镜像操作完成后，可以保留源对象，也可以将其删除。

【执行方式】

- 命令行：MIRROR。
- 菜单：选择菜单栏中的"修改"→"镜像"命令。
- 工具栏：单击"修改"工具栏中的"镜像"按钮。

【操作步骤】

命令行提示与操作如下：

命令：MIRROR↙

选择对象：选择要镜像的对象。

指定镜像线的第一点：指定镜像线的第一个点。

指定镜像线的第二点：指定镜像线的第二个点。

要删除源对象吗？[是（Y）/否（N）]〈N〉：确定是否删除源对象。

选择的两点确定一条镜像线，被选择的对象以该直线为对称轴进行镜像。包含该线的镜像平面与用户坐标系统的 XY 平面垂直，即镜像操作在与用户坐标系统的 XY 平面平行的平面上。

如图 2-44 所示为利用"镜像"命令绘制的办公桌。

图 2-44　办公桌

3. 偏移命令

偏移命令是指保持选择对象的形状、在不同的位置以不同尺寸大小新建一个对象。

【执行方式】

- 命令行：OFFSET。

- 菜单：选择菜单栏中的"修改"→"偏移"命令。
- 工具栏：单击"修改"工具栏中的"偏移"按钮 。

【操作步骤】

命令行提示与操作如下：

命令：OFFSET✓

当前设置：删除源＝否　图层＝源　OFFSETGAPTYPE＝0。

指定偏移距离或［通过（T）/删除（E）/图层（L）］〈通过〉：指定偏移距离值。

选择要偏移的对象，或［退出（E）/放弃（U）］〈退出〉：选择要偏移的对象，按〈Enter〉键结束操作。

指定要偏移的那一侧上的点，或［退出（E）/多个（M）/放弃（U）］〈退出〉：指定偏移方向。

选择要偏移的对象，或［退出（E）/放弃（U）］〈退出〉：

【选项说明】

（1）指定偏移距离。输入一个距离值，或按〈Enter〉键使用当前的距离值，系统把该距离值作为偏移的距离，如图 2-45（*a*）所示。

（2）通过（T）。指定偏移的通过点，选择该选项后，命令行提示如下：

选择要偏移的对象或〈退出〉：选择要偏移的对象，按〈Enter〉键结束操作。

指定通过点：指定偏移对象的一个通过点。

执行上述操作后，系统会根据指定的通过点绘制出偏移对象，如图 2-45（*b*）所示。

图 2-45　偏移选项说明 1

（*a*）指定偏移距离；（*b*）通过点

（3）删除（E）。偏移源对象后将其删除，如图 2-46（*a*）所示，选择该项后命令行提示如下：

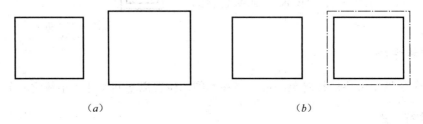

图 2-46　偏移选项说明 2

（*a*）删除源对象；（*b*）偏移对象的图层为当前层

要在偏移后删除源对象吗？[是（Y）/否（N）]〈当前〉：

（4）图层（L）。确定将偏移对象创建在当前图层上还是源对象所在的图层上，这样就可以在不同图层上偏移对象，选择该项后，命令行提示如下：

输入偏移对象的图层选项 [当前（C）/源（S）]〈当前〉：

如果偏移对象的图层选择为当前层，则偏移对象的图层特性与当前图层相同，如图 2-46（b）所示。

（5）多个（M）。使用当前偏移距离重复进行偏移操作，并接受附加的通过点，执行结果如图 2-47 所示。

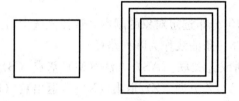

图 2-47　偏移选项说明 3

 技巧荟萃

在 AutoCAD 2010 中，可以使用"偏移"命令，对指定的直线、圆弧、圆等对象作定距离偏移复制操作。在实际应用中，常利用"偏移"命令的特性创建平行线或等距离分布图形，效果与"阵列"相同。默认情况下，需要先指定偏移距离，再选择要偏移复制的对象，然后指定偏移方向，以复制出需要的对象。

4. 阵列命令

阵列命令是指多重复制选择的对象，并把这些副本按矩形或环形排列。把副本按矩形排列称为创建矩形阵列，把副本按环形排列称为创建环形阵列。创建矩形阵列时，应该控制行和列的数量以及对象副本之间的距离；创建环形阵列时，应该控制复制对象的数目和对象是否被旋转。

ARRAY 命令创建阵列，用该命令可以创建矩形阵列、环形阵列和旋转的矩形阵列。

 【执行方式】

命令行：ARRAY。

菜单：选择菜单栏中的"修改"→"阵列"命令。

工具栏：单击"修改"工具栏中的"矩形阵列"按钮，"路径阵列"按钮和"环形阵列"按钮。

 【操作步骤】

命令：ARRAY↙

执行上述命令后，系统打开"阵列"对话框。

【选项说明】

(1) 矩形（R）

将选定对象的副本分布到行数、列数和层数的任意组合。选择该选项后出现如下提示：

选择夹点以编辑阵列或［关联（AS）/基点（B）/计数（COU）/间距（S）/列数（COL）/行数（R）/层数（L）/退出（X）］〈退出〉：（通过夹点，调整阵列间距，列数，行数和层数；也可以分别选择各选项输入数值）。

(2) 路径（PA）

沿路径或部分路径均匀分布选定对象的副本。选择该选项后出现如下提示：

选择路径曲线：（选择一条曲线作为阵列路径）。

选择夹点以编辑阵列或［关联（AS）/方法（M）/基点（B）/切向（T）/项目（I）/行（R）/层（L）/对齐项目（A）/Z方向（Z）/退出（X）］〈退出〉：（通过夹点，调整阵行数和层数；也可以分别选择各选项输入数值）。

(3) 极轴（PO）

在绕中心点或旋转轴的环形阵列中均匀分布对象副本。选择该选项后出现如下提示：

指定阵列的中心点或［基点（B）/旋转轴（A）］：（选择中心点、基点或旋转轴）。

选择夹点以编辑阵列或［关联（AS）/基点（B）/项目（I）/项目间角度（A）/填充角度（F）/行（ROW）/层（L）/旋转项目（ROT）/退出（X）］〈退出〉：（通过夹点，调整角度，填充角度；也可以分别选择各选项输入数值）。

 技巧荟萃

阵列在平面作图时有两种方式，可以在矩形或环形（圆形）阵列中创建对象的副本。对于矩形阵列，可以控制行和列的数目以及它们之间的距离。对于环形阵列，可以控制对象副本的数目并决定是否旋转副本。

2.2.3　改变位置类命令

改变位置类编辑命令是指按照指定要求改变当前图形或图形中某部分的位置。主要包括移动、旋转和缩放命令。

1. 移动命令

【执行方式】

命令行：MOVE。

菜单：选择菜单栏中的"修改"→"移动"命令。

工具栏：单击"修改"工具栏中的"移动"按钮✥。

快捷菜单：选择要复制的对象，在绘图区右击，选择快捷菜单中的"移动"命令。

【操作步骤】

命令行提示与操作如下：

命令：MOVE✓

选择对象：

用前面介绍的对象选择方法选择要移动的对象，按〈Enter〉键结束选择，命令行提示与操作如下：

指定基点或位移：指定基点或位移。

指定基点或〔位移（D)]〈位移〉：指定基点或位移。

指定第二个点或〈使用第一个点作为位移〉：

移动命令选项功能与"复制"命令类似。

2. 旋转命令

【执行方式】

命令行：ROTATE。

菜单：选择菜单栏中的"修改"→"旋转"命令。

工具栏：单击"修改"工具栏中的"旋转"按钮 。

快捷菜单：选择要旋转的对象，在绘图区右击，选择快捷菜单中的"旋转"命令。

【操作步骤】

命令行提示与操作如下：

命令：ROTATE✓

UCS 当前的正角方向：ANGDIR＝逆时针　ANGBASE＝0

选择对象：选择要旋转的对象。

指定基点：指定旋转基点，在对象内部指定一个坐标点。

指定旋转角度，或〔复制（C)/参照（R)]〈0〉：指定旋转角度或其他选项。

【选项说明】

（1）复制（C)。此选项是 AutoCAD 2010 的新增功能，选择该选项，则在旋转对象的同时，保留源对象，如图 2-48 所示。

旋转前　　　　　　　　旋转后

图 2-48　复制旋转

（2）参照（R)。采用参照方式旋转对象时，命令行提示与操作如下：

指定参照角〈0〉：指定要参照的角度，默认值为 0。

指定新角度：输入旋转后的角度值。

操作完毕后，对象被旋转至指定的角度位置。

 技巧荟萃

可以用拖动鼠标的方法旋转对象。选择对象并指定基点后，从基点到当前光标位置会出现一条连线，拖动鼠标，选择的对象会动态地随着该连线与水平方向夹角的变化而旋转，按〈Enter〉键确认旋转操作，如图 2-49 所示。

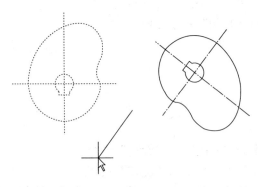

图 2-49　拖动鼠标旋转对象

3. 缩放命令

 【执行方式】

命令行：SCALE。

菜单：选择菜单栏中的"修改"→"缩放"命令。

工具栏：单击"修改"工具栏中的"缩放"按钮 。

快捷菜单：选择要缩放的对象，在绘图区右击，选择快捷菜单中的"缩放"命令。

 【操作步骤】

命令行提示与操作如下：

命令：SCALE ↙

选择对象：选择要缩放的对象。

指定基点：指定缩放基点。

指定比例因子或 [复制（C）/参照（R）]：

 【选项说明】

（1）采用参照方向缩放对象时，命令行提示如下：

指定参照长度〈1〉：指定参照长度值。

指定新的长度或［点（P）］〈1.0000〉：指定新长度值。

若新长度值大于参照长度值，则放大对象；否则，缩小对象。操作完毕后，系统以指定的基点按指定的比例因子缩放对象。如果选择"点（P）"选项，则选择两点来定义新的长度。

（2）可以用拖动鼠标的方法缩放对象。选择对象并指定基点后，从基点到当前光标位置会出现一条连线，线段的长度即为比例大小。拖动鼠标，选择的对象会动态地随着该连线长度的变化而缩放，按〈Enter〉键确认缩放操作。

（3）选择"复制"选项时，可以复制缩放对象，即缩放对象时，保留源对象，此功能是 AutoCAD 2014 新增的功能，如图 2-50 所示。

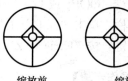

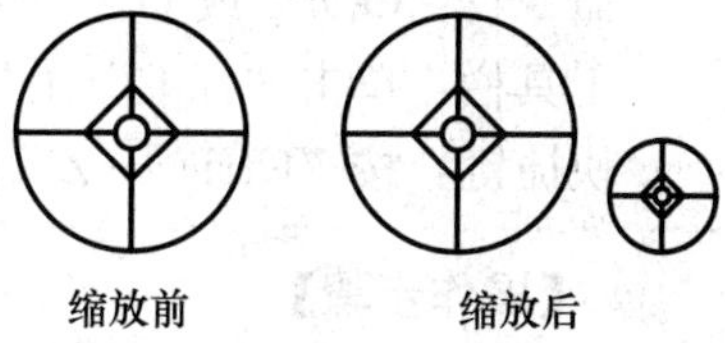

缩放前　　　　缩放后

图 2-50　复制缩放

2.2.4　删除及恢复类命令

删除及恢复类命令主要用于删除图形某部分或对已被删除的部分进行恢复。包括删除、恢复、重做、清除等命令。

1. 删除命令

如果所绘制的图形不符合要求或不小心错绘了图形，可以使用删除命令 ERASE 把其删除。

【执行方式】

命令行：ERASE。

菜单：选择菜单栏中的"修改"→"删除"命令。

工具栏：单击"修改"工具栏中的"删除"按钮 。

快捷菜单：选择要删除的对象，在绘图区右击，选择快捷菜单中的"删除"命令。

【操作步骤】

可以先选择对象后再调用删除命令，也可以先调用删除命令后再选择对象。选择对象时可以使用前面介绍的对象选择的各种方法。

当选择多个对象时，多个对象都被删除；若选择的对象属于某个对象组，则该对象组中的所有对象都被删除。

 技巧荟萃

在绘图过程中，如果出现了绘制错误或绘制了不满意的图形，需要删除时，可以单击"标准"工具栏中的"放弃"按钮 ，也可以按〈Delete〉键，命令行提示"_.erase"。删除命令可以一次删除一个或多个图形，如果删除错误，可以利用"放弃"按钮 来补救。

2. 恢复命令

若不小心误删了图形，可以使用恢复命令 OOPS，恢复误删的对象。

【执行方式】

命令行：OOPS 或 U。

工具栏：单击"标准"工具栏中的"放弃"按钮🔙。

快捷键：按〈Ctrl〉＋〈Z〉键。

【操作步骤】

在命令行输入"OOPS"，按〈Enter〉键。

3. 清除命令

此命令与删除命令功能完全相同。

【执行方式】

菜单：选择菜单栏中的"修改"→"清除"命令。

快捷键：按〈Delete〉键。

【操作步骤】

执行上述操作后，命令行提示如下：

选择对象：选择要清除的对象，按〈Enter〉键执行清除命令。

2.2.5　改变几何特性类命令

改变几何特性类编辑命令在对指定对象进行编辑后，使编辑对象的几何特性发生改变。包括修剪、延伸、拉伸、拉长、圆角、倒角、打断等命令。

1. 修剪命令

【执行方式】

命令行：TRIM。

菜单：选择菜单栏中的"修改"→"修剪"命令。

工具栏：单击"修改"工具栏中的"修剪"按钮⊬。

【操作步骤】

命令行提示与操作如下：

命令：TRIM↙

当前设置：投影＝UCS，边＝无

选择剪切边……

选择对象或〈全部选择〉：选择用作修剪边界的对象。

按〈Enter〉键结束对象选择，命令行提示如下：

选择要修剪的对象，或按住 Shift 键选择要延伸的对象，或［栏选（F）/窗交（C）/投影（P）/边（E）/删除（R）/放弃（U）］：

【选项说明】

（1）在选择对象时，如果按住〈Shift〉键，系统就会自动将"修剪"命令转换成"延伸"命令，"延伸"命令将在下节介绍。

（2）选择"栏选（F）"选项时，系统以栏选的方式选择被修剪的对象，如图 2-51 所示。

选定剪切边　　　使用栏选选定的修剪对象　　　结果

图 2-51　"栏选"修剪对象

（3）选择"窗交（C）"选项时，系统以窗交的方式选择被修剪的对象。如图 2-52 所示。

使用窗交选定的边　　　选定要修剪的对象　　　结果

图 2-52　"窗交"修剪对象

（4）选择"边（E）"选项时，可以选择对象的修剪方式。

1）延伸（E）。延伸边界进行修剪。在此方式下，如果剪切边没有与要修剪的对象相交，系统会延伸剪切边直至与对象相交，然后再修剪，如图 2-53 所示。

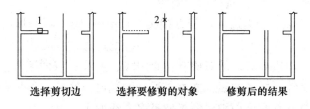

选择剪切边　　　选择要修剪的对象　　　修剪后的结果

图 2-53　"延伸"修剪对象

2）不延伸（N）。不延伸边界修剪对象，只修剪与剪切边相交的对象。

（5）被选择的对象可以互为边界和被修剪对象，此时系统会在选择的对象中自动判断边界。

技巧荟萃

　　在使用修剪命令选择修剪对象时，我们通常是逐个点击选择的，有时显得效率低，要比较快的实现修剪过程，可以先输入修剪命令"TR"或"TRIM"，然后按〈Space〉或〈Enter〉键，命令行中就会提示选择修剪的对象，这时可以不选择对象，继续按〈Space〉或〈Enter〉键，系统默认选择全部，这样做就可以很快的完成修剪过程。

2. 延伸命令

　　延伸命令是指延伸对象直到另一个对象的边界线，如图 2-54 所示。

选择边界　　　　选择要延伸的对象　　　　执行结果

图 2-54　延伸对象

【执行方式】

　　命令行：EXTEND。

　　菜单：选择菜单栏中的"修改"→"延伸"命令。

　　工具栏：单击"修改"工具栏中的"延伸"按钮⤙。

【操作步骤】

　　命令行提示与操作如下：

　　命令：EXTEND↙

　　当前设置：投影＝UCS，边＝无

　　选择边界的边……

　　选择对象或〈全部选择〉：选择边界对象。

　　此时可以选择对象来定义边界，若直接按〈Enter〉键，则选择所有对象作为可能的边界对象。

　　系统规定可以用作边界对象的对象有：直线段、射线、双向无限长线、圆弧、圆、椭圆、二维和三维多义线、样条曲线、文本、浮动的视口、区域。如果选择二维多义线作为边界对象，系统会忽略其宽度而把对象延伸至多义线的中心线。

　　选择边界对象后，命令行提示如下：

　　选择要延伸的对象，或按住 Shift 键选择要修剪的对象，或［栏选（F）/窗交（C）/投影（P）/边（E）/放弃（U）］：

【选项说明】

（1）如果要延伸的对象是适配样条多义线，则延伸后会在多义线的控制框上增加新节点；如果要延伸的对象是锥形的多义线，系统会修正延伸端的宽度，使多义线从起始端平滑地延伸至新终止端；如果延伸操作导致终止端宽度可能为负值，则取宽度值为 0，操作提示如图 2-55 所示。

选择边界对象　　选择要延伸的多义线　　延伸后的结果

图 2-55　延伸对象

（2）选择对象时，如果按住〈Shift〉键，系统就会自动将"延伸"命令转换成"修剪"命令。

3. 拉伸命令

拉伸命令是指拖拉选择的对象，且使对象的形状发生改变。拉伸对象时应指定拉伸的基点和移置点。利用一些辅助工具如捕捉、钳夹功能及相对坐标等可以提高拉伸的精度，拉伸图例如图 2-56 所示。

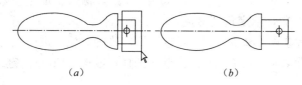

（a）　　　　　　　　　　　　（b）

图 2-56　拉伸

（a）选择对象；（b）拉伸后

【执行方式】

命令行：STRETCH。

菜单：选择菜单栏中的"修改"→"拉伸"命令。

工具栏：单击"修改"工具栏中的"拉伸"按钮。

【操作步骤】

命令行提示与操作如下：

命令：STRETCH✓

以交叉窗口或交叉多边形选择要拉伸的对象……

选择对象：C✓。

指定第一个角点：指定对角点：找到 2 个：采用交叉窗口的方式选择要拉伸的对象。

指定基点或［位移（D）］〈位移〉：指定拉伸的基点。

指定第二个点或〈使用第一个点作为位移〉：指定拉伸的移至点。

此时，若指定第二个点，系统将根据这两点决定矢量拉伸的对象；若直接按〈Enter〉键，系统会把第一个点作为 X 和 Y 轴的分量值。

STRETCH 移动完全包含在交叉窗口内的顶点和端点，部分包含在交叉选择窗口内的对象将被拉伸，如图 2-56 所示。

4. 拉长命令

【执行方式】

命令行：LENGTHEN。

菜单：选择菜单栏中的"修改"→"拉长"命令。

【操作步骤】

命令行提示与操作如下：

命令：LENGTHEN✓

选择对象或［增量（DE）/百分数（P）/全部（T）/动态（DY）］：选择要拉长的对象。

当前长度：30.5001（给出选定对象的长度，如果选择圆弧，还将给出圆弧的包含角）。

选择对象或［增量（DE）/百分数（P）/全部（T）/动态（DY）］：DE✓，选择拉长或缩短的方式为增量方式。

输入长度增量或［角度（A）]〈0.0000〉：10✓，输入长度增量数值。如果选择圆弧段，则可输入选项"A"，给定角度增量。

选择要修改的对象或［放弃（U）]：选定要修改的对象，进行拉长操作。

选择要修改的对象或［放弃（U）]：继续选择，或按〈Enter〉键结束命令。

【选项说明】

（1）增量（DE）。用指定增加量的方法改变对象的长度或角度。

（2）百分数（P）。用指定占总长度百分比的方法改变圆弧或直线段的长度。

（3）全部（T）。用指定新总长度或总角度值的方法改变对象的长度或角度。

（4）动态（DY）。在此模式下，可以使用拖拉鼠标的方法来动态地改变对象的长度或角度。

5. 圆角命令

圆角命令是指用一条指定半径的圆弧平滑连接两个对象。可以平滑连接一对直线段、非圆弧的多义线段、样条曲线、双向无限长线、射线、圆、圆弧和椭圆，并且可以在任何时候平滑连接多义线的每个节点。

【执行方式】

命令行：FILLET。

菜单：选择菜单栏中的"修改"→"圆角"命令。

工具栏：单击"修改"工具栏中的"圆角"按钮 □。

【操作步骤】

命令行提示与操作如下：

命令：FILLET ↙

当前设置：模式＝修剪，半径＝0.0000

选择第一个对象或［放弃（U）/多段线（P）/半径（R）/修剪（T）/多个（M）］：选择第一个对象或别的选项。

选择第二个对象，或按住 Shift 键选择要应用角点的对象：选择第二个对象。

【选项说明】

（1）多段线（P）。在一条二维多段线两段直线段的节点处插入圆弧。选择多段线后系统会根据指定的圆弧半径把多段线各顶点用圆弧平滑连接起来。

（2）修剪（T）。决定在平滑连接两条边时，是否修剪这两条边，如图 2-57 所示。

（3）多个（M）。同时对多个对象进行圆角编辑，而不必重新起用命令。

（4）按住〈Shift〉键并选择两条直线，可以快速创建零距离倒角或零半径圆角。

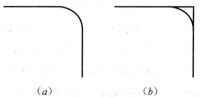

图 2-57 圆角连接

（a）修剪方式；（b）不修剪方式

6. 倒角命令

倒角命令是指用斜线连接两个不平行的线型对象。可以用斜线连接直线段、双向无限长线、射线和多义线。

系统采用两种方法确定连接两个对象的斜线：指定斜线距离和指定斜线角度和一个斜距离。下面分别介绍这两种方法的使用。

（1）指定斜线距离

斜线距离是指从被连接对象与斜线的交点到被连接的两对象之间可能交点之间的距离，如图 2-58 所示。

（2）指定斜线角度和一个斜距离连接选择的对象

采用这种方法连接对象时，需要输入两个参数：斜线与一个对象的斜线距离和斜线与该对象的夹角，如图 2-59 所示。

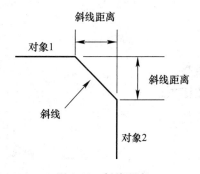

图 2-58 斜线距离

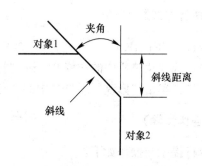

图 2-59 斜线距离与夹角

【执行方式】

命令行：CHAMFER。

菜单：选择菜单栏中的"修改"→"倒角"命令。

工具栏：单击"修改"工具栏中的"倒角"按钮□。

【操作步骤】

命令行提示与操作如下：

命令：CHAMFER↙

（"不修剪"模式）当前倒角距离 1＝0.0000，距离 2＝0.0000

选择第一条直线或［放弃（U）/多段线（P）/距离（D）/角度（A）/修剪（T）/方式（E）/多个（M）］：选择第一条直线或别的选项。

选择第二条直线，或按住 Shift 键选择要应用角点的直线：选择第二条直线。

【选项说明】

（3）多段线（P）。对多段线的各个交叉点倒斜角。为了得到最好的连接效果，一般设置斜线是相等的值，系统根据指定的斜线距离把多义线的每个交叉点都作斜线连接，连接的斜线成为多段线新的构成部分，如图 2-60 所示。

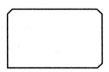

（a）　　　　　　（b）

图 2-60　斜线连接多义线

（a）选择多段线；（b）倒斜角结果

（4）距离（D）。选择倒角的两个斜线距离。这两个斜线距离可以相同也可以不相同，若二者均为 0，则系统不绘制连接的斜线，而是把两个对象延伸至相交并修剪超出的部分。

（5）角度（A）。选择第一条直线的斜线距离和第一条直线的倒角角度。

（6）修剪（T）。与圆角连接命令 FILLET 相同，该选项决定连接对象后是否剪切源对象。

（7）方式（E）。决定采用"距离"方式还是"角度"方式来倒斜角。

（8）多个（M）。同时对多个对象进行倒斜角编辑。

7. 打断命令

【执行方式】

命令行：BREAK。

菜单：选择菜单栏中的"修改"→"打断"命令。

工具栏：单击"修改"工具栏中的"打断"按钮□。

【操作步骤】

命令行提示与操作如下：

命令：BREAK↙

选择对象：选择要打断的对象。

指定第二个打断点或［第一点（F）］：指定第二个断开点或输入"F"↙。

 【选项说明】

如果选择"第一点（F）"选项，系统将放弃前面选择的第一个点，重新提示用户指定两个断开点。

8. 打断于点命令

打断于点命令是指在对象上指定一点，从而把对象在此点拆分成两部分，此命令与打断命令类似。

 【执行方式】

工具栏：单击"修改"工具栏中的"打断于点"按钮⊏。

 【操作步骤】

单击"修改"工具栏中的"打断于点"按钮⊏，命令行提示与操作如下：

_break 选择对象：选择要打断的对象。

指定第二个打断点或［第一点（F）］：_f：系统自动执行"第一点"选项。

指定第一个打断点：选择打断点。

指定第二个打断点：@：系统自动忽略此提示。

9. 分解命令

 【执行方式】

命令行：EXPLODE。

菜单：选择菜单栏中的"修改"→"分解"命令。

工具栏：单击"修改"工具栏中的"分解"按钮。

 【操作步骤】

命令：EXPLODE↙

选择对象：选择要分解的对象。

选择一个对象后，该对象会被分解，系统继续提示该行信息，允许分解多个对象。

🧑 技巧荟萃

分解命令是将一个合成图形分解为其部件的工具。例如，一个矩形被分解后就会变成4条直线，且一个有宽度的直线分解后就会失去其宽度属性。

10. 合并命令

可以将直线、圆、椭圆弧和样条曲线等独立的图线合并为一个对象，如图 2-61 所示。

【执行方式】

命令行：JOIN。

【操作步骤】

命令行提示与操作如下：

命令：JOIN ↙

选择源对象：选择一个对象。

选择要合并到源的直线：选择另一个对象。

找到 1 个

选择要合并到源的直线：↙。

已将 1 条直线合并到源

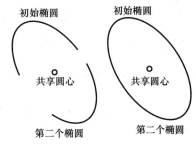

图 2-61 合并对象

2.2.6 对象编辑命令

在对图形进行编辑时，还可以对图形对象本身的某些特性进行编辑，从而方便地进行图形绘制。

1. 钳夹功能

利用钳夹功能可以快速方便地编辑对象。AutoCAD 在图形对象上定义了一些特殊点，称为夹持点，利用夹持点可以灵活地控制对象，如图 2-62 所示。

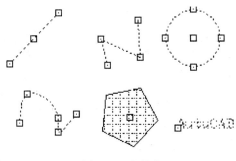

图 2-62 夹持点

要使用钳夹功能编辑对象，必须先打开钳夹功能，打开方法是：选择菜单栏中的"工具"→"选项"命令，系统打开"选项"对话框，单击"选择集"选项卡，勾选"夹点"选项组中的"启用夹点"复选框。在该选项卡中还可以设置代表夹点的小方格尺寸和颜色。

也可以通过 GRIPS 系统变量控制是否打开钳夹功能，1 代表打开，0 代表关闭。

打开了钳夹功能后，应该在编辑对象之前先选择对象。夹点表示对象的控制位置。

使用夹点编辑对象，要选择一个夹点作为基点，称为基准夹点。然后，选择一种编辑操作：镜像、移动、旋转、拉伸和缩放。可以用按〈Space〉或〈Enter〉键循环选择这些功能。

下面就其中的拉伸对象操作为例进行讲解，其他操作类似。

在图形上选择一个夹点，该夹点改变颜色，此点为夹点编辑的基准点，此时命令行提示如下：

＊＊拉伸＊＊

指定拉伸点或［基点（B）/复制（C）/放弃（U）/退出（X）］：

在上述拉伸编辑提示下输入镜像命令或右击，选择快捷菜单中的"镜像"命令，系统就会转换为"镜像"操作，其他操作类似。

2. 修改对象属性

【执行方式】

命令行：DDMODIFY 或 PROPERTIES。

菜单：选择菜单栏中的"修改"→"特性"命令。

工具栏：单击"标准"工具栏中的"特性"按钮 。

【操作步骤】

命令：DDMODIFY↙

执行上述命令后，系统打开"特性"选项板，如图 2-63 所示。利用它可以方便地设置或修改对象的各种属性。不同的对象属性种类和值不同，修改属性值，对象改变为新的属性。

3. 特性匹配

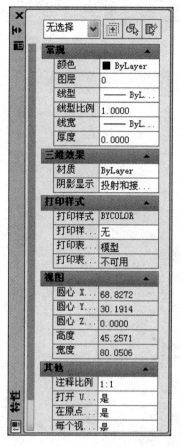

图 2-63　"特性"选项板

【执行方式】

命令行：matchprop 或 painter（或'matchprop，用于透明使用）菜单。

选择菜单栏中的"修改"→"特性匹配"命令。

【操作步骤】

命令行：matchprop 或 painter（或'matchprop，用于透明使用）。

选择源对象：选择要复制其特性的对象。

当前活动设置：当前选定的特性匹配设置。

选择目标对象或［设置（S）］：输入 s 或选择一个或多个要复制其特性的对象。

【选项说明】

目标对象：指定要将源对象的特性复制到其上的对象。可以继续选择目标对象或按 Enter 键应用特性并结束该命令。

设置：显示"特性设置"对话框，从中可以控制要将哪些对象特性复制到目标对象。默认情况下，将选择"特性设置"对话框中的所有对象特性进行复制。可应用的特性类型包括颜色、图层、线型、线型比例、线宽、打印样式和其他指定的特性。

第 **3** 章

辅助绘图工具

为了快捷准确地绘制图形，AutoCAD 提供了多种必要的和辅助的绘图工具，如工具条、对象选择工具、对象捕捉工具、图块、设计中心栅格和正交模式等。利用这些工具，可以方便、迅速、准确地实现图形的绘制和编辑，不仅可提高工作效率，而且能更好地保证图形的质量。本章主要内容包括捕捉、栅格、正交、对象捕捉、对象追踪、极轴、动态输入图形的缩放、平移、布局和模型、图块和设计中心等知识。

- ◎ 精确定位工具
- ◎ 对象捕捉
- ◎ 对象追踪
- ◎ 设置图层
- ◎ 颜色的设置
- ◎ 图层的线型
- ◎ 图形的缩放
- ◎ 平移

- ◎ 模型与布局
- ◎ 图块操作
- ◎ 图块的属性
- ◎ 设计中心
- ◎ 工具选项板

3.1　精确定位工具

精确定位工具是指能够帮助用户快速准确地定位某些特殊点（如端点、中点、圆心等）和特殊位置（如水平位置、垂直位置）的工具，包括捕捉、栅格、正交、对象捕捉、对象追踪、极轴、动态输入等工具，这些工具主要集中在状态栏上，如图 3-1 所示。

图 3-1　状态栏按钮

3.1.1　正交模式

在用 AutoCAD 绘图的过程当中，经常需要绘制水平直线和垂直直线，但是用鼠标拾取线段的端点时很难保证两个点严格沿水平或垂直方向，为此，AutoCAD 提供了正交功能，当启用正交模式时，画线或移动对象时只能沿水平方向或垂直方向移动光标，因此只能画平行于坐标轴的正交线段。

【执行方式】

命令行：ORTHO。

状态栏：正交。

快捷键：F8。

【操作步骤】

命令：ORTHO↙

输入模式［开（ON）/关（OFF）]〈开〉：（设置开或关）。

3.1.2　栅格工具

用户可以应用显示栅格工具使绘图区域上出现可见的网格，它是一个形象的画图工具，就像传统的坐标纸一样。本节介绍控制栅格的显示及设置栅格参数的方法。

【执行方式】

菜单："工具"→"草图设置"。

状态栏：栅格（仅限于打开与关闭）。

快捷键：F7（仅限于打开与关闭）。

【操作步骤】

按上述操作打开"草图设置"对话框，单击"捕捉与栅格"标签，如图 3-2 所示。

利用图 3-2 所示的"草图设置"对话框中的"捕捉与栅格"选项卡来设置，其中的

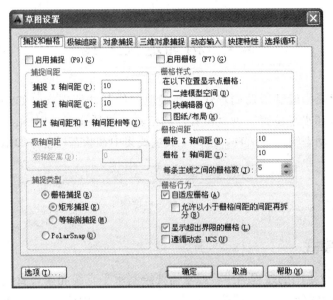

图 3-2 "草图设置"对话框

"启用栅格"复选框控制是否显示栅格。"栅格 X 轴间距"和"栅格 Y 轴间距"文本框用来设置栅格在水平与垂直方向的间距，如果"栅格 X 轴间距"和"栅格 Y 轴间距"设置为 0，则 AutoCAD 会自动将捕捉栅格间距应用于栅格，且其原点和角度总是和捕捉栅格的原点和角度相同。还通过 Grid 命令在命令行设置栅格间距。不再赘述。

技巧荟萃

在"栅格 X 轴间距"和"栅格 Y 轴间距"文本框中输入数值时，若在"栅格 X 轴间距"文本框中输入一个数值后回车，则 AutoCAD 自动传送这个值给"栅格 Y 轴间距"，这样可减少工作量。

3.1.3 捕捉工具

为了准确地在屏幕上捕捉点，AutoCAD 提供了捕捉工具，可以在屏幕上生成一个隐含的栅格（捕捉栅格），这个栅格能够捕捉光标，约束它只能落在栅格的某一个节点上，使用户能够高精确度地捕捉和选择这个栅格上的点。本节介绍捕捉栅格的参数设置方法。

【执行方式】

菜单："工具" → "草图设置"。
状态栏：捕捉（仅限于打开与关闭）。
快捷键：F9（仅限于打开与关闭）。

【操作步骤】

按上述操作打开"草图设置"对话框，打开其中"捕捉与栅格"标签，如图 3-2 所示。

1. "启用捕捉"复选框

控制捕捉功能的开关，与 F9 快捷键或状态栏上的"捕捉"客观功能相同。

2. "捕捉间距"选项组

设置捕捉各参数。其中"捕捉 X 轴间距"与"捕捉 X 轴间距"确定捕捉栅格点在水平和垂直两个方向上的间距。"角度"、"X 基点"和"Y 基点"使捕捉栅格绕指定的一点旋转给定的角度。

3. "捕捉类型和样式"选项组

确定捕捉类型和样式。AutoCAD 提供了两种捕捉栅格的方式"栅格捕捉"和"极轴捕捉"。"栅格捕捉"是指按正交位置捕捉位置点，而"极轴捕捉"则可以根据设置的任意极轴角捕捉位置点。

"栅格捕捉"又分为"矩形捕捉"和"等轴测捕捉"两种方式。在"矩形捕捉"方式下捕捉栅格是标准的矩形，在"等轴测捕捉"方式下捕捉栅格和光标十字线不再互相垂直，而是成绘制等轴测图时的特定角度，这种方式对于绘制等轴测图是十分方便的。

4. "极轴间距"选项组

该选项组只有在"极轴捕捉"类型时才可用。可在"极轴距离"文本框中输入距离值。也可以通过命令行命令 SNAP 设置捕捉有关参数。

3.2 对 象 捕 捉

在利用 AutoCAD 画图时经常要用到一些特殊的点，例如圆心、切点、线段或圆弧的端点、中点等等，但是如果用用鼠标拾取的话，要准确地找到这些点是十分困难的。为此，AutoCAD 提供了一些识别这些点的工具，通过这些工具可容易构造新的几何体，使创建的对象精确地画出来，其结果比传统手工绘图更精确更容易维护。在 AutoCAD 中，这种功能称之为对象捕捉功能。

3.2.1 特殊位置点捕捉

在绘制 AutoCAD 图形时，有时需要指定一些特殊位置的点，比如圆心、端点、中点、平行线上的点等，这些点如表 3-1 所示。可以通过对象捕捉功能来捕捉这些点。

特殊位置点捕捉 表 3-1

捕捉模式	功 能
临时追踪点	建立临时追踪点
两点之间的中点	捕捉两个独立点之间的中点

捕捉模式	功　能
自	建立一个临时参考点，作为指出后继点的基点
点过滤器	由坐标选择点
端点	线段或圆弧的端点
中点	线段或圆弧的中点
交点	线、圆弧或圆等的交点
外观交点	图形对象在视图平面上的交点
延长线	指定对象的延伸线
圆心	圆或圆弧的圆心
象限点	距光标最近的圆或圆弧上可见部分的象限点，即圆周上 0°、90°、180°、270°位置上的点
切点	最后生成的一个点到选中的圆或圆弧上引切线的切点位置
垂足	在线段、圆、圆弧或它们的延长线上捕捉一个点，使之与最后生成的点的连线与该线段、圆或圆弧正交
平行线	绘制与指定对象平行的图形对象
节点	捕捉用 Point 或 DIVIDE 等命令生成的点
插入点	文本对象和图块的插入点
最近点	离拾取点最近的线段、圆、圆弧等对象上的点
无	关闭对象捕捉模式
对象捕捉设置	设置对象捕捉

AutoCAD 提供了命令行、工具栏和右键快捷菜单三种执行特殊点对象捕捉的方法。

1. 命令方式

绘图时，当在命令行中提示输入一点时，输入相应特殊位置点命令，如表 3-1 所示，然后根据提示操作即可。

2. 工具栏方式

使用如图 3-3 所示的"对象捕捉"工具栏可以使用户更方便地实现捕捉点的目的。当命令行提示输入一点时，从"对象捕捉"工具栏上单击相应的按钮。当把鼠标放在某一图标上时，会显示出该图标功能的提示，然后根据提示操作即可。

图 3-3　"对象捕捉"工具栏

3. 快捷菜单方式

快捷菜单可通过同时按下 Shift 键和鼠标右键来激活，菜单中列出了 AutoCAD 提供的对象捕捉模式，如图 3-4 所示。操作方法与工具栏相似，只要在 AutoCAD 提示输入点时单击快捷菜单上相应的菜单项，然后按提示操作即可。

3.2.2　对象捕捉设置

在用 AutoCAD 绘图之前，可以根据需要事先设置运行一些对象捕捉模式，绘图时

AutoCAD能自动捕捉这些特殊点，从而加快绘图速度，提高绘图质量。

【执行方式】

命令行：DDOSNAP。

菜单："工具"→"草图设置"。

工具栏："对象捕捉"→"对象捕捉设置" 。

状态栏：对象捕捉（功能仅限于打开与关闭）。

快捷键：F3（功能仅限于打开与关闭）。

快捷菜单：对象捕捉设置（图3-5）。

【操作步骤】

命令：DDOSNAP↙

系统打开"草图设置"对话框，在该对话框中，单击"对象捕捉"标签打开"对象捕捉"选项卡，如图3-5所示。利用此对话框可以对象捕捉方式进行设置。

图 3-4　对象捕捉快捷菜单

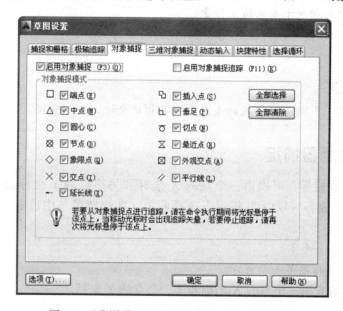

图 3-5　"草图设置"对话框"对象捕捉"选项卡

【选项说明】

1. "启用对象捕捉"复选框打开或关闭对象捕捉方式。当选中此复选框时，在"对象捕捉模式"选项组中选中的捕捉模式处于激活状态。

2. "启用对象捕捉追踪"复选框打开或关闭自动追踪功能。

3. "对象捕捉模式"选项组此选项组中列出各种捕捉模式的单选按钮，选中则该模式被激活。单击"全部清除"按钮，则所有模式均被清除。单击"全部选择"按钮，则所有模式均被选中。

另外，在对话框的左下角有一个"选项"按钮，单击它可打开"选项"对话框的"草图"选项卡，利用该对话框可决定捕捉模式的各项设置。

3.2.3　基点捕捉

在绘制图形时，有时需要指定以某个点为基点的一个点。这时，可以利用基点捕捉功能来捕捉此点。基点捕捉要求确定一个临时参考点作为指定后继点的基点，通常与其他对象捕捉模式及相关坐标联合使用。

【执行方式】

命令行：FROM。

快捷菜单：自（图 3-4）。

【操作步骤】

当在输入一点的提示下输入 From，或单击相应的工具图标时，命令行提示：

基点：（指定一个基点）

〈偏移〉：（输入相对于基点的偏移量）

则得到一个点，这个点与基点之间坐标差为指定的偏移量。

技巧荟萃

在"〈偏移〉："提示后输入的坐标必须是相对坐标，如（@10，15）等。

3.2.4　点过滤器捕捉

利用点过滤器捕捉，可以由一个点的 X 坐标和另一点的 Y 坐标确定一个新点。在"指定下一点或［放弃（U）］："提示下选择此项（在快捷菜单中选取，如图 3-5 所示），AutoCAD 提示：

.X 于：（指定一个点）

（需要 YZ）：（指定另一个点）

则新建的点具有第一个点的 X 坐标和第二个点的 Y 坐标。

3.3　对　象　追　踪

对象追踪是指按指定角度或与其他对象的指定关系绘制对象。可以结合对象捕捉功能进行自动追踪，也可以指定临时点进行临时追踪。

3.3.1　自动追踪

利用自动追踪功能，可以对齐路径，有助于以精确的位置和角度创建对象。自动追踪包括两种追踪选项："极轴追踪"和"对象捕捉追踪"。"极轴追踪"是指按指定的极轴角或极轴角的倍数对齐要指定点的路径;"对象捕捉追踪"是指以捕捉到的特殊位置点为基点,按指定的极轴角或极轴角的倍数对齐要指定点的路径。

"极轴追踪"必须配合"极轴"功能和"对象追踪"功能一起使用,即同时打开状态栏上的"极轴"开关和"对象追踪"开关;"对象捕捉追踪"必须配合"对象捕捉"功能和"对象追踪"功能一起使用,即同时打开状态栏上的"对象捕捉"开关和"对象追踪"开关。

1. 对象捕捉追踪设置

【执行方式】

命令行:DDOSNAP。

菜单:"工具"→"草图设置"。

工具栏:"对象捕捉"→"对象捕捉设置" 。

状态栏:对象捕捉+对象追踪。

快捷键:F11。

快捷菜单:对象捕捉设置(图3-5)。

【操作步骤】

按照上面执行方式操作或者在"对象捕捉"开关或"对象追踪"开关单击鼠标右键,在快捷菜单中选择"设置"命令,系统打开如图3-5所示的"草图设置"对话框的"对象捕捉"选项卡,选中"启用对象捕捉追踪"复选框,即完成了对象捕捉追踪设置。

2. 极轴追踪设置

【执行方式】

命令行:DDOSNAP。

菜单:"工具"→"草图设置"。

工具栏:"对象捕捉"→"对象捕捉设置"

状态栏:对象捕捉+极轴。

快捷键:F10。

快捷菜单:对象捕捉设置(图3-4)。

【操作步骤】

按照上面执行方式操作或者在"极轴"开关单击鼠标右键,在快捷菜单中选择"设置"命令,系统打开如图3-6所示的"草图设置"对话框的"极轴追踪"选项卡。

【选项说明】

(1)"启用极轴追踪"复选框:选中该复选框,即启用极轴追踪功能。

(2)"极轴角设置"选项组:设置极轴角的值。可以在"增量角"下拉列表框中选择

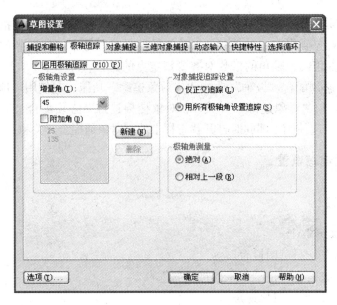

图 3-6 "草图设置"对话框"极轴追踪"选项卡

一种角度值。也可选中"附加角"复选框，单击"新建"按钮设置任意附加角，系统在进行极轴追踪时，同时追踪增量角和附加角，可以设置多个附加角。

（3）"对象捕捉追踪设置"和"极轴角测量"选项组：按界面提示设置相应单选选项。

3.3.2 临时追踪

绘制图形对象时，除了可以进行自动追踪外，还可以指定临时点作为基点进行临时追踪。

在提示输入点时，输入 tt，或打开右键快捷菜单，如图 3-5 所示，选择其中的"临时追踪点"命令，然后指定一个临时追踪点。该点上将出现一个小的加号（＋）。移动光标时，将相对于这个临时点显示自动追踪对齐路径。要删除此点，请将光标移回到加号（＋）上面。

3.4 设置图层

图层的概念类似投影片，将不同属性的对象分别画在不同的投影片（图层）上，例如将图形的主要线段、中心线、尺寸标注等分别画在不同的图层上，每个图层可设定不同的线型、线条颜色，然后把不同的图层堆栈在一起成为一张完整的视图，如此可使视图层次分明有条理，方便图形对象的编辑与管理。一个完整的图形就是它所包含的所有图层上的对象叠加在一起，如图 3-7 所示。

在用图层功能绘图之前，首先要对图层的各项特性进行设置，包括建立和命名图层、设置当前图层、设置图层的颜色和线型、图层是否关闭、是否冻结、是否锁定以及图层删除等。本节主要对图层的这些相关操作进行介绍。

3.4.1 利用对话框设置图层

AutoCAD 2014 提供了详细直观的"图层特性管理器"对话框，用户可以方便地通过对该对话框中的各选项及其二级对话框进行设置，从而实现建立新图层、设置图层颜色及线型等各种操作。

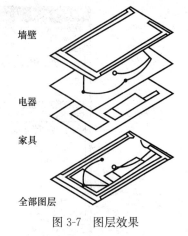

墙壁

电器

家具

全部图层

图 3-7 图层效果

【执行方式】

命令行：LAYER。

菜单："格式"→"图层"。

工具栏："图层"→"图层特性管理器" ⊗。

【操作步骤】

命令：LAYER↙

系统打开如图 3-8 所示的"图层特性管理器"对话框。

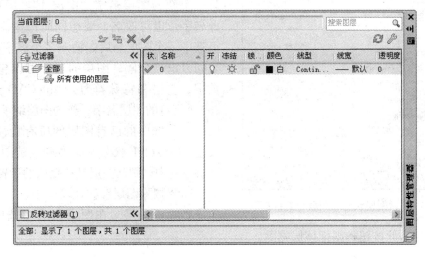

图 3-8 "图层特性管理器"对话框

【选项说明】

1."新特性过滤器"按钮 ☞

显示"图层过滤器特性"对话框，如图 3-9 所示。从中可以基于一个或多个图层特性创建图层过滤器。

2."新建组过滤器"按钮 ☞

创建一个图层过滤器，其中包含用户选定并添加到该过滤器的图层。

3."图层状态管理器"按钮 ☞

显示"图层状态管理器"对话框，如图 3-10 所示。从中可以将图层的当前特性设置保存到命名图层状态中，以后可以再恢复这些设置。

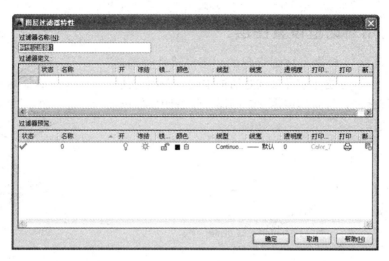

图 3-9 "图层过滤器特性"对话框

图 3-10 "图层状态管理器"对话框

4. "新建图层"按钮

建立新图层。单击此按钮，图层列表中出现一个新的图层名字"图层 1"，用户可使用此名字，也可改名。要想同时产生多个图层，可选中一个图层名后，输入多个名字，各名字之间以逗号分隔。图层的名字可以包含字母、数字、空格和特殊符号，AutoCAD 支持长达 255 个字符的图层名字。新的图层继承了建立新图层时所选中的已有图层的所有特性（颜色、线型、ON/OFF 状态等），如果新建图层时没有图层被选中，则新图层具有默认的设置。

5. "删除图层"按钮

删除所选层。在图层列表中选中某一图层，然后单击此按钮，则把该层删除。

6. "置为当前"按钮

设置当前图层。在图层列表中选中某一图层，然后单击此按钮，则把该层设置为当前层，并在"当前图层"一栏中显示其名字。当前层的名字存储在系统变量 CLAYER 中。另外，双击图层名也可把该从设置为当前层。

7. "搜索图层"文本框

输入字符时，按名称快速过滤图层列表。关闭图层特性管理器时并不保存此过滤器。

8. "反向过滤器"复选框

打开此复选框，显示所有不满足选定图层特性过滤器中条件的图层。

9. "指示正在使用的图层"复选框：在列表视图中显示图标以指示图层是否处于使用状态。在具有多个图层的图形中，清除此选项可提高性能。

10. "设置"按钮：显示"图层设置"对话框，如图 3-11 所示。包括新图层通知设置和对话框设置。

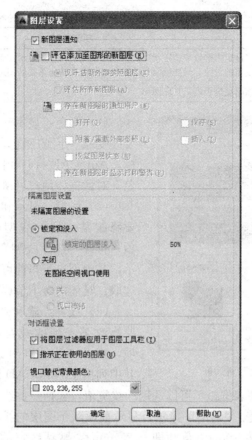

图 3-11 "图层设置"对话框

11. 图层列表区

显示已有的图层及其特性。要修改某一图层的某一特性，单击它所对应的图标即可。右击空白区域或利用快捷菜单可快速选中所有图层。列表区中各列的含义如下：

（1）名称：显示满足条件的图层的名字。如果要对某层进行修改，首先要选中该层，使其逆反显示。

（2）状态转换图标：在"图层特性管理器"窗口的名称栏分别有一列图标，移动指针到图标上单击鼠标左键可以打开或关闭该图标所代表的功能，或从详细数据区中勾选或取消勾选关闭（🌕/💡）、锁定（🔓/🔒）、在所有视口内冻结（☀/❄）及不打印（🖨/🖨）等项目，各图标功能说明如表 3-2 所示。

图层列表区图标说明   表 3-2

图 示	名 称	功能说明
💡/💡	打开/关闭	将图层设定为打开或关闭状态，当呈现关闭状态时，该图层上的所有对象将隐藏不显示，只有打开状态的图层会在屏幕上显示或由打印机中打印出来。因此，绘制复杂的视图时，先将不编辑的图层暂时关闭，可降低图形的复杂性
🌞/❄	解冻/冻结	将图层设定为解冻或冻结状态。当图层呈现冻结状态时，该图层上的对象均不会显示在屏幕或由打印机打出，而且不会执行重生（REGEN）、缩放（ROOM）、平移（PAN）等命令的操作，因此若将视图中不编辑的图层暂时冻结，可加快执行绘图编辑的速度。而💡/💡（打开/关闭）功能只是单纯将对象隐藏，因此并不会加快执行速度

图 示	名 称	功能说明
🔓/🔒	解锁/锁定	将图层设定为解锁或锁定状态。被锁定的图层，仍然显示在画面上，但不能以编辑命令修改被锁定的对象，只能绘制新的对象，如此可防止重要的图形被修改
🖨/🖨	打印/不打印	设定该图层是否可以打印图形

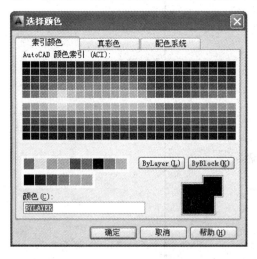

图 3-12 "选择颜色"对话框

（3）颜色：显示和改变图层的颜色。如果要改变某一层的颜色，单击其对应的颜色图标，AutoCAD 打开如图 3-12 所示的"选择颜色"对话框，用户可从中选取需要的颜色。

（4）线型：显示和修改图层的线型。如果要修改某一层的线型，单击该层的"线型"项，打开"选择线型"对话框，如图 3-13 所示，其中列出了当前可用的线型，用户可从中选取。具体内容下节详细介绍。

（5）线宽：显示和修改图层的线宽。如果要修改某一层的线宽，单击该层的"线宽"项，打开"线宽"对话框，如图 3-14 所示，其中列出了 AutoCAD 设定的线宽，用户可从中选取。其中"线宽"列表框显示可以选用的线宽值，包括一些绘图中经常用到线宽，用户可从中选取需要的线宽。"旧的"显示行显示前面赋予图层的线宽。当建立一个新图层时，采用默认线宽（其值为 0.01 英寸即 0.25 mm），默认线宽的值由系统变量 LWDEFAULT 设置。"新的"显示行显示赋予图层的新的线宽。

图 3-13 "选择线型"对话框

图 3-14 "线宽"对话框

（6）打印样式：修改图层的打印样式，所谓打印样式是指打印图形时各项属性的设置。

3.4.2 利用工具栏设置图层

AutoCAD 提供了一个"特性"工具栏，如图 3-15 所示。用户能够控制和使用工具栏上的工具图标快速地察看和改变所选对象的图层、颜色、线型和线宽等特性。"特性"工具栏上的图层颜色、线型、线宽和打印样式的控制增强了察看和编辑对象属性的命令。在绘图屏幕上选择任何对象都将在工具栏上自动显示它所在图层、颜色、线型等属性。下面把"特性"工具栏各部分的功能简单说明一下：

图 3-15 "特性"工具栏

1. "颜色控制"下拉列表框

单击右侧的向下箭头，弹出一下拉列表，用户可从中选择使之成为当前颜色，如果选择"选择颜色"选项，AutoCAD 打开"选择颜色"对话框以选择其他颜色。修改当前颜色之后，不论在哪个图层上绘图都采用这种颜色，但对各个图层的颜色没有影响。

2. "线型控制"下拉列表框

单击右侧的向下箭头，弹出一下拉列表，用户可从中选择某一线型使之成为当前线型。修改当前线型之后，不论在哪个图层上绘图都采用这种线型，但对各个图层的线型设置没有影响。

3. "线宽"下拉列表框

单击右侧的向下箭头，弹出一下拉列表，用户可从中选择一个线宽使之成为当前线宽。修改当前线宽之后，不论在哪个图层上绘图都采用这种线宽，但对各个图层的线宽设置没有影响。

4. "打印类型控制"下拉列表框

单击右侧的向下箭头，弹出一下拉列表，用户可从中选择一种打印样式使之成为当前打印样式。

3.5 颜色的设置

AutoCAD 绘制的图形对象都具有一定的颜色，为使绘制的图形清晰明了，可把同一类的图形对象用相同的颜色绘制，而使不同类的对象具有不同的颜色以示区分。为此，需要适当地对颜色进行设置。AutoCAD 允许用户为图层设置颜色，为新建的图形对象设置当前颜色，还可以改变已有图形对象的颜色。

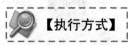
【执行方式】

命令行：COLOR。
菜单："格式"→"颜色"。

【操作步骤】

命令：COLOR↙

单击相应的菜单项或在命令行输入 COLOR 命令后回车，AutoCAD 打开图 3-7 所示的"选择颜色"对话框。也可在图层操作中打开此对话框，具体方法上节已讲述。

3.5.1 "索引颜色"标签

打开此标签，可以在系统所提供的 255 色索引表中选择所需要的颜色，如图 3-7 所示。

1. "颜色索引"列表框

依次列出了 255 种索引色。可在此选择所需要的颜色。

2. "颜色"文本框

所选择的颜色的代号值显示在"颜色"文本框中，也可以直接在该文本框中输入自己设定的代号值来选择颜色。

3. ByLayer 和 ByBlock 按钮

选择这两个按钮，颜色分别按图层和图块设置。这两个按钮只有在设定了图层颜色和图块颜色后才可以利用。

3.5.2 "真彩色"标签

打开此标签，可以选择需要的任意颜色，如图 3-16 所示。可以拖动调色板中的颜色指示光标和"亮度"滑块选择颜色及其亮度。也可以通过"色调"、"饱和度"和"亮度"调节钮来选择需要的颜色。所选择的颜色的红、绿、蓝值显示在下面的"颜色"文本框中，也可以直接在该文本框中输入自己设定的红、绿、蓝值来选择颜色。

在此标签的右边，有一个"颜色模式"下拉列表框，默认的颜色模式为 HSL 模式，即如图 3-10 所示的模式。如果选择 RGB 模式，则如图 3-17 所示。在该模式下选择颜色方式与 HSL 模式下类似。

图 3-16 "真彩色"标签   图 3-17 RGB 模式

3.5.3 "配色系统"标签

打开此标签，可以从标准配色系统（比如，Pantone）中选择预定义的颜色。如图 3-18 所示。可以在"配色系统"下拉列表框中选择需要的系统，然后拖动右边的滑块来选择具体的颜色，所选择的颜色编号显示在下面的"颜色"文本框中，也可以直接在该文本框中输入编号值来选择颜色。

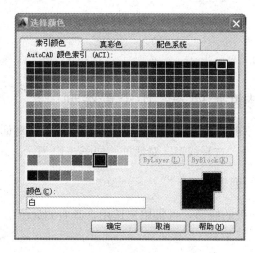

图 3-18 "配色系统"标签

3.6 图层的线型

在国家标准 GB/T 4457.4－1984 中，对机械图样中使用的各种图线的名称、线型、线宽以及在图样中的应用作了规定，如表 3-3 所示，其中常用的图线有四种，即：粗实线、细实线、虚线、细点划线。图线分为粗、细两种，粗线的宽度 b 应按图样的大小和图形的复杂程度，在 $0.5 \sim 2\text{mm}$ 选择，细线的宽度约为 $b/3$。

图线的形式及应用 　　　　　　　　　　　　　　　　　　　表 3-3

名　称		线　型	线　宽	适 用 范 围
实　线	粗	——————————	b	建筑平面图、剖面图、构造详图的被剖切截面的轮廓线；建筑立面图、室内立面图外轮廓线；图框线
	中	——————————	$0.5b$	室内设计图中被剖切的次要构件的轮廓线；室内平面图、顶棚图、立面图、家具三视图中构配件的轮廓线等
	细	——————————	$\leqslant 0.25b$	尺寸线、图例线、索引符号、地面材料线及其他细部刻画用线
虚　线	中	— — — — — — — —	$0.5b$	主要用于构造详图中不可见的实物轮廓
	细	– – – – – – – – –	$\leqslant 0.25b$	其他不可见的次要实物轮廓线

续表

名 称		线 型	线 宽	适 用 范 围
点划线	细		≤0.25b	轴线、构配件的中心线、对称线等
折断线	细		≤0.25b	省画图样时的断开界限
波浪线	细		≤0.25b	构造层次的断开界线，有时也表示省略画出时的断开界限

 技巧荟萃

标准实线宽度 $b=0.4\sim0.8$mm。

3.6.1 在"图层特性管理器"中设置线型

按照上节讲述方法，如图 3-8 所示打开"图层特性管理器"对话框。在图层列表的线型项下单击线型名，系统打开"选择线型"对话框，如图 3-13 所示。对话框中选项含义如下：

1."已加载的线型"列表框

显示在当前绘图中加载的线型，可供用户选用，其右侧显示出线型的形式。

2."加载"按钮

单击此按钮，打开"加载或重载线型"对话框，如图 3-19 所示，用户可通过此对话框加载线型并把它添加到线型列表中，不过加载的线型必须在线型库（LIN）文件中定义过。标准线型都保存在 acad.lin 文件中。

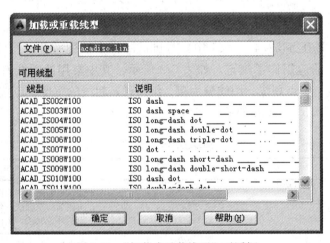

图 3-19 "加载或重载线型"对话框

3.6.2 直接设置线型

 【执行方式】

命令行：LINETYPE

在命令行输入上述命令后，系统打开"线型管理器"对话框，如图 3-20 所示。该对话框与前面讲述的相关知识相同，不再赘述。

图 3-20 "线型管理器"对话框

3.7 图形的缩放

改变视图最一般的方法就是利用缩放和平移命令。用它们可以在绘图区域放大或缩小图像显示，或者改变观察位置。

3.7.1 实时缩放

有了实时缩放，用户就可以通过垂直向上或向下移动光标来放大或缩小图形。利用实时平移（下节介绍），能点击和移动光标重新放置图形。

在实时缩放命令下，可以通过垂直向上或向下移动光标来放大或缩小图形。

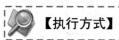【执行方式】

命令行：Zoom。
菜单："视图"→"缩放"→"实时"。
工具栏："标准"→"实时缩放" 🔍 。

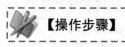【操作步骤】

按住选择钮垂直向上或向下移动。从图形的中点向顶端垂直地移动光标就可以放大图形一倍，向底部垂直地移动光标就可以缩小图形一倍。

3.7.2 放大和缩小

放大和缩小是两个基本缩放命令。放大图像能观察细节称之为"放大"；缩小图像能看到大部分的图形称之为"缩小"。如图 3-21 所示。

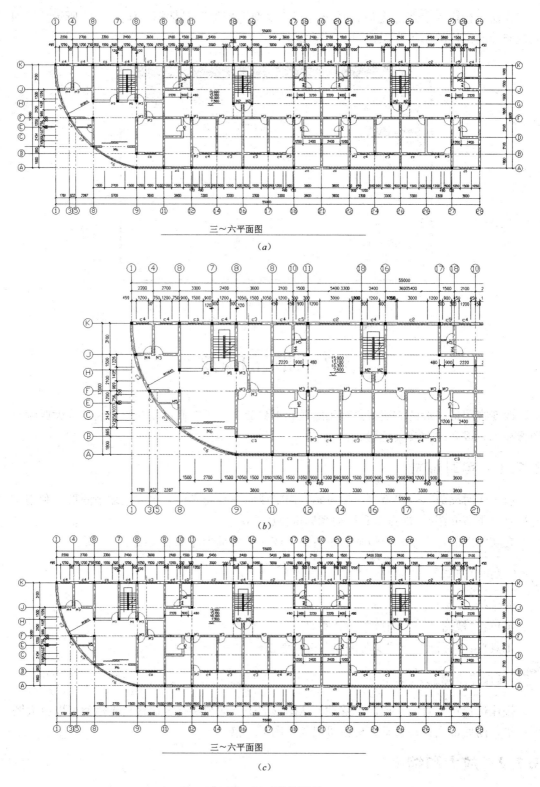

图 3-21　缩放视图

(a) 原图；(b) 放大；(c) 缩小

菜单："视图"→"缩放"→"放大（缩小）"。

选取菜单中的"放大（缩小）"，当前图形相应地自动进行放大或缩小一倍。

3.7.3 动态缩放

可以用动态缩放改变画面显示而不产生重新生成的效果。动态缩放会在当前视区中显示图形的全部。

命令行：ZOOM。

菜单："视图"→"缩放"→"动态"。

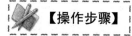

命令：ZOOM✓

指定窗口角点，输入比例因子（nX 或 nXP），或［全部（A）/中心点（C）/动态（D）/范围（E）/上一个（P）/比例（S）/窗口（W）]〈实时〉：D✓

执行上述命令后，系统弹出一个图框。选取动态缩放前的画面呈绿色点线。如果要动态缩放的图形显示范围与选取动态缩放前的范围相同，则此框与白线重合而不可见。重生成区域的四周有一个蓝色虚线框，用以标记虚拟屏幕。

这时，如果线框中有一个×出现，如图 3-22（a）所示，就可以拖动线框而把它平移到另外一个区域。如果要放大图形到不同的放大倍数，按下选择钮，×就会变成一个箭头，如图 3-22（b）所示。这时左右拖动边界线就可以重新确定视区的大小。缩放后的图形如图 3-22（c）所示。

另外，还有窗口缩放、比例缩放、中心缩放、全部缩放、对象缩放、缩放上一个和最大图形范围缩放，其操作方法与动态缩放类似，不再赘述。

3.7.4 快速缩放

利用快速缩放命令可以打开一个很大的虚屏幕，虚屏幕定义了显示命令（Zoom，Pan，View）及更新屏幕的区域。

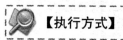

命令行：VIEWRES。

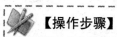

命令：VIEWRES✓

是否需要快速缩放？［是（Y）/否（N）]〈Y〉：

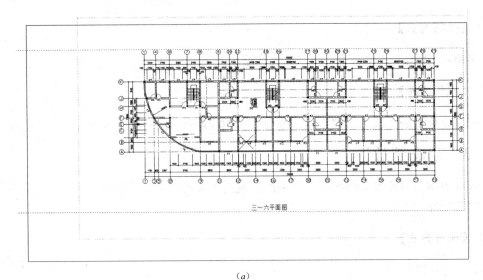

（a）

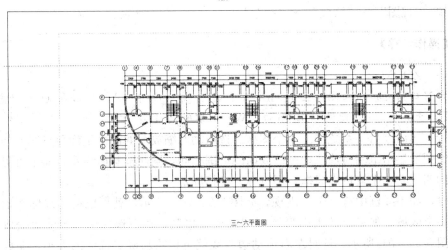

（b）

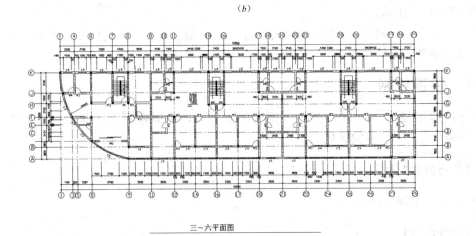

图 3-22　动态缩放

（a）带×的视框；（b）带箭头的视框；（c）缩放后的图形

输入圆的缩放百分比（1-20000）〈100〉：

在命令提示下输入 y 就打开快速缩放模式；相反，输入 n 就关闭快速缩放模式。快速缩放的缺省状态为打开，如果快速缩放为打开状态，最大的虚屏幕显示尽量多的图形而不必强制完全重新生成屏幕。如果快速缩放设置为关闭，那么虚屏幕就关闭，同时实时平移和实时缩放也关闭。

"圆的缩放百分比"表示系统的图形扫描精度，值越大，精度越高。形象的理解就是，当扫描精度低时，系统以多边形的边表示圆弧，如图 3-23 所示。

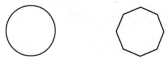

图 3-23　扫描精度

3.8　平　移

3.8.1　实时平移

【执行方式】

命令行：PAN。
菜单："视图"→"平移"→"实时"。
工具栏："标准"→"实时平移" 。

【操作步骤】

执行上述命令后，用鼠标按下选择钮，然后移动手形光标就平移图形了。当移动到图形的边沿时，光标就变成一个三角形显示。

另外，为显示控制命令设置了一个右键快捷菜单，如图 3-24 所示。在该菜单中，用户可以在显示命令执行的过程中，透明地进行切换。

图 3-24　右键快捷菜单

3.8.2　定点平移和方向平移

除了最常用的实时平移外，也常用到定点平移。

【执行方式】

命令行：-PAN。
菜单："视图"→"平移"→"定点"（图 3-25）。

【操作步骤】

命令：-pan↙
指定基点或位移：（指定基点位置或输入位移值）
指定第二点：（指定第二点确定位移和方向）

图 3-25　"平移"子菜单

执行上述命令后，当前图形按指定的位移和方向进行平移。另外，在"平移"子菜单中，还有"左"、"右"、"上"、"下"四个平移命令，选择这些命令时，图形按指定的方向平移一定的距离。

3.9　模型与布局

AutoCAD 窗口提供了两个并行的工作环境，即"模型"选项卡和"布局"选项卡。在"模型"选项卡上工作时，可以绘制主题的模型，我们通常称其为模型空间。在布局选项卡上，可以布置模型的多个"快照"。一个布局代表一张可以使用各种比例显示一个或多个模型视图的图纸。可以按下"模型"选项卡或"布局"选项卡来实现模型空间和布局空间的转换。

无论是模型空间还是布局空间，都以各种视口来表示图形。视口是图形屏幕上用于显示图形的一个矩形区域。缺省时，系统把整个作图区域作为单一的视口，用户可以通过其绘制和显示图形。此外，用户也可根据需要把作图屏幕设置成多个视口，每个视口显示图形的不同部分，这样可以更清楚地描述物体的形状。但同一时间仅有一个是当前视区。这个当前视口便是工作区，系统在工作区周围显示粗的边框，以便用户知道哪一个视口是工作区。本节内容的菜单命令主要集中在"视图"菜单。而本章内容的工具栏命令主要集中在"视口"和"布局"两个工具栏中，如图 3-26 所示。

图 3-26　"视口"和"布局"工具栏

3.9.1　模型空间

在模型空间中，屏幕上的作图区域可以被划分为多个相邻的非重叠视区。用户可以用VPORTS 或 VIEWPORTS 命令建立视口，每个视口又可以再进行分区。在每个视口中可以进行平移和缩放操作，也可以进行三维视图设置与三维动态观察，如图 3-27 所示。

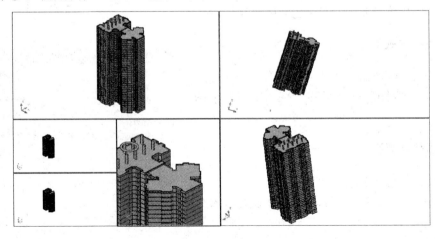

图 3-27　模型空间视图

1. 新建视口

【执行方式】

命令行：VPORTS。

菜单："视图"→"视口"→"新建视口"。

工具栏："视口"→显示"视口"对话框▦。

【操作步骤】

执行上面操作后，系统打开如图 3-28 所示"视口"对话框的"新建视口"选项卡，该选项卡显示出一个标准视区配置列表并可用来创建层叠视区。图 3-29 为按图 3-28 设置建立的一个图形的视口。可以在多视口的一个视口中再建立多视口。

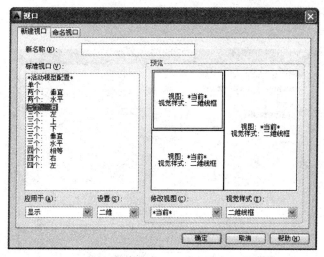

图 3-28 "视口"对话框的"新建视口"选项卡

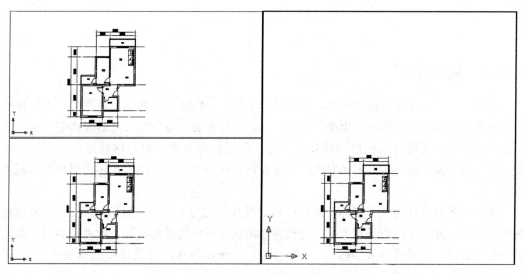

图 3-29 建立的视口

2. 命名视口

【执行方式】

命令行：VPORTS。

菜单："视图"→"视口"→"命名视口"。

工具栏："视口"→显示"视口"对话框 。

【操作步骤】

执行上述操作后，系统打开如图 3-30 所示的"视口"对话框的"命名视口"选项卡，该选项卡用来显示保存在图形文件中的视区配置。其中"当前名称"提示行显示当前视口名；"命名视口"列表框用来显示保存的视口配置；"预览"显示框用来预览被选择的视区配置。

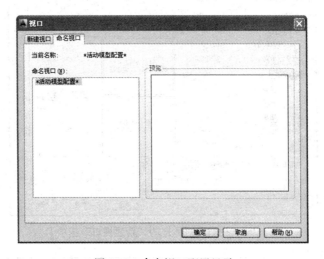

图 3-30　命名视口配置显示

3.9.2　图纸空间

在布局中可以创建并放置视口，还可以添加标注、标题栏或其他几何图形。视口显示图形的模型空间对象，即在"模型"选项卡上创建的对象。每个视口都能以指定比例显示模型空间对象。使用布局视口的好处之一是：可以在每个视口中有选择地冻结图层。因此，可以查看每个视口中的不同对象。通过在每个视口中平移和缩放，还可以显示不同的视图。

此时，各视区作为一个整体，用户可以对其执行诸如 COPY、SCALE、ERASE 这样的编辑操作，使视区可以任意大小、能放置在图纸空间中的任何位置。此外，各视区间还可以相互邻接、重叠或分开。图 3-31 为将图 3-27 所示的视区转化成图纸空间中的视区，各视区间相互分开安排，上下视区大小不等。

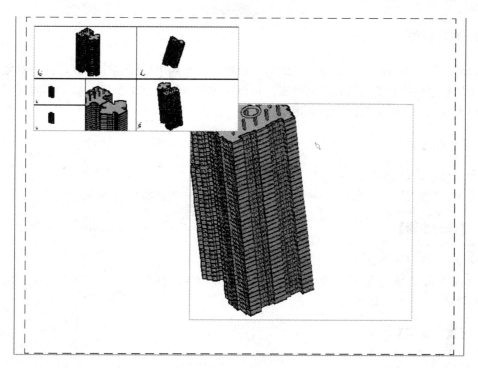

图 3-31　图纸空间视图

可以在图形中创建多个布局，每个布局都可以包含不同的打印设置和图纸尺寸。默认情况下，新图形最开始有两个布局选项卡，布局 1 和布局 2。如果使用样板图形，图形中的默认布局配置可能会有所不同。创建和放置布局视口时，附着到布局的所有打印样式表都将自动附着到用户创建的布局视口上。

1. 建立浮动视口

在布局空间中，可以使用 MVIEW 命令在图纸空间创建图纸空间浮动视口并打开现有图纸空间浮动视口。MVIEW 可以打开一个或多个视口，在图纸空间中观察模型空间创建的实体。图纸空间浮动视口比一般视口具有更大的灵活性，它不仅可以自由移到并且可以重新规定尺寸甚至相互之间可以进行交叉层叠。在图纸空间中，可以根据需要创建任意多的视口，但只能看其中的 15 个。可以使用 ON 和 OFF 选项控制视口的显示。

【执行方式】

命令行：MVIEW。

【操作步骤】

命令：MVIEW↙

指定视口的角点或［开（ON）/关（OFF）/布满（F）/着色打印（S）/锁定（L）/对象（O）/多边形（P）/恢复（R）/2/3/3-］〈布满〉：

通过相关选项，可以进行对应的操作。

2. 布局操作

布局模拟图纸页面，并提供直观的打印设置。在布局中可以创建并放置视口对象，还可以添加标题栏或其他对象和几何图形。可以在图形中创建多个布局以显示不同视图，每个布局可以使用不同的打印比例和图纸尺寸。

【执行方式】

命令行：LAYOUT。

菜单："插入"→"布局"→"新建布局"（来自样板的布局）。

【操作步骤】

命令：LAYOUT↙

输入布局选项［复制（C）/删除（D）/新建（N）/样板（T）/重命名（R）/另存为（SA）/设置（S）/?］〈设置〉：

【选项说明】

（1）复制（C）

复制指定的布局。

（2）样板（T）

从样板图选择一个样板文件建立布局。选择该项，系统打开"从文件选择样板"对话框。选择样板文件后，系统按该样板文件建立布局。这种方法有一个很明显的优点就是可以利用有些样板进行绘图的基本工作，比如，绘制图纸边框和标题栏等，图 3-32 即为一种样板文件布局。本选项与菜单命令："插入→布局→来自样板的布局"效果相同。

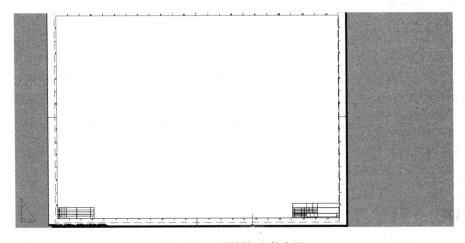

图 3-32　一种样板文件布局

（3）〈设置〉

对布局进行页面设置，选择该项，系统自动对布局进行设置。

3. 通过向导建立布局

可以通过向导来建立布局，相对命令行方式，这种方式更直观。

【执行方式】

命令行：LAYOUTWIZARD。

菜单："插入"→"布局"→"创建布局向导"。

【操作步骤】

命令：LAYOUTWIZARD↙

系统打开"创建布局-开始"向导对话框，如图3-33所示。输入新建布局名，单击"下一步"按钮，然后按照对话框提示逐步操作，包括打印机、图纸尺寸、方向、标题栏、定义视口、拾取位置等参数的设置。最终达到创建一个新的布局。

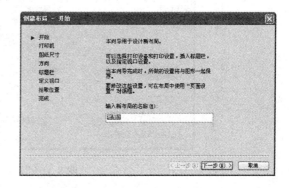

图3-33 "创建布局-开始"向导对话框

3.10 图块操作

图块也叫块，它是由一组图形对象组成的集合，一组对象一旦被定义为图块，它们将成为一个整体，拾取图块中任意一个图形对象即可选中构成图块的所有对象。AutoCAD把一个图块作为一个对象进行编辑修改等操作，用户可根据绘图需要把图块插入到图中任意指定的位置，而且在插入时还可以指定不同的缩放比例和旋转角度。如果需要对组成图块的单个图形对象进行修改，还可以利用"分解"命令把图块炸开分解成若干个对象。图块还可以重新定义，一旦被重新定义，整个图中基于该块的对象都将随之改变。

3.10.1 定义图块

【执行方式】

命令行：BLOCK。
菜单："绘图"→"块"→"创建"。
工具栏："绘图"→"创建块" 🔲。

【操作步骤】

命令：BLOCK↙
选择相应的菜单命令或单击相应的工具栏图标，或在命令行输入BLOCK后回车，

AutoCAD 打开图 3-34 所示的"块定义"对话框，利用该对话框可定义图块并为之命名。

图 3-34 "块定义"对话框

【选项说明】

1. "基点"选项组

确定图块的基点，默认值是（0，0，0）。也可以在下面的 X（Y、Z）文本框中输入块的基点坐标值。单击"拾取点"按钮，AutoCAD 临时切换到作图屏幕，用鼠标在图形中拾取一点后，返回"块定义"对话框，把所拾取的点作为图块的基点。

2. "对象"选项组

该选项组用于选择制作图块的对象以及对象的相关属性。

如图 3-35 所示，把（a）中的正五边形定义为图块，（b）为选中"删除"单选按钮的结果，（c）为选中"保留"单选按钮的结果。

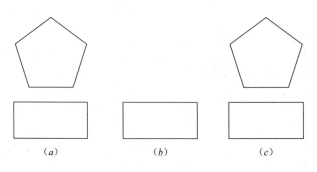

图 3-35 删除图形对象

3. "设置"选项组

指定从 AutoCAD 设计中心拖动图块时用于测量图块的单位，以及缩放、分解和超链接等设置。

4. "方式"选项组

（1）"注释性"复选框：指定块为注释性。
（2）"使块方向与布局匹配"复选框：指定在图纸空间视口中的块参照的方向与布局的方向匹配，如果未选择"注释性"选项，则该选项不可用。
（3）"按统一比例缩放"复选框：指定是否阻止块参照不按统一比例缩放。
（4）"允许分解"复选框：指定块参照是否可以被分解。

5. "在块编辑器中打开"复选框

选中此复选框，系统打开块编辑器，可以定义动态块。后面详细讲述。

3.10.2　图块的存盘

用 BLOCK 命令定义的图块保存在其所属的图形当中，该图块只能在该图中插入，而不能插入到其他的图中，但是有些图块在许多图中要经常用到，这时可以用 WBLOCK 命令把图块以图形文件的形式（后缀为 .DWG）写入磁盘，图形文件可以在任意图形中用 INSERT 命令插入。

【执行方式】

命令行：WBLOCK。

【操作步骤】

命令：WBLOCK↙

在命令行输入 WBLOCK 后回车，AutoCAD 打开"写块"对话框，如图 3-36 所示，利用此对话框可把图形对象保存为图形文件或把图块转换成图形文件。

【选项说明】

1. "源"选项组

确定要保存为图形文件的图块或图形对象。其中选中"块"单选按钮，单击右侧的向下箭头，在下拉列表框中选择一个图块，将其保存为图形文件。选中"整个图形"单选按钮，则把当前的整个图形保存为图形文件。选中"对象"单选按钮，则把不属于图块的图形对象保存为图形文件。对象的选取通过"对象"选项组来完成。

2. "目标"选项组

用于指定图形文件的名字、保存路径和插入单位等。

图 3-36 "写块"对话框

3.10.3 图块的插入

在用 AutoCAD 绘图的过程当中，可根据需要随时把已经定义好的图块或图形文件插入到当前图形的任意位置，在插入的同时还可以改变图块的大小、旋转一定角度或把图块炸开等。插入图块的方法有多种，本节逐一进行介绍。

【执行方式】

命令行：INSERT。
菜单："插入"→"块"。
工具栏："插入点"→"插入块" ⬚ 或"绘图"→"插入块" ⬚ 。

【操作步骤】

命令：INSERT ↙
AutoCAD 打开"插入"对话框，如图 3-37 所示，可以指定要插入的图块及插入位置。

【选项说明】

1. "名称"文本框

指定插入图块的名称。

2. "插入点"选项组

指定插入点，插入图块时该点与图块的基点重合。可以在屏幕上指定该点，也可以通过下面的文本框输入该点坐标值。

104

图 3-37 "插入"对话框

3. "缩放比例"选项组

确定插入图块时的缩放比例。图块被插入到当前图形中的时候，可以以任意比例放大或缩小，如图 3-38 所示，（a）是被插入的图块，（b）取比例系数为 1.5 插入该图块的结果，（c）是取比例系数为 0.5 的结果，X 轴方向和 Y 轴方向的比例系数也可以取不同，如（d）所示，X 轴方向的比例系数为 1，Y 轴方向的比例系数为 1.5。另外，比例系数还可以是一个负数，当为负数时表示插入图块的镜像，其效果如图 3-39 所示。

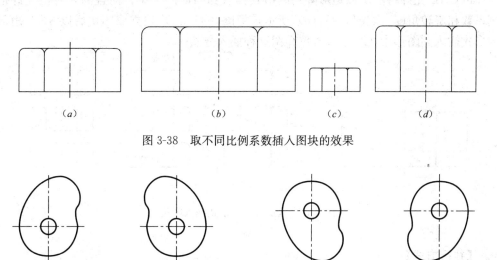

图 3-38 取不同比例系数插入图块的效果

| X比例=1，Y比例=1 | X比例=-1，Y比例=1 | X比例=1，Y比例=-1 | X比例=-1，Y比例= -1 |

图 3-39 取比例系数为负值插入图块的效果

4. "旋转"选项组

指定插入图块时的旋转角度。图块被插入到当前图形中的时候，可以绕其基点旋转一定的角度，角度可以是正数（表示沿逆时针方向旋转），也可以是负数（表示沿顺时针方向旋转）。如图 3-40（b）是（a）所示的图块旋转 30°插入的效果，（c）是旋转-30°插入的效果。

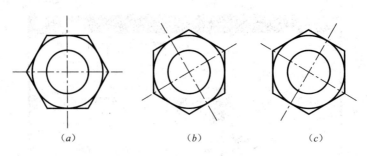

图 3-40　以不同旋转角度插入图块的效果

如果选中"在屏幕上指定"复选框，系统切换到作图屏幕，在屏幕上拾取一点，AutoCAD 自动测量插入点与该点连线和 X 轴正方向之间的夹角，并把它作为块的旋转角。也可以在"角度"文本框直接输入插入图块时的旋转角度。

5. "分解"复选框

选中此复选框，则在插入块的同时把其炸开，插入到图形中的组成块的对象不再是一个整体，可对每个对象单独进行编辑操作。

3.10.4　以矩形阵列的形式插入图块

AutoCAD 允许将图块以矩形阵列的形式插入到当前图形中，而且插入时也允许指定比例系数和旋转角度。如图 3-41（b）所示是把图 3-41（a）建立成图块后以 3×3 矩形阵列的形式插入到图形中，本小节着重介绍这种插入方式。

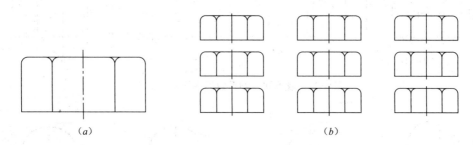

图 3-41　以矩形阵列形式插入图块

【执行方式】

命令行：MINSERT。

【操作步骤】

命令：MINSERT ↙

输入块名或［?］〈hu3〉：（输入要插入的图块名）

指定插入点或［比例（S）/X/Y/Z/旋转（R）/预览比例（PS）/PX/PY/PZ/预览旋转（PR）］：

在此提示下确定图块的插入点、比例系数、旋转角度等，各项的含义和设置方法与

INSERT 命令相同。确定了图块插入点之后，AutoCAD 继续提示：

输入行数（—）〈1〉：（输入矩形阵列的行数）

输入列数（｜｜｜）〈1〉：（输入矩形阵列的列数）

输入行间距或指定单位单元（—）：（输入行间距）

指定列间距（｜｜｜）：（输入列间距）

所选图块按照指定的比例系数和旋转角度以指定的行、列数和间距插入到指定的位置。

3.10.5　动态块

动态块具有灵活性和智能性。用户在操作时可以轻松地更改图形中的动态块参照。可以通过自定义夹点或自定义特性来操作动态块参照中的几何图形。这使得用户可以根据需要在位调整块，而不用搜索另一个块以插入或重定义现有的块。

例如，如果在图形中插入一个门块参照，编辑图形时可能需要更改门的大小。如果该块是动态的，并且定义为可调整大小，那么只需拖动自定义夹点或在"特性"选项板中指定不同的大小就可以修改门的大小。如图 3-42 所示。用户可能还需要修改门的打开角度。如图 3-43 所示。该门块还可能会包含对齐夹点，使用对齐夹点可以轻松地将门块参照与图形中的其他几何图形对齐，如图 3-44 所示。

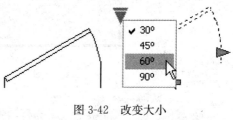

图 3-42　改变大小

图 3-43　改变角度

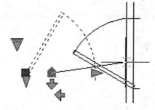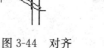

图 3-44　对齐

可以使用块编辑器创建动态块。块编辑器是一个专门的编写区域，用于添加能够使块成为动态块的元素。用户可以从头创建块，也可以向现有的块定义中添加动态行为。也可以像在绘图区域中一样创建几何图形。

【执行方式】

命令行：BEDIT。

菜单："工具"→"块编辑器"。

工具栏："标准"→"块编辑器" 。

快捷菜单：选择一个块参照。在绘图区域中单击鼠标右键。选择"块编辑器"项。

【操作步骤】

命令：BEDIT↙

系统打开"编辑块定义"对话框，如图 3-45 所示，在"要创建或编辑的块"文本框

中输入块名或在列表框中选择已定义的块或当前图形。确认后，系统打开块编写选项板和
"块编辑器"工具栏，如图 3-46 所示。

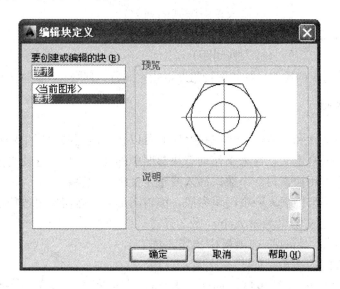

图 3-45 "编辑块定义"对话框

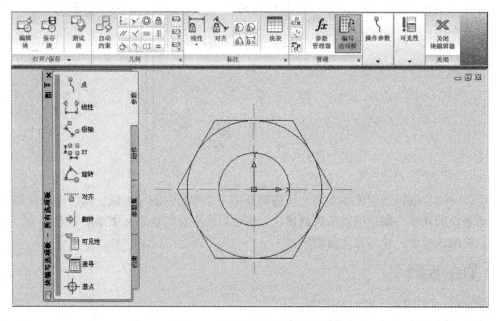

图 3-46 块编辑状态绘图平面

 【选项说明】

1. 块编写选项板

该选项板有三个选项卡：

（1）"参数"选项卡：提供用于向块编辑器中的动态块定义中添加参数的工具。参数用于指定几何图形在块参照中的位置、距离和角度。将参数添加到动态块定义中时，该参数将定义块的一个或多个自定义特性。此选项卡也可以通过命令 BPARAMETER 来打开。

（2）点参数：此操作将向动态块定义中添加一个点参数，并定义块参照的自定义 X 和 Y 特性。点参数定义图形中的 X 和 Y 位置。在块编辑器中，点参数类似于一个坐标标注。

（3）可见性参数：此操作将向动态块定义中添加一个可见性参数，并定义块参照的自定义可见性特性。可见性参数允许用户创建可见性状态并控制对象在块中的可见性。可见性参数总是应用于整个块，并且无需与任何动作相关联。在图形中单击夹点可以显示块参照中所有可见性状态的列表。在块编辑器中，可见性参数显示为带有关联夹点的文字。

（4）查寻参数：此操作将向动态块定义中添加一个查寻参数，并定义块参照的自定义查寻特性。查寻参数用于定义自定义特性，用户可以指定或设置该特性，以便从定义的列表或表格中计算出某个值。该参数可以与单个查寻夹点相关联。在块参照中单击该夹点可以显示可用值的列表。在块编辑器中，查寻参数显示为文字。

（5）基点参数：此操作将向动态块定义中添加一个基点参数。基点参数用于定义动态块参照相对于块中的几何图形的基点。基点参数无法与任何动作相关联，但可以属于某个动作的选择集。在块编辑器中，基点参数显示为带有十字光标的圆。

其他参数与上面各项类似，不再赘述。

2. "动作"选项卡

提供用于向块编辑器中的动态块定义中添加动作的工具。动作定义了在图形中操作块参照的自定义特性时，动态块参照的几何图形将如何移动或变化。应将动作与参数相关联。此选项卡也可以通过命令 BACTIONTOOL 来打开。

（1）移动动作：此操作将在用户将移动动作与点参数、线性参数、极轴参数或 XY 参数关联时，将该动作添加到动态块定义中。移动动作类似于 MOVE 命令。在动态块参照中，移动动作将使对象移动指定的距离和角度。

（2）查寻动作：此操作将向动态块定义中添加一个查寻动作。将查寻动作添加到动态块定义中并将其与查寻参数相关联时，它将创建一个查寻表。可以使用查寻表指定动态块的自定义特性和值。

其他动作与上面各项类似，不再赘述。

3. "参数集"选项卡

提供用于在块编辑器中向动态块定义中添加一个参数和至少一个动作的工具。将参数集添加到动态块中时，动作将自动与参数相关联。将参数集添加到动态块中后，请双击黄色警示图标（或使用 BACTIONSET 命令），然后按照命令行上的提示将动作与几何图形选择集相关联。此选项卡也可以通过命令 BPARAMETER 来打开。

（1）点移动：此操作将向动态块定义中添加一个点参数。系统会自动添加与该点参数相关联的移动动作。

（2）线性移动：此操作将向动态块定义中添加一个线性参数。系统会自动添加与该线性参数的端点相关联的移动动作。

（3）可见性集：此操作将向动态块定义中添加一个可见性参数并允许定义可见性状态。无需添加与可见性参数相关联的动作。

（4）查寻集：此操作将向动态块定义中添加一个查寻参数。系统会自动添加与该查寻参数相关联的查寻动作。

其他参数集与上面各项类似，不再赘述。

4. "块编辑器"工具栏

该工具栏提供了在块编辑器中使用、创建动态块以及设置可见性状态的工具。

（1）定义属性：显示"属性定义"对话框。

（2）更新参数和动作文字大小：此操作将在块编辑器中重生成显示，并更新参数和动作的文字、箭头、图标以及夹点大小。在块编辑器中进行缩放时，文字、箭头、图标和夹点大小将根据缩放比例发生相应的变化。在块编辑器中重生成显示时，文字、箭头、图标和夹点将按指定的值显示。如图 3-47 所示。

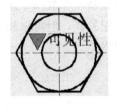

（*a*）原始图形　　　　　（*b*）缩小显示　　　　（*c*）更新参数和动作文字大小后情形

图 3-47　更新参数和动作文字大小

（3）可见性模式：设置 BVMODE 系统变量，此操作可以使在当前可见性状态中不可见的对象变暗或隐藏。

（4）管理可见性状态：显示"可见性状态"对话框，如图 3-48 所示。从中可以创建、删除、重命名和设置当前可见性状态。在列表框中选择一种状态，右键单击，选择快捷菜单中"新状态"项，打开"新建可见性状态"对话框，如图 3-49 所示，可以设置可见性状态。

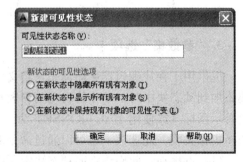

图 3-48　"可见性状态"对话框　　　　　图 3-49　"新建可见性状态"对话框

其他工具项与块编写选项板中相关选项类似，不再赘述。

3.11　图块的属性

图块除了包含图形对象以外，还可以具有非图形信息，例如把一个椅子的图形定义为图块后，还可把椅子的号码、材料、重量、价格以及说明等文本信息一并加入到图块当中。图块的这些非图形信息，叫做图块的属性，它是图块的一个组成部分，与图形对象一起构成一个整体，在插入图块时 AutoCAD 把图形对象连同属性一起插入到图形中。

3.11.1　定义图块属性

【执行方式】

命令行：ATTDEF。
菜单："绘图"→"块"→"定义属性"。

【操作步骤】

命令：ATTDEF↙

选取相应的菜单项或在命令行输入
ATTDEF 回车，打开"属性定义"对话框，
如图 3-50 所示。

【选项说明】

图 3-50　"属性定义"对话框

1. "模式"选项组

确定属性的模式。

（1）"不可见"复选框：选中此复选框则属性为不可见显示方式，即插入图块并输入属性值后，属性值在图中并不显示出来。

（2）"固定"复选框：选中此复选框则属性值为常量，即属性值在属性定义时给定，在插入图块时 AutoCAD 不再提示输入属性值。

（3）"验证"复选框：选中此复选框，当插入图块时 AutoCAD 重新显示属性值让用户验证该值是否正确。

（4）"预设"复选框：选中此复选框，当插入图块时 AutoCAD 自动把事先设置好的默认值赋予属性，而不再提示输入属性值。

（5）"锁定位置"复选框：选中此复选框，当插入图块时 AutoCAD 锁定块参照中属性的位置。解锁后，属性可以相对于使用夹点编辑的块的其他部分移动，并且可以调整多行属性的大小。

（6）"多行"复选框：指定属性值可以包含多行文字。选中此复选框后，可以指定属性的边界宽度。

2. "属性"选项组

用于设置属性值。在每个文本框中 AutoCAD 允许输入不超过 256 个字符。

（1）"标记"文本框：输入属性标签。属性标签可由除空格和感叹号以外的所有字符组成，AutoCAD 自动把小写字母改为大写字母。

（2）"提示"文本框：输入属性提示。属性提示是插入图块时 AutoCAD 要求输入属性值的提示，如果不在此文本框内输入文本，则以属性标签作为提示。如果在"模式"选项组选中"固定"复选框，即设置属性为常量，则不需设置属性提示。

（3）"默认"文本框：设置默认的属性值。可把使用次数较多的属性值作为默认值，也可不设默认值。

3. "插入点"选项组

确定属性文本的位置。可以在插入时由用户在图形中确定属性文本的位置，也可在 X、Y、Z 文本框中直接输入属性文本的位置坐标。

4. "文字设置"选项组

设置属性文本的对齐方式、文本样式、字高和旋转角度。

5. "在上一个属性定义下对齐"复选框

选中此复选框表示把属性标签直接放在前一个属性的下面，而且该属性继承前一个属性的文本样式、字高和倾斜角度等特性。

6. "缩定块中的位置"复选框

锁定块参照中属性的位置。

技巧荟萃

在动态块中，由于属性的位置包括在动作的选择集中，因此必须将其锁定。

3.11.2 修改属性的定义

在定义图块之前，可以对属性的定义加以修改，不仅可以修改属性标签，还可以修改属性提示和属性默认值。

【执行方式】

命令行：DDEDIT。
菜单："修改"→"对象"→"文字"→"编辑"。

【操作步骤】

命令：DDEDIT↙
选择注释对象或 [放弃（U）]：

在此提示下选择要修改的属性定义，AutoCAD 打开"编辑属性定义"对话框，如图 3-51 所示，该对话框表示要修改的属性的标记为"文字"，提示为"数值"，无默认值，可在各文本框中对各项进行修改。

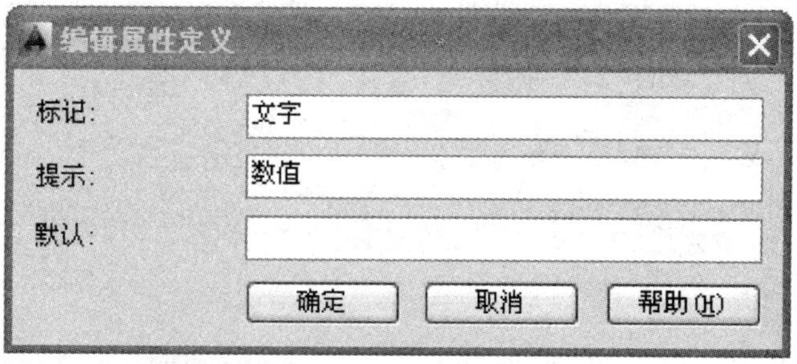

图 3-51 "编辑属性定义"对话框

3.11.3 图块属性编辑

当属性被定义到图块当中，甚至图块被插入到图形当中之后，用户还可以对属性进行编辑。利用 ATTEDIT 命令可以通过对话框对指定图块的属性值进行修改，利用-ATTE-DIT 命令不仅可以修改属性值，而且可以对属性的位置、文本等其他设置进行编辑。

【执行方式】

命令行：ATTEDIT。
菜单："修改"→"对象"→"属性"→"单个"。
工具栏："修改Ⅱ"→"编辑属性" 。

【操作步骤】

命令：ATTEDIT↙
选择块参照：

同时光标变为拾取框，选择要修改属性的图块，则 AutoCAD 打开图 3-52 所示的"编辑属性"对话框，对话框中显示出所选图块中包含的前八个属性的值，用户可对这些属性值进行修改。如果该图块中还有其他的属性，可单击"上一个"和"下一个"按钮对它们进行观察和修改。

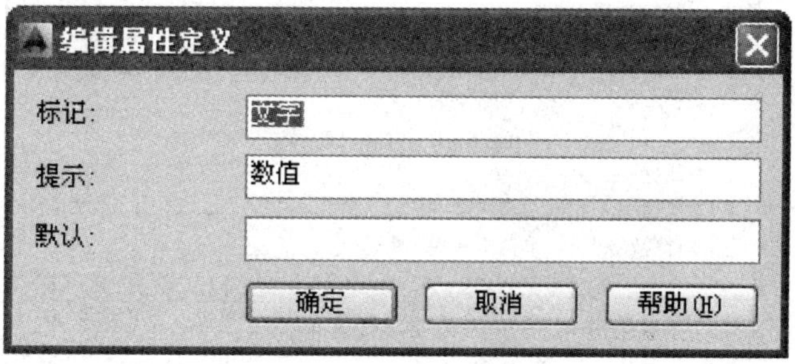

图 3-52 "编辑属性"对话框

当用户通过菜单执行上述命令时，系统打开"增强属性编辑器"对话框，如图 3-53 所示。该对话框不仅可以编辑属性值，还可以编辑属性的文字选项和图层、线型、颜色等特性值。

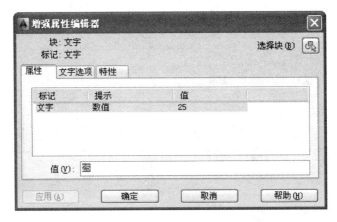

图 3-53 "增强属性编辑器"对话框

另外，还可以通过"块属性管理器"对话框来编辑属性，方法是：工具栏：修改Ⅱ→块属性管理器。执行此命令后，系统打开"块属性管理器"对话框，如图 3-54 所示。单击"编辑"按钮，系统打开"编辑属性"对话框，如图 3-55 所示。可以通过该对话框编辑属性。

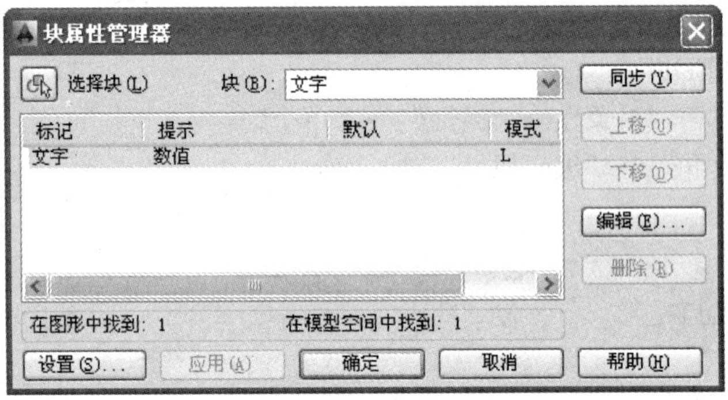

图 3-54 "块属性管理器"对话框

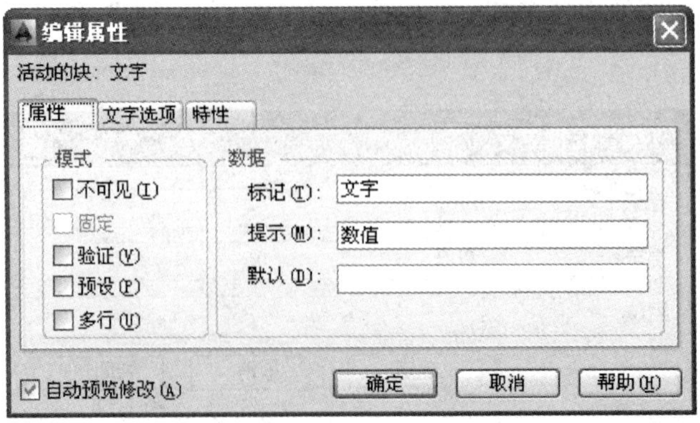

图 3-55 "编辑属性"对话框

3.11.4　提取属性数据

提取属性信息可以方便地直接从图形数据中生成日程表或 BOM 表。新的向导使得此过程更加简单。

【执行方式】

命令行：EATTEXT。

【操作步骤】

执行上述命令后，系统打开"数据提取—开始"对话框，如图 3-56 所示。单击"下一步"按钮，依次打开"数据提取—定义数据源"、"数据提取—选择对象"、"数据提取—选择特性"、"数据提取—优化数据"、"数据提取—选择输出"、"数据提取—表格样式"（图 3-57）和"数据提取—完成"对话框（图 3-58），依次在各对话框中对提取属性的各选项进行设置，其中在"数据提取—表格样式"如图 3-57 所示对话框中可以设置或更改表格样式。设置完成后，系统生成如图 3-59 所示的包含提取数据的 BOM 表。

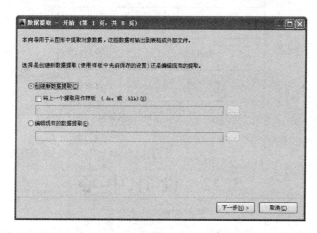

图 3-56　"数据提取—开始"对话框

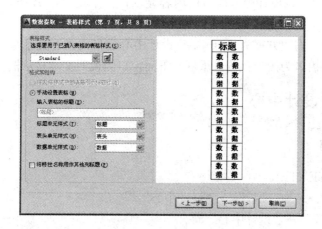

图 3-57　"数据提取—表格样式"对话框

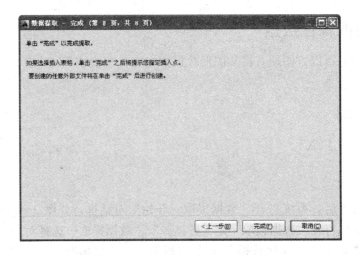

图 3-58 "数据提取—完成"对话框

数量	1.6	A	名称
1		A	基准符号
5	12.5		去除材料
6	25		去除材料

图 3-59 生成的 BOM 表

3.12 设 计 中 心

使用 AutoCAD 设计中心可以很容易地组织设计内容，并把它们拖动到自己的图形中。可以使用 AutoCAD 设计中心窗口的内容显示框，来观察用 AutoCAD 设计中心的资源管理器所浏览资源的细目，如图 3-60 所示。在图 3-60 中，左边方框为 AutoCAD 设计中心的资源管理器，右边方框为 AutoCAD 设计中心窗口的内容显示框。其中上面窗口为文件显示框，中间窗口为图形预览显示框。下面窗口为说明文本显示框。

3.12.1 启动设计中心

【执行方式】

命令行：ADCENTER。
菜单："工具"→"选项板"→"设计中心"。
工具栏："标准"→"设计中心"。
快捷键：CTRL＋2。

【操作步骤】

命令：ADCENTER↙

系统打开设计中心。第一次启动设计中心时，它的默认打开的选项卡为"文件夹"。容显示区采用大图标显示，左边的资源管理器采用 tree view 显示方式显示系统的树形结构，浏览资源的同时，在内容显示区显示所浏览资源的有关细目或内容，如图 3-60 所示。

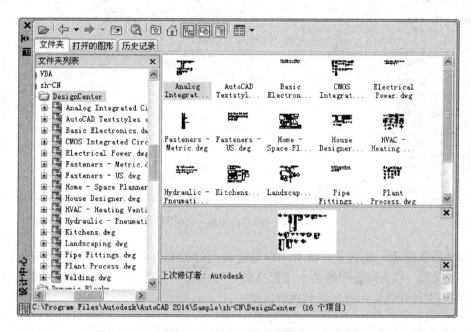

图 3-60　AutoCAD 设计中心的资源管理器和内容显示区

可以依靠鼠标拖动边框来改变 AutoCAD 设计中心资源管理器和内容显示区以及 AutoCAD 绘图区的大小，但内容显示区的最小尺寸应能显示两列大图标。

如果要改变 AutoCAD 设计中心的位置，可在设计中心工具条的上部用鼠标拖动它，松开鼠标后，AutoCAD 设计中心便处于当前位置，到新位置后，仍可以用鼠标改变改变各窗口的大小。也可以通过设计中心边框左边下方的"自动隐藏"按钮来自动隐藏设计中心。

3.12.2　显示图形信息

在 AutoCAD 设计中心中，可以通过"选项卡"和"工具栏"两种方式显示图形信息。现分别做简要介绍：

1. 选项卡

如图 3-60 所示，AutoCAD 设计中心有以下四个选项卡：

（1）"文件夹"选项卡：显示设计中心的资源，如图 3-60 所示。该选项卡与 Windows 资源管理器类似。"文件夹"选项卡显示导航图标的层次结构，包括：网络和计算机、Web 地址（URL）、计算机驱动器、文件夹、图形和相关的支持文件、外部参照、布局、填充样式和命名对象，包括图形中的块、图层、线型、文字样式、标注样式和打印样式。

（2）"打开的图形"选项卡：显示在当前环境中打开的所有图形，其中包括最小化了的图形，如图 3-61 所示。此时选择某个文件，就可以在右边的显示框中显示该图形的有关设置，如标注样式、布局块、图层外部参照等。

图 3-61 "打开的图形"选项卡

（3）"历史记录"选项卡：显示用户最近访问过的文件，包括这些文件的具体路径，如图 3-62 所示。双击列表中的某个图形文件，可以在"文件夹"选项卡中的树状视图中定位此图形文件并将其内容加载到内容区域中。

图 3-62 "历史记录"选项卡

（4）"联机设计中心"选项卡：通过联机设计中心，用户可以访问数以万计的预先绘制的符号、制造商信息以及集成商站点，当然，前提是用户的计算机必须与网络连接。如图 3-63 所示。

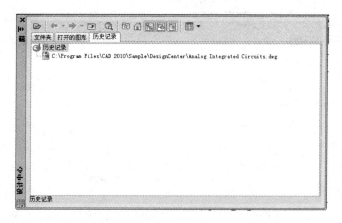

图 3-63　"联机设计中心"选项卡

2. 工具栏

设计中心窗口顶部有一系列的工具栏，包括："加载"、"上一页（下一页或上一级）"、"搜索"、"收藏夹"、"主页"、"树状图切换"、"预览"、"说明"和"视图"等按钮：

（1）"加载"按钮　：打开"加载"对话框，用户可以利用该对话框从 Windows 桌面、收藏夹或 Internet 网加载文件。

（2）"搜索"按钮　：查找对象。单击该按钮，打开"搜索"对话框，如图 3-64 所示。

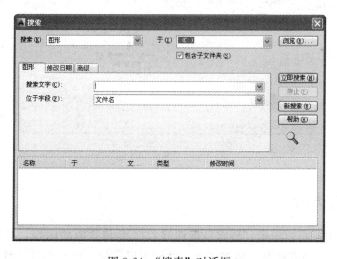

图 3-64　"搜索"对话框

（3）"收藏夹"按钮　：在"文件夹列表"中显示 Favorites/Autodsek 文件夹中的内容，用户可以通过收藏夹来标记存放在本地磁盘、网络驱动器或 Internet 网页上的内容。如图 3-65 所示。

（4）"主页"按钮　：快速定位到设计中心文件夹中，该文件夹位于/AutoCAD/Sample 下，如图 3-66 所示。

119

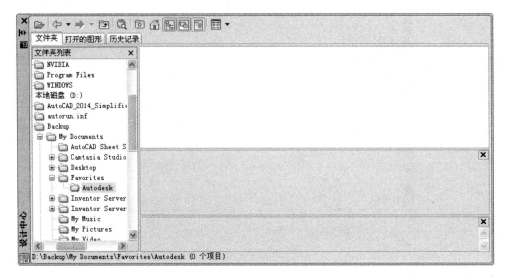

图 3-65 "收藏夹"按钮

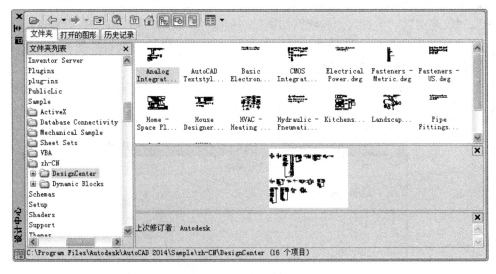

图 3-66 "主页"按钮

3.12.3 查找内容

如图 3-64 所示，可以单击"搜索"按钮寻找图形和其他的内容，在设计中心可以查找的内容有：图形、填充图案、填充图案文件、图层、块、图形和块、外部参照、文字样式、线型、标注样式和布局等。

在"搜索"对话框中有三个选项卡，分别给出三种搜索方式：通过"图形"信息搜索、通过"修改日期"信息搜索、通过"高级"信息搜索。

3.12.4 插入图块

可以将图块插入到图形当中。当将一个图块插入到图形当中的时候，块定义就被拷贝到图形数据库当中。在一个图块被插入图形之后，如果原来的图块被修改，则插入到图形当中的图块也随之改变。

当其他命令正在执行时，不能插入图块到图形当中。例如，如果在插入块时，在提示行正在执行一个命令，此时光标变成一个带斜线的圆，提示操作无效。另外一次只能插入一个图块。

系统根据鼠标拉出的线段的长度与角度确定比例与旋转角度。插入图块的步骤如下：

1. 从文件夹列表或查找结果列表选择要插入的图块，按住鼠标左键，将其拖动到打开的图形。

松开鼠标左键，此时，被选择的对象被插入到当前被打开的图形当中。利用当前设置的捕捉方式，可以将对象插入到任何存在的图形当中。

2. 按下鼠标左键，指定一点作为插入点，移动鼠标，鼠标位置点与插入点之间距离为缩放比例。按下鼠标左键确定比例。同样方法移动鼠标，鼠标指定位置与插入点连线与水平线角度为旋转角度。被选择的对象就根据鼠标指定的比例和角度插入到图形当中。

3.12.5 图形复制

1. 在图形之间拷贝图块

利用 AutoCAD 设计中心可以浏览和装载需要拷贝的图块，然后将图块拷贝到剪贴板，利用剪贴板将图块粘贴到图形当中。具体方法如下：

（1）在控制板选择需要拷贝的图块，右击打开快捷菜单，选择"复制"命令。

（2）将图块复制到剪贴板上，然后通过"粘贴"命令粘贴到当前图形上。

2. 在图形之间拷贝图层

利用 AutoCAD 设计中心可以从任何一个图形拷贝图层到其他图形。例如，如果已经绘制了一个包括设计所需的所有图层的图形，在绘制另外的新的图形的时候，可以新建一个图形，并通过 AutoCAD 设计中心将已有的图层拷贝的新的图形当中，这样可以节省时间，并保证图形间的一致性。

（1）拖动图层到已打开的图形：确认要拷贝图层的目标图形文件被打开，并且是当前的图形文件。在控制板或查找结果列表框选择要拷贝的一个或多个图层。拖动图层到打开的图形文件。松开鼠标后被选择的图层被拷贝到打开的图形当中。

（2）拷贝或粘贴图层到打开的图形：确认要拷贝的图层的图形文件被打开，并且是当前的图形文件。在控制板或查找结果列表框选择要拷贝的一个或多个图层。右击打开快捷菜单，在快捷菜单中选择"复制到粘贴板"命令。如果要粘贴图层，确认粘贴的目标图形文件被打开，并为当前文件。右击打开快捷菜单，在快捷菜单选择"粘贴"命令。

3.13　工具选项板

工具选项板，提供组织、共享和放置块及填充图案的有效方法。工具选项板还可以包含由第三方开发人员提供的自定义工具。

3.13.1 打开工具选项板

 【执行方式】

命令行：TOOLPALETTES。
菜单："工具"→"选项板"→"工具选项板窗口"。
工具栏："标准"→"工具选项板" 。
快捷键：CRTL＋3。

 【操作步骤】

命令：TOOLPALETTES✓
系统自动打开工具选项板窗口，如图 3-67 所示。

 【选项说明】

在工具选项板中，系统设置了一些常用图形选项卡，这些常用图形可以方便用户绘图。

3.13.2 工具选项板的显示控制

1. 移动和缩放工具选项板窗口

用户可以用鼠标按住工具选项板窗口深色边框，拖动鼠标，即可移动工具选项板窗口。将鼠标指向工具选项板窗口边缘，出现双向伸缩箭头，按住鼠标左键拖动即可缩放工具选项板窗口。

2. 自动隐藏

在工具选项板窗口深色边框下面有一个"自动隐藏"按钮，单击该按钮就可自动隐藏工具选项板窗口，再次单击，则自动打开工具选项板窗口。

3. "透明度"控制

在工具选项板窗口深色边框下面有一个"特性"按钮，单击该按钮，打开快捷菜单，如图 3-68 所示。

3.13.3 新建工具选项板

用户可以建立新工具板，这样有利于个性化作图。也能够满足特殊作图需要。

 【执行方式】

命令行：CUSTOMIZE。

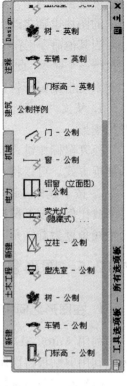

图 3-67　工具选项板窗口

图 3-68　快捷菜单

菜单："工具"→"自定义"→"工具选项板"。

快捷菜单：在任意工具栏上单击右键，然后选择"自定义"。

工具选项板："特性"按钮→"自定义（或新建选项板）"。

【操作步骤】

命令：CUSTOMIZE↙

系统打开"自定义"对话框，如图 3-69 所示。在"选项板"列表框中单击鼠标右键，打开快捷菜单，如图 3-70 所示，选择"新建选项板"项，在对话框可以为新建的工具选项板命名。确定后，工具选项板中就增加了一个新的选项卡，如图 3-71 所示。

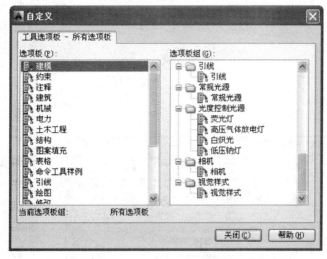

图 3-69 "自定义"对话框

图 3-70 "新建工具选项板"对话框　　　　图 3-71　新增选项卡

3.13.4 向工具选项板添加内容

1. 将图形、块和图案填充从设计中心拖动到工具选项板上

例如，在 Designcenter 文件夹上右击鼠标，系统打开右键快捷菜单，从中选择"创建块的工具选项板"命令，如图 3-72（a）所示。设计中心中储存的图元就出现在工具选项板中新建的 Designcenter 选项卡上，如图 3-72（b）所示。这样就可以将设计中心与工具选项板结合起来，建立一个快捷方便的工具选项板。将工具选项板中的图形拖动到另一个图形中时，图形将作为块插入。

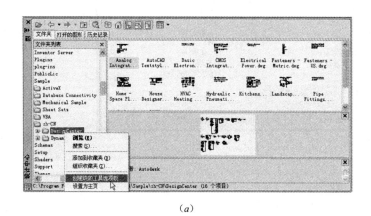

（a）   （b）

图 3-72 将储存图元创建成"设计中心"工具选项板

2. 使用"剪切"、"复制"和"粘贴"将一个工具选项板中的工具移动或复制到另一个工具选项板中。

第  章

文字和尺寸标注

所有 AutoCAD 图形中的文字都有与其相对应的文本样式。当输入文字对象时，AutoCAD 使用当前设置的文本样式。

在 AutoCAD 2014 用户可以利用"标注样式管理器"对话框方便地设置自己需要的尺寸标注样式。

   点

- ◉ 文本样式及标注
- ◉ 表格创建及编辑
- ◉ 尺寸标注

4.1 文字样式及标注

4.1.1 文本样式

所有 AutoCAD 图形中的文字都有与其相对应的文本样式。当输入文字对象时，AutoCAD 使用当前设置的文本样式。文本样式是用来控制文字基本形状的一组设置。AutoCAD 2010 提供了"文字样式"对话框，通过这个对话框可以方便直观地设置需要的文本样式，或是对已有样式进行修改。

 【执行方式】

命令行：STYLE 或 DDSTYLE。

菜单："格式" → "文字样式"。

工具栏：单击"文字"工具栏中的"文字样式"按钮 A。

 **【操作步骤】**

命令：STYLE↙

执行上述命令后，系统打开"文字样式"对话框，如图 4-1 所示。

图 4-1 "文字样式"对话框

 **【选项说明】**

1. "样式"列表框。该列表框列出所有已设定的文字样式名或对已有样式名进行相关操作。单击"新建"按钮，系统打开如图 4-2 所示的"新建文字样式"对话框。在该对话框中可以为新建的文字样式输入名称。从"样式"列表框中选中要改名的文本样式右击，选择快捷菜单中的"重命名"命令，如图 4-3 所示，可以为所选文本样式输入新的名称。

2. "字体"选项组。确定字体样式。文字的字体确定字符的形状，在 AutoCAD 中，除了它固有的 SHX 形状字体文件外，还可以使用 TrueType 字体（如宋体、楷体、italley 等）。一种字体可以设置不同的效果，从而被多种文本样式使用，如图 4-4 所示就是同一种字体（宋体）的不同样式。

图 4-2　快捷菜单图

图 4-3　"新建文字样式"对话框

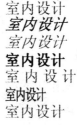

图 4-4　同一字体的不同样式

3. "大小"选项组。"大小"选项组用来确定文本样式使用的字体文件、字体风格及字高。"高度"文本框用来设置创建文字时的固定字高，在用 TEXT 命令输入文字时，AutoCAD 不再提示输入字高参数。如果在此文本框中设置字高为 0，系统会在每一次创建文字时提示输入字高，所以，如果不想固定字高，就可以把"高度"文本框中的数值设置为 0。

4. "效果"选项组。

（1）"颠倒"复选框：勾选该复选框，表示将文本文字倒置标注，如图 4-5（a）所示。

（2）"反向"复选框：确定是否将文本文字反向标注，如图 4-5（b）所示的标注效果。

（3）"垂直"复选框：确定文本是水平标注还是垂直标注。勾选该复选框时为垂直标注，否则为水平标注，垂直标注如图 4-6 所示。

图 4-5　文字倒置标注与反向标注　　　　图 4-6　垂直标注文字

（4）"宽度因子"文本框：设置宽度系数，确定文本字符的宽高比。当比例系数为 1 时，表示将按字体文件中定义的宽高比标注文字。当此系数小于 1 时，字会变窄，反之变宽。如图 4-4 所示，是在不同比例系数下标注的文本文字。

（5）"倾斜角度"文本框：用于确定文字的倾斜角度。角度为 0 时不倾斜，为正数时向右倾斜，为负数时向左倾斜，效果如图 4-4 所示。

5. "应用"按钮。确认对文字样式的设置。当创建新的文字样式或对现有文字样式的某些特征进行修改后，都需要单击此按钮，系统才会确认所做的改动。

4.1.2　文本标注

在绘制图形的过程中，文字传递了很多设计信息，它可能是一个很复杂的说明，也可能是一个简短的文字信息。当需要文字标注的文本不太长时，可以利用 TEXT 命令创建单行文本；当需要标注很长、很复杂的文字信息时，可以利用 MTEXT 命令创建多行文本。

1. 单行文本标注

【执行方式】

命令行：TEXT。

菜单："绘图"→"文字"→"单行文字"。

工具栏：单击"文字"工具栏中的"单行文字"按钮A。

【操作步骤】

命令行提示与操作如下：

命令：TEXT↙

当前文字样式：Standard 当前文字高度：0.2000

指定文字的起点或［对正（J）/样式（S）]：

【选项说明】

（1）指定文字的起点。在此提示下直接在绘图区选择一点作为输入文本的起始点，命令行提示如下：

指定高度〈0.2000〉：确定文字高度。

指定文字的旋转角度〈0〉：确定文本行的倾斜角度。

执行上述命令后，即可在指定位置输入文本文字，输入后按〈Enter〉键，文本文字另起一行，可继续输入文字，待全部输入完后按两次〈Enter〉键，退出 TEXT 命令。可见，TEXT 命令也可创建多行文本，只是这种多行文本每一行是一个对象，不能对多行文本同时进行操作。

技巧荟萃

只有当前文本样式中设置的字符高度为 0，在使用 TEXT 命令时，系统才出现要求用户确定字符高度的提示。AutoCAD 允许将文本行倾斜排列，如图 4-7 所示为倾斜角度分别是 0°、45°和—45°时的排列效果。在"指定文字的旋转角度〈0〉"提示下输入文本行的倾斜角度或在绘图区拉出一条直线来指定倾斜角度。

图 4-7　文本行倾斜排列的效果

（2）对正（J）。在"指定文字的起点或［对正（J）/样式（S）]"提示下输入"J"，用来确定文本的对齐方式，对齐方式决定文本的哪部分与所选插入点对齐。执行此选项，命令行提示如下：

输入选项［对齐（A）/调整（F）/中心（C）/中间（M）/右®/左上（TL）/中上（TC）/右上（TR）/左中（ML）/正中（MC）/右中（MR）/左下（BL）/中下（BC）/右下（BR）]：

在此提示下选择一个选项作为文本的对齐方式。当文本文字水平排列时，AutoCAD为标注文本的文字定义了如图 4-8 所示的顶线、中线、基线和底线，各种对齐方式如图4-9 所示，图中大写字母对应上述提示中各命令。下面以"对齐"方式为例进行简要说明。

图 4-8　文本行的底线、基线、中线和顶线

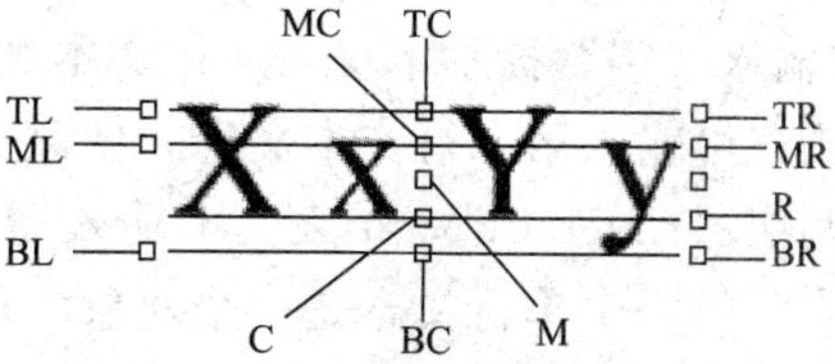

图 4-9　文本的对齐方式

选择"对齐（A）"选项，要求用户指定文本行基线的起始点与终止点的位置，命令行提示与操作如下：

指定文字基线的第一个端点：指定文本行基线的起点位置。

指定文字基线的第二个端点：指定文本行基线的终点位置。

输入文字：输入文本文字✓。

输入文字：✓。

执行结果：输入的文本文字均匀地分布在指定的两点之间，如果两点间的连线不水平，则文本行倾斜放置，倾斜角度由两点间的连线与 X 轴夹角确定；字高、字宽根据两点间的距离、字符的多少以及文本样式中设置的宽度系数自动确定。指定了两点之后，每行输入的字符越多，字宽和字高越小。其他选项与"对齐"类似，此处不再赘述。

实际绘图时，有时需要标注一些特殊字符，例如直径符号、上划线或下划线、温度符号等，由于这些符号不能直接从键盘上输入，AutoCAD 提供了一些控制码，用来实现这些要求。控制码用两个百分号（％％）加一个字符构成，常用的控制码及功能如表 4-1所示。

AutoCAD 常用控制码　　　　　　　　　　　　表 4-1

符　号	功　能	符　号	功　能
％％O	上划线	\u+0278	电相位
％％U	下划线	\u+E101	流线
％％D	"度"符号（°）	\u+2261	标识
％％P	正负符号（±）	\u+E102	界碑线
％％C	直径符号（Φ）	\u+2260	不相等（≠）
％％％	百分号（％）	\u+2126	欧姆（Ω）
\u+2248	约等于（≈）	\u+03A9	欧米加（Ω）
\u+2220	角度（∠）	\u+214A	低界线
\u+E100	边界线	\u+2082	下标 2
\u+2104	中心线	\u+00B2	上标 2
\u+0394	差值		

其中，％％O 和％％U 分别是上划线和下划线的开关，第一次出现此符号开始画上划

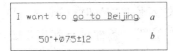

图 4-10　文本行

线和下划线，第二次出现此符号，上划线和下划线终止。例如输入"I want to ％％U go to Beijing％％U."，则得到如图 4-10（a）所示的文本行，输入"50％％D＋％％C75％％P12"，则得到如图 4-10（b）所示的文本行。

利用 TEXT 命令可以创建一个或若干个单行文本，即此命令可以标注多行文本。在"输入文字"提示下输入一行文本文字后按〈Enter〉键，命令行继续提示"输入文字"，用户可输入第二行文本文字，依此类推，直到文本文字全部输写完必，再在此提示下按两次〈Enter〉键，结束文本输入命令。每一次按〈Enter〉键就结束一个单行文本的输入，每一个单行文本是一个对象，可以单独修改其文本样式、字高、旋转角度、对齐方式等。

用 TEXT 命令创建文本时，在命令行输入的文字同时显示在绘图区，而且在创建过程中可以随时改变文本的位置，只要移动光标到新的位置单击，则当前行结束，随后输入的文字在新的文本位置出现，用这种方法可以把多行文本标注到绘图区的不同位置。

2. 多行文本标注

【执行方式】

命令行：MTEXT。
菜单："绘图"→"文字"→"多行文字"。
工具栏：单击"绘图"工具栏中的"多行文字"按钮**A**或单击"文字"工具栏中的"多行文字"按钮**A**。

【操作步骤】

命令行提示与操作如下：
命令：MTEXT↙
当前文字样式："Standard"　　当前文字高度：1.9122
指定第一角点：指定矩形框的第一个角点。
指定对角点或 ［高度（H）/对正（J）/行距（L）/旋转（R）/样式（S）/宽度（W）］：

【选项说明】

（1）指定对角点。在绘图区选择两个点作为矩形框的两个角点，AutoCAD 以这两个点为对角点构成一个矩形区域，其宽度作为将来要标注的多行文本的宽度，第一个点作为第一行文本顶线的起点。响应后 AutoCAD 打开如图 4-11 所示的"文字格式"对话框和多行文字编辑器，可利用此编辑器输入多行文本文字并对其格式进行设置。关于该对话框中各项的含义及编辑器功能，稍后再详细介绍。

（2）对正（J）。确定所标注文本的对齐方式。选择此选项，命令行提示如下：
输入对正方式 ［左上（TL）/中上（TC）/右上（TR）/左中（ML）/正中（MC）/右中（MR）/左下（BL）/中下（BC）/右下（BR）］〈左上（TL）〉：

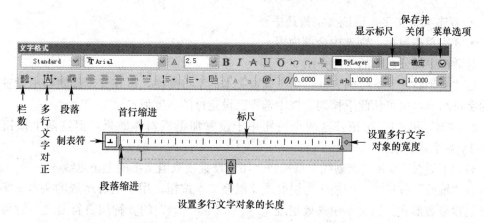

图 4-11 "文字格式"对话框和多行文字编辑器

这些对齐方式与 TEXT 命令中的各对齐方式相同。选择一种对齐方式后按〈Enter〉键，系统回到上一级提示。

（3）行距（L）。确定多行文本的行间距，这里所说的行间距是指相邻两文本行基线之间的垂直距离。选择此选项，命令行提示如下。

输入行距类型［至少（A）/精确（E）］〈至少（A）〉：

在此提示下有两种方式确定行间距，"至少"方式和"精确"方式。在"至少"方式下，系统根据每行文本中最大的字符自动调整行间距。在"精确"方式下，系统为多行文本赋予一个固定的行间距，可以直接输入一个确切的间距值，也可以输入"nx"的形式，其中 n 是一个具体数，表示行间距设置为单行文本高度的 n 倍，而单行文本高度是本行文本字符高度的 1.66 倍。

（4）旋转（R）。确定文本行的倾斜角度。选择此选项，命令行提示如下：

指定旋转角度〈0〉：

输入角度值后按〈Enter〉键，系统返回到"指定对角点或［高度（H）/对正（J）/行距（L）/旋转（R）/样式（S）/宽度（W）］:"的提示。

（5）样式（S）。确定当前的文本文字样式。

（6）宽度（W）。指定多行文本的宽度。可在绘图区选择一点，与前面确定的第一个角点组成一个矩形框的宽作为多行文本的宽度；也可以输入一个数值，精确设置多行文本的宽度。

在创建多行文本时，只要指定文本行的起始点和宽度后，系统就会打开如图 4-11 所示的多行文字编辑器，该编辑器包含一个"文字格式"对话框和一个快捷菜单。用户可以在编辑器中输入和编辑多行文本，包括设置字高、文本样式以及倾斜角度等。

该编辑器与 Microsoft Word 编辑器界面相似，事实上该编辑器与 Word 编辑器在某些功能上趋于一致。这样既增强了多行文字的编辑功能，又能使用户更熟悉和方便地使用。

（7）"文字格式"对话框。用来控制文本文字的显示特性。可以在输入文本文字前设置文本的特性，也可以改变已输入的文本文字特性。要改变已有文本文字显示特性，首先应选择要修改的文本，选择文本的方式有以下 3 种。

• 将光标定位到文本文字开始处，按住鼠标左键，拖到文本末尾。

- 双击某个文字，则该文字被选中。
- 3 次单击鼠标，则选中全部内容。

对话框中部分选项的功能介绍如下。

1）"文字高度"下拉列表框：用于确定文本的字符高度，可在文本编辑器中设置输入新的字符高度，也可从此下拉列表框中选择已设定过的高度值。

2）"B"和"I"按钮：这两个按钮用于设置加粗或斜体效果，但这两个按钮只对 TrueType 字体有效。

3）"下划线" U 和"上划线" O 按钮：用于设置或取消文字的上下划线。

4）"堆叠"按钮：该按钮为层叠或非层叠文本按钮，用于层叠所选的文本文字，也就是创建分数形式。当文本中某处出现"/"、"^"或"♯"的 3 种层叠符号之一时可层叠文本，方法是选中需层叠的文字，然后单击此按钮，则符号左边的文字作为分子，右边的文字作为分母进行层叠。AutoCAD 提供了 3 种分数形式，如选中"abcd/efgh"后单击此按钮，得到如图 4-12（a）所示的分数形式，如果选中"abcd^efgh"后单击此按钮，则得到如图 4-12（b）所示的形式，此形式多用于标注极限偏差，如果选中"abcd♯efgh"后单击此按钮，则创建斜排的分数形式，如图 4-12（c）所示。如果选中已经层叠的文本对象后单击此按钮，则恢复到非层叠形式。

5）"倾斜角度"（*0/*）下拉列表框：用于设置文字的倾斜角度。

技巧荟萃

倾斜角度与斜体效果是两个不同的概念，前者可以设置任意倾斜角度，后者是在任意倾斜角度的基础上设置斜体效果，如图 4-13 所示。第一行倾斜角度为 0°，非斜体效果；第二行倾斜角度为 12°，非斜体效果；第三行倾斜角度为 12°，斜体效果。

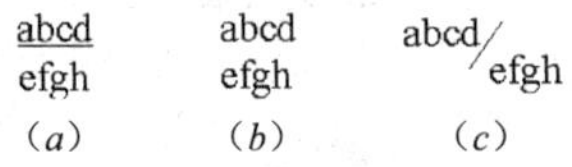

$$\frac{abcd}{efgh} \qquad \frac{abcd}{efgh} \qquad abcd/_{efgh}$$

都市农夫]

都市农夫

都市农夫

图 4-12　文本层叠 　　　　　图 4-13　倾斜角度与斜体效果

6）"符号"按钮@：用于输入各种符号。单击此按钮，系统打开符号列表，如图 4-14 所示，可以从中选择符号输入到文本中。

7）"插入字段"按钮：用于插入一些常用或预设字段。单击此按钮，系统打开"字段"对话框，如图 4-15 所示，用户可从中选择字段，插入到标注文本中。

8）"追踪"下拉列表框 a-b：增大或减小选定字符之间的空间。1.0 表示设置常规间距，设置大于 1.0 表示增大间距，设置小于 1.0 表示减小间距。

9）"宽度因子"下拉列表框 o：用于扩展或收缩选定字符。1.0 表示设置代表此字体中字母的常规宽度，可以增大该宽度或减小该宽度。

（8）"选项"菜单。在"文字格式"对话框中单击"选项"按钮，系统打开"选项"菜单，如图 4-16 所示。其中许多选项与 Word 中相关选项类似，对其中比较特殊的选项简单介绍如下：

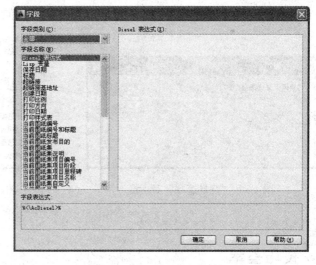

图 4-14 符号列表　　　　　　　　　　　图 4-15 "字段"对话框

1）符号：在光标位置插入列出的符号或不间断空格，也可手动插入符号。

2）输入文字：选择此项，系统打开"选择文件"对话框，如图 4-17 所示。选择任意 ASCII 或 RTF 格式的文件。输入的文字保留原始字符格式和样式特性，但可以在多行文字编辑器中编辑和格式化输入的文字。选择要输入的文本文件后，可以替换选定的文字或全部文字，或在文字边界内将插入的文字附加到选定的文字中。输入文字的文件必须小于 32K。

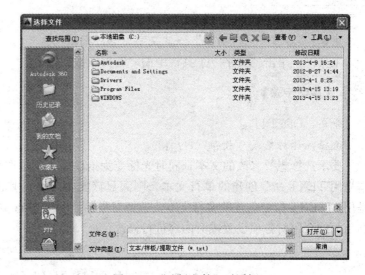

图 4-16 "选项"菜单　　　　　　　　　　图 4-17 "选择文件"对话框

3）字符集：显示代码页菜单，可以选择一个代码页并将其应用到选定的文本文字中。

4）删除格式：清除选定文字的粗体、斜体或下划线格式。

5）背景遮罩：用设定的背景对标注的文字进行遮罩。选择此项，系统打开"背景遮罩"对话框，如图 4-18 所示。

（9）查找和替换：显示"查找和替换"对话框，如图 4-19 所示。在该对话框中可以进行替换操作，操作方式与 Word 编辑器中替换操作类似，不再赘述。

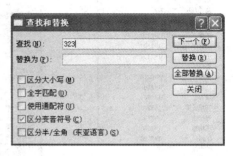

图 4-18 "背景遮罩"对话框   图 4-19 "查找和替换"对话框

 技巧荟萃

多行文字是由任意数目的文字行或段落组成的，布满指定的宽度，还可以沿垂直方向无限延伸。多行文字中，无论行数是多少，单个编辑任务中创建的每个段落集将构成单个对象；用户可对其进行移动、旋转、删除、复制、镜像或缩放操作。

4.1.3 文本编辑

 【执行方式】

命令行：DDEDIT。
菜单："修改"→"对象"→"文字"→"编辑"。
工具栏：单击"文字"工具栏中的"编辑"按钮 。

 【操作步骤】

命令：DDEDIT ✓
选择注释对象或 ［放弃（U）］：
要求选择想要修改的文本，同时光标变为拾取框。用拾取框选择对象，如果选择的文本是用 TEXT 命令创建的单行文本，则深显该文本，可对其进行修改。如果选择的文本是用 MTEXT 命令创建的多行文本，选择对象后则打开多行文字编辑器（图 4-11），可根据前面的介绍对各项设置或对内容进行修改。

4.2 表格创建及编辑

在以前的版本中，要绘制表格必须采用绘制图线或图线结合偏移、复制等编辑命令来完成，这样的操作过程烦琐而复杂，不利于提高绘图效率。AutoCAD 2010 新增加了"表格"绘图功能，有了该功能，创建表格就变得非常容易，用户可以直接插入设置好样式的表格，而不用绘制由单独图线组成的表格。

4.2.1　定义表格样式

和文字样式一样，所有 AutoCAD 图形中的表格都有与其相对应的表格样式。当插入表格对象时，系统使用当前设置的表格样式。表格样式是用来控制表格基本形状和间距的一组设置。模板文件 ACAD. DWT 和 ACADISO. DWT 中定义了名为"Standard"的默认表格样式。

【执行方式】

命令行：TABLESTYLE。
菜单："格式"→"表格样式"。
工具栏：单击"样式"工具栏中的"表格样式"按钮。

【操作步骤】

命令：TABLESTYLE↙
执行上述命令后，系统打开"表格样式"对话框，如图 4-20 所示。

【选项说明】

1."新建"按钮。单击该按钮，系统打开"创建新的表格样式"对话框，如图 4-21 所示。输入新的表格样式名后，单击"继续"按钮，系统打开"新建表格样式"对话框，如图 4-22 所示，从中可以定义新的表格样式。

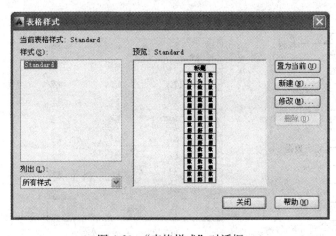

图 4-20　"表格样式"对话框　　　　图 4-21　"创建新的表格样式"对话框

"新建表格样式"对话框的"单元样式"下拉列表框中有 3 个重要的选项："标题"、"表头"和"数据"，如图 4-22 所示，分别控制表格中数据、列标题和总标题的有关参数，如图 4-23 所示。在"新建表格样式"对话框在有 3 个重要的选项卡，分别介绍如下：

（1）"常规"选项卡。控制数据栏格与标题栏格的上下位置关系。

（2）"文字"选项卡。单击此选项卡，在"文字样式"下拉列表框中可以选择已定义的文字样式并应用于数据文字，也可以单击右侧的按钮重新定义文字样式。其中"文字高度"、"文字颜色"和"文字角度"各选项设定的相应参数格式可供用户选择。

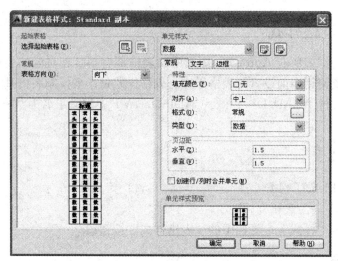

图 4-22　"新建表格样式"对话框

（3）"边框"选项卡。下面的边框线按钮控制数据边框线的各种形式，如绘制所有数据边框线、只绘制数据边框外部边框线、只绘制数据边框内部边框线、无边框线、只绘制底部边框线等。选项卡中的"线宽"、"线型"和"颜色"下拉列表框则控制边框线的线宽、线型和颜色。选项卡中的"间距"文本框用于控制单元边界和内容之间的间距

如图 4-24 所示，数据文字样式为"Standard"，文字高度为 4.5，文字颜色为"红色"，对齐方式为"右下"；标题文字样式为"Standard"，文字高度为 6，文字颜色为"蓝色"，对齐方式为"正中"，表格方向为"上"，水平单元边距和垂直单元边距都为"1.5"的表格样式。

图 4-23　表格样式

图 4-24　表格示例

2. 修改。对当前表格样式进行修改，方式与新建表格样式相同。

4.2.2　创建表格

在设置好表格样式后，用户可以利用 TABLE 命令创建表格。

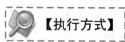【执行方式】

命令行：TABLE。

菜单："绘图"→"表格"。

工具栏：单击"绘图"工具栏中的"表格"按钮。

【操作步骤】

命令：TABLE↙

执行上述命令后，系统打开"插入表格"对话框，如图 4-25 所示。

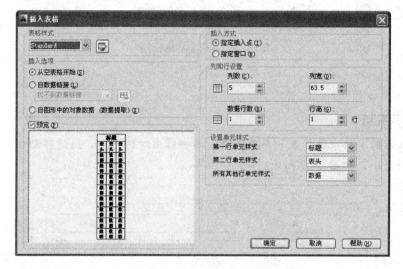

图 4-25 "插入表格"对话框

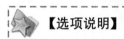【选项说明】

1. "表格样式"下拉列表框。可以在"表格样式"下拉列表框中选择一种表格样式，也可以单击右侧的按钮新建或修改表格样式。

2. "插入方式"选项组。

（1）"指定插入点"单选钮：指定表左上角的位置。可以使用定点设备，也可以在命令行输入坐标值。如果在"表格样式"对话框中将表格的方向设置为由下而上读取，则插入点位于表格的左下角。

（2）"指定窗口"单选钮：指定表格的大小和位置。可以使用定点设备，也可以在命令行输入坐标值。点选该单选钮，列数、列宽、数据行数和行高取决于窗口的大小以及列和行的设置情况。

3. "列和行设置"选项组。指定列和行的数目以及列宽与行高。

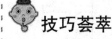 技巧荟萃

在"插入方式"选项组中点选"指定窗口"单选钮后，列与行设置的两个参数中只能指定一个，另外一个由指定窗口的大小自动等分来确定。

在"插入表格"对话框中进行相应设置后，单击"确定"按钮，系统在指定的插入点

或窗口自动插入一个空表格，并打开多行文字编辑器，用户可以逐行逐列输入相应的文字或数据，如图 4-26 所示。

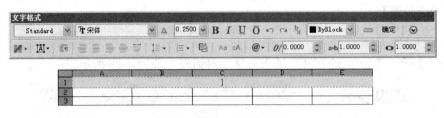

图 4-26　多行文字编辑器

技巧荟萃

在插入后的表格中选择某一个单元格，单击后出现钳夹点，通过移动钳夹点可以改变单元格的大小，如图 4-27 所示。

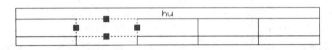

图 4-27　改变单元格大小

4.2.3　表格文字编辑

【执行方式】

命令行：TABLEDIT。

快捷菜单：选择表和一个或多个单元后右击，选择快捷菜单中的"编辑文字"命令（如图 4-28 所示）。

材 料 明 细 表								
构件编号	零件编号	规格	长度（mm）	数量		重量（kg）		总计（kg）
				单计	共计	单计	共计	

图 4-28　材料明细表

定点设备：在表单元内双击。

【操作步骤】

命令：TABLEDIT↙

执行上述命令后，命令行出现"拾取表格单元"的提示，选择要编辑的表格单元，系统打开如图 4-11 所示的多行文字编辑器，用户可以对选择的表格单元的文字进行编辑。

下面以新建如图 4-28 所示的"材料明细表"为例，具体介绍新建表格的步骤如下：

1. 设置表格样式。选择菜单栏中的"格式"→"表格样式"命令，打开"表格样式"对话框。

2. 单击"新建"按钮，打开"新建表格样式"对话框，设置表格样式如图 4-29 所示。命名为"材料明细表"。并修改表格设置，将标题行添加到表格中，文字高度设置为 3，对齐位置设置为"正中"，线宽保持默认设置，将外框线设置为 0.7mm，内框线为 0.35mm。

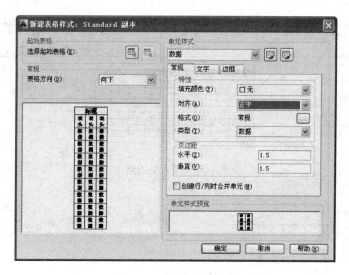

图 4-29　设置表格样式

3. 设置好表格样式后，单击"确定"按钮退出。

4. 创建表格。单击"绘图"工具栏中的"表格"按钮▦，系统打开"插入表格"对话框。设置插入方式为"指定插入点"，数据行数设置为 10，列数为 9，列宽设置为 10，行高为 1，如图 4-30 所示，插入的表格如图 4-31 所示。单击"文字格式"对话框中的"确定"按钮，关闭对话框。

5. 选中表格第一列的前两个表格，右击，选择快捷菜单中的"合并单元"→"全部"命令，如图 4-32 所示。合并后的表格如图 4-33 所示。

6. 利用此方法，将表格进行合并修改，修改后的表格如图 4-34 所示。

7. 双击单元格，打开"文字格式"对话框，在表格中输入标题及表头，最后绘制结果如图 4-28 所示。

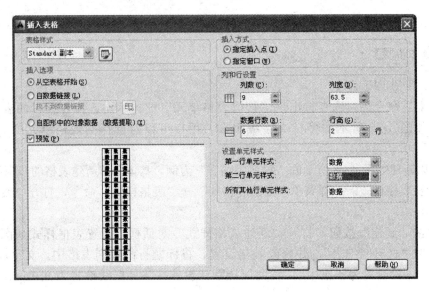

图 4-30 "插入表格"对话框

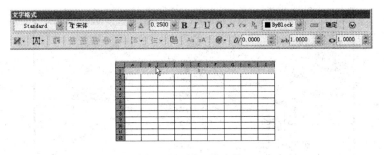

图 4-31 插入的表格

图 4-32 合并单元格

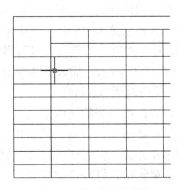

图 4-33 合并后的表格

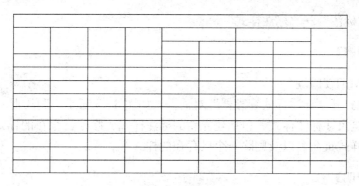

图 4-34　修改后的表格

技巧荟萃

　　如果有多个文本格式一样，可以采用复制后修改文字内容的方法进行表格文字的填充，这样只需双击就可以直接修改表格文字的内容，而不用重新设置每个文本格式。

4.3　尺　寸　标　注

　　尺寸标注是绘图设计过程中相当重要的一个环节。由于图形的主要作用是表达物体的形状，而物体各部分的真实大小和各部分之间的确切位置只能通过尺寸标注来表达。因此，没有正确的尺寸标注，绘制出的图纸对于加工制造就没什么意义。AutoCAD 2010 提供了方便、准确的尺寸标注功能。

4.3.1　尺寸样式

　　组成尺寸标注的尺寸界线、尺寸线、尺寸文本及箭头等可以采用多种多样的形式，实际标注一个几何对象的尺寸时，它的尺寸标注以什么形态出现，取决于当前所采用的尺寸标注样式。标注样式决定尺寸标注的形式，包括尺寸线、尺寸界线、箭头和中心标记的形式，以及尺寸文本的位置、特性等。在 AutoCAD 2010 中用户可以利用"标注样式管理器"对话框方便地设置自己需要的尺寸标注样式。下面介绍如何定制尺寸标注样式。

1. 新建或修改尺寸样式

　　在进行尺寸标注之前，要建立尺寸标注的样式。如果用户不建立尺寸样式而直接进行标注，系统使用默认的名称为 STANDARD 的样式。用户如果认为使用的标注样式有某些设置不合适，也可以修改标注样式。

【执行方式】

命令行：DIMSTYLE。

菜单："格式" → "标注样式" 或 "标注" → "标注样式"。

工具栏："标注"→"标注样式" 。

【操作步骤】

命令：DIMSTYLE ✓

AutoCAD 打开"标注样式管理器"对话框，如图 4-35 所示。利用此对话框可方便直观地设置和浏览尺寸标注样式，包括建立新的标注样式、修改已存在的样式、设置当前尺寸标注样式、样式重命名以及删除一个已存在的样式等。

【选项说明】

（1）"置为当前"按钮

单击此按钮，把在"样式"列表框中选中的样式设置为当前样式。

（2）"新建"按钮

定义一个新的尺寸标注样式。单击此按钮，AutoCAD 打开"创建新标注样式"对话框，如图 4-36 所示，利用此对话框可创建一个新的尺寸标注样式。下面介绍其中各选项的功能。

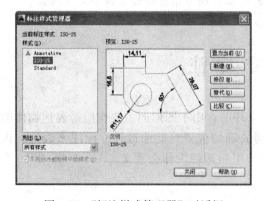

图 4-35 "标注样式管理器"对话框

图 4-36 "创建新标注样式"对话框

1）新样式名

给新的尺寸标注样式命名。

2）基础样式

选取创建新样式所基于的标注样式。单击右侧的下三角按钮，出现当前已有的样式列表，从中选取一个作为定义新样式的基础，新的样式是在这个样式的基础上修改一些特性得到的。

3）用于

指定新样式应用的尺寸类型。单击右侧的下三角按钮，出现尺寸类型列表，如果新建样式应用于所有尺寸，则选"所有标注"；如果新建样式只应用于特定的尺寸标注（例如只在标注直径时使用此样式），则选取相应的尺寸类型。

4）继续

各选项设置好以后，单击"继续"按钮，AutoCAD 打开"新建标注样式"对话框，如图 4-37 所示，利用此对话框可对新样式的各项特性进行设置。该对话框中各部分的含义和功能将在后面介绍。

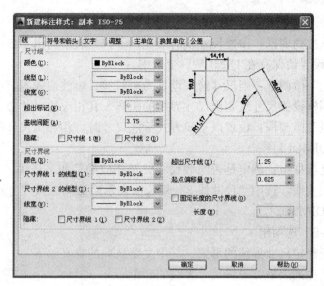

图 4-37 "新建标注样式"对话框

（3）"修改"按钮

修改一个已存在的尺寸标注样式。单击此按钮，AutoCAD 将弹出"修改标注样式"对话框，该对话框中的各选项与"新建标注样式"对话框中完全相同，用户可以在此对已有标注样式进行修改。

（4）"替代"按钮

设置临时覆盖尺寸标注样式。单击此按钮，AutoCAD 打开"替代当前样式"对话框，该对话框中各选项与"新建标注样式"对话框完全相同，用户可改变选项的设置覆盖原来的设置，但这种修改只对指定的尺寸标注起作用，而不影响当前尺寸变量的设置。

（5）"比较"按钮

比较两个尺寸标注样式在参数上的区别，或浏览一个尺寸标注样式的参数设置。单击此按钮，AutoCAD 打开"比较标注样式"对话框，如图 4-38 所示。可以把比较结果复制到剪贴板上，然后再粘贴到其他的 Windows 应用软件上。

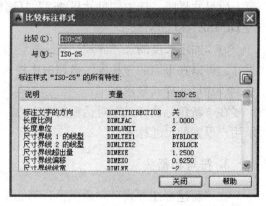

图 4-38 "比较标注样式"对话框

2. 线

在"新建标注样式"对话框中，第 1 个选项卡就是"线"。该选项卡用于设置尺寸线、尺寸界线的形式和特性。现分别进行说明。

（1）"尺寸线"选项组

设置尺寸线的特性。其中主要选项的含义如下：

1）"颜色"下拉列表框：设置尺寸线的颜色。可直接输入颜色名字，也可从下拉列表中选择，如果选取"选择颜色"，AutoCAD 打开"选择颜色"对话框供用户选择其他颜色。

2）"线宽"下拉列表框：设置尺寸线的线宽，下拉列表中列出了各种线宽的名字和宽度。AutoCAD 把设置值保存在 DIMLWD 变量中。

3）"超出标记"微调框：当尺寸箭头设置为短斜线、短波浪线等，或尺寸线上无箭头时，可利用此微调框设置尺寸线超出尺寸界线的距离。其相应的尺寸变量是 DIMDLE。

4）"基线间距"微调框：设置以基线方式标注尺寸时，相邻两尺寸线之间的距离，相应的尺寸变量是 DIMDLI。

5）"隐藏"复选框组：确定是否隐藏尺寸线及相应的箭头。选中"尺寸线 1"复选框表示隐藏第一段尺寸线，选中"尺寸线 2"复选框表示隐藏第二段尺寸线。相应的尺寸变量为 DIMSD1 和 DIMSD2。

（2）"尺寸界线"选项组

该选项组用于确定尺寸界线的形式。其中主要选项的含义如下：

1）"颜色"下拉列表框：设置尺寸界线的颜色。

2）"线宽"下拉列表框：设置尺寸界线的线宽，AutoCAD 把其值保存在 DIMLWE 变量中。

3）"超出尺寸线"微调框：确定尺寸界线超出尺寸线的距离，相应的尺寸变量是 DIMEXE。

4）"起点偏移量"微调框：确定尺寸界线的实际起始点相对于指定的尺寸界线的起始点的偏移量，相应的尺寸变量是 DIMEXO。

5）"隐藏"复选框组：确定是否隐藏尺寸界线。选中"尺寸界线 1"复选框表示隐藏第一段尺寸界线，选中"尺寸界线 2"复选框表示隐藏第二段尺寸界线。相应的尺寸变量为 DIMSE1 和 DIMSE2。

6）"固定长度的尺寸界线"复选框：选中该复选框，系统以固定长度的尺寸界线标注尺寸。可以在下面的"长度"微调框中输入长度值。

（3）尺寸样式显示框

在"新建标注样式"对话框的右上方，是一个尺寸样式显示框，该框以样例的形式显示用户设置的尺寸样式。

3. 符号和箭头

在"新建标注样式"对话框中，第 2 个选项卡是"符号和箭头"，如图 4-39 所示。该选项卡用于设置箭头、圆心标记、弧长符号和半径标注折弯的形式和特性。现分别进行说明。

（1）"箭头"选项组

设置尺寸箭头的形式，AutoCAD 提供了多种多样的箭头形状，列在"第一项"和"第二个"下拉列表框中。另外，还允许采用用户自定义的箭头形状。两个尺寸箭头可以采用相同的形式，也可以采用不同的形式。

1）"第一个"下拉列表框：用于设置第一个尺寸箭头的形式。可在下拉列表框中选择，其中列出了各种箭头形式的名字以及各类箭头的形状。一旦确定了第一个箭头的类型，第二个箭头则自动与其匹配，要想第二个箭头取不同的形状，可在"第二个"下拉列

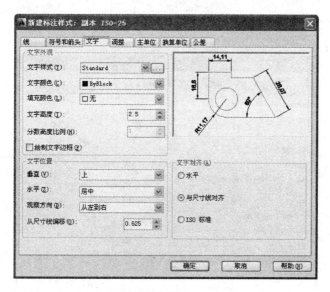

图 4-39 "符号和箭头"选项卡

表框中设定。AutoCAD 把第一个箭头类型名存放在尺寸变量 DIMBLK1 中。

2)"第二个"下拉列表框：确定第二个尺寸箭头的形式，可与第一个箭头不同。AutoCAD 把第二个箭头的名字存在尺寸变量 DIMBLK2 中。

3)"引线"下拉列表框：确定引线箭头的形式，与"第一项"设置类似。

4)"箭头大小"微调框：设置箭头的大小，相应的尺寸变量是 DIMASZ。

（2）"圆心标记"选项组

设置半径标注、直径标注和中心标注中的中心标记和中心线的形式。相应的尺寸变量是 DIMCEN。其中各项的含义如下：

1）无：既不产生中心标记，也不产生中心线。这时 DIMCEN 的值为 0。

2）标记：中心标记为一个记号。AutoCAD 将标记大小以一个正值存在 DIMCEN 中。

3）直线：中心标记采用中心线的形式。AutoCAD 将中心线的大小以一个负值存在 DIMCEN 中。

4）"大小"微调框：设置中心标记和中心线的大小和粗细。

（3）"弧长符号"选项组

控制弧长标注中圆弧符号的显示。有 3 个单选按钮：

1）标注文字的前面：将弧长符号放在标注文字的前面，如图 4-40（a）所示。

2）标注文字的上方：将弧长符号放在标注文字的上方。如图 4-40（b）所示。

3）无：不显示弧长符号，如图 4-40（c）所示。

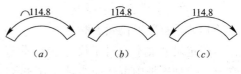

图 4-40　弧长符号

4. 文本

在"新建标注样式"对话框中，第 3 个选项卡是"文字"选项卡，如图 4-41 所示。

该选项卡用于设置尺寸文本的形式、位置和对齐方式等。

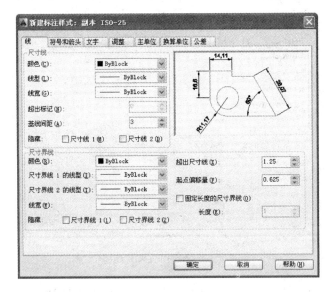

图 4-41 "新建标注样式"对话框的"文字"选项卡

（1）"文字外观"选项组

1）"文字样式"下拉列表框：选择当前尺寸文本采用的文本样式。可在下拉列表中选取一个样式，也可单击右侧的□按钮，打开"文字样式"对话框，以创建新的文字样式或对文字样式进行修改。AutoCAD 将当前文字样式保存在 DIMTXSTY 系统变量中。

2）"文字颜色"下拉列表框：设置尺寸文本的颜色，其操作方法与设置尺寸线颜色的方法相同。与其对应的尺寸变量是 DIMCLRT。

3）"文字高度"微调框：设置尺寸文本的字高，相应的尺寸变量是 DIMTXT。如果选用的文字样式中已设置了具体的字高（不是 0），则此处的设置无效；如果文字样式中设置的字高为 0，才以此处的设置为准。

4）"分数高度比例"微调框：确定尺寸文本的比例系数，相应的尺寸变量是 DIMT-FAC。

5）"绘制文字边框"复选框：选中此复选框，AutoCAD 将在尺寸文本的周围加上边框。

（2）"文字位置"选项组

1）"垂直"下拉列表框

确定尺寸文本相对于尺寸线在垂直方向的对齐方式，相应的尺寸变量是 DIMTAD。在该下拉列表框中可选择的对齐方式有以下 4 种：

① 置中：将尺寸文本放在尺寸线的中间，此时 DIMTAD=0。

② 上方：将尺寸文本放在尺寸线的上方，此时 DIMTAD=1。

③ 外部：将尺寸文本放在远离第一条尺寸界线起点的位置，即和所标注的对象分列于尺寸线的两侧，此时 DIMTAD=2。

④ JIS：使尺寸文本的放置符合 JIS（日本工业标准）规则，此时 DIMTAD=3。

上面这几种文本布置方式如图 4-42 所示。

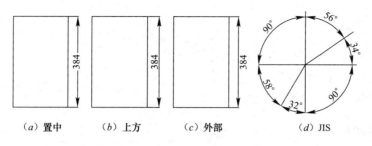

（a）置中　　　（b）上方　　　（c）外部　　　（d）JIS

图 4-42　尺寸文本在垂直方向的放置

2）"水平"下拉列表框

用来确定尺寸文本相对于尺寸线和尺寸界线在水平方向的对齐方式，相应的尺寸变量是 DIMJUST。在下拉列表框中可选择的对齐方式有以下 5 种：置中、第一条尺寸界线、第二条尺寸界线、第一条尺寸界线上方、第二条尺寸界线上方，如图 4-43（a）～（e）所示。

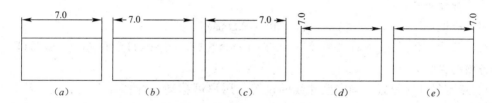

（a）　　　　（b）　　　　（c）　　　　（d）　　　　（e）

图 4-43　尺寸文本在水平方向的放置

3）"从尺寸线偏移"微调框

当尺寸文本放在断开的尺寸线中间时，此微调框用来设置尺寸文本与尺寸线之间的距离（尺寸文本间隙），这个值保存在尺寸变量 DIMGAP 中。

（3）"文字对齐"选项组

用来控制尺寸文本排列的方向。当尺寸文本在尺寸界线之内时，与其对应的尺寸变量是 DIMTIH；当尺寸文本在尺寸界线之外时，与其对应的尺寸变量是 DIMTOH。

1）"水平"单选按钮：尺寸文本沿水平方向放置。不论标注什么方向的尺寸，尺寸文本总保持水平。

2）"与尺寸线对齐"单选按钮：尺寸文本沿尺寸线方向放置。

3）"ISO 标准"单选按钮：当尺寸文本在尺寸界线之间时，沿尺寸线方向放置；在尺寸界线之外时，沿水平方向放置。

4.3.2　标注尺寸

正确地进行尺寸标注是设计绘图工作中非常重要的一个环节，AutoCAD 2010 提供了方便快捷的尺寸标注方法，可通过执行命令实现，也可利用菜单或工具图标实现。本节重点介绍如何对各种类型的尺寸进行标注。

1. 线性标注

【执行方式】

命令行：DIMLINEAR（缩写名 DIMLIN）。
菜单："标注"→"线性"。
工具栏："标注"→"线性" ◻。

【操作步骤】

命令：DIMLIN ↙
指定第一条尺寸界线原点或〈选择对象〉：

【选项说明】

在此提示下有两种选择，直接回车选择要标注的对象或确定尺寸界线的起始点。

（1）直接回车

光标变为拾取框，并且在命令行提示：

选择标注对象：

用拾取框点取要标注尺寸的线段，AutoCAD 提示：

指定尺寸线位置或［多行文字(M)/文字(T)/角度(A)/水平(H)/垂直(V)/旋转(R)］：

各项的含义如下：

1）指定尺寸线位置：确定尺寸线的位置。用户可移动鼠标选择合适的尺寸线位置，然后回车或单击鼠标左键，AutoCAD 将自动测量所标注线段的长度并标注出相应的尺寸。

2）多行文字（M）：用多行文字编辑器确定尺寸文本。

3）文字（T）：在命令行提示下输入或编辑尺寸文本。选择此选项后，AutoCAD 提示：

输入标注文字〈默认值〉：

其中的默认值是 AutoCAD 自动测量得到的被标注线段的长度，直接回车即可采用此长度值，也可输入其他数值代替默认值。当尺寸文本中包含默认值时，可使用尖括号"〈〉"表示默认值。

4）角度（A）：确定尺寸文本的倾斜角度。

5）水平（H）：水平标注尺寸，不论标注什么方向的线段，尺寸线均水平放置。

6）垂直（V）：垂直标注尺寸，不论被标注线段沿什么方向，尺寸线总保持垂直。

7）旋转（R）：输入尺寸线旋转的角度值，旋转标注尺寸。

（2）指定第一条尺寸界线原点

指定第一条与第二条尺寸界线的起始点。

2. 对齐标注

【执行方式】

命令行：DIMALIGNED。

菜单："标注"→"对齐"。

工具栏："标注"→"对齐" 。

【操作步骤】

命令：DIMALIGNED ✓

指定第一条尺寸界线原点或〈选择对象〉：

这种命令标注的尺寸线与所标注轮廓线平行，标注的是起始点到终点之间的距离尺寸。

3. 基线标注

基线标注用于产生一系列基于同一条尺寸界线的尺寸标注，适用于长度尺寸标注、角度标注和坐标标注等。在使用基线标注方式之前，应该先标注出一个相关的尺寸。

【执行方式】

命令行：DIMBASELINE。

菜单："标注"→"基线"。

工具栏："标注"→"基线" 。

【操作步骤】

命令：DIMBASELINE ✓

指定第二条尺寸界线原点或［放弃（U）/选择（S）]〈选择〉：

【选项说明】

（1）指定第二条尺寸界线原点

直接确定另一个尺寸的第二条尺寸界线的起点，AutoCAD 以上次标注的尺寸为基准标注出相应尺寸。

（2）〈选择〉

在上述提示下直接回车，AutoCAD 提示：

选择基准标注：（选取作为基准的尺寸标注）

4. 连续标注

连续标注又叫尺寸链标注，用于产生一系列连续的尺寸标注，后一个尺寸标注均把前一个标注的第二条尺寸界线作为它的第一条尺寸界线。适用于长度尺寸标注、角度标注和坐标标注等。在使用连续标注方式之前，应该先标注出一个相关的尺寸。

【执行方式】

命令行：DIMCONTINUE。

菜单："标注"→"连续"。

工具栏："标注"→"继续" 。

【操作步骤】

命令：DIMCONTINUE ↙

指定第二条尺寸界线原点或［放弃（U）/选择（S）]〈选择〉：

在此提示下的各选项与基线标注中完全相同，不再赘述。

连续标注的效果如图 4-44 所示。

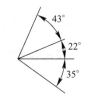

图 4-44　连续标注

4.3.3　引线标注

AutoCAD 提供了引线标注功能，利用该功能不仅可以标注特定的尺寸，如圆角、倒角等，还可以在图中添加多行旁注、说明。在引线标注中，指引线可以是折线，也可以是曲线，指引线端部可以有箭头，也可以没有箭头。

1. 利用 LEADER 命令进行引线标注

LEADER 命令可以创建灵活多样的引线标注形式，用户可根据需要把指引线设置为折线或曲线；指引线可带箭头，或不带箭头；注释文本可以是多行文本，也可以是形位公差，或是从图形其他部位复制的部分图形，还可以是一个图块。

【执行方式】

命令行：LEADER

【操作步骤】

命令：LEADER ↙

指定引线起点：（输入指引线的起始点）

指定下一点：（输入指引线的另一点）

AutoCAD 由上面两点画出指引线并继续提示：

指定下一点或［注释（A）/格式（F）/放弃（U）]〈注释〉：

【选项说明】

（1）指定下一点

直接输入一点，AutoCAD 根据前面的点画出折线作为指引线。

（2）〈注释〉

输入注释文本，为默认项。在上面提示下直接回车，AutoCAD 提示：

输入注释文字的第一行或〈选项〉：

1）输入注释文本

在此提示下输入第一行文本后回车，用户可继续输入第二行文本，如此反复执行，直到输入全部注释文本，然后在此提示下直接回车，AutoCAD 会在指引线终端标注出所输入的多行文本，并结束 LEADER 命令。

2）直接回车

如果在上面的提示下直接回车，AutoCAD 提示：

输入注释选项［公差（T）/副本（C）/块（B）/无（N）/多行文字（M）］〈多行文字〉：

在此提示下选择一个注释选项或直接回车，即选择"多行文字"选项。下面介绍其中各选项的含义。

3）副本（C）：把已由 LEADER 命令创建的注释复制到当前指引线的末端。选择该选项，AutoCAD 提示：

选择要复制的对象：

在此提示下选取一个已创建的注释文本，AutoCAD 将把它复制到当前指引线的末端。

4）块（B）：插入块，把已经定义好的图块插入到指引线的末端。选择该选项，Auto-CAD 提示：

输入块名或［?］：

在此提示下输入一个已定义好的图块名，AutoCAD 把该图块插入到指引线的末端；或通过键入"?"列出当前已有图块，用户可从中选择。

5）无（N）：不进行注释，没有注释文本。

6）〈多行文字〉：用多行文字编辑器标注注释文本并设置文本格式，为默认选项。

（3）格式（F）

确定指引线的形式。选择该项，AutoCAD 提示：

输入引线格式选项［样条曲线（S）/直线（ST）/箭头（A）/无（N）］〈退出〉：（选择指引线形式，或直接回车回到上一级提示）

1）样条曲线（S）：设置指引线为样条曲线。

2）直线（ST）：设置指引线为折线。

3）箭头（A）：在指引线的起始位置画箭头。

4）无（N）：在指引线的起始位置不画箭头。

5）〈退出〉：此项为默认选项，选取该项退出"格式"选项，返回"指定下一点或［注释（A）/格式（F）/放弃（U）］〈注释〉："提示，并且指引线形式按默认方式设置。

2. 利用 QLEADER 命令进行引线标注

利用 QLEADER 命令可快速生成指引线及注释，而且可以通过命令行优化对话框进行用户自定义，由此可以消除不必要的命令行提示，取得最高的工作效率。

【执行方式】

命令行：QLEADER。

【操作步骤】

命令：QLEADER↙

指定第一个引线点或［设置（S）］〈设置〉：

【选项说明】

（1）指定第一个引线点

在上面的提示下确定一点作为指引线的第一点，AutoCAD 提示：

指定下一点：（输入指引线的第二点）

指定下一点：（输入指引线的第三点）

AutoCAD 提示用户输入的点的数目由"引线设置"对话框（图 4-45）确定。输入完指引线的点后 AutoCAD 提示：

指定文字宽度〈0.0000〉：（输入多行文本的宽度）

输入注释文字的第一行〈多行文字（M）〉：

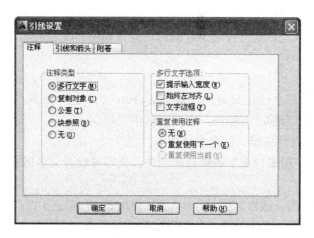

图 4-45 "引线设置"对话框

此时，有两种命令输入选择。

1）输入注释文字的第一行

在命令行输入第一行文本。系统继续提示：

输入注释文字的下一行：（输入另一行文本）

输入注释文字的下一行：（输入另一行文本或回车）

2）〈多行文字（M）〉

打开多行文字编辑器，输入、编辑多行文字。输入全部注释文本后，在此提示下直接回车，AutoCAD 结束 QLEADER 命令并把多行文本标注在指引线的末端附近。

（2）〈设置〉

在上面提示下直接回车或键入 S，AutoCAD 将打开如图 4-12 所示的"引线设置"对话框，允许对引线标注进行设置。该对话框包含"注释"、"引线和箭头"、"附着"3 个选项卡，下面分别进行介绍。

1）"注释"选项卡（图 4-46）

用于设置引线标注中注释文本的类型、多行文本的格式并确定注释文本是否多次使用。

2）"引线和箭头"选项卡（图 4-46）

用来设置引线标注中指引线和箭头的形式。其中"点数"选项组设置执行 QLEADER 命令时 AutoCAD 提示用户输入的点的数目。例如，设置点数为 3，执行 QLEADER 命令时当用户在提示下指定 3 个点后，AutoCAD 自动提示用户输入注释文本。注意，设置的点数要比用户希望的指引线的段数多 1。可利用微调框进行设置，如果选中"无限制"复选框，AutoCAD 会一直提示用户输入点直到连续回车两次为止。"角度约束"选项组设置第一段和第二段指引线的角度约束。

3）"附着"选项卡（图 4-47）

设置注释文本和指引线的相对位置。如果最后一段指引线指向右边，AutoCAD 自动把注释文本放在右侧；如果最后一段指引线指向左边，AutoCAD 自动把注释文本放在左侧。利用该选项卡中左侧和右侧的单选按钮，分别设置位于左侧和右侧的注释文本与最后一段指引线的相对位置，二者可相同也可不同。

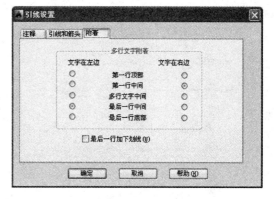

图 4-46 "引线和箭头"选项卡   图 4-47 "附着"选项卡

　　道路设计是市政施工的重要组成部分。城市道路工程设计应该充分考虑道路的地理位置、作用、功能以及长远发展，注重沿线地区的交通发展、地区地块开发，注重道路建设的周边环境、地物的协调，客观地反映了其地理位置和人文景观，体现以人为本的理念，注重道路景观环境设计，将道路设计和景观设计有机结合。

　　在道路设计中注意节约用地，合理拆迁房屋，妥善处理文物、名木、古迹等。在城市道路的规划设计中，主要应该考虑道路网、基干道路、次干路、支路的整体规划。城市道路的总体设计主要包括横断面设计、平面设计和纵断面设计，即通常简称为道路平、纵、横设计。

第二篇　道路施工篇

　　本篇主要通过学习使读者掌握城市道路平面、横断面、纵断面、交叉口等绘制的基本知识以及施工图实例的绘制，道路有关附属设施的要求进行了解，能正确进行城市道路平面定线工作，横断面的规划工作，能识别 AutoCAD 2014 道路施工图以及熟练使用 AutoCAD 2014 进行一般城市道路绘制和识图。

第 **5** 章

道路工程设计图的绘制

城市道路设计遵循一定的原则。设计速度是道路设计时确定几何线形的基本要素。它是指在气候正常，交通密度小，汽车运行只受公路本身几何要素、路面、附属设施等条件影响时，具有中等驾驶技术的驾驶员能保持安全行驶的最大速度

◉ 道路设计总则以及一般规定

◉ 道路通行能力分析

◉ 案例简介

5.1 道路设计总则以及一般规定

城市道路设计的原则具体如下：

应服从总体规划，以总体规划及道路交通规划为依据，来确定的道路类别、级别、红线宽度、横断面类型、地面控制标高、地下杆线与地下管线布置等进行道路设计。

应满足当前以及远期交通量发展的需要，应按交通量大小、交通特性、主要构筑物的技术要求进行道路设计，做到功能上适用、技术上可行、经济上合理，重视经济效益、社会效益与环境效益。

在道路设计中应妥善处理地下管线与地上设施的矛盾，贯彻先地下后地上的原则、避免造成反复开挖修复的浪费。

在道路设计中应综合考虑道路的建设投资、运输效益与养护费用等关系，正确运用技术标准，不宜单纯为节约建设投资而不适当地采用技术指标中的低限值。

处理好机动车、非机动车、行人、环境之间的关系，根据实际建设条件，因地制宜。

道路的平面、纵断面、横断面应相互协调。道路标高应与地面排水、地下管线、两侧建筑物等配合。

在满足路基工作状态的前提下，尽可能降低路堤填土高度，以减少土方量，以节约工程投资。

在道路设计中注意节约用地，合理拆迁房屋，妥善处理文物、名木、古迹等。在城市道路的规划设计中，主要应该考虑道路网、基干道路、次干路、支路的整体规划。城市道路的总体设计主要包括横断面设计、平面设计和纵断面设计，即通常简称为道路平、纵、横设计。

城市道路工程设计应该充分考虑道路的地理位置、作用、功能以及长远发展，注重沿线地区的交通发展、地区地块开发，注重道路建设的周边环境、地物的协调，客观地反映了其地理位置和人文景观，体现以人为本的理念，注重道路景观环境设计，将道路设计和景观设计有机结合。

5.2 道路通行能力分析

5.2.1 设计速度

设计速度是道路设计时确定几何线形的基本要素。它是指在气候正常，交通密度小，汽车运行只受公路本身几何要素、路面、附属设施等条件影响时，具有中等驾驶技术的驾驶员能保持安全行驶的最大速度。各类各级道路计算行车速度的规定见表 5-1。

道路类别	快速路	主干路			次干路			支路		
道路等级	一	Ⅰ	Ⅱ	Ⅲ	Ⅰ	Ⅱ	Ⅲ	Ⅰ	Ⅱ	Ⅲ
计算行车速度	60～80	50～60	40～50	30～40	40～50	30～40	20～30	30～40	20～30	20

注：条件许可时，宜采用大值。

1. 大城市，＞50 万人口，采用Ⅰ级。
2. 中城市，20 万～50 万人口，采用Ⅱ级。
3. 小城市，＜20 万人口，采用Ⅲ级。

5.2.2　设计车辆

城市道路机动车设计车辆外廓尺寸见表 5-2。

城市道路非机动车设计车辆外廓尺寸见表 5-3。

机动车设计车辆外廓尺寸（单位：mm）　　　　　表 5-2

车辆类型	项　目					
	总长	总宽	总高	前悬	轴距	后悬
小型汽车	5	1.8	1.6	1.0	2.7	1.3
普通汽车	12	2.5	4.0	1.5	6.5	4.0
铰接车	18	2.5	4.0	1.7	5.8 及 6.7	3.8

注：1. 总长为车辆前保险杠至后保险杠的距离（m）。

2. 总宽为车厢宽度（不包括后视镜）（m）。

3. 总高为车厢顶或装载顶至地面的高度（m）。

4. 前悬为车辆前保险杠至前轴轴中线的距离（m）。

5. 轴距：双轴车时为前轴轴中线至后轴轴中线的距离；铰接车时为前轴轴中线至中轴轴中线的距离及中轴轴中线至后轴轴中线的距离（m）。

6. 后悬为车辆后保险杠至后轴轴中线的距离（m）。

非机动车设计车辆外廓尺寸（单位：mm）　　　　　表 5-3

车辆类型	项　目		
	总长	总宽	总高
自行车	1.93	0.60	2.25
三轮车	3.40	1.25	2.50
板车	3.70	1.50	2.50
兽力车	4.20	1.70	2.50

注：1. 总长：自行车为前轮前缘至后轮后缘的距离；三轮车为前轮前缘至车厢后缘的距离；板车、兽力车均为前端至车厢后缘的距离（m）。

2. 总宽：自行车为车把宽度；其余均为车厢宽度（m）。

3. 总高：自行车为骑车人在车上时，头顶至地面的高度，其余车均为载物顶部至地面的高度（m）。

5.2.3　通行能力

道路通行能力是道路在一定条件下单位时间内所能通过的车辆的极限数，是道路所具有的一种"能力"。它是度量道路在单位时间内可能通过车辆（或行人）的能力。它是指在现行通常的道路条件、交通条件和管制条件下，在已知周期（通常为 15min）中，车辆或行人能合理地期望通过一条车道或道路的一点或均匀路段所能达到的最大小时流率。

道路通行能力不是一个一成不变的定值，是随其影响因素变化而变动的疏解交通的能力。影响道路通行能力的主要因素有道路状况、车辆性能、交通条件、交通管理、环境、驾驶技术和气候等条件。

道路条件是指道路的几何线形组成，如车道宽度、侧向净空、路面性质和状况、平纵线形组成、实际能保证的视距长度、纵坡的大小和坡长等。

车辆性能是指车辆行驶的动力性能，如减速、加速、制动、爬坡能力等。

交通条件是指交通流中车辆组成、车道分布、交通量的变化、超车及转移车道等运行情况的改变。

环境是指街道与道路所处的环境、景观、地貌、自然状况、沿途的街道状况、公共汽车停站布置和数量、单位长度的交叉数量及行人过街道等情况。

气候因素是指气温的高低、风力大小、雨雪状况。

路段通行能力分为可能通行能力与设计通行能力。

1. 可能通行能力

在城市一般道路与一般交通的条件下，并在不受平面交叉口影响时，一条机动车车道的可能通行能力按下式计算：

$$C_\text{B} = 3600/t_0$$

式中 t_0 值可参考表 5-4，其代表平均车头时距。

城市道路上平均车头时距（单位：s） 表 5-4

计算车速（km/h）	50	45	40	35	30	25	20
小客车	2.13	2.16	2.20	2.26	2.33	2.44	2.61
普通汽车	2.71	2.75	2.80	2.87	2.97	3.12	3.34
铰接车		3.50	3.56	3.63	3.74	3.90	4.14

可能通行能力是用基本通行能力乘以公路的几何结构、交通条件对应的各种补偿系数求出的。亦即

$$C_\text{P} = C_\text{B} \times \gamma_\text{L} \times \gamma_\text{C} \times \gamma_\text{r}$$

式中 C_P——可能通行能力；

$\quad\quad C_\text{B}$——基本通行能力；

$\quad\quad \gamma_\text{L}$——宽度修正系数；

$\quad\quad \gamma_\text{C}$——侧向净空修正系数；

$\quad\quad \gamma_\text{r}$——重车修正系数。

就多车道公路而言，先用上式求出每车道的可能通行能力，然后乘以车道数求出公路截面的可能通行能力。对往返 2 车道公路，用往返合计值求出。在用实际车辆数表示可能通行能力时，需要用大型车辆的小客车当量系数换算成实辆数。

影响通行能力的因素有以下几种，各因素的修正系数也已决定。

（1）车道宽度（γ_L）：基本通行能力方面而言，必要充分的车道宽度 W_L 为 3.50m；根据日本的观测结果，最大交通量在宽度为 3.25m 的城市快速路上得到，对车道宽度小

于 3.25m 的公路应进行修正，其系数如参考表 5-5。

道路宽度修正系数　　　　　　　　　　　　　　　　表 5-5

车道宽度 W_L	修正系数 γ_L
3.25m	1.00
3.00m	0.94
2.75m	0.88
2.50m	0.82

（2）侧向净空（γ_C）：是指从车道边缘到侧带或分隔带上的保护轨、公路标志、树木、停车车辆、护壁及其他障碍物的距离为侧向净空，必要充分的侧向净空为单向 1.75m，在城市内高速公路上，以 0.75m 的侧向净空时的最大交通量出现次数多，所以，对比 0.75m 窄的情况需要进行修正，如表 5-6 所示。

侧向净空修正系数 γ_C　　　　　　　　　　　　　表 5-6

侧向净空 W_C（m）	修正系数 γ_C
0.75m	1.00
0.50m	0.95
0.25m	0.91
0.00m	0.86

（3）沿线状况（γ_r）：在沿线不受限制的公路上，通行能力的减少原因有从其他道路和沿道设施驶入的车辆或行人、自行车的突然出现等潜在干涉。并且，在市内因有频繁停车，所以停车的影响也较大，因为通常认为通行能力与沿道的城市化程度有很大关系，所以确定了城市化程度补偿系数，如表 5-7 所示。

沿线状况修正系数 γ_r　　　　　　　　　　　　　表 5-7

（a）不需要考虑停车影响

城市化程度	修正系数
非城市化区域	0.95～1.00
部分城市化区域	0.90～0.95
完全城市化区域	0.85～0.90

（b）考虑停车影响的场合

城市化程度	修正系数
非城市化区域	0.90～1.00
部分城市化区域	0.80～0.90
完全城市化区域	0.70～0.80

（4）坡度：因为坡度对大型车辆的影响尤其大，所以通常包含在大型车辆影响中。

（5）大型车辆（γ_r）：大型车辆比小客车车身长，即使保持同一车间距离，车头距离也较大。并且因大型车在坡道处降低车速，故通行能力将减小。

大型车辆的影响程度用一辆大型车辆相当的小客车辆数即小客车当量系数（passenger car equivalent）来表示。一般认为，小客车当量系数随大型车辆混入率、车道数、坡度大小及长度而变化，并用表 5-8 所示值表示。

大型车的小客车换算系数　　　　　　　　　　表 5-8

坡度	坡长 (km)	2 车道道路（大型车混入率%）					多车道道路（大型车混入率%）				
		10	30	50	70	90	10	30	50	70	90
3%以下	—	2.1	2.0	1.9	1.8	1.7	1.8	1.7	1.7	1.7	1.7
4%	0.2	2.8	2.6	2.5	2.3	2.2	2.4	2.3	2.2	2.2	2.2
	0.4	2.8	2.7	2.6	2.4	2.3	2.4	2.4	2.3	2.3	2.2
	0.6	2.9	2.7	2.6	2.4	2.3	2.5	2.4	2.3	2.3	2.3
	0.8	2.9	2.7	2.6	2.5	2.4	2.5	2.4	2.4	2.3	2.3
	1.0	2.9	2.8	2.7	2.5	2.4	2.5	2.4	2.4	2.4	2.3
	1.2	3.0	2.8	2.7	2.5	2.4	2.6	2.5	2.4	2.4	2.4
	1.4	3.0	2.8	2.7	2.5	2.4	2.6	2.5	2.4	2.4	2.4
	1.6	3.0	2.9	2.8	2.6	2.5	2.6	2.5	2.5	2.4	2.4
5%	0.2	3.2	3.0	2.8	2.7	2.6	2.7	2.6	2.6	2.6	2.5
	0.4	3.3	3.1	2.9	2.8	2.7	2.9	2.7	2.7	2.7	2.6
	0.6	3.4	3.2	3.0	2.8	2.7	2.9	2.8	2.8	2.7	2.7
	0.8	3.5	3.2	3.0	2.9	2.8	3.0	2.9	2.9	2.8	2.7
	1.0	3.5	3.3	3.1	2.9	2.8	3.0	2.9	2.9	2.8	2.8
	1.2	3.6	3.4	3.1	3.0	2.9	3.1	3.0	3.0	2.9	2.8
	1.4	3.6	3.4	3.2	3.0	2.9	3.1	3.0	3.0	2.9	2.8
	1.6	3.7	3.4	3.2	3.1	2.9	3.2	3.0	3.0	2.9	2.9
6%	0.2	3.4	3.2	3.0	2.8	2.7	2.9	2.8	2.8	2.7	2.7
	0.4	3.5	3.3	3.1	3.0	2.9	3.1	2.9	2.9	2.8	2.8
	0.6	3.7	3.5	3.3	3.1	3.0	3.2	3.1	3.1	3.0	2.9
	0.8	3.8	3.4	3.4	3.2	3.1	3.3	3.2	3.2	3.0	3.0
	1.0	3.9	3.6	3.4	3.3	3.1	3.3	3.2	3.2	3.1	3.1
	1.2	4.0	3.7	3.5	3.3	3.2	3.4	3.3	3.3	3.2	3.1
	1.4	4.1	3.8	3.6	3.4	3.3	3.5	3.4	3.4	3.2	3.2
	1.6	4.1	3.9	3.7	3.5	3.3	3.6	3.4	3.4	3.3	3.3
7%	0.2	3.5	3.3	3.1	2.9	2.8	3.0	2.9	2.9	2.8	2.8
	0.4	3.7	3.5	3.3	3.1	3.0	3.2	3.1	3.1	3.0	2.9
	0.6	3.9	3.6	3.4	3.3	3.1	3.4	3.2	3.2	3.1	3.1
	0.8	4.0	3.8	3.5	3.4	3.2	3.5	3.3	3.3	3.2	3.2
	1.0	4.2	3.9	3.7	3.5	3.3	3.6	3.4	3.4	3.3	3.3
	1.2	4.3	4.0	3.8	3.6	3.5	3.7	3.5	3.5	3.4	3.4
	1.4	4.5	4.2	3.9	3.7	3.6	3.8	3.7	3.7	3.6	3.5
	1.6	4.6	4.3	4.0	3.8	3.7	3.9	3.8	3.8	3.7	3.6

摩托车和自行车的小客车换算系数　　　　　　　表 5-9

地区 ＼ 车型	摩托车	自行车
地方	0.75	0.50
城市市区	0.50	0.33

在用实辆数表示通行能力时，应该用下式所示补偿系数乘以小客车当量交通量：

$$\gamma_T = \frac{100}{(100 - T) + E_T T}$$

式中　γ_T——大型车辆补偿系数；

E_T——大型车辆的小客车当量系数；

T——大型车辆混入率（%）。

（6）摩托车和自行车：对摩托车和自行车交通量应该用表格所示小客车当量系数以交通量求出小客车当量交通量（表5-9）。但是，在用实辆数表示通行能力时，应与大型车辆的方法相同，对当量交通量进行补偿。

（7）其他因素：除上述几种因素外，使通行能力降低的原因还有：公路线形，尤其是曲线路段和隧道以及驾驶技术、经验的不同等，但这些原因目前还没有较好的定量化方法。

2. 设计通行能力

道路设计通行能力是指道路根据使用要求的不同，按不同服务水平条件下所具有的通行能力，也就是要求道路所承担的服务交通量，通常作为道路规划和设计的依据。

道路设计通行能力为：

$$C_D = C \times (v/c)$$

式中 C_D——设计通行能力；

C——实际通行能力；

v/c——给定服务水平，即车辆的运行车速及流量 v 与通行能力 c 之比；

多车道设计通行能力 C_n 可以写为：

$$C_n = \alpha_c C_1 \delta \Sigma K_n$$

式中 C_1——为第一条车道的可能通行能力（辆/h）；

K_n——为相应于各车道的折减系数，通常以靠近路中线或中央分隔带的车行道为第一条车道，其通行能力为1，第二条车道的通行能力为第一条车道的0.8～0.9，第三道的通行能力为第一条车道的0.65～0.8，第四道的通行能力为第一条车道的0.5～0.6；

α_c——机动车道的道路分类系数，见表5-10；

δ——交叉口影响系数，见表5-11；

机动车道的道路分类系数　　　　表5-10

道路分类	快速路	主干路	次干路	支路
α_c	0.75	0.80	0.85	0.90

交叉影响通行能力折减系数 δ　　　　表5-11

车速（km/h）	交叉种类		交叉口间距（m）			
			300	500	800	1000
50	主-主	主	0.38	0.51	0.63	0.68
	主-次	主	0.42	0.55	0.66	0.71
		次	0.35	0.47	0.59	0.64
40	主-主	主	0.46	0.58	0.69	0.74
	主-次	主	0.50	0.63	0.73	0.77
		次	0.42	0.54	0.66	0.71

3. 交叉口通行能力

交叉口通行能力的大小直接影响到整个路网效率，提高交叉口的通行能力是目前道路网的重要目标之一。然而，交叉口处固有的通行能力大小，是交叉口本身的特性所决定的，同时这也与车辆等诸多因素密不可分。

平交路口一般可分为三大类，一类是无任何交通管制的交叉口；一类是中央设圆形岛的环形交立口；一类是信号控制交叉口。目前交叉口通行能力计算在国际上并未完全统一，即使是同一类型的交叉口，其通行能力计算方法也不一样。

（1）无信号管制的十字形交叉口通行能力计算

十字形交叉的设计通行能力为各进口道设计通行能力之和。即主要道路和次要道路在交叉口处的通行能力相加。

$$C = C_{主} + C_{次}$$

式中　$C_{主}$——主要道路通行能力；

　　　$C_{次}$——次要道路通行能力。

主要道路在无信号灯控制交叉口处的道路通行能力：

$$C_{m} = \alpha_{c} \times \delta \times 3600/t_{间}$$

式中　$t_{间}$——平均车头时距，s，见表5-13；

　　　α_{c}——机动车道的道路分类系数，见表5-20；

　　　δ——交叉口影响系数，见表5-21。

非优先方向次要道路通行能力：

$$C_{次} = C_{主} \, e^{-\lambda\alpha}/(5 - e^{-\lambda\beta})$$

式中　$C_{次}$——非优先的次干道上可以通过的交通量（pcu/h）；

　　　$C_{主}$——主干道优先通行的双向交通量（pcu/h）；

　　　λ——主干道车辆到达率；

　　　α——可供次干道车辆穿越的主干道车流的临时车头距离；

　　　β——次干道上车辆间的最细车头时距。

（2）信号交叉口的通行能力

交叉口的信号是由红、黄、绿三种信号灯组成，用以指挥车辆的通行、停止和左右转弯。根据规范的要求信号灯管制十字形交叉的设计通行能力按停止线法计算。十字形交叉的设计通行能力为各进口道设计通行能力之和。进口道设计通行能力为各车道设计通行能力之和。为此，交叉口的通行能力设计从各车道通行能力分析着手。

1）进口车道不设专用左转和右转车道时

一条直行车道的通行能力：

$$C_{直行} = 3600 \times \psi_{直行} \times \left[(t_{绿} - t_{首})/t_{间} - 1\right]/T_{c}$$
$$\times 3600/t_{间}$$

式中　$t_{绿}$——信号周期内绿灯实际；

　　　$t_{首}$——绿灯亮后，第一辆车启动并通过停车线时间，可采用2.3s；

　　　$t_{间}$——直行或直右行车辆连续通过停车线的平均间隔时间，根据观测，全部为小型车时 $t_{间} = 2.5s$，全部为大中型车时 $t_{间} = 3.5s$，全部为拖挂车时 $t_{间} = 7.5s$，故公路交叉口可采用3.5s，城市交叉口可采用2.5s；

T_c——信号周期（s），两相位时可以假定为（绿灯时间＋黄灯时间）×2；

$\psi_{直行}$——修正系数，根据车辆通行的不均匀性以及非机动车、行人以及农用拖拉机对汽车的干扰程度，城市取 0.86～0.9。

一条直左车道的通行能力：

$$C_{直左} = C_{直行} \times (1 - \beta'_{左}/2)$$

式中 $\beta'_{左}$——直左车道中左转车所占比重。

一条直右车道的通行能力：

$$C_{直右} = C_{直行}$$

2）进口车道设有专用左转和右转车道时

进口车道的通行能力：

$$C_{左直右} = \Sigma C_{直行}/(1 - \beta_{左} - \beta_{右})$$

式中 $\beta_{左}$、$\beta_{右}$——分别为左、右转车占本断面进口道车辆的比例；

$\Sigma C_{直行}$——本断面直行车道的总通行能力（辆/h）。

专用左转车道的通行能力：

$$C_{左} = C_{左直右} \times \beta_{左}$$

专用右转车道的通行能力：

$$C_{右} = C_{左直右} \times \beta_{右}$$

3）进口车道设有专用左转车道而未设专用右转车道时

进口车道的通行能力：

$$C_{左直} = (C_{直} + C_{直右})/(1 - \beta_{左})$$

式中 $C_{直} + C_{直右}$——直行车和直右车道通行能力之和。

专用左转车道的通行能力：

$$C_{左} = C_{左直} \times \beta_{左}$$

4）进口车道设有专用右转车道而未设专用左转车道时

进口车道的通行能力：

$$C_{左右} = (C_{直} + C_{直左})/(1 - \beta_{右})$$

式中 $C_{直} + C_{直左}$——直行车和直左车道通行能力之和。

（3）环形交叉口机动车车行道的设计通行能力与相应非机动车数见表 5-12。

环形平面交叉口设计通行能力 表 5-12

机动车车行道的设计通行能力（pcu/h）	2700	2400	2000	1750	1600	1350
相应的自行车数	2000	5000	10 000	13 000	15 000	17 000

注：表列机动车车行道的设计通行能力包括15%的右转车，当右转车为其他比例时，应另行计算。

表列数值适用于交织长度为 $l_w=25～30m$ 时。当 $l_w=30～60m$ 时，表中机动车车行道的设计通行能力应进行修正。修正系数 Ψ_w 按下式计算：

$$\Psi_w = 3l_w/(2l_w + 30)$$

式中 l_w——交织段长度，m。

(4) 人行道、人行横道、人行天桥、人行地道的通行能力

人行道、人行横道、人行天桥、人行地道的可能通行能力见表 5-13。

人行道、人行横道、人行天桥、人行地道的可能通行能力　　　表 5-13

类　别	人行道 [p/(h×m)]	人行横道 [p/(h×m)]	人行天桥、人行地道 [p/(h×m)]	车站、码头的人行天桥和 人行地道 [p/(h×m)]
可能通行能力	2400	2700	2400	1850

人行道设计通行能力等于可能通行能力乘以折减系数，按照人行道的性质、功能、对行人服务的要求，以及所处的位置，分为四个等级，相应的折减系数见表 5-14。而相应的设计通行能力见表 5-15。

行人通行能力折减系数　　　表 5-14

人行道、人行横道和人行地道所处位置	折减系数
全市性的车站、码头、商场、剧场、影院、体育馆（场）、公园、展览馆及市中心区行人集中的地方	0.75
大商场、商店、公共文化中心和区中心等行人较多的地方	0.80
区域性文化商业中心地带行人多的地方	0.85
支路、住宅区周围的道路	0.90

人行道、人行横道、人行天桥、人行地道的设计通行能力　　　表 5-15

类　别	折减系数			
	0.75	0.80	0.85	0.90
人行道 [p/(h×m)]	1800	1900	2000	2100
人行横道 [p/(h×m)]	2000	2100	2300	2400
人行天桥、人行地道 [p/(h×m)]	1800	1900	2000	—
车站、码头的人行天桥和人行地道 [p/(h×m)]	1400	—	—	—

注：车站、码头的人行天桥和人行地道的一条人行宽度为 0.9m，其余为情况为 0.75m。

5.3　案例简介

　　A 区道路、B 区道路及 C 区道路位于某城市规划片区内，属于规划区内城市道路。根据规划要求，A 区道路为城市道路次干道，规划宽度为 30m，设计行车速度 40km/h，C 区道路为城市道路支路，规划宽度为 20m，设计行车速度 30km/h，均采用城市道路一块板模式设计，B 区道路规划宽度为 12m。A 区道路、B 区道路及 C 区道路作为综合性干道，除了解决主要的城市交通和沿街建筑功能可达性外，还应增加照明、景观等丰富内容。

    本城市抗震等级按七度设防，道路设计荷载为 BZZ-100kN。A 区道路全长 107.902m，C 区道路全长 80.0m，B 区道路全长 87.552m，全线无平曲线。按规范要求，全线不设超高及加宽。采用城市道路一块板模式设计，其中：A 区道路机动车及非机动车道宽 2×10.5m，人行道宽 2×4.5m；C 区道路机动车及非机动车道宽 2×5.0m，人行道宽 2×5.0m；B 区道路宽 12m；B 区道路外，均采用机动车非机动车混行。路拱横坡：车行道路拱横坡为 1.5%，人行道路拱横坡 2%，全线不设加宽与超高。

第  章

道路路线绘制

本章主要目的在于通过学习使读者掌握城市道路平面、横断面、纵断面、交叉口等绘制的基本知识以及施工图实例的绘制，能正确进行城市道路平面定线工作，横断面的规划工作，能识别 AutoCAD 道路施工图以及熟练使用 AutoCAD 进行一般城市道路绘制和识图，为今后从事有关城市道路规划设计工作打下坚实基础。

◉ 道路横断面图的绘制

◉ 道路平面图的绘制

◉ 道路纵断面图的绘制

◉ 道路交叉口的绘制

6.1 道路横断面图的绘制

绘制思路

使用直线命令绘制道路中心线、车行道、人行道各组成部分的位置和宽度；使用直线、填充、圆弧等命令绘制绿化带和照明；用多行文字命令标注文字以及说明；用线性、连续标注命令标注尺寸；按照以上步骤绘制其他道路断面图。并对图进行修剪整理，完成保存道路横断面图，如图 6-1 所示。

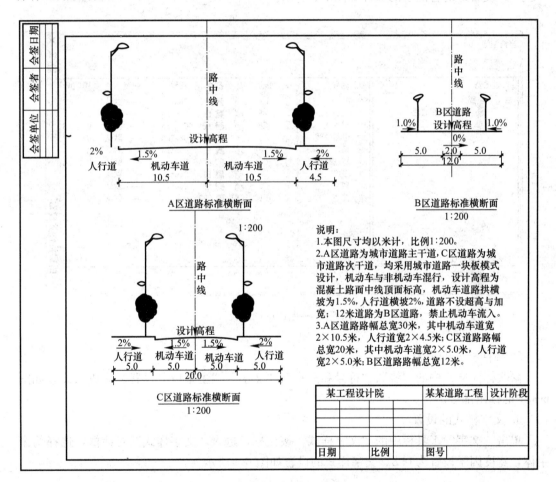

图 6-1 道路横断面图

6.1.1 前期准备以及绘图设置

【操作步骤】

1. 要根据绘制图形决定绘图的比例，我们建议使用 1∶1 的比例绘制，1∶200 的图纸

比例。

2. 建立新文件

建立新文件，将新文件命名为"横断面图．dwg"并保存。

3. 设置绘图工具栏

在任意工具栏处单击鼠标右键，从打开的快捷菜单中选择"标准"，"图层"，"特性"，"绘图"，"修改"和"标注"这六个选项，调出这些工具栏，并将它们移动到绘图窗口中的适当位置。

4. 设置图层

设置以下七个图层："尺寸线"，"道路中线"，"路灯"，"路基路面"，"坡度"，"树"，"文字"，设置好的各图层的属性如图 6-2 所示。

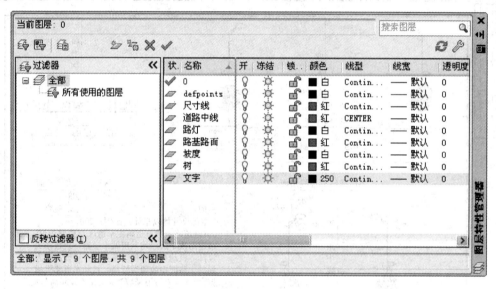

图 6-2　横断面图图层设置

5. 标注样式的设置

修改标注样式中的"线"、"符号和箭头"、"文字"、"主单位"设置，完成的设置如图 6-3 中的标出部分。

6. 文字样式的设置

单击"文字"工具栏中的"文字样式"按钮，进入"文字样式"对话框，选择仿宋字体，宽度因子设置为 0.8。文字样式的设置如图 6-4 所示。

6.1.2　绘制道路中心线、车行道、人行道

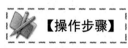
【操作步骤】

1. 把路基路面图层设置为当前图层。在状态栏，打开"正交模式"按钮。单击"绘图"工具栏中的"直线"按钮，绘制一条水平长为 21 的直线。

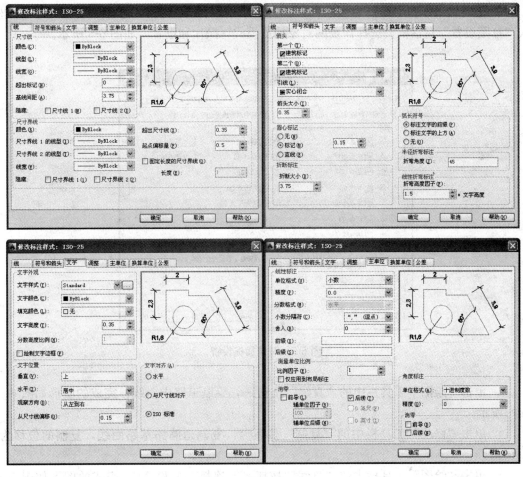

图 6-3　修改标注样式

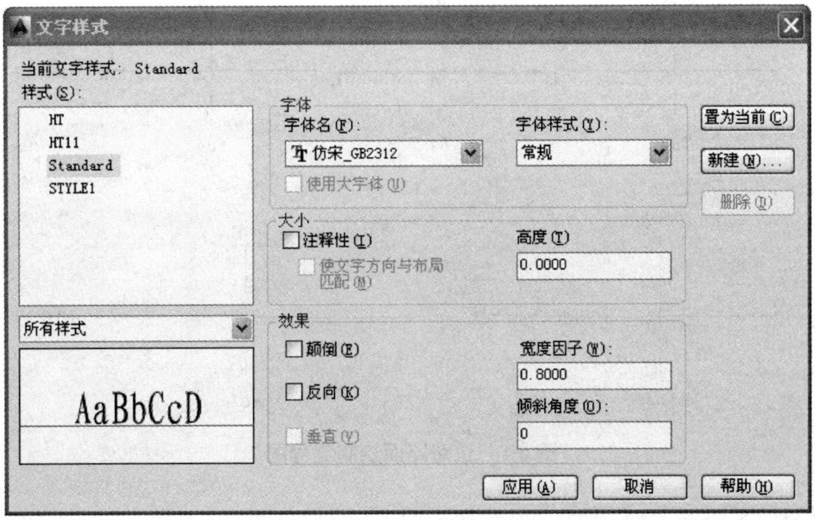

图 6-4　"文字样式"对话框

2. 把道路中线图层设置为当前图层。右键单击"对象捕捉",选择"设置(S)",进入"草图设置"对话框,选择需要的对象捕捉模式,操作和设置,如图6-5所示。

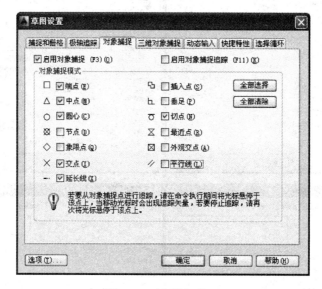

图6-5 对象捕捉设置

3. 单击"绘图"工具栏中的"直线"按钮，绘制道路中心线。完成的图形如图6-6(*a*)所示。

4. 单击"修改"工具栏中的"复制"按钮，复制道路路基路面线，复制的位移为0.16。

5. 单击"绘图"工具栏中的"直线"按钮，连接DA和AE。完成的图形如图6-6(*b*)所示。

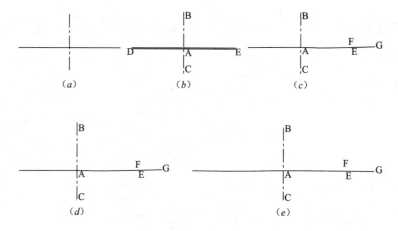

图6-6 道路路面绘制流程图

6. 单击"绘图"工具栏中的"直线"按钮，指定E点为第一点沿垂直方向向上的距离为 0.09，在沿水平方向向右的距离为 4.5，然后。

7. 单击"修改"工具栏中的"删除"按钮，删除多余的直线，完成的图形如图 6-6 (c) 所示。

8. 单击"绘图"工具栏中的"多段线"按钮，加粗路面路基。指定 A 点为起点，然后输入 w 来确定多段线的宽度为 0.05，来加粗 AE，EF 和 FG。完成的图形如图 6-6 (d) 所示。

9. 单击"修改"工具栏中的"镜像"按钮，镜像多段线 AEFG，完成的图形如图 6-6 (e) 所示。

6.1.3 绘制绿化带和照明

【操作步骤】

1. 把路灯图层设置为当前图层，绘制照明灯。

（1）单击"修改"工具栏中的"复制"按钮，向左复制道路中心线。指定道路中心线与路面的交点为基点，使用第一个点作为位移为 11.4。

（2）单击"绘图"工具栏中的"多段线"按钮，绘制电灯杆。指定 A 点，即复制后的中心线与路基交点为起点，输入 w 设置多段线的宽为 0.0500，然后垂直向上 1.4，接着然后垂直向上 2.6，然后垂直向上 1，接着垂直向上 4，最后垂直向上 2。完成的图形如图 6-7 (a) 所示。

（3）单击"绘图"工具栏中的"直线"按钮，指定 B 点为起点，水平向右绘制一条长为 1 的直线，然后绘制一条垂直向上长为 0.3 的直线。

（4）单击"绘图"工具栏中的"直线"按钮，以刚刚绘制好的水平直线的端点为起点，水平向右绘制一条长为 0.5 的直线，然后绘制一条垂直向上长为 0.6 的直线。

（5）单击"绘图"工具栏中的"直线"按钮，以刚刚绘制好的 0.5 长的水平直线的右端点为起点，水平向右绘制一条长为 0.5 的直线，然后绘制一条垂直向上长为 0.35 的直线。

（6）单击"绘图"工具栏中的"多段线"按钮，绘制灯罩。指定 F 点为起点，输入 w 设置多段线的宽为 0.0500，指定 D 点为第二点，指定 E 点为第三点。完成的图形如图 6-7 (b) 所示。

（7）单击"绘图"工具栏中的"多段线"按钮，绘制灯罩。指定 B 点为起点，输入 w 设置多段线的宽为 0.0500，输入 a 来绘制圆弧，在状态栏，单击"对象捕捉"按钮，打开"对象捕捉"，指定 G 点为圆弧第二点，指定 H 点为圆弧第三点，指定 I 点为圆弧第四点，指定 E 点为圆弧第五点，完成的图形参见，如图 6-7 (c) 所示。

（8）单击"修改"工具栏中的"删除"按钮，删除多余的直线。

（9）单击"绘图"工具栏中的"圆弧"按钮，绘制灯弧。

命令：_arc（单击"绘图"工具栏中的"圆弧"按钮）

指定圆弧的起点或［圆心（C）］：（指定 J 点）

指定圆弧的第二个点或［圆心（C）/端点（E）］：（指定 K 点）

指定圆弧的端点：（指定 M 点）

完成的图形如图 6-7（*d*）所示。

（10）同理，可以完成下部路灯的绘制，把尺寸线图层设置为当前图层，单击"标注"工具栏中的"线性"按钮┥。然后单击"标注"工具栏中的"连续"按钮▥，标注路灯的外形尺寸，完成的图形如图 6-7（*e*）所示。

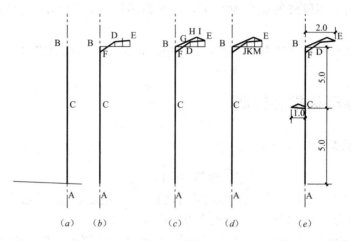

图 6-7　电杆绘制流程

2. 绘制绿化带

（1）把树图层设置为当前图层。单击"绘图"工具栏中的"修订云线"按钮🔲，来绘制树干。

命令：_ revcloud（单击"绘图"工具栏中的"修订云线"按钮🔲）

最小弧长：15.0000　最大弧长：15.0000　样式：普通

指定起点或［弧长（A）/对象（O）/样式（S）]〈对象〉：（选择 B 点）

沿云线路径引导十字光标……

修订云线完成。

完成的图形如图 6-8（*a*）所示。

（2）单击"绘图"工具栏中的"图案填充"按钮▨，填充云线内部区域。单击对话框里"图案（P）"右边的按钮进行更换图案样例，弹出"填充图案选项板"对话框，选择"SOLID"图例进行填充。完成的图形如图 6-8（*b*）所示。

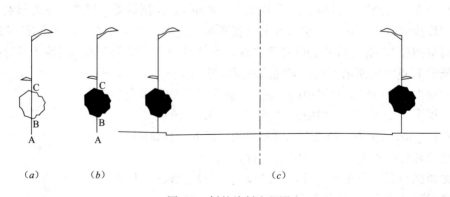

图 6-8　树的绘制流程图

（3）单击"修改"工具栏中的"镜像"按钮△，镜像路灯和树。指定道路中心线为镜像线。完成的图形如图 6-8（c）所示。

6.1.4 标注文字以及说明

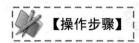【操作步骤】

1. 绘制高程符号

（1）把尺寸线图层设置为当前图层。单击"绘图"工具栏中的"直线"按钮／，在平面上任取一点，沿水平方向向右绘制一条长度为 1 的直线。

（2）单击"修改"工具栏中的"旋转"按钮○，旋转指北针图。A 点作为基点，旋转的角度为−60°。

（3）单击"绘图"工具栏中的"直线"按钮／，选取 A 点，沿水平方向向右绘制一条长度为 1 的直线。

（4）把文字图层设置为当前图层。单击"绘图"工具栏中的"多行文字"按钮A，标注标高，指定的高度为 0.35，旋转角度为 0。

操作流程如图 6-9 所示。

2. 绘制箭头以及标注文字

（1）将坡度图层设置为当前图层，单击"绘图"工具栏中的"多段线"按钮⌐，绘制箭头。指定 A 点为起点，输入 w 设置多段线的宽为 0.0500，指定 B 点为第二点，输入 w 指定起点宽度为 0.1500，指定端点宽度 0，指定 C 点为第三点。

（2）单击"绘图"工具栏中的"多行文字"按钮A，标注标高，指定的高度为 0.35，旋转角度为 1。注意文字标注时需要把文字图层设置为当前图层。

操作步骤如图 6-10 所示。

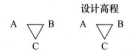

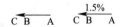

图 6-9　高程符号绘制流程　　　　　图 6-10　道路横断面图坡度绘制流程

（3）同上标注其他文字，完成的图形如图 6-11 所示。

6.1.5 标注尺寸及道路名称

【操作步骤】

1. 把标注尺寸图层设置为当前图层，单击"标注"工具栏中的"线性"按钮⊢。然后单击"标注"工具栏中的"连续"按钮⊢。完成的图形如图 6-12 所示。

2. 按照以上步骤绘制其他道路断面图。完成保存道路横断面图。完成的图形参照如图 6-12 所示。

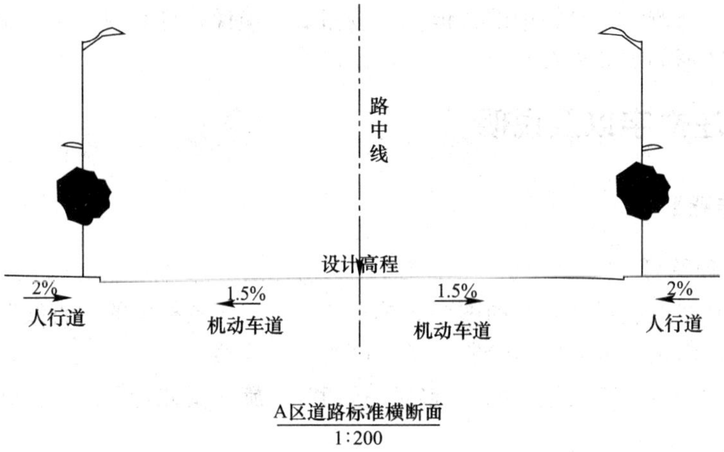

图 6-11　道路横断面图文字标注

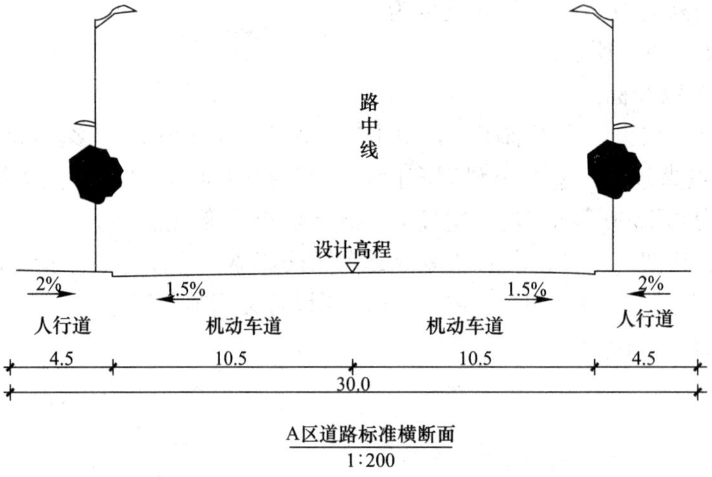

图 6-12　A 区道路横断面图

6.2　道路平面图的绘制

绘制思路

在原有建筑图和道路图上，使用直线命令绘制道路中心线；使用直线、复制、圆弧命令绘制规划路网、规划红线、路边线、车行道线；用多行文字标注文字以及路线交点；用对齐、对齐标注命令标注尺寸；画风玫瑰图，进行修剪整理，完成保存道路，如图 6-13 所示。

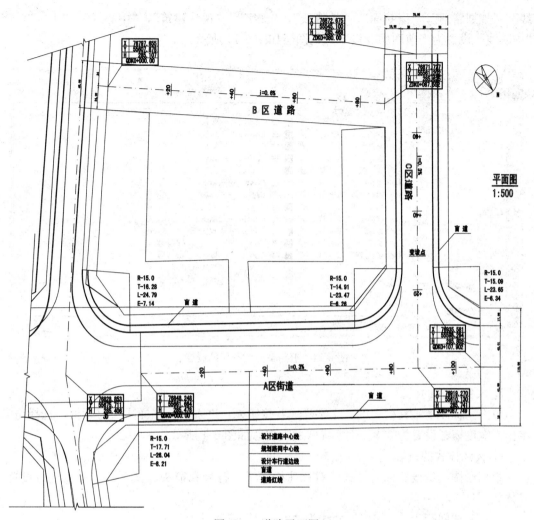

图 6-13　道路平面图

6.2.1　前期准备以及绘图设置

【操作步骤】

1. 要根据绘制图形决定绘图的比例，建议采用的是 1∶500 的图纸比例，图形的绘图比例为 4∶1。

2. 建立新文件

建立新文件，将新文件命名为"平面图.dwg"并保存。

3. 设置绘图工具栏

在任意工具栏处单击鼠标右键，从打开的快捷菜单中选择"标准"，"图层"，"样式"，"绘图"，"修改"和"标注"这六个选项，调出这些工具栏，并将它们移动到绘图窗口中的适当位置。

4. 设置图层

设置以下十二个图层："标注尺寸"，"标注文字"，"车行道"，"道路红线"，"道路中线","规划路网","横断面","轮廓线","文字","现状建筑","中心线","坐标",将"中心线"设置为当前图层。设置好的图层如图 6-14 所示。

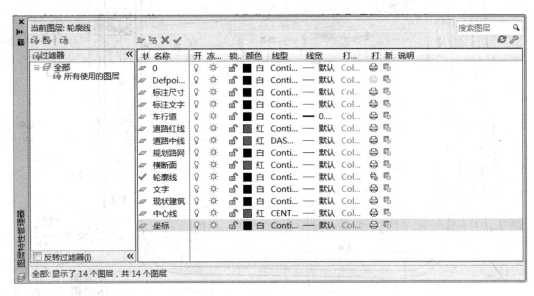

图 6-14　道路平面图图层的设置

5. 文字样式的设置

单击"标注"工具栏中的"文字样式"按钮，进入"文字样式"对话框，选择仿宋字体，宽度因子设置为 0.8。文字样式的设置，如图 6-4 所示。

6. 标注样式的设置

根据绘图比例设置标注样式，对标注样式线、符号和箭头、文字、主单位进行设置，具体如下：

线：基线间距为 0，超出尺寸线为 2.5，起点偏移量为 3；

符号和箭头：第一个为建筑标记，箭头大小为 3，圆心标记为标记 1.5；

文字：文字高度为 3，文字位置为垂直上，从尺寸线偏移为 1.5，文字对齐为 ISO 标准；

主单位：精度为 0.00，比例因子为 0.25。

6.2.2　绘制道路中心线

【操作步骤】

1. 根据原有的规划图、原有建筑物图以及现状地形图（一般勘察设计部门提供），调用原有的 dwg 图形，选择需要调用的实体，使用 Ctrl＋C 命令复制，然后 Ctrl＋V 粘贴到道路平面图中。调用的部分如图 6-15 所示。

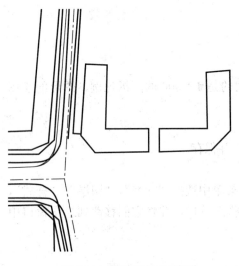

图 6-15　调用原有图形部分

2. 使用直线命令绘制道路中线

（1）首先把道路中线图层设置为当前图层。单击"绘图"工具栏中的"直线"按钮
，绘制道路中线。指定道路中心线交点 A 为第一点，然后要取消动态输入：在"状态
栏"右键单击 ，选择"设置（s）"选项，进入"草图设置"对话框，取消"启用指针输
入（P)"和"可能时启用标注输入（D)"，然后按"确定"按钮完成取消动态输入操作。
如图 6-16 所示。

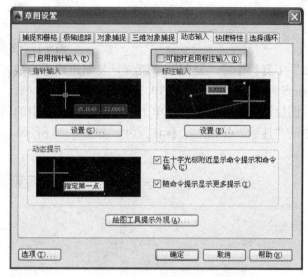

图 6-16　取消动态输入

在命令行中，指定下一点为 95.77＜1（点 B 为直线第二点），再下一点为@351＜1
（点 C 为直线第三点），下一点@80.61＜1（点 D 为直线第四点）。

（2）单击"绘图"工具栏中的"直线"按钮 ，在命令行中，指定 C 为第一点，指定
下一点为@320＜91（点 E 为直线第二点），@64.5＜232（点 F 为直线第三点），下一点@
350＜177（点 G 为直线第四点）。

（3）把文字图层设置当前图层，单击"绘图"工具栏中的"多行文字"按钮 A ，输入
各控制点的编号。结果如图 6-17 所示。

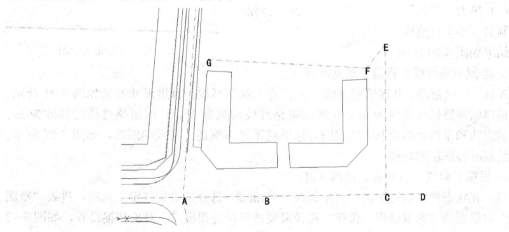

图 6-17　道路中心线绘制

（4）单击"修改"工具栏中的"删除"按钮 ，删除多余定位轴线和刚刚标注的文字。如图 6-18 所示。

6.2.3 绘制规划路网、规划红线、路边线、车行道

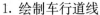【操作步骤】

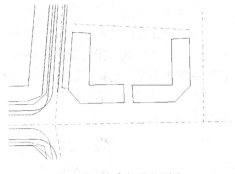

1. 绘制车行道线

图 6-18 多余部分的删除

（1）单击"修改"工具栏中的"复制"按钮，复制道路中心线。选择直线 AB 和直线 BC，指定复制的距离为 41，实际尺寸为 10.5。

（2）把标注尺寸图层设置为当前图层，单击"标注"工具栏中的"对齐"按钮和单击"标注"工具栏中的"连续"按钮，标注尺寸，如图 6-19 所示。

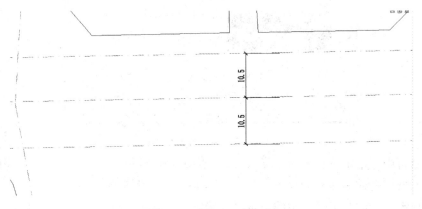

图 6-19 道路中心线复制

（3）将车行道置为当前图层，单击"绘图"工具栏中的"多段线"按钮，绘制车行道线。选择复制过的道路中线的一个起点，然后输入 w 来确定多段线的宽度为 2，选择复制过的道路中线的另一点。

（4）单击"修改"工具栏中的"镜像"按钮绘制另一条车行道线。

结果如图 6-20 所示。

图 6-20 车行道线绘制

2. 绘制道路红线、盲道、规划网线。

A 区、C 区道路，B 区道路红线、车行道、规划网线、盲道尺寸参见如图 6-21 所示。A 区道路的道路红线宽度为 30，B 区的道路红线的宽度 12，C 区道路红线的宽度为 20。绘制的方法和车行道的绘制方法相同，这里就不过多阐述。完成的图形，如图 6-22 所示。注意绘制时各图层的转换。

3. 根据平曲线的各要素，绘制弯道。

（1）在状态栏，右键单击"对象捕捉"按钮，选择"设置（S）"选项，进入"草图设置"对话框的"对象捕捉"按钮，选择需要的对象捕捉模式，对象捕捉设置，如图 6-23 所示。

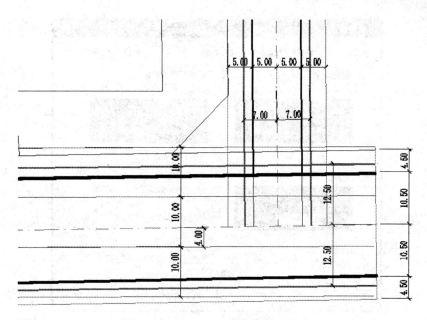

图 6-21　A区、C区道路横断面尺寸

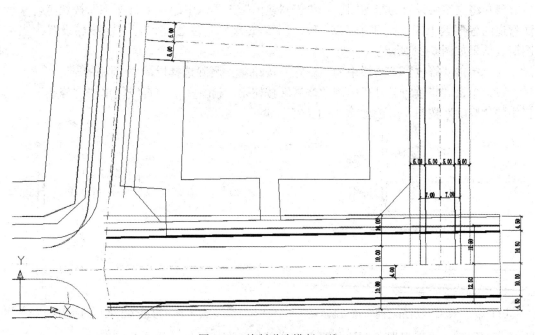

图 6-22　绘制道路横断面线

（2）单击"绘图"工具栏中的"圆"按钮◎，以A点位圆心绘制半径为 59.64 的圆。圆与车行道的交点为B、C。

（3）单击"绘图"工具栏中的"圆"按钮◎，采用"相切、相切、半径"方式，以B、C点为切点，绘制半径为 60 的圆。

（4）单击"绘图"工具栏中的"多段线"按钮⊃，对弯道进行加粗。在命令流中选择w来设置弯道的线宽，选择A来绘制圆弧，圆弧的起点为A点，指定圆弧的端点为点。

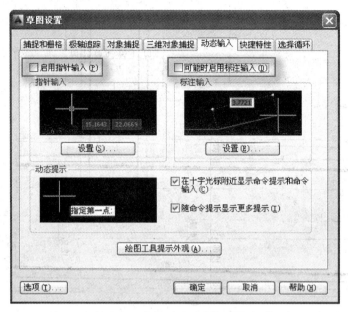

图 6-23 对象捕捉对话框

（5）将文字层设置为当前图层，单击"绘图"工具栏中的"多行文字"按钮 **A**，来标注弯道的各要素 R-15.0，T-14.91，L-23.47，E-6.26，注意应该把文字图层设置为当前图层。结果如图 6-24 所示。

（6）单击"修改"工具栏中的"删除"按钮 ✍，删除选择以 A 为圆心的圆。

（7）单击"修改"工具栏中的"修剪"按钮 ✂，删除多余的直线。单击"修改"工具栏中的"删除"按钮 ✍，删除多余的文字。如图 6-25 所示。

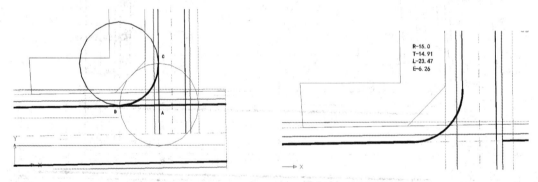

图 6-24 A、C 区道路之间弯道绘制   图 6-25 弯道多余实体的修剪

（8）同理，可以根据弯道的各要素完成其他弯道的操作。如图 6-26 所示。

6.2.4 标注文字以及路线交点

【操作步骤】

1. 单击"绘图"工具栏中的"多行文字"按钮 **A**，完成道路中线、车行道、道路红线、盲道、规划路网、道路名称的文字标注。注意要把文字图层设置为当前图层，图形如图 6-27 所示。

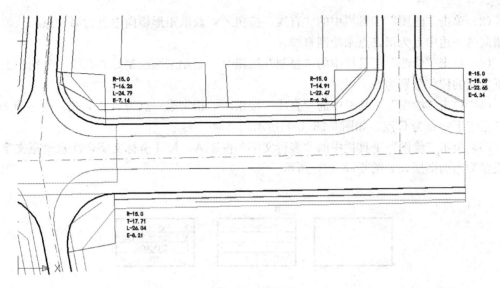

图 6-26　道绘制

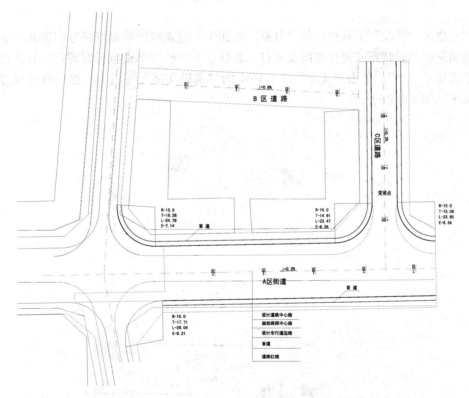

图 6-27　车行道、红线、盲道、规划路网等文字标注

2. 路线转点以及相交道路交叉口的坐标

（1）把坐标图层设置为当前图层，单击"绘图"工具栏中的"矩形"按钮，输入 w 来确定坐标的图框宽度为 1，输入 D 来确定矩形的尺寸，指定矩形的长度为 46，指定矩形的宽度为 26.8。如图 6-28（a）所示。

（2）单击"绘图"工具栏中的"直线"按钮，获取矩形横向中点为第一点，获取矩形横向另一边中点为第二点来绘制直线。

（3）单击"修改"工具栏中的"复制"按钮，复制刚刚绘制好的直线，分别向上和向下复制的位移分别为6。

（4）单击"绘图"工具栏中的"直线"按钮，指定第一点为 A 点，指定下一点为 B 点，指定下一点为 C 点。如图 6-28（b）所示。

（5）单击"绘图"工具栏中的"多行文字"按钮 A，标注坐标文字，注意要把文字图层设置为当前图层，如图 6-28（c）所示。

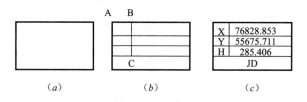

图 6-28　桩号标注流程图

（6）单击"修改"工具栏中的"复制"按钮，复制刚刚绘制好桩号图框和标志以上坐标到相应的路线转点或相交道路交叉口。在任意工具栏处单击鼠标右键，从打开的快捷菜单中选择"文字"，单击"文字"工具栏中的"编辑文字"按钮，然后修改桩号图框内的文字。如图 6-29 所示。

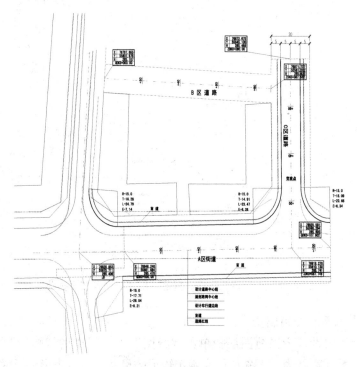

图 6-29　平面图文字的标注

3. 绘制道路坡度的箭头以及输入坡度大小。

（1）把轮廓线图层设置为当前图层。单击"绘图"工具栏中的"多段线"按钮 ⟲，绘制箭头，指定 B 点为起点，输入 w 来设置箭头的宽度为 1。指定 C 点为下一点，然后输入 w 来设置箭头的起点宽度为 2，端点宽度为 0。指定 D 点为端点。

（2）把标注文字图层设置为当前图层。单击"文字"工具栏中的"单行文字"按钮 **A**，标注坡度大小，指定文字的高度为 5，指定文字的旋转角度为 1°，输入文字 $i=0.3\%$。绘制完成的图形如图 6-30 所示。

图 6-30　坡度的绘制

（3）同理，完成 B、C 道路里程桩号以及变坡点的绘制。如图 6-31 所示。

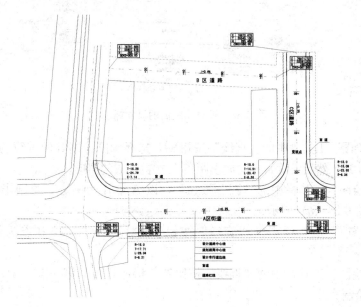

图 6-31　道路坡度绘制

6.2.5　标注尺寸

【操作步骤】

1. 把标注尺寸图层设置为当前图层，单击"标注"工具栏中的"对齐"按钮 。然后单击"标注"工具栏中的"连续"按钮 **｜｜｜**，标注道路红线、车行道尺寸。绘制完成图形，如图 6-32 所示。

2. 同理，可以进行其他尺寸的标注，完成的图形如图 6-33 所示。

6.2.6　指北针图

【操作步骤】

1. 单击"绘图"工具栏中的"直线"按钮 ，任意选择一点，沿

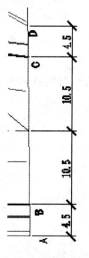

图 6-32　道路横断面
　　　的尺寸标注

185

水平方向的距离为30。

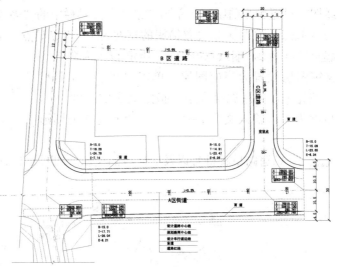

图 6-33　道路横断面的尺寸标注

2. 单击"绘图"工具栏中的"直线"按钮，选择刚刚绘制好的直线的中点，沿垂直方向向下距离为15，然后沿垂直方向向上距离为30。完成的图形，如图 6-34（a）所示。

3. 单击"绘图"工具栏中的"圆"按钮，以 A 点作为圆心，绘制半径为15的圆。完成的图形如图 6-34（b）所示。

4. 单击"修改"工具栏中的"旋转"按钮，将直线 AB 以 B 点为旋转基点旋转10度。

5. 单击"绘图"工具栏中的"直线"按钮，指定 C 点为第一点，AD 直线的中点 D 点为第二点来绘制直线。如图 6-34（c）所示。

6. 单击"修改"工具栏中的"镜像"按钮，镜像 BC 和 CD 直线，完成的图形如图 6-34（d）所示。

7. 单击"绘图"工具栏中的"图案填充"按钮，进入"图案填充和渐变色"对话框。单击对话框里"图案（P）"右边的按钮进行更换图案样例，进入"填充图案选项板"对话框，选择"SOLID"图例，然后按"确定"按钮完成操作。进入"图案填充和渐变色"对话框，选择"边界"下的"添加：拾取点"。拾取四边 ABEF 内一点，如图 6-34（e）所示。

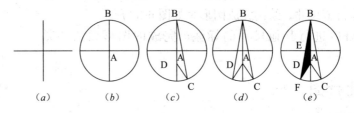

图 6-34　指北针绘制流程

8. 单击"修改"工具栏中的"删除"按钮，删除多余直线。

9. 单击"修改"工具栏中的"旋转"按钮 ⟳，旋转指北针图。圆心作为基点，旋转的角度为220°。

10. 单击"绘图"工具栏中的"多行文字"按钮 **A**，标注上指北针方向，注意文字标注时需要把文字图层设置为当前图层，完成的图形如图 6-35 所示。

图 6-35　指北针的旋转

6.3　道路纵断面图的绘制

✦ **绘制思路**

使用直线、阵列命令绘制网格；使用多段线、复制命令绘制其他线；使用多行文字命令输入文字；根据高程，使用直线、多段线命令绘制地面线、纵坡设计线；保存道路纵断面图，如图 6-36 所示。

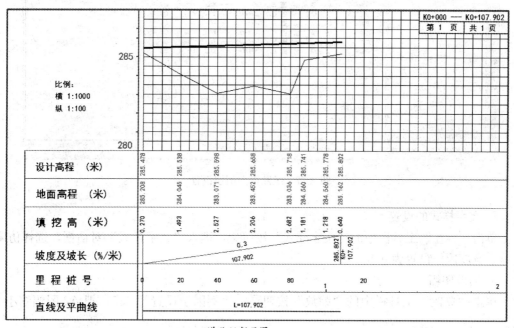

图 6-36　道路纵断面图

6.3.1　前期准备以及绘图设置

🖊 **【操作步骤】**

1. 要根据绘制图形决定绘图的比例，我们建议使用 1：1 的比例绘制，横向 1：1000、纵向 1：100 的图纸比例。

2. 建立新文件

打开 AutoCAD 2014 应用程序，以"A2.dwt"样板文件为模板，建立新文件，将新文件命名为"纵断面图.dwg"并保存。

3. 设置绘图工具栏

在任意工具栏处单击鼠标右键，从打开的快捷菜单中选择"标准"，"图层"，"特性"，"绘图"，"修改"和"标注"这六个选项，调出这些工具栏，并将它们移动到绘图窗口中的适当位置。

4. 设置图层

设置以下九个图层："标注尺寸"，"标注文字"，"地面线"，"方格网"，"高程文字"，"坡度设计线"，"其他线"，"文字"，"中心线"，设置好的各图层的属性如图 6-37 所示。

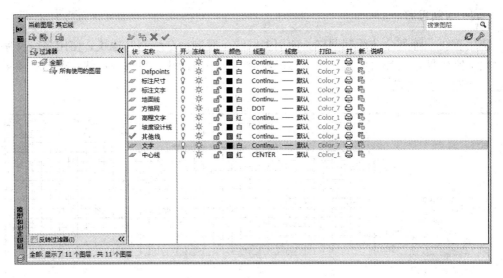

图 6-37　纵断面图图层设置

5. 文字样式的设置

单击"标注"工具栏中的"文字样式"按钮，进入"文字样式"对话框，选择仿宋字体，宽度因子设置为 0.8。

6. 缩放图幅

单击"修改"工具栏中的"缩放"按钮，比例因子设置为 0.5，把 A2 图幅缩小 2 倍。

6.3.2　绘制网格

【操作步骤】

1. 绘制水平直线和阵列水平直线。

（1）把网格图层设置为当前图层。单击"绘图"工具栏中的"直线"按钮，指定 A 点为第一点，然后水平向右绘制一条 200 的直线。

（2）单击"修改"工具栏中的"矩形阵列"按钮，在命令行中设置行数 16，列数 1，行间距为 5，列间距为 0。将水平直线进行阵列，完成的图形，如图 6-38 所示。

2. 绘制垂直直线和阵列垂直直线。

（1）单击"绘图"工具栏中的"直线"按钮，指定 A 点为第一点，指定 B 点为第二点，绘制连接两点的一条垂直直线。

（2）单击"修改"工具栏中的"阵列"按钮，在命令行中设置行数 1，列数 41，行间距为 0，列间距为 5，其阵列参数的设置，阵列上步绘制的垂直直线。完成的图形如图 6-39 所示。

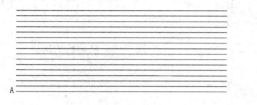

图 6-38　阵列水平直线

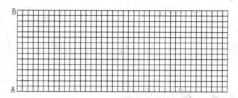

图 6-39　阵列竖直直线

6.3.3　绘制其他线

【操作步骤】

1. 把其他线图层设置为当前图层。单击"绘图"工具栏中的"多段线"按钮，绘制其他线。指定 C 点为起点，选择 w 来指定起、端点的宽度，指定 A 点为第二点，然后水平向左绘制一条长为 65 的多段线。

2. 单击"修改"工具栏中的"复制"按钮，指定 A 点为基点，垂直向下的距离分别为 15，30，45，60，75，90。完成的图形如图 6-40 所示。

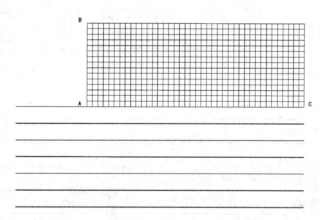

图 6-40　绘制方格网下水平直线绘制

3. 单击"绘图"工具栏中的"多段线"按钮，绘制其他线。完成的图形如图 6-41 所示。

4. 单击"修改"工具栏中的"修剪"按钮，左键单击 ED，然后 shift＋左键单击 EG，选择需要剪切的直线部分。完成的图形如图 6-42 所示。

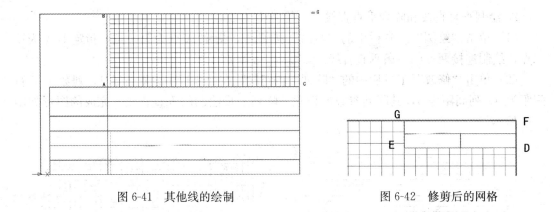

图 6-41　其他线的绘制　　　　　图 6-42　修剪后的网格

6.3.4　标注文字

【操作步骤】

1. 把文字图层设置为当前图层。单击"绘图"工具栏中的"多行文字"按钮 **A**，输入图中的表格文字。

2. 坡度和坡长文字的输入需要指定文字的旋转角度，在命令行中选择 r 来指定旋转角度，指定旋转角度为 8°。

同理，完成文字的输入后的图形如图 6-43 所示。

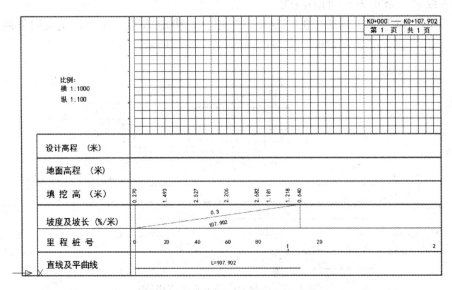

图 6-43　标注完文字后的纵断面图

3. 把高程图层设置为当前图层，单击"绘图"工具栏中的"多行文字"按钮 **A**。在命令行中选择 r 来指定旋转角度，指定旋转角度为 90°，其余的操作与上步相同。完成文字的输入后的图形如图 6-44 所示。

190

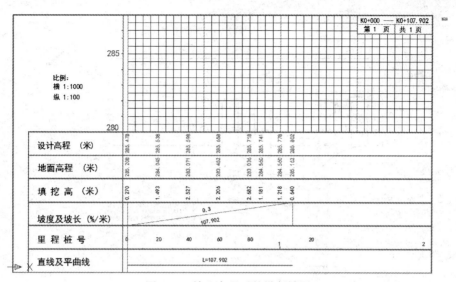

图 6-44　输入高程后的纵断面图

6.3.5　绘制地面线、纵坡设计线

【操作步骤】

　　1. 单击"绘图"工具栏中的"直线"按钮，根据地面高程的数值，连接起来即为原地面线。

　　2. 单击"绘图"工具栏中的"多段线"按钮，选择 w 来指定线宽为 0.5，根据设计高程，连接起来即为纵坡设计线。

　　完成操作后的图形如图 6-45 所示。

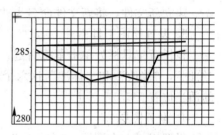

图 6-45　地面线和纵坡设计线的绘制

6.4　道路交叉口的绘制

绘制思路

　　绘制交叉口平面图；根据确定的设计标高，绘制成线，确定雨水口、坡度；使用文字命令输入标高、说明等文字；用线性、连续标注命令标注标注尺寸，并修改标注尺寸；使用 Ctrl＋C 和 Ctrl＋V 从平面图里复制指北针，并作相应修改完成保存道路交叉口，结果如图 6-46 所示。

6.4.1　前期准备以及绘图设置

【操作步骤】

　　1. 要根据绘制图形决定绘图的比例，我们建议使用 1∶1 的比例绘制，1∶250 的图纸比例。

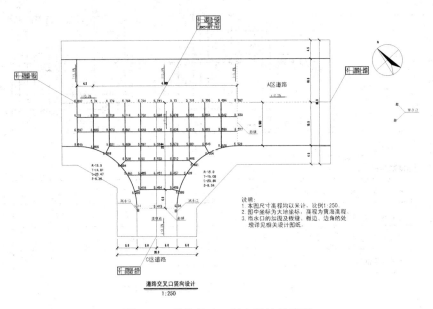

图 6-46　道路交叉口竖向设计效果图

2. 建立新文件

建立新文件，将新文件命名为"道路交叉口.dwg"，并保存。

3. 设置绘图工具栏

在任意工具栏处单击鼠标右键，从打开的快捷菜单中选择"标准"，"图层"，"特性"，"绘图"，"修改"和"标注"这六个选项，调出这些工具栏，并将它们移动到绘图窗口中的适当位置。

4. 设置图层

设置以下七个图层："车行道"，"尺寸线"，"道路中心线"，"箭头"，"其他线"，"人行道"，"文字"，设置好的各图层的属性，如图 6-47 所示。

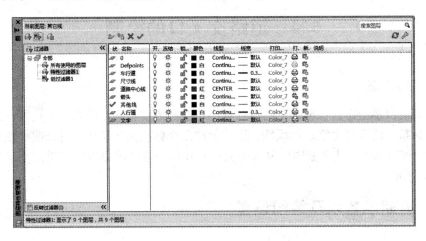

图 6-47　道路交叉口图层设置

5. 标注样式的设置

根据绘图比例设置标注样式，对标注样式线、符号和箭头、文字、主单位进行设置，

具体如下：

线：超出尺寸线为 0.5，起点偏移量为 0.6；

符号和箭头：第一个为建筑标记，箭头大小为 0.6，圆心标记为标记 0.3；

文字：文字高度为 0.6，文字位置为垂直上，从尺寸线偏移为 0.3，文字对齐为 ISO 标准；

主单位：精度为 0.0，比例因子为 1。

6. 单击"标注"工具栏中的"文字样式"按钮 ，进入"文字样式"对话框，选择仿宋字体，宽度因子设置为 0.8。文字样式的设置。

7. 单击"修改"工具栏中的"缩放"按钮 ，比例因子设置为 0.5，把 A4 图幅缩小 2 倍。

6.4.2 绘制交叉口平面图

绘制的方法和步骤参照道路平面图，这里就不过多阐述，完成的图形如图 6-48 所示。

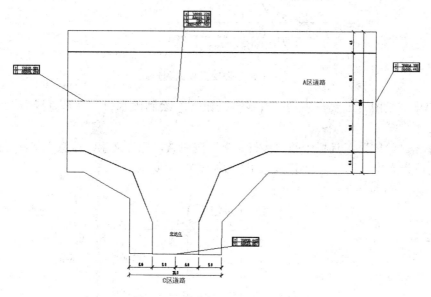

图 6-48 道路交叉口平面图绘制

6.4.3 绘制成线，确定雨水口、坡度

 【操作步骤】

1. 单击"绘图"工具栏中的"多段线"按钮 ，绘制高程连线。输入 w 设置多段线的宽为 0.0500，完成的图形如图 6-49 所示。

2. 单击"绘图"工具栏中的"多段线"按钮 ，绘制箭头，指定 A 点为起点，输入 w 设置多段线的宽为 0.0500，指定 B 点为第二点，输入 w 设置起点宽度为 1，端点宽度为 0，指定 C 点为第三点。完成的图形如图 6-50 所示。

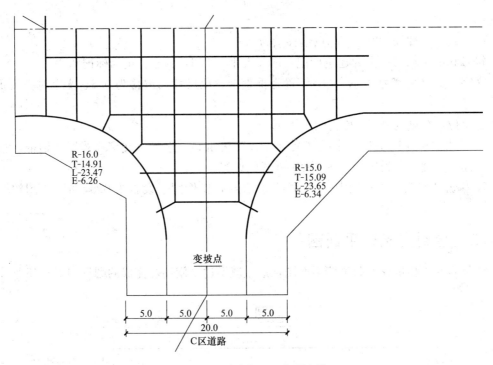

图 6-49　道路交叉口高程连线

3. 单击"绘图"工具栏中的"直线"按钮，绘制雨水口，水平直线为 0.5 长，垂直直线为 0.6 长。

4. 单击"绘图"工具栏中的"多行文字"按钮**A**，标注文字。注意文字标注时需要把文字图层设置为当前图层。标注完成的图形如图 6-51 所示。

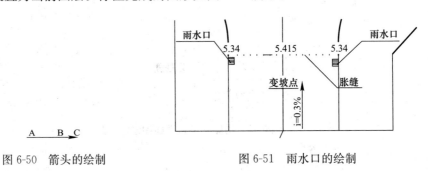

图 6-50　箭头的绘制　　　　　图 6-51　雨水口的绘制

6.4.4　标注文字、尺寸

【操作步骤】

1. 单击"绘图"工具栏中的"多行文字"按钮**A**，标注文字。注意文字标注时需要把文字图层设置为当前图层。完成的图形如图 6-52 所示。

2. 把标注尺寸图层设置为当前图层，单击"标注"工具栏中的"线性"按钮。然后单击"标注"工具栏中的"连续"按钮。完成的图形如图 6-52 所示。

3. 使用 Ctrl＋C 和 Ctrl＋V 从平面图里复制指北针，单击"修改"工具栏中的"缩放"按钮▦，缩放 0.25 倍。

4. 单击"修改"工具栏中的"旋转"按钮⟳，指定指北针的圆心为基点，旋转 179°。
完成的图形如图 6-52 所示。

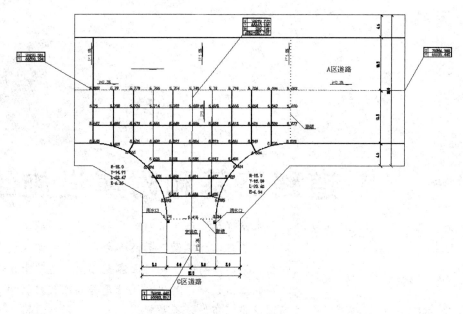

图 6-52　道路交叉口文字的标注

第 7 章

道路路基和附属设施绘制

本章详细介绍了道路路基和附属设施的绘制。路基是路面的基础，指路面下面的部分。路基就像人类身体里的骨骼构架，没有路基的路面容易塌陷。道路附属设施作为道路的基本设施，其规划设计是否合理直接影响到道路交通以及市容市貌是否美观。

- ◎ 城市道路路基绘制
- ◎ 道路工程的附属设施绘制

7.1 城市道路路基绘制

路基是路面的基础，指路面下面的部分。路基就像人类身体里的骨骼构架，没有路基的路面就容易塌陷。

7.1.1 路基设计基础

一般路基设计可以结合当地的地形、地质情况，直接套用典型横断面图或设计规定，而不必进行个别论证和验算。对于工程地质特殊路段和高度（深度）超过规范规定的路基，应进行个别设计和稳定性验算。

1. 路基横断面的基本形式

路基横断面的形式因线路设计标高与地面标高的差而不同，一般可归纳为四种类型。

• 路堤，全部用岩土填筑而成。

• 路堑，全部在天然地面开挖而成。

• 半填半挖，一侧开挖、另一侧填筑。

• 不填不挖，路基标高与原地面标高相同

（1）路堤

路堤的几种常用横断面形式如图 7-1 所示。按其填土高度可划分为矮路堤、高路堤和一般路堤。

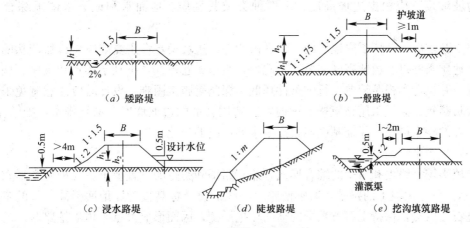

（a）矮路堤　　　　　　　　　　（b）一般路堤

（c）浸水路堤　　　　（d）陡坡路堤　　　　（e）挖沟填筑路堤

图 7-1 路堤横断面基本形式

1）矮路堤：填土高度低于 1.0～1.5m；矮路堤常在平坦地区取土困难时选用。平坦地区往往地势低、水文条件较差，易受地面水和地下的影响。

2）高路堤：填土高度大于规范规定的数值，即填方总高度超过 18m（土质）或 20m（石质）的路堤；高路提填方数量大，占地宽，行车条件差，处理不当极易造成沉陷、失稳，为使路基边坡稳定和横断面经济，需作个别设计。另外，还应注意对边坡进行适当的防护和加固。高路堤通常采用上陡下缓的折线形或台阶形边坡。

3）一般路堤填土高度介于高、矮路堤两者之间。随其所处的条件和加固类型不同，还有浸水路堤、陡坡路堤及挖沟填筑路堤等形式。

台阶形边坡是在边坡中部每隔 8～10m 设置护坡平台一道，平台宽度为 1～3m，用浆砌片石或水泥混凝土预制块防护。并将平台做成 2%～5% 向外倾斜的横坡，以利排水。

（2）路堑

路堑横断面的几种基本形式，有全挖式路基、台口式路基及半山洞路基。如图 7-2 所示。

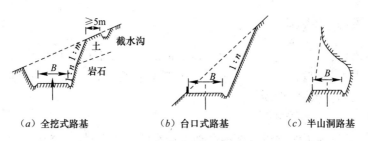

（a）全挖式路基   （b）台口式路基   （c）半山洞路基

图 7-2　路堑横断面基本形式

全挖式路基为路堑的典型形式，若路堑较深，则边坡稳定性较低，可自下而上逐层放缓边坡成折线形。

在台阶式边坡中部，高度每隔 6～10m 或变坡点处设边坡平台一道，边坡平台的宽度为 1～3m，若边坡平台设排水沟，平台应做成 2%～5% 向内侧倾斜的排水坡度。

排水沟可用三角形或梯形横断面，当水量大时，宜设置 30cm×30cm 的矩形、三角形或 U 形排水沟。若边坡平台不设排水沟，平台应做成 2%～5% 向外侧倾斜的排水坡度。路堑边坡坡度，应根据边坡高度、土石种类及其性质、地面水和地下水情况综合分析确定。

路堑开挖后，破坏了原地层的天然平衡状态，边坡稳定性主要取决于自然产状的地质与水文地质条件以及边坡高度和坡度。此外，路堑成巷道式，不利于排水和通风，病害多于路堤，并且行车视距较差，行驶条件降低，深路堑施工困难，设计时应注意避免采用很深的较长路堑。必须采用路堑横断面时，要选用合适的边坡坡率，加强排水，处治基底，确保边坡的稳定可靠，保证基底不致产生水温情况的变化。

（3）半填半挖路基

半填半挖是路堤和路堑的综合形式，兼有路堤和路堑的设置要求。几种基本形式如图 7-3 所示。位于山坡上的路基，通常使路中心线的设计标高接近原地面标高，目的是为了减少土石方数量，保持土石方数量的横向填挖平衡，因而形成大量半填半挖路基。若处理得当，路基稳定可靠，是比较经济的断面形式。

（4）不填不挖路基

原地面与路基标高相同构成不填不挖的路基横断面形式，这种形式的路基，虽然节省土石方，但对排水非常不利，易发生水淹、雪埋等病害，常用于干旱的平原区、丘陵区以及山岭区的山脊线或标高受到限制的城市道路。

2. 路基的基本构造

路基几何尺寸由宽度、高度和边坡坡度三者构成。

•　路基宽度，取决于公路技术等级；

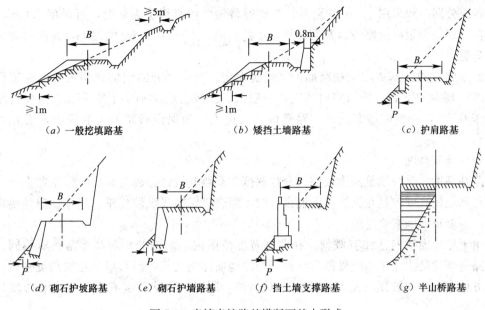

（a）一般挖填路基　　　　　（b）矮挡土墙路基　　　　　（c）护肩路基

（d）砌石护坡路基　　（e）砌石护墙路基　　（f）挡土墙支撑路基　　（g）半山桥路基

图 7-3　半填半挖路基横断面基本形式

- 路基高度，取决于地形和公路纵断面设计（包括路中心线的填挖高度、路基两侧的边坡高度）；
- 路基边坡坡度，取决于地质、水文条件、路基高度和横断面经济性等因素。

就路基的整体稳定性来说，路基的边坡坡度及相应采取的措施，是路基设计的主要内容。

（1）路基宽度

路基宽度是行车道路面及其两侧路肩宽度之和。高等级道路设有中央带、路缘带、变速车道、爬坡车道、紧急停车带、慢行道或其他路上设施时，路基宽度还应包括这些部分的宽度。如图 7-4 所示。

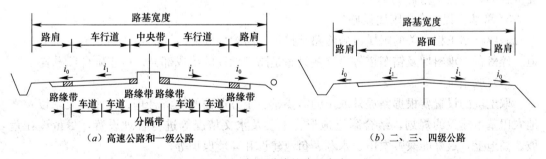

（a）高速公路和一级公路　　　　　　（b）二、三、四级公路

图 7-4　各级道路的路基宽度

路面是指道路上供各种车辆行驶的行车道部分，宽度根据设计通行能力及交通量大小而定，一般每个车道宽度为 $3.50 \sim 3.75\text{m}$。

路肩是指行车道外缘到路基边缘，具有一定宽度的带状部分。包括有铺装的硬路肩和土路肩。路肩宽度由公路等级和混合交通情况而定。

四级公路一般采用 6.5m 的路基，当交通量较大或有特殊需要时，可采用 7.0m 的路基。在工程特别艰巨的路段以及交通量很小的公路，可采用 4.5m 的路基，并应按规定设置错车道。

曲线路段的路基宽度应视路面加宽情况而定。弯道部分的内侧路面按《公路工程技术标准》规定加宽后，所留路肩宽度，一般二、三级公路应不小于 0.75m，四级公路应不小于 0.5m，否则应加宽路基。路堑位于弯道上，为保证行车所需的视距，需开挖视距平台。

（2）路基高度

路基高度，路堤填筑高度或路堑开挖深度，是路基设计标高与原地面标高之差。

路基填挖高度，是在路线纵断面设计时，综合考虑路线纵坡要求、路基稳定性要求和工程经济要求等因素确定的。

由于原地面横向往往有倾斜，在路基宽度范围内，两侧的相对高差常有所不同。通常，路基高度是指路中心线处的设计标高与原地面标高之差，但对路基边坡高度来说，则指填方坡脚或挖方坡顶与路基边缘的相对高差。所以，路基高度有中心高度与边坡高度之分。

（3）路基边坡坡度

路基边坡坡度对路基整体稳定起重要作用，正确决定路基边坡坡度是路基设计的重要任务。

路基的边坡坡度可用边坡高度 H 与边坡宽度 b 之比值或边坡角 α 或 θ 表示，如图 7-5 所示。

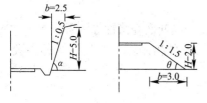

图 7-5　路基坡度的标注

路基边坡坡度，取决于边坡土质、岩石性质及水文地质条件、自然因素和边坡高度。边坡坡度不仅影响到土石方工程量和施工难易程度，还是路基整体稳定性的关键。

路基边坡坡度对于路基稳定和横断面的经济合理至关重要，设计时应全面考虑，力求经济合理。

3. 路基工程的有关附属设施

一般路基工程有关的附属设施除路基排水、防护加固外，还有取土坑、弃土堆、护坡道、碎落台、堆料坪及错车道等。这些设施是路基设计的组成部分，应正确合理设置。

（1）取土坑

取土坑的设置要根据路堤外取土的需要量、土方运输的经济合理、排水的要求以及当地农田基本建设的规划，结合附近地形、土质及水文情况等进行合理设置，尽量设在荒坡、高地上，最好能兼顾农田、水利、鱼池建设和环境保护等。

在原地面横坡不大于 1∶10 的平坦地区，可在路基两侧设置取土坑，路旁取土坑如图 7-6 所示。在横坡较大地区，取土坑最好设在地势较高的一侧，可兼作排水之用。取土坑靠路堤一侧的坡脚边缘应尽量与路堤坡脚平行，当取土坑宽度变更时，应在外侧大致与取土坑纵轴成 15°角逐渐变化。

取土坑的深度，视借土数量、施工方法及保证排水而定。在平原区浅挖窄取，深度建议不大于 1.0m。如取土数量较大，可按地质与水文情况将取土坑适当加深。取土坑内缘至路堤坡脚应留一定宽度的护坡道，其外缘至用地边界的距离不小于 0.5m，不大于 1.0m。

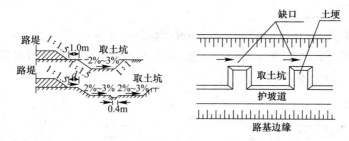

图 7-6　路旁取土坑示意图

取土坑应有规则的形状及平整的底部，底面纵坡一般应不小于 0.3%，以利排水。横坡应向外倾斜 2%～3%。取土坑宽度大于 6m 时，可做成向中间倾斜的双向横坡，中间根据需要可设置排水（集水）沟，沟底可取 0.4m 的宽度；但当坑底纵坡大于 0.5% 时，也可不设排水沟。取土坑出水口应与路基排水系统衔接。

（2）弃土堆

弃土堆通常在就近低地或路堑的下坡一侧设置。深路堑或地面横坡缓于 1：5 时，可设在路堑两侧。路堑旁的砌土堆，其内侧坡脚与路堑坡顶之间的距离应随土质条件和路堑边坡高度而定，一般不小于 5m；路堑边坡较高，土质条件较差时应大于 5m。

（3）护坡道和碎落台

护坡道是保护路基边坡稳定的一种措施，在路堤边坡上采用较多。护坡道一般设置在路堤坡脚或路堑坡脚处，边坡较高时亦可设在边坡中部或边坡的变坡点处。浸水路基的护坡道，可设在浸水线以上的边坡上。

护坡道加宽了路基边坡横距，减小了边坡的平均坡度，使边坡稳定性有所提高，护坡道愈宽，愈有利于边坡稳定，但填方数量也随之增大。

碎落台常设于土质或石质土的挖方边坡坡脚处，位于边沟的外缘，有时亦可设置在挖方边坡的中间。

设置碎落台的目的主要是供零星土石碎块下落时临时堆积，不致堵塞边沟，同时也起护坡道的作用。碎落台宽度一般应大于 1.0m，如考虑同时起护坡作用，可适当放宽。碎落台上的堆积物应定期清除。

（4）堆料坪和错车道

为避免在路肩上堆放养护用材料，可在路肩以外选择适宜地点设置堆料坪，如图 7-7 所示。

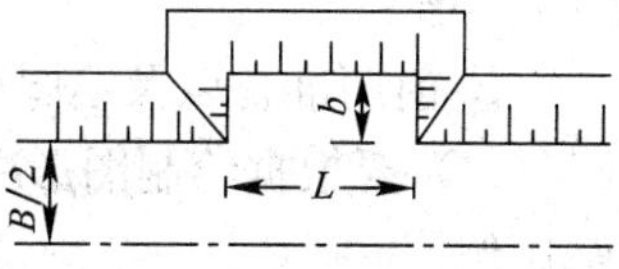

堆料坪可根据地形及用地条件在公路的一侧或两侧交错设置，并与路肩毗连，机械化养路或较高级路面可另设集中备用料场。

图 7-7　堆料坪示意图
B—路基宽度；b—堆料坪宽度；
L—堆料坪长度

单车道公路，由于会车和避让的需要，通常每隔 200～500m 设置错车道一处，供错车和停车用。单车道的错车道处路基宽度 6.5m。错车道应选在有利地点，并使相邻两错车道之间能够通视，以便驾驶员能及时将车驶入错车道，避让来车。

7.1.2 路面结构图绘制

⭐ 绘制思路

调用道路横断面图，使用移动命令移动坡度标注、文字以及尺寸标注；使用多段线绘制路面结构和立道牙；使用文字命令输入路面结构文字；绘制其他道路的路面结构设计图，完成路面结构设计图，如图7-8所示。

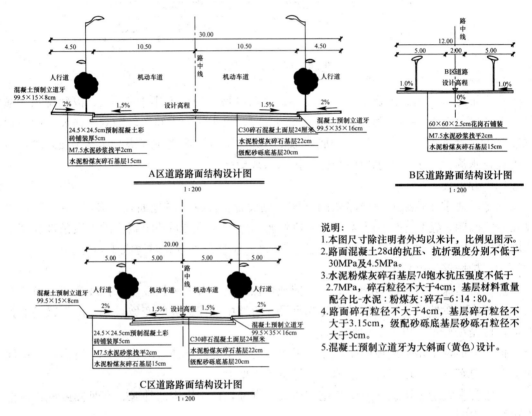

图 7-8　路面结构设计效果图

 【操作步骤】

1. 前期准备以及绘图设置

（1）要根据绘制图形决定绘图的比例，我们建议使用1∶1的比例绘制，1∶200的图纸比例。

（2）建立新文件

建立新文件，将新文件命名为"路面结构.dwg"并保存。

（3）设置绘图工具栏

在任意工具栏处单击鼠标右键，从打开的快捷菜单中选择"标准"，"图层"，"特性"，"绘图"，"修改"和"标注"这六个选项，调出这些工具栏，并将它们移动到绘图窗口中的适当位置。

（4）标注样式的设置

对标注样式的"线"、"符号和箭头"、"文字"、"主单位"进行修改设置（各数据参见第 6 章 6.1.1 标注样式的设置）。

（5）文字样式的设置

单击"标注"工具栏中的"文字样式"按钮，进入"文字样式"对话框，选择仿宋字体，宽度因子设置为 0.8。单击"应用"按钮，关闭对话框。

（6）单击"修改"工具栏中的"移动"按钮，移动坡度标注、文字以及尺寸标注。完成的图形，如图 7-9 所示。

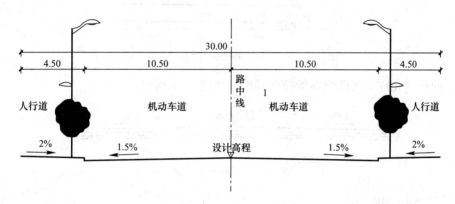

图 7-9　路面结构文字、尺寸的移动

2. 绘制立道牙

（1）单击"绘图"工具栏中的"多段线"按钮，绘制 99.5×35×16cm 立道牙。指定 A 点作为起点，选择 w 来设置多段线的起点、端点宽度为 0.05，然后打开正交模式，水平向右绘制一条长为 0.16 长的多段线，垂直向上绘制一条长为 0.35 长的多段线，接着水平向左绘制一条长为 0.1 长的多段线。

（2）单击"绘图"工具栏中的"多段线"按钮，指定 A 点作为起点，选择 w 来设置多段线的起点、端点宽度为 0.05，然后打开正交模式，垂直向上绘制一条长为 0.25 长的多段线，指定 D 点为端点完成操作。完成的图形，如图 7-10 所示。

（3）同理，可以使用多段线绘制 99.5×15×8cm 立道牙。

3. 绘制路面结构线

（1）单击"修改"工具栏中的"复制"按钮，复制道路路基路面线。在屏幕上任意指定一点，垂直向下复制，复制的距离分别为 0.24，0.46，0.66。

（2）单击"绘图"工具栏中的"多段线"按钮，绘制路面结构台阶。指定 A 点作为起点，选择 w 来设置多段线的起点、端点宽度为 0.5，然后打开正交模式，水平向右绘制一条长为 0.24 长的多段线，垂直向下绘制一条长为 0.22 长的多段线，接着水平向左绘制一条长为 0.22 长的多段线，垂直向下绘制一条长为 0.2 长的多段线。

完成的图形如图 7-11 所示。

（3）单击"标准"工具栏中的"特性匹配"按钮，将复制完成的路面线的特性修改为多段线 ABC 的特性相同。

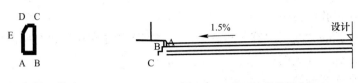

图 7-10　绘制立道牙　　　　　图 7-11　路面结构线绘制

（4）单击"修改"工具栏中的"拉伸"按钮，拉伸复制过的路面线。单击需要拉伸的复制过的路面线，然后选择端点，进入指定拉伸点为 B。如图 7-12 所示。

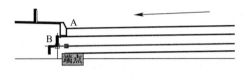

图 7-12　路面台阶绘制

（5）同理，完成其他路面线的拉伸操作，如图 7-13 所示。

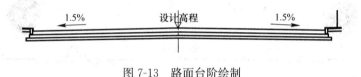

图 7-13　路面台阶绘制

4. 标注路面结构文字

单击"绘图"工具栏中的"多行文字"按钮 A，输入路面结构文字。如图 7-14 所示。

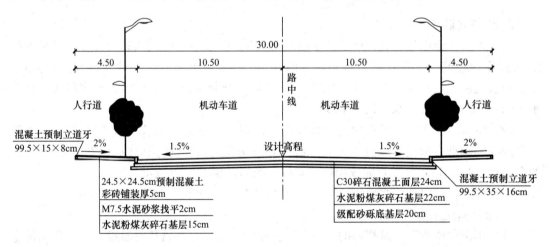

图 7-14　路面台阶绘制

用以上的方法绘制其他道路的路面结构设计图，完成的图形如图 7-8 所示。

7.1.3　压实区划图绘制

绘制思路

调用 C 区道路路面结构设计图，使用复制命令复制需要的部分图形；使用直线、复制等命令绘制地面线以及压实区域线；使用文字命令输入地面文字、坡度、说明以及压实密度；填充压实区域；标注尺寸，完成保存压实区划图，如图 7-15 所示。

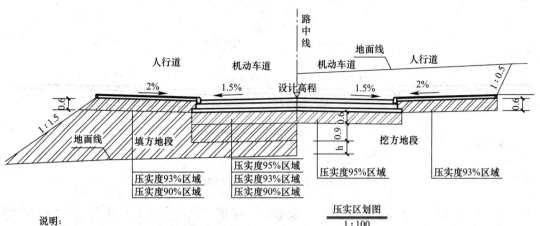

图 7-15　压实区划效果图

【操作步骤】

1. 前期准备以及绘图设置

（1）要根据绘制图形决定绘图的比例，我们建议使用 1∶1 的比例绘制，1∶100 的图纸比例。

（2）建立新文件

建立新文件，将新文件命名为"压实区划图.dwg"并保存。

（3）设置绘图工具栏

在任意工具栏处单击鼠标右键，从打开的快捷菜单中选择"标准"，"图层"，"特性"，"绘图"，"修改"，"文字"和"标注"这七个选项，调出这些工具栏，并将它们移动到绘图窗口中的适当位置。

（4）标注样式的设置

对标注样式的"线"、"符号和箭头"、"文字"、"主单位"进行修改设置，（各数据参见第 6 章 6.1.1 标注样式的设置）。

（5）文字样式的设置

单击"标注"工具栏中的"文字样式"按钮，进入"文字样式"对话框，选择仿宋字体，宽度因子设置为 0.8。

（6）调用 C 区道路路面结构设计图，使用复制命令复制需要的部分图形。

（7）调用 C 区道路路面结构设计图，选择需要调用的实体，使用 Ctrl＋C 命令复制，然后 Ctrl＋＋V 粘贴到压实区划图。需要复制的部分如图 7-16 所示。

2. 绘制地面线以及压实区域线

（1）根据设计高程、地面高程以及填挖面积，单击"绘图"工具栏中的"直线"按钮，绘制地面线。

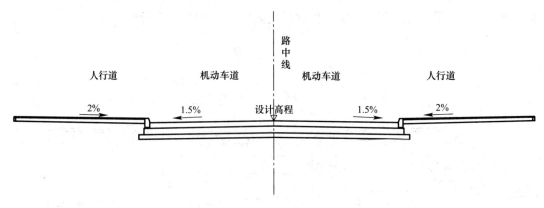

图 7-16　复制 C 区道路路面内实体

（2）在状态栏，打开"正交模式"按钮，单击"绘图"工具栏中的"直线"按钮，绘制挖方面积组成线。指定 A 点为第一点，水平向右绘制一条长为 2 的直线，然后垂直向上绘制一条长为 4 的直线。

（3）单击"修改"工具栏中的"修剪"按钮，剪切直线 CB 多余部分。

（4）单击"修改"工具栏中的"删除"按钮，删除多余部分，其操作流程如图 7-17 所示。

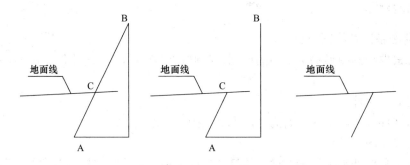

图 7-17　地面线绘制流程

（5）同理完成填方地面线以及填方坡度线。完成的图形如图 7-18 所示。

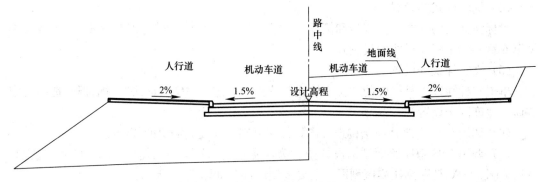

图 7-18　填方地面线和坡度线绘制

（6）单击"修改"工具栏中的"复制"按钮，复制压实区域线。选择 OA 和 shift＋OB 多段线，垂直向下的距离为 0.6 和 1.5。完成的图形如图 7-19 所示。

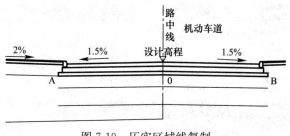

图 7-19　压实区域线复制

（7）单击"标准"工具栏中的"特性匹配"按钮 ，来改变刚刚改变上边复制的多段线的属性为直线。

（8）其他压实区域线的绘制类似，完成操作的图形如图 7-20 所示。

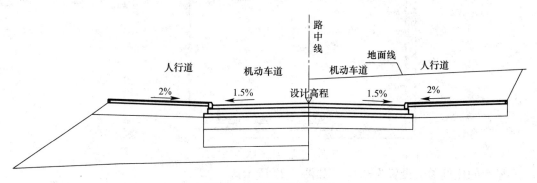

图 7-20　压实区域线绘制

（9）单击"绘图"工具栏中的"多行文字"按钮 **A**，标注地面文字、坡度、说明以及压实密度，指定的高度为 0.35，旋转角度为 0。如图 7-21 所示。

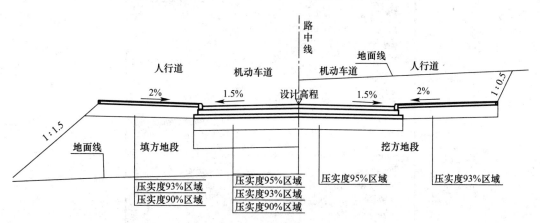

图 7-21　压实区域图文字标注

3. 填充压实区域

（1）把填充 95％图层设置为当前图层，单击"绘图"工具栏中的"图案填充"按钮 ，进入"图案填充和渐变色"对话框。单击对话框里"图案（P）"右边的按钮进行更换图案样例，进入"填充图案选项板"对话框，选择"ANSI32"图例，然后按"确定"按钮完成操作。在"图案填充和渐变色"对话框里执行"添加：拾取点"选线。如图 7-22 所示。

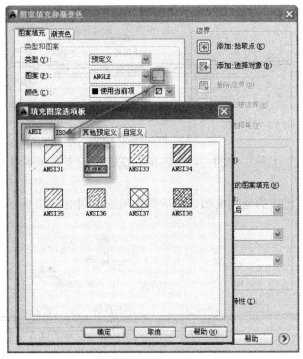

如图 7-22　压实区图案选择

显示的比例参数设置为 0.01。如图 7-23 所示。

图 7-23　95％压实区填充比例

（2）填充压实度 93％区域。其他的设定同上，不同之处在于显示的比例为 0.03。如图 7-24 所示。

图 7-24　93％压实区填充比例

（3）填充压实度 90％区域。其他的设定同上，不同之处在于显示的比例为 0.05。如图 7-25 所示。

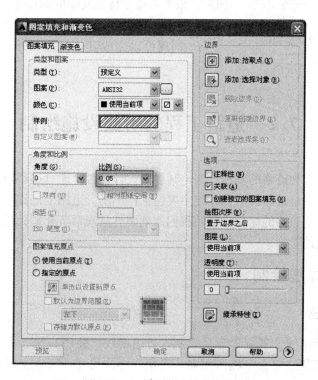

图 7-25　90％压实区填充比例

完成的图形，如图 7-26 所示。

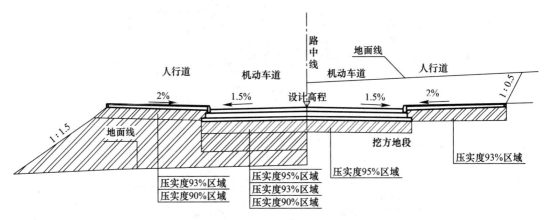

图 7-26　压实区划图的填充

4. 标注尺寸

（1）单击"标注"工具栏中的"线性"按钮 。然后单击"标注"工具栏中的"连续"按钮 。

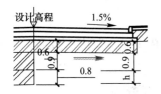

图 7-27　标注尺寸的调整修改

完成的图形如图 7-16 所示。

（2）单击"文字"工具栏中的"编辑文字"按钮，将标注尺寸 0.8 中的"0.8"修改为"h"。

（3）单击"标注"工具栏中的"编辑标注文字"按钮，来重新指定标注文字的新位置。

标注前后的对比，如图 7-27 所示。

5. 同理可以完成其他标注尺寸文字和位置的修改。

7.2　道路工程的附属设施绘制

道路附属设施作为道路的基本设施，其规划设计是否合理直接影响到道路交通以及市容市貌是否美观。城市道路的附属设施主要包括停车场、道路上的路灯设施、绿化设施以及无障碍设施等等。道路的绿化、照明我们放到园林景观章节介绍。这里主要介绍无障碍设施以及交通标线的绘制。

7.2.1　交通标线绘制

✳ 绘制思路

使用直线、折断线、复制等命令绘制人行道横线；使用直线、多段线、镜像等命令绘制导向箭头；使用文字命令输入图名、说明；标注尺寸，完成交通标线图，效果图如图 7-28 所示。

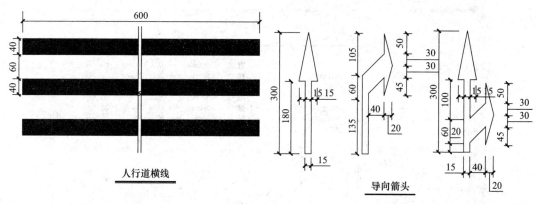

人行道横线   导向箭头

说明:
  1.本图尺寸以厘米计。
  2.道路交通标志及标线应符合国标(GB 5768—1999)的相应规定。
  3.道路交通标志及标线的设置应在当地交通管理部门指导下进行。

图 7-28　交通标线效果图

【操作步骤】

1. 前期准备以及绘图设置

（1）要根据绘制图形决定绘图的比例，建议使用 1∶1 的比例绘制，1∶20 的图纸比例。

（2）建立新文件

建立新文件，将新文件命名为"交通标线 dwg"并保存。

（3）设置绘图工具栏

在任意工具栏处单击鼠标右键，从打开的快捷菜单中选择"标准"，"图层"，"特性"，"绘图"，"修改"和"标注"这六个选项，调出这些工具栏，并将它们移动到绘图窗口中的适当位置。

（4）设置图层

设置以下五个图层："标注"，"尺寸线"，"导向箭头"，"人行道横线"和"文字"，设置好的各图层的属性如图 7-29 所示。

（5）标注样式的设置

根据绘图比例设置标注样式，对标注样式线、符号和箭头、文字、主单位进行设置，具体如下：

线：超出尺寸线为 12，起点偏移量为 15；

符号和箭头：第一个为建筑标记，箭头大小为 15，圆心标记为标记 7.5；

文字：文字高度为 15，文字位置为垂直上，从尺寸线偏移为 7.5，文字对齐为 ISO 标准；

主单位：精度为 0，比例因子为 1。

（6）文字样式的设置

单击"标注"工具栏中的"文字样式"按钮，进入"文字样式"对话框，选择仿宋字体，宽度因子设置为 0.8。

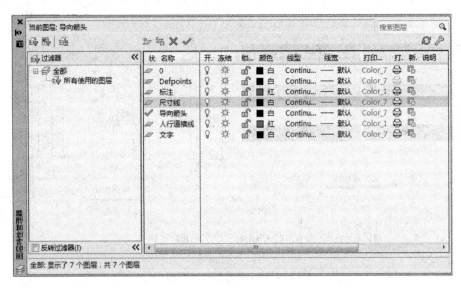

图 7-29　交通标线图图层设置

2. 绘制人行道横线

（1）把人行道横线图层设置为当前图层，在状态栏，打开"正交模式"按钮 ，单击"绘图"工具栏中的"直线"按钮 ，绘制长为 600，宽为 40 的矩形。

（2）在状态栏，右键单击"对象捕捉"按钮 ，选择"设置（S）"选项，进入"草图设置"对话框的"对象捕捉"按钮，选择需要的对象捕捉模式：端点、中点、圆心、交点、切点、延长线。在状态栏，单击"对象捕捉追踪"按钮 ，捕捉矩形水平直线的中点，操作参见如图 7-30 所示。

（3）单击"绘图"工具栏中的"直线"按钮 和"修改"工具栏中的"修剪"按钮 ，为图形添加折弯线。

（4）单击"修改"工具栏中的"复制"按钮 ，水平向右复制的距离为 8。如图 7-31 所示。

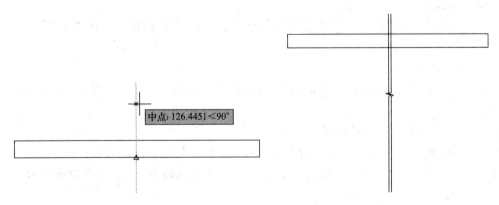

图 7-30　打开对象捕捉追踪　　　　　　图 7-31　复制完折断线的图形

（5）单击"修改"工具栏中的"修剪"按钮 ，删除折断线之间的线段。框选选择所有的实体。左键单击折断线之间的一条线段 AB 和 CD 进行剪切。完成图形如图 7-32 所示。

（6）单击"绘图"工具栏中的"图案填充"按钮，进入"图案填充和渐变色"对话框。单击对话框里"图案（P）"右边的按钮进行更换图案样例，进入"填充图案选项板"对话框，选择"SOLID"图例，填充斑马线。完成图形如图7-33所示。

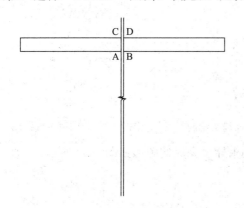

图7-32　剪切后的图形

图7-33　填充后的斑马线

（7）单击"修改"工具栏中的"复制"按钮，复制斑马线。

（8）把尺寸线图层设置为当前图层，单击"标注"工具栏中的"线性"按钮。

（9）单击"标注"工具栏中的"连续"按钮，完成图形，如图7-34所示。

3. 绘制导向箭头

（1）将导向箭头设置为当前图层，单击"绘图"工具栏中的"直线"按钮，绘制一条垂直的直线。

（2）单击"绘图"工具栏中的"直线"按钮，以上步绘制的直线底部端点为起点

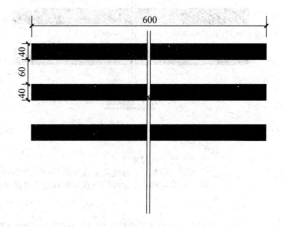

图7-34　复制后的斑马线

绘制坐标点为（@-7.5，0）（@180＜90）（@-15，0）（@0，120）（@45，0）（@0，−120）（@-15，0）（@0，−100）（@40，0）（@0，90）（@20，0）（@0，−155）（@-20，0）（@0，45）（@-40，0）（@0，−60）（@-7.5，0），完成图形，如图7-35所示。

（3）单击"绘图"工具栏中的"多段线"按钮，绘制导向箭头。指定A点为起点，输入w设置多段线的宽为1。完成的图形，如图7-36所示。

（4）单击"修改"工具栏中的"删除"按钮，删除多余的直线。

（5）把尺寸线图层设置为当前图层来标注尺寸，单击"标注"工具栏中的"线性"按钮，标注线性尺寸。

（6）单击"标注"工具栏中的"连续"按钮，标注导向箭头尺寸，完成的图形如图7-37所示。

同理绘制其他导向箭头的，不再过多阐述。

4. 标注说明和图名

（1）把文字图层设置为当前图层。单击"绘图"工具栏中的"多行文字"按钮，标

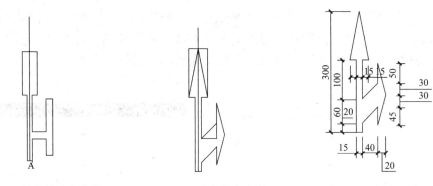

图 7-35 导向箭头定位线   图 7-36 导向箭头绘制   图 7-37 导向箭头效果图

注图名和说明，其中说明用仿宋字体，图名用楷体。完成的图形如图 7-38 所示。

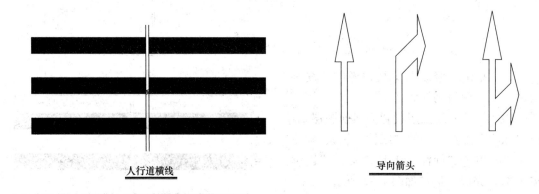

人行道横线   导向箭头

说明：
1.本图尺寸以厘米计。
2.道路交通标志及标线应符合（GB 5768—1999）的相应规定。
3.道路交通标志及标线的设置应在当地交通管理部门指导下进行。

图 7-38 文字编辑后的交通标线图

（2）把标注图层设置为当前图层来标注尺寸，单击"标注"工具栏中的"线性"按钮
，标注线性尺寸。

（3）单击"标注"工具栏中的"连续"按钮，标注导向箭头尺寸，完成的图形如图
7-28 所示。

7.2.2 无障碍通道设计图绘制

 绘制思路

使用直线、圆、复制等命令绘制盲道交叉口；使用直线、直线、圆、偏移等命令绘制
行进盲道；使用直线、圆、复制等命令绘制提示盲道；使用文字命令输入图名、说明，完
成无障碍通道设计图，如图 7-39 所示。

【操作步骤】

1. 前期准备以及绘图设置

（1）要根据绘制图形决定绘图的比例，建议使用 1∶1 的比例绘制，1∶20 的图纸比例。

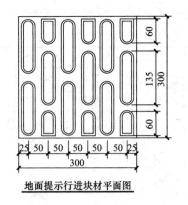

地面提示行进块材平面图

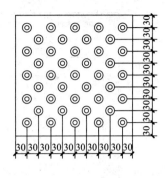

地面提示停步块材平面图

地面提示行进块剖面图

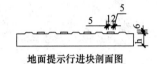

地面提示行进块剖面图

说明:
1.本设计图根据中华人民共和国建设部,中华人民共和国民政部,中国现残联合会于2001年联合颁布试行的《城市道路和建筑物无障碍设计规范》人联合会于2001年联合颁布试行的《城市道路和建筑物无障碍设计规范》(JGJ 120—2001)进行设计。
2.盲道位于混凝土道牙超非人行道一侧2.5m处,盲道宽度60cm。
3.尺寸单位:毫米。

图 7-39   无障碍通道效果图

（2）建立新文件

建立新文件，将新文件命名为"无障碍通道.dwg"并保存。

（3）设置绘图工具栏

在任意工具栏处单击鼠标右键，从打开的快捷菜单中选择"标准"，"图层"，"特性"，"绘图"，"修改"，"修改Ⅱ"和"标注"这七个选项，调出这些工具栏，并将它们移动到绘图窗口中的适当位置。

（4）设置图层

设置以下五个图层："标注"，"材料"，"盲道"，"其他线"，"文字"，设置好的各图层的属性如图7-40所示。

（5）标注样式的设置

设置超出尺寸线12，起点偏移量12。

符号箭头第一个建筑标记，第二个建筑标记箭头大小为15，圆心标记为7.5。

设置文字高度为15从尺寸线偏移距离为7.5，文字对齐ISO标准。主单位精度为0。

（6）文字样式的设置

单击"标注"工具栏中的"文字样式"按钮，进入"文字样式"对话框，选择仿宋

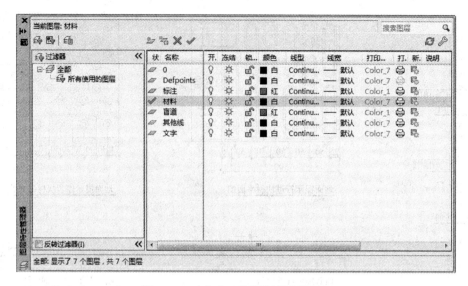

图 7-40　无障碍通道设计图图层设置

字体，宽度因子设置为 0.8。

2. 绘制盲道交叉口

（1）把盲道图层设置为当前图层，单击"绘图"工具栏中的"矩形"按钮▭，绘制 30×30 的矩形。

（2）在状态栏，打开"正交模式"按钮▬。把材料图层设置为当前图层，在单击"绘图"工具栏中的"直线"按钮◢，沿矩形宽度方向沿中点向上绘制长为 10 的直线，然后向下绘制长为 20 的直线，如图 7-41 所示。

（3）单击"修改"工具栏中的"复制"按钮，复制刚绘制好的直线。水平向右复制的距离分别为 3.75，11.25，18.75，26.25。

（4）单击"修改"工具栏中的"删除"按钮◢，删除长为 10 的直线。完成的图形，如图 7-42 所示。

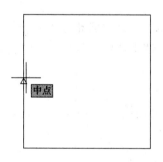

图 7-41　矩形宽度方向绘制直线

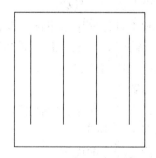

图 7-42　交叉口行进盲道

3. 绘制交叉口提示圆形盲道

单击"修改"工具栏中的"复制"按钮，选择绘制的长宽为 30 的矩形为复制对象对其进行复制操作。

（1）在状态栏，单击打开"对象捕捉"按钮▢和"对象捕捉追踪"按钮◤，捕捉矩形的中心，如图 7-43 所示。

216

（2）单击"绘图"工具栏中的"圆"按钮 ⊙，绘制半径为 11 的圆。完成的操作如图 7-44 所示。

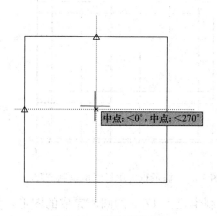

图 7-43　捕捉矩形中点

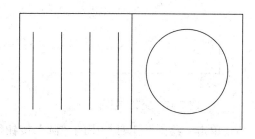

图 7-44　绘制十字走向交叉口

（3）单击"修改"工具栏中的"复制"按钮 🔧，复制十字走向交叉口盲道。完成的操作，如图 7-45 所示。

（4）同理，可以复制完成 T 字走向、L 字走向的绘制。完成的图形如图 7-46 所示。

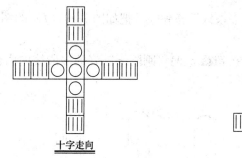

十字走向

图 7-45　十字走向交叉口盲道

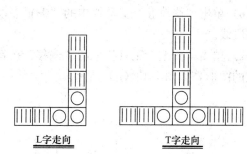

L字走向　　　　　T字走向

图 7-46　交叉口提示盲道

4. 绘制行进盲道

（1）行进块材网格

1）把盲道图层设置为当前图层，单击"绘图"工具栏中的"直线"按钮 ✏，绘制两条交于端点的长为 300 的直线。完成的图形，如图 7-47 所示。

2）单击"修改"工具栏中的"复制"按钮 🔧，复制刚刚绘制好的直线。然后选择 AB，水平向右复制的距离 25，75，125，175，225，275，300。重复"复制"命令，复制刚刚绘制好的直线。然后选择 BC，垂直向上复制的距离 5，65，85，215，235，295，300。完成的图形，如图 7-48 所示。

（2）绘制行进盲道材料

1）把材料图层设置为当前图层，单击"绘图"工具栏中的"直线"按钮 ✏，绘制一条垂直的长为 100 的直线。完成的图形，如图 7-49（a）所示。

2）单击"修改"工具栏中的"复制"按钮 🔧，复制刚刚绘制好的直线，水平向右的距离为 35。完成的图形，如图 7-49（b）所示。

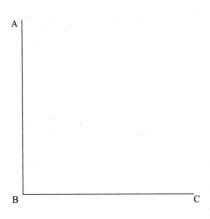

图 7-47　交叉口提示盲道

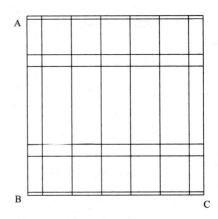

图 7-48　提示行进块材网格绘制流程

3）单击"绘图"工具栏中的"圆"按钮⊘，绘制半径为 17.5 的圆。完成的图形，如图 7-49（c）所示。

4）单击"修改"工具栏中的"修剪"按钮⊁，令剪切一半上面的圆。完成的图形，如图 7-49（d）所示。

5）单击"修改"工具栏中的"镜像"按钮⊿，镜像刚刚剪切过的圆弧。完成的图形，如图 7-49（e）所示。

6）单击"修改Ⅱ"工具栏中的"编辑多段线"按钮⊿，把如图 7-49（f）的图形转化为多段线。

7）单击"修改"工具栏中的"偏移"按钮⊿，偏移刚刚绘制好的多段线向内偏移 5。完成的图形，如图 7-49（g）所示。

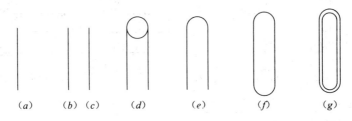

（a）　　（b）（c）　　　（d）　　　（e）　　　（f）　　　（g）

图 7-49　提示行进块材材料 1 绘制流程

8）同理可以完成另一行进材料的绘制。操作流程图，如图 7-50 所示。

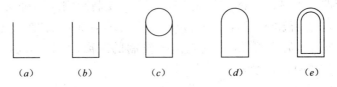

（a）　　　（b）　　　（c）　　　（d）　　　（e）

图 7-50　提示行进块材材料 2 绘制流程

（3）完成地面提示行进块材平面图。

1）单击"修改"工具栏中的"复制"按钮，复制上述绘制好的材料，完成的图形，如图 7-51 所示。

218

2）单击"修改"工具栏中的"镜像"按钮，镜像行进块材，完成的图形，如图7-52所示。

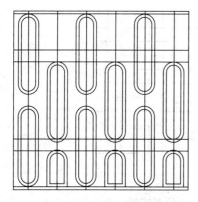

图 7-51　复制后的行进块材图

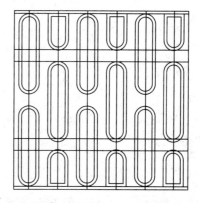

图 7-52　镜像后的行进块材图

3）单击"修改"工具栏中的"删除"按钮，删除多余直线。

4）把标注图层设置为当前图层，单击"标注"工具栏中的"线性"按钮。然后单击"标注"工具栏中的"连续"按钮，对行进盲道进行标注，完成的图形，如图7-53所示。

（4）地面提示行进块材剖面图

单击"绘图"工具栏中的"直线"按钮，绘制剖面图。完成的图形，如图7-54所示。

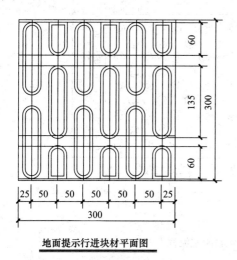

地面提示行进块材平面图

图 7-53　地面提示行进块材平面图

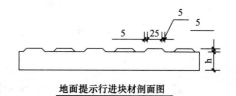

地面提示行进块材剖面图

图 7-54　地面提示行进块材剖面图

（5）绘制提示盲道

1）将盲道图层设置为当前图层，单击"绘图"工具栏中的"直线"按钮，绘制两条长为300正交的直线。完成的图形，如图7-55（a）所示。

2）单击"修改"工具栏中的"矩形阵列"按钮，选择水平直线为阵列对象，设置行数为11，列数为1。行间距为30。选择竖直直线为阵列对象，设置行数1列数为11，列间距为30，完成的图形，如图7-55（b）所示。

3）单击"绘图"工具栏中的"圆"按钮◎，绘制两个同心圆。半径分别为 6 和 11。完成的图形，如图 7-55（c）所示。

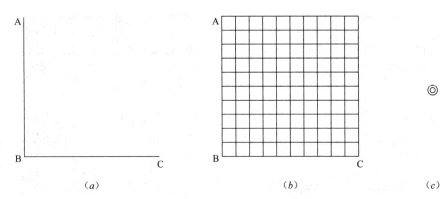

图 7-55 提示停步块材网格绘制流程

4）单击"修改"工具栏中的"复制"按钮，复制同心圆到方格网交点。完成的图形，如图 7-56（a）所示。

5）单击"修改"工具栏中的"删除"按钮，删除多余直线。

6）把标注图层设置为当前图层，单击"标注"工具栏中的"线性"按钮，标注线性尺寸。

7）单击"标注"工具栏中的"连续"按钮，对停步块材进行标注，完成的图形，如图 7-56（b）所示。

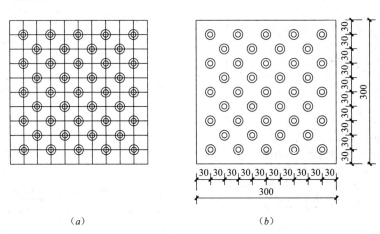

图 7-56 提示停步块材绘制流程

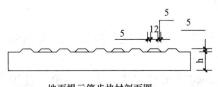

图 7-57 提示停步剖面图

（6）绘制提示停步剖面图

单击"绘图"工具栏中的"直线"按钮，绘制剖面图。绘制完成的图形，如图 7-57 所示。

（7）标注文字

把文字图层设置为当前图层。单击"绘图"工具栏中的"多行文字"按钮**A**，输入图名、说明。完成的图形，如图 7-39 所示。

3

桥梁的设计应该根据其作用、性质和将来发展的需要，除应该符合技术先进、安全可靠、适用耐久、经济合理的要求外，还应该按照美观和有利于环保的原则进行设计，并考虑因地制宜、就地取材、便于施工和养护等因素。

即要有足够的承载能力，能保证行车的畅通、舒适和安全；既满足当前的需要，又考虑今后的发展；既满足交通运输本身的需要也要考虑到支援农业，满足农田排灌的需要；通航河流上的桥梁，应满足航运的要求；靠近城市、村镇、铁路及水利设施的桥梁还应结合各有关方面的要求，考虑综合利用。桥梁还应考虑在战时适应国防的要求。在特定地区，桥梁还应满足特定条件下的特殊要求（如地震等）。

第三篇　桥梁施工篇

本篇主要通过学习使读者掌握桥梁的基本构造，桥梁绘制的方法和步骤，掌握混凝土梁、墩台、桥台的绘制方法。能识别 AutoCAD 桥梁施工图，熟练掌握使用 AutoCAD 2014 进行简支梁、墩台、桥台制图的一般方法，使读者具有一般桥梁绘制、设计技能的基础。

桥梁设计要求及实例简介

桥梁的设计应该根据其作用、性质和将来发展的需要，除应该符合技术先进、安全可靠、适用耐久、经济合理的要求外，还应该按照美观和有利于环保的原则进行设计，并考虑因地制宜、就地取材、便于施工和养护等因素。

本章讲述了桥梁的设计总则、设计程序及设计方案。

◎ 桥梁设计总则及一般规定

◎ 桥梁设计程序

◎ 桥梁设计方案比选

◎ 实例简介

8.1 桥梁设计总则及一般规定

桥梁的设计应该根据其作用、性质和将来发展的需要，除应该符合技术先进、安全可靠、适用耐久、经济合理的要求外，还应该按照美观和有利于环保的原则进行设计，并考虑因地制宜、就地取材、便于施工和养护等因素。

即要有足够的承载能力，能保证行车的畅通、舒适和安全；既满足当前的需要，又考虑今后的发展；既满足交通运输本身的需要也要考虑到支援农业，满足农田排灌的需要；通航河流上的桥梁，应满足航运的要求；靠近城市、村镇、铁路及水利设施的桥梁还应结合各有关方面的要求，考虑综合利用。桥梁还应考虑在战时适应国防的要求。在特定地区，桥梁还应满足特定条件下的特殊要求（如地震等）。一般要求如下：

1. 安全可靠

（1）所设计的桥梁结构在强度、稳定和耐久性方面应有足够的安全储备；

（2）防撞栏杆应具有足够的高度和强度，人与车流之间应做好防护栏，防止车辆撞入人行道或撞坏栏杆而落到桥下；

（3）对于交通繁忙的桥梁，应设计好照明设施并有明确的交通标志，两端引桥坡度不宜太陡，以避免发生车辆碰撞等引起的车祸；

（4）对于修建在地震区的桥梁，应按抗震要求采取防震措施；对于河床易变迁的河道，应设计好导流设施，防止桥梁基础底部被过度冲刷；对于通行大吨位船舶的河道，除按规定加大桥孔跨径外，必要时设置防撞构筑物等。

2. 适用耐久

（1）桥面宽度能满足当前以及今后规划年限内的交通流量（包括行人通道）。

（2）桥梁结构在通过设计荷载时不出现过大的变形和过宽的裂缝。

（3）桥跨结构的下方要有利于泄洪、通航（跨河桥）或车辆（立交桥）和行人的通行（旱桥）。

（4）桥梁的两端要便于车辆的进入和疏散，而不致产生交通堵塞现象等。

（5）考虑综合利用，方便各种管线（水、电、通信等）的搭载。

3. 经济合理

（1）经济桥梁设计必须经过技术经济比较，使桥梁在建造时消耗最少量的材料、工具和劳动力，在使用期间养护维修费用最省，并且经久耐用。

（2）桥梁设计还应满足快速施工的要求，缩短工期不仅能降低施工费用，而且提早通车，在运输上带来很大的经济效益。因此结构形式要便于施工和制造，能够采用先进的施工技术和施工机械，以便于加快施工速度，保证工程质量和施工安全。

4. 美观

（1）在满足功能要求的前提下，要选用最佳的结构形式——纯正、清爽、稳定。质量统一于美，美从属质量。

（2）美，主要表现在结构选型和谐与良好的比例，并具有秩序感和韵律感。过多的重复会导致单调。

（3）重视与环境协调。材料的选择，表面的质感，特别色彩的运用起着重要作用。模型检试有助于实感判断，审视阴影效果。

总之，在适用、经济和安全的前提下，尽可能使桥梁具有优美的外形，并与周围的环境相协调，这就是美观的要求。合理的结构布局和轮廓是美观的主要因素。在城市和游览地区，要注意环保问题，较多地考虑桥梁的建筑艺术。另外，施工质量对桥梁美观也有很大影响。

5. 桥涵布置

（1）桥梁应根据公路功能、等级、通行能力及抗洪防灾要求，结合水文、地质、通航、环境等条件进行综合设计。

（2）当桥址处有两个及两个以上的稳定河槽，或滩地流量占设计流量比例较大，且水流不易引入同一座桥时，可在各河槽、滩地、河汊上分别设桥，不宜用长大导流堤强行集中水流。平坦、草原、漫流地区，可按分片泄洪布置桥涵。天然河道不宜改移或裁弯取直。

（3）公路桥涵的设计洪水频率应符合表8-1的规定。

桥涵设计洪水频率　　　　　　　　　　　表 8-1

公路等级	设计洪水频率				
	特大桥	大桥	中桥	小桥	涵洞及小型排水构造物
高速公路	1/300	1/100	1/100	1/100	1/100
一级公路	1/300	1/100	1/100	1/100	1/100
二级公路	1/100	1/100	1/100	1/50	1/25
三级公路	1/100	1/50	1/50	1/25	1/25
四级公路	1/100	1/50	1/25	1/25	不做规定

注：1. 二级公路上的特大桥及三、四级公路上的大桥，在水势猛急、河床易于冲刷的情况下，可提高一级洪水频率验算基础冲刷深度。

2. 三、四级公路，在交通容许有限度的中断时，可修建漫水桥和过水路面。漫水桥和过水路面的设计洪水频率，应根据容许阻断交通的时间长短和对上下游农田、城镇、村庄的影响以及泥沙淤塞桥孔、上游河床的淤高等因素确定。

6. 桥涵孔径

（1）桥涵孔径的设计必须保证设计洪水以内的各级洪水及流冰、泥石流、漂流物等安全通过，并应考虑壅水、冲刷对上下游的影响，确保桥涵附近路堤的稳定。

（2）桥涵孔径的设计应考虑桥位上下游已建或拟建桥涵和水工建筑物的状况及其对河床演变的影响。

（3）桥涵孔径设计尚应注意河床地形，不宜过分压缩河道、改变水流的天然状态。

（4）小桥、涵洞的孔径，应根据设计洪水流量、河床地质、河床和锥坡加固形式等条件确定。

（5）当小桥、涵洞的上游条件许可积水时，依暴雨径流计算的流量可考虑减少，但减少的流量不宜大于总流量的 1/4。

（6）特大、大、中桥的孔径布置应按设计洪水流量和桥位河段的特性进行设计计算，并对孔径大小、结构形式、墩台基础埋置深度、桥头引道及调治构造物的布置等进行综合比较。

（7）计算桥下冲刷时，应考虑桥孔压缩后设计洪水过水断面所产生的桥下一般冲刷、墩台阻水引起的局部冲刷、河床自然演变冲刷以及调治构造物和桥位其他冲刷因素的影响。

（8）桥梁全长规定为：有桥台的桥梁为两岸桥台侧墙或八字墙尾端间的距离；无桥台的桥梁为桥面系长度。

当标准设计或新建桥涵的跨径在 50m 及以下时，宜采用标准化跨径。桥涵标准化跨径规定如下：0.75m、1.0m、1.25m、1.5m、2.0m、2.5m、3.0m、4.0m、5.0m、6.0m、8.0m、10m、13m、16m、20m、25m、30m、35m、40m、45m、50m。

7. 桥涵净空

（1）桥涵净空应符合如图 8-1 所示公路建筑限界规定及本条其他各款规定。

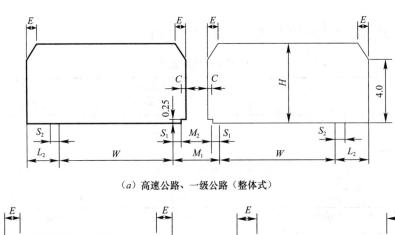

（a）高速公路、一级公路（整体式）

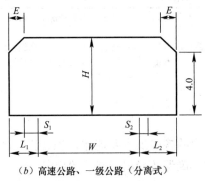

（b）高速公路、一级公路（分离式）

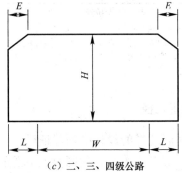

（c）二、三、四级公路

图 8-1　桥涵净空（尺寸单位：m）

注：1. 当桥梁设置人行道时，桥涵净空应包括该部分的宽度；

　　2. 人行道、自行车道与行车道分开设置时，其净高不应小于 2.5m。

图中　W——行车道宽度（m），为车道数乘以车道宽度，并计入所设置的加（减）速车道、紧急停车道、爬坡车道、慢车道或错车道的宽度，车道宽度规定见表8-2；

C——当设计速度大于100km/h时为0.5m；当设计速度等于或小于100km/h时为0.25；

S_1——行车道左侧路缘带宽度（m），见表8-3；

S_2——行车道右侧路缘带宽度（m），应为0.5m；

M_1——中间带宽度（m），由两条左侧路缘带和中央分隔带组成，见表8-3；

M_2——中央分隔带宽度（m），见表8-3；

E——桥涵净空顶角宽度（m），当$L \leqslant 1$m时，$E=L$；当$L>1$m时，$E=1$m；

H——净空高度（m），高速公路和一级、二级公路上的桥梁应为5.0m，三、四级公路上的桥梁应为4.5m；

L_2——桥涵右侧路肩宽度（m），见表8-4，当受地形条件及其他特殊情况限制时，可采用最小值；高速公路和一级公路上桥梁应在右侧路肩内设右侧路缘带，其宽度为0.5m；设计速度为120km/h的四车道高速公路上桥梁，宜采用3.50m的右侧路肩；六车道、八车道高速公路上桥梁，宜采用3.00m的右侧路肩；高速公路、一级公路上桥梁的右侧路肩宽度小于2.50m且桥长超过500m时，宜设置紧急停车带，紧急停车带宽度包括路肩在内为3.50m，有效长度不应小于30m，间距不宜大于500m；

L_1——桥梁左侧路肩宽度（m），见表8-5；八车道及八车道以上高速公路上的桥梁宜设置左路肩，其宽度应为2.50m；左侧路肩宽度内含左侧路缘带宽度；

L——侧向宽度。高速公路、一级公路上桥梁的侧向宽度为路肩宽度（L_1、L_2）；二、三、四级公路上桥梁的侧向宽度为其相应的路肩宽度减去0.25m。

车道宽度 表8-2

设计速度（km/h）	120	100	80	60	40	30	20
车道宽度（m）	3.75	3.75	3.75	3.50	3.50	3.25	3.00（单车道为3.50m）

注：高速公路上的八车道桥梁，当设置左侧路肩时，内侧车道宽度可采用3.50m。

中间带宽度 表8-3

设计速度（km/h）		120	100	80	60
中央分隔带宽度（m）	一般值	3.00	2.00	2.00	2.00
	最小值	2.00	2.00	1.00	1.00
左侧路缘带宽度（m）	一般值	0.75	0.75	0.50	0.50
	最小值	0.75	0.50	0.50	0.50
中间带宽度（m）	一般值	4.50	3.50	3.00	3.00
	最小值	3.50	3.00	2.00	2.00

注："一般值"为正常情况下的采用值；"最小值"为条件受限制时，可采用的值。

右侧路肩宽度 表8-4

公路等级		高速公路、一级公路				二、三、四级公路				
设计速度（km/h）		120	100	80	60	80	60	40	30	20
左侧路缘带宽度（m）	一般值	3.00或3.50	3.00	2.50	2.50	1.50	0.75	—	—	—
	最小值	3.00	2.50	1.50	1.50	0.75	0.25	—	—	—

注："一般值"为正常情况下的采用值；"最小值"为条件受限制时，可采用的值。

分离式断面高速公路、一级公路左侧路肩宽度 表 8-5

设计速度（km/h）	120	100	80	60
左侧路肩宽度（m）	1.25	1.00	0.75	0.75

各级公路设计速度 表 8-6

公路等级	高速公路			一级公路			二级公路		三级公路		四级公路
设计速度（km/h）	120	100	80	100	80	60	80	60	40	30	20

注：1. 各级公路应选用的设计速度见表 8-6。确定桥涵净宽时，其所依据的设计速度应沿用各级公路选用的设计速度。

2. 高速公路、一级公路上的特殊大桥为整体式上部结构时，其中央分隔带和路肩的宽度可根据具体情况适当减小，但减小后的宽度不应小于表 8-3 和表 8-4 规定的"最小值"。

3. 高速公路、一级公路上的桥梁宜设计为上、下行两座分离的独立桥梁。

4. 高速公路上的桥梁应设检修道，不宜设人行道。一、二、三、四级公路上桥梁的桥上人行道和自行车道的设置，应根据需要而定，并应与前后路线布置协调。人行道、自行车道与行车道之间，应设分隔设施。一个自行车道的宽度为 1.0m；当单独设置自行车道时，不宜小于两个自行车道的宽度。人行道的宽度宜为 0.75m 或 1.0m；大于 1.0m 时，按 0.5m 的级差增加。当设路缘石时，路缘石高度可取用 0.25～0.35m。漫水桥和过水路面可不设人行道。

5. 通行拖拉机或兽力车为主的慢行道，其宽度应根据当地行驶拖拉机或兽力车车型及交通量而定；当沿桥梁一侧设置时，不应小于双向行驶要求的宽度。

6. 高速公路、一级公路上的桥梁必须设置护栏。二、三、四级公路上特大、大、中桥应设护栏或栏杆和安全带，小桥和涵洞可仅设缘石或栏杆。不设人行道的漫水桥和过水路面应设标杆或护栏。

（2）桥下净空应根据计算水位（设计水位计入壅水、浪高等）或最高流冰水位加安全高度确定。

当河流有形成流冰阻塞的危险或有漂浮物通过时，应按实际调查的数据，在计算水位的基础上，结合当地具体情况酌留一定富余量，作为确定桥下净空的依据。对于有淤积的河流，桥下净空应适当增加。

在不通航或无流放木筏河流上及通航河流的不通航桥孔内，桥下净空不应小于表 8-7 的规定。

无铰拱的拱脚允许被设计洪水淹没，但不宜超过拱圈高度的 2/3，且拱顶底面至计算水位的净高不得小于 1.0m。

在不通航和无流筏的水库区域内，梁底面或拱顶底面离开水面的高度不应小于计算浪高的 0.75 倍加上 0.25m。

非通航河流桥下最小净空 表 8-7

桥梁的部位		高出计算水位（m）	高出最高流冰面（m）
梁底	洪水期无大漂流物	0.50	0.75
	洪水期有大漂流物	1.50	—
	有泥石流	1.00	—
支承垫石顶面		0.25	0.50
拱脚		0.25	0.25

（3）涵洞宜设计为无压力式的。无压力式涵洞内顶点至洞内设计洪水频率标准水位的净高应符合表 8-8 的规定。

无压力式涵洞内顶点至最高流水面的净高 表 8-8

涵洞进口 净高（或内径）h（m）	涵洞类型 管涵	拱涵	矩形涵
h≤3	≥h/4	≥h/4	≥h/6
h>3	≥0.75m	≥0.75m	≥0.5m

（4）立体交叉跨线桥桥下净空应符合下列规定：

· 公路与公路立体交叉的跨线桥桥下净空及布孔除应符合以上桥涵净空的规定外，还应满足桥下公路的视距和前方信息识别的要求，其结构形式应与周围环境相协调。

· 铁路从公路上跨越通过时，其跨线桥桥下净空及布孔除应符合以上桥涵净空的规定外，还应满足桥下公路的视距和前方信息识别的要求。

· 农村道路与公路立体交叉的跨线桥桥下净空为：

当农村道路从公路上面跨越时，跨线桥桥下净空应符合以上建筑限界的规定；

当农村道路从公路下面穿过时，其净空可根据当地通行的车辆和交叉情况而定，人行通道的净高应大于或等于 2.2m，净宽应大于或等于 4.0m；

畜力车及拖拉机通道的净高应大于或等于 2.7m，净宽应大于或等于 4.0m；

农用汽车通道的净高应大于或等于 3.2m，并根据交通量和通行农业机械的类型选用净宽，但应大于或等于 4.0m；

汽车通道的净高应大于或等于 3.5m；净宽应大于或等于 6.0m。

（5）车行天桥桥面净宽按交通量和通行农业机械类型可选用 4.5m 或 7.0m。

人行天桥桥面净宽应大于或等于 3.0m。

（6）电讯线、电力线、电缆、管道等的设置不得侵入公路桥涵净空限界，不得妨害桥涵交通安全，并不得损害桥涵的构造和设施。

严禁天然气输送管道、输油管道利用公路桥梁跨越河流。天然气输送管道离开特大、大、中桥的安全距离不应小于 100m，离开小桥的安全距离不应小于 50m。

高压线跨河塔架的轴线与桥梁的最小间距，不得小于一倍塔高。高压线与公路桥涵的交叉应符合现行《公路路线设计规范》的规定。

8. 桥上线形及桥头引道

（1）桥上及桥头引道的线形应与路线布设相互协调，各项技术指标应符合路线布设的规定。桥上纵坡不宜大于 4%，桥头引道纵坡不宜大于 5%；位于市镇混合交通繁忙处，桥上纵坡和桥头引道纵坡均不得大于 3%。桥头两端引道线形应与桥上线形相配合。

（2）在洪水泛滥区域以内，特大、大、中桥桥头引道的路肩高程应高出桥梁设计洪水频率的水位加壅水高、波浪爬高、河弯超高、河床淤积等影响 0.5m 以上。

小桥涵引道的路肩高程，宜高出桥涵前壅水水位（不计浪高）0.5m 以上。

（3）桥头锥体及引道应符合以下要求：

· 桥头锥体及桥台台后 5~10m 长度内的引道，可用砂性土等材料填筑。在非严寒地区当无透水性土时，可就地取土经处理后填筑。

· 锥坡与桥台两侧正交线的坡度，当有铺砌时，路肩边缘下的第一个 8m 高度内不宜陡于 1：1；在 8～12m 高度内不宜陡于 1：1.25；高于 12m 的路基，其 12m 以下的边坡坡度应由计算确定，但不应陡于 1：1.5，变坡处台前宜设宽 0.5～2.0m 的锥坡平台；不受洪水冲刷的锥坡可采用不陡于 1：1.25 的坡度；经常受水淹没部分的边坡坡度不应陡于 1：2。

• 埋置式桥台和钢筋混凝土灌注桩式或排架桩式桥台，其锥坡坡度不应陡于 1：1.5，对不受洪水冲刷的锥坡，加强防护时可采用不陡于 1：1.25 的坡度。

• 洪水泛滥范围以内的锥坡和引道的边坡坡面，应根据设计流速设置铺砌层。铺砌层的高度应为：特大、大、中桥应高出计算水位 0.5m 以上；小桥涵应高出设计水位加壅水水位（不计浪高）0.25m 以上。

（4）桥台侧墙后端和悬臂梁桥的悬臂端深入桥头锥坡顶点以内的长度，均不应小于0.75m（按路基和锥坡沉实后计）。

高速公路、一级公路和二级公路的桥头宜设置搭板。搭板厚度不宜小于 0.25m，长度不宜小于 5m。

9. 桥涵构造要求

（1）桥涵结构应符合以下要求：

• 结构在制造、运输、安装和使用过程中，应具有规定的强度、刚度、稳定性和耐久性。

• 结构的附加应力、局部应力应尽量减小。

• 结构形式和构造应便于制造、施工和养护。

• 结构物所用材料的品质及其技术性能必须符合相关现行标准的规定。

（2）公路桥涵应根据其所处环境条件选用适宜的结构形式和建筑材料，进行适当的耐久性设计，必要时尚应增加防护措施。

（3）桥涵的上、下部构造应视需要设置变形缝或伸缩缝，以减小温度变化、混凝土收缩和徐变、地基不均匀沉降以及其他外力所产生的影响。

高速公路、一级公路上的多孔梁（板）桥宜采用连续桥面简支结构，或采用整体连续结构。

（4）小桥涵可在进、出口和桥涵所在范围内将河床整治和加固，必要时在进、出口处设置减冲、防冲设施。

（5）漫水桥应尽量减小桥面和桥墩的阻水面积，其上部构造与墩台的连接必须可靠，并应采取必要的措施使基础不被冲毁。

（6）桥涵应有必要的通风、排水和防护措施及维修工作空间。

（7）需设置栏杆的桥梁，其栏杆的设计，除应满足受力要求外，尚应注意美观，栏杆高度不应小于 1.1m。

（8）安装板式橡胶支座时，应保证其上下表面与梁底面及墩台支承垫石顶面平整密贴、传力均匀，不得有脱空的橡胶支座。

当板式橡胶支座设置于大于某一规定坡度上时，应在支座表面与梁底之间采取措施，使支座上、下传力面保持水平。

弯、坡、斜、宽桥梁宜选用圆形板式橡胶支座。公路桥涵不宜使用带球冠的板式橡胶支座或坡形的板式橡胶支座。

墩台构造应满足更换支座的要求。

10. 桥面铺装、排水和防水层

（1）桥面铺装的结构形式宜与所在位置的公路路面相协调。桥面铺装应有完善的桥面防水、排水系统。

高速公路和一级公路上特大桥、大桥的桥面铺装宜采用沥青混凝土桥面铺装。

（2）桥面铺装应设防水层。

圬工桥台背面及拱桥拱圈与填料间应设置防水层，并设盲沟排水。

（3）高速公路、一级公路上桥梁的沥青混凝土桥面铺装层厚度不宜小于 70mm；二级及二级以下公路桥梁的沥青混凝土桥面铺装层厚度不宜小于 50mm。

（4）水泥混凝土桥面铺装面层（不含整平层和垫层）的厚度不宜小于 80mm，混凝土强度等级不应低于 C40。

水泥混凝土桥面铺装层内应配置钢筋网。钢筋直径不应小于 8mm，间距不宜大于 100mm。

（5）正交异性板钢桥面沥青混凝土铺装结构应根据桥梁纵面线形、桥梁结构受力状态、桥面系的实际情况、当地气象与环境条件、铺装材料的性能等综合研究选用。

（6）桥面伸缩装置应保证能自由伸缩，并使车辆平稳通过。伸缩装置应具有良好的密水性和排水性，并应便于检查和清除沟槽的污物。

特大桥和大桥宜使用模数式伸缩装置，其钢梁高度应按计算确定，但不应小于 70mm，并应具有强力的锚固系统。

（7）桥面应设排水设施。跨越公路、铁路、通航河流的桥梁，桥面排水宜通过设在桥梁墩台处的竖向排水管排入地面排水设施中。

11. 养护及其他附属设施

（1）特大、大桥上部构造宜设置检查平台、通道、扶梯、箱内照明、人口井盖等专门供检查和养护用的设施，保证工作人员的正常工作和安全。条件许可时，特大、大桥应设置检修通道。

（2）特大桥和大桥的墩台宜根据需要设置测量标志，测量标志的设置应符合有关标准的规定。

（3）跨越河流或海湾的特大、大、中桥宜设置水尺或标志，较高墩台宜设围栏、扶梯等。

（4）斜拉桥和悬索桥的桥塔必须设置避雷设施。

（5）特大、大、中桥可视需要设防火、照明和导航设备以及养护工房、库房和守卫房等，必要时可设置紧急电话。

8.2 桥梁设计程序

一座桥梁的规划设计所涉及的因素很多，尤其对于工程比较庞大的工程来说，要进行系统的、综合的考虑。设计合理与否，将直接影响到区域的政治、文化、经济以及人民的生活。我国桥梁设计程序，分为前期工作及设计阶段。前期工作包括编制预可行性研究报告和可行性研究报告。设计阶段按"三阶段设计"进行，即初步设计、技术设计与施工设计。

1. 前期工作

前期工作包括预可行性研究报告和工程可行性研究报告的编制。

预可行性研究报告与可行性研究报告均属建设的前期工作。预可行性研究报告是在工程可行的基础上，着重研究建设上的必要性和经济上的合理性。

可行性研究报告则是在预可行性研究报告审批后，在必要性和合理性得到确认的基础上，着重研究工程上的和投资上的可行性。

这两个阶段的研究都是为科学地进行项目决策提供依据，避免盲目性及带来的严重后果。

这两个阶段的文件应包括以下主要内容：

（1）工程必要性论证，评估桥梁建设在国民经济中的作用。

（2）工程可行性论证，首先是选择好桥位，其次是确定桥梁的建设规模，同时还要解决好桥梁与河道、航运、城市规划以及已有设施（通称"外部条件"）的关系。

（3）经济可行性论证，主要包括造价及回报问题和资金来源及偿还问题。

2. 设计阶段

设计阶段包括初步设计、技术设计和施工设计（三阶段设计）。

（1）初步设计

按照基本建设程序为使工程取得预期的经济效益或目的而编制的第一阶段设计工作文件。该设计文件应阐明拟建工程技术上的可行性和经济上的合理性，要对建设中的一切基本问题作出初步确定。内容一般应包括：设计依据、设计指导思想、建设规模、技术标准、设计方案、主要工程数量和材料设备供应、征地拆迁面积、主要技术经济指标、建设程序和期限、总概算等方面的图纸和文字说明。该设计根据批准的计划任务书编制。

（2）技术设计

技术设计是基本建设工程设计分为三阶段设计时的中间阶段的设计文件。它是在已批准的初步设计的基础上，通过详细的调查、测量和计算而进行的。其内容主要为协调编制拟建工程中有关工程项目的图纸、说明书和概算等。经过审批的技术设计文件，是进行施工图设计及订购各种主要材料、设备的依据，且为基本建设拨款（或贷款）和对拨款的使用情况进行监督的基本文件。

（3）施工设计

又称为施工图设计，是设计部门根据鉴定批准的三阶段设计的技术设计，或两阶段设计的扩大初步设计或一阶段设计的设计任务书，所编制的设计文件。此文件应提供为施工所必须的图纸、材料数量表及有关说明。与前一设计阶段比较，设计图的设计和绘制应有更加详细的、具体的细部构造和尺寸、用料和设备等图纸的设计和计算工作，其主要内容有平面图、立面图、剖面图及结构、构造的详图，工程设计计算书，工程数量表等。施工图设计一般应全面贯彻技术设计或扩大初步设计的各项技术要求。除上级指定需要审查者外，一般均不需再审批，可直接交付施工部门据以施工，设计部门必须保证设计文件质量。同时施工图文件也是安排材料和设备、加工制造非标准设备、编制施工图预算和决算的依据。

• 三阶段设计

一般用于大型、复杂的工程。铁路建设项目的设计工作，一般常采用三阶段设计。

• 两阶段设计

分为初步设计和施工设计两个阶段。其中初步设计又称为扩大初步设计。

公路、工业与民用房屋、独立桥涵和隧道等建设项目的设计工作，通常采用这种设计步骤。

• 一阶段设计

仅包括施工图设计一个阶段，一般适用于技术简单的中、小桥。

在国内一般的（常规的）桥梁采用两阶段设计，即初步设计和施工设计两个阶段。

8.3 桥梁设计方案比选

桥梁设计方案的比选主要包括桥位方案的比选和桥型方案的比选。

1. 桥位方案的比选

至少应该选择两个以上的桥位进行比选。如遇到某种特殊情况时，还需要在大范围内提出多个桥位方案进行比较。

一般来说，桥位方案的选择一般采取以下原则：

（1）桥位的选择应置于路网中一起考虑，要有利于路网的布置，尽量满足选线的需要。桥梁建在城市范围内时，要重视桥梁建设满足城市规划的要求。

（2）特大、大桥桥位应选择河道顺直稳定、河床地质良好、河槽能通过大部分设计流量的河段。桥位不宜选择在河汊、沙洲、古河道、急弯、汇合口、港口作业区及易形成流冰、流木阻塞的河段以及断层、岩溶、滑坡、泥石流等不良地质的河段。

（3）桥梁纵轴线宜与洪水主流流向正交。对通航河流上的桥梁，其墩台沿水流方向的轴线应与最高通航水位时的主流方向一致。当斜交不能避免时，交角不宜大于5°；当交角大于5°时，宜增加通航孔净宽。

（4）为保证桥位附近水流顺畅，河槽、河岸不发生严重变形，必要时可在桥梁上、下游修建调治构造物。

调治构造物的形式及其布置应根据河流性质、地形、地质、河滩水流情况以及通航要求、桥头引道、水利设施等因素综合考虑确定。非淹没式调治构造物的顶面，应高出桥涵设计洪水频率的水位至少 0.25m，必要时尚应考虑壅水高、波浪爬高、斜水流局部冲高、河床淤积等影响。允许淹没的调治构造物的顶面应高出常水位。单边河滩流量不超过总流量的 15％或双边河滩流量不超过 25％时，可不设导流堤。

2. 桥型方案的比选

为了设计出经济、适用、美观的桥梁，设计者必须根据自然和技术条件，因地制宜。

在综合应用专业知识及了解掌握国内外新技术、新材料、新工艺的基础上，进行深入细致的研究和分析对比，才能科学地得到最优的设计方案。

桥梁的形式可考虑拱桥、梁桥、梁拱组合桥和斜拉桥。任选三种作比较，从安全、功能、经济、美观、施工、占地与工期多方面比选，最终确定桥梁形式。

桥梁设计方案的比选和确定可按下列步骤进行：

（1）明确各种高程的要求

在桥位纵断面图上，先按比例绘出设计洪水位、通航水位、堤顶高程、桥面高程、通航净空、堤顶行车净空位置图等等。

（2）桥梁分孔和初拟桥型方案草图

在确定了各种高程的纵断面图上，根据泄洪纵跨径的要求，以及桥下通航、立交等要求，做出桥梁分孔和初拟桥型方案草图。同时要注意尽可能多绘几种，以免遗漏可能的桥型方案。

（3）方案初选

对草图做技术和经济上的初步分析和判断，从中选择2～4个构思好、各具特点的方案，做进一步详细研究和对比。

（4）详绘桥型方案图

根据不同桥型、不同跨度、宽度和施工方法，拟定主要尺寸并尽可能细致地绘制各个桥型方案的尺寸详图（新结构作初步力学分析），以准确拟定各方案的主要尺寸。

（5）编制估算或概算。

根据编制方案的详图，可以计算出上、下结构的主要工程数量，然后根据各省、市或行业的"估算定额"或"概算定额"编制或估算三材用量（即钢、木、混凝土用量）、劳动力数量和全桥总造价。

（6）方案选定和文件汇总

全面考虑建设造价、养护费用、建设工期、营运适应性、美观等因素，综合分析确定每一个方案的优缺点，最后选定一个最佳的推荐方案，在深入比较分析的过程中，应当及时发现并调整方案中不合理之处，确保最后选定的方案最优。

上述工作完成之后，着手编写方案说明。说明书中应该阐明方案编制的依据和标准、各方案的主要特色、施工方法、设计概算以及方案比较的综合性评价，并对推荐方案进行重点、详细的说明。各种测量资料、地质勘察资料、地震裂度复核资料、水文调查与计算资料等按附件载入。

8.4 实例简介

本工程为某公路互通工程道桥施工图绘制。内容包括：桥梁平面布置、纵断面、横断面梁钢筋构造图、桥面系构造、桥墩构造、桥台构造。

本工程全宽7.000m。桥梁全长为34.300m。具体布置为：0.5m（护栏）＋6m（行车道）＋0.5m（护栏）。设计行车车速：40km/h。桥面横坡为1.5%。汽车荷载等级为公路Ⅱ级，本场地的地震动峰值加速度分区属于0.2g，基本地震烈度为Ⅷ度。

第 **9** 章

桥梁总体布置图的绘制

桥梁总体布置图应按三视图绘制纵向立面图与横向剖面图，并加纵向平面图。本章将从这三方面讲述桥梁总体布置图的绘制。

◎ 桥梁总体布置图简介

◎ 桥梁平面布置图绘制

◎ 桥梁纵剖面图绘制

◎ 桥梁横断面图绘制

9.1 桥梁总体布置图简介

桥梁总体布置图应按三视图绘制纵向立面图与横向剖面图，并加纵向平面图。其中纵向立面图与平面图的比例尺应相同，可采用1：1000～1：500；对于剖面图，为清晰起见比例尺可用大一些，如1：200～1：150，视图幅地位而定。

1. 立面图中应标明：

（1）桥梁总长度；

（2）桥梁结构的计算跨度；

（3）台顶高度与桥台斜度；

（4）枯水位、常水位、通航水位与计算洪水位；

（5）桥面纵坡以及各控制点的设计标高，如基础标高、墩（台）帽标高、桥面标高、通航桥孔的梁底标高等；对于桥下有通航（或通车）要求的桥孔，需用虚线标明净空界限框图；

（6）注明桥台与桥墩的编号，自左至右按0、1、2……顺序编号（0号为左桥台）。

2. 在横剖面图中应标明行车道宽及桥面总宽、主梁（或拱肋的间距、或墩台）的横向尺寸，横坡大小，并绘出桥面铺装与泄水管轴线等。

3. 平面图中需注明主要平面尺寸（栏杆、人行道与行车道、墩台距离等），对城市道路桥梁还要求标明管线位置。

9.2 桥梁平面布置图绘制

绘制思路

使用直线命令绘制桥面定位轴线；使用直线、多段线等命令绘制桥面轮廓线；使用多行文字、复制命令标注文字，完成桥梁平面布置图，如图9-1所示。

9.2.1 前期准备以及绘图设置

【操作步骤】

1. 要根据绘制图形决定绘图的比例，建议采用1：1的比例绘制，1：100的出图比例。

2. 建立新文件

打开 AutoCAD 2014 应用程序，建立新文件，将新文件命名为"桥梁平面布置图.dwg"，并保存。

3. 设置绘图工具栏

在任意工具栏处单击鼠标右键，从打开的快捷菜单中选择"标准"，"图层"，"样式"，

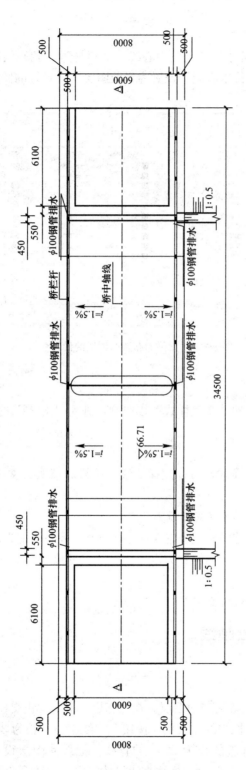

图 9-1 桥梁平面布置效果图

"绘图"，"修改"和"标注"这六个选项，调出这些工具栏，并将它们移动到绘图窗口中的适当位置。

4. 设置图层

设置以下八个图层："尺寸"，"定位中心线"，"栏杆"，"轮廓线"，"桥梁"，"填充"，"文字"和"虚线"，将"定位中心线"设置为当前图层。设置好的图层，如图 9-2 所示。

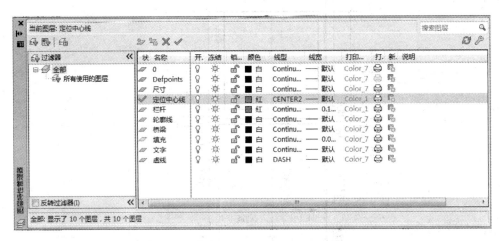

图 9-2 桥梁平面布置图图层的设置

5. 文字样式的设置

单击"标注"工具栏中的"文字样式"按钮A，进入"文字样式"对话框，选择仿宋字体，宽度因子设置为 0.8。

6. 标注样式的设置

根据绘图比例设置标注样式，对标注样式线、符号和箭头、文字、主单位进行设置，具体如下：

线：超出尺寸线为 400，起点偏移量为 500；

符号和箭头：第一个为建筑标记，箭头大小为 500，圆心标记为标记 250；

文字：文字高度为 500，文字位置为垂直上，从尺寸线偏移为 250，文字对齐为 ISO 标准；

主单位：精度为 0，比例因子为 1。

9.2.2 绘制桥面定位轴线

【操作步骤】

1. 把定位中心线图层设置为当前图层。在状态栏，单击"正交模式"按钮，打开正交模式，单击"绘图"工具栏中的"直线"按钮，绘制一条长为 34500 的水平直线，以水平直线端点为起点绘制垂直的长为 8000 的直线，把尺寸图层设置为当前图层，单击"标注"工具栏中的"线性"按钮，标注直线尺寸，完成的图形如图 9-3 所示。

2. 单击"修改"工具栏中的"复制"按钮，复制刚刚绘制好的水平直线，分别向

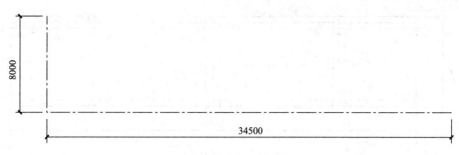

图 9-3　绘制正交定位线

上复制的位移分别为 500，1000，7000，7500，8000。

3. 单击"修改"工具栏中的"复制"按钮，复制刚刚绘制好的垂直直线，向右复制的位移分别为 6100，6650，7100，166500，17230。完成的图形如图 9-4 所示。

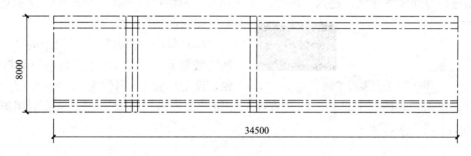

图 9-4　正交定位线的复制

4. 单击"修改"工具栏中的"镜像"按钮，镜像刚刚绘制好的垂直直线。绘制好的图形如图 9-5 所示。

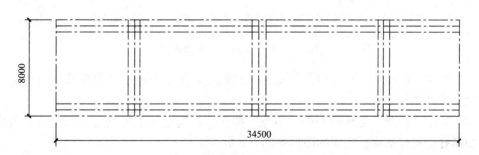

图 9-5　绘制好的桥梁平面布置定位线

9.2.3　绘制桥面轮廓线

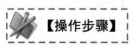【操作步骤】

1. 把轮廓线图层设置为当前图层，单击"绘图"工具栏中的"多段线"按钮，绘制车行道线。选择 w 来设置弯道的线宽为 30。绘制好的图形如图 9-6 所示。

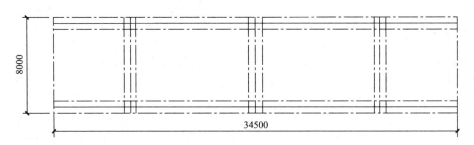

图 9-6　车行道线绘制

2. 绘制栏杆

（1）把栏杆图层设置为当前图层，单击"绘图"工具栏中的"矩形"按钮▭，绘制矩形 200×120。

（2）单击"绘图"工具栏中的"图案填充"按钮▨，单击对话框里"图案（P）"右边的按钮进行更换图案样例，进入"填充图案选项板"对话框，选择"SOLID"图例进行填充。完成的图形如图 9-7 所示。

（3）单击"修改"工具栏中的"矩形阵列"按钮▦，选择填充后的矩形为阵列对象，设置行数 1、列数为 7，列间距为 2500。

图 9-7　栏杆基础绘制

（4）单击"绘图"工具栏中的"直线"按钮╱，绘制栏板水平线。完成的图形如图 9-8 所示。

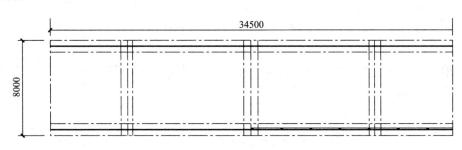

图 9-8　桥梁平面栏杆布置阵列

（5）单击"修改"工具栏中的"镜像"按钮▲，指定两条水平定位线中点为镜像线，镜像绘制好的栏杆基础。

（6）单击"修改"工具栏中的"镜像"按钮▲，指定两条垂直定位线中点为镜像线，镜像绘制好的栏杆基础。完成的图形如图 9-9 所示。

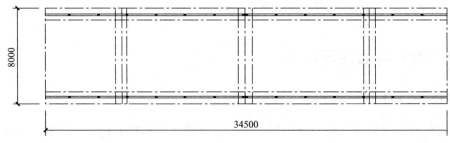

图 9-9　栏杆平面布置图绘制

3. 绘制桥中墩墩身

（1）把虚线图层设置为当前图层。在状态栏，打开"对象捕捉追踪"按钮，接着单击"绘图"工具栏中的"直线"按钮，绘制墩身直线。

（2）单击"绘图"工具栏中的"圆弧"按钮，绘制桥中墩墩身圆弧，指定 A 点为圆弧的起点，输入 e 来指定圆弧的端点为 B 点，输入 r 来指定圆弧的圆弧的半径为 600。

（3）把尺寸图层设置为当前图层，单击"标注"工具栏中的"线性"按钮，标注直线尺寸。

（4）单击"标注"工具栏中的"半径标注"按钮，来标注圆弧。完成的图形如图 9-10 所示。

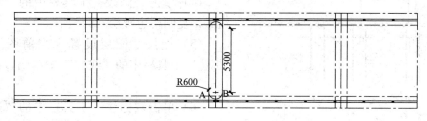

图 9-10　桥中墩墩身平面绘制

4. 桥边敦绘制

（1）把轮廓线图层设置为当前图层，单击"绘图"工具栏中的"多段线"按钮，绘制桥边墩外部轮廓线。

（2）把尺寸图层设置为当前图层，单击"标注"工具栏中的"线性"按钮，标注直线尺寸。

（3）单击"标注"工具栏中的"连续"按钮，进行连续标注。完成的图形如图 9-11 所示。

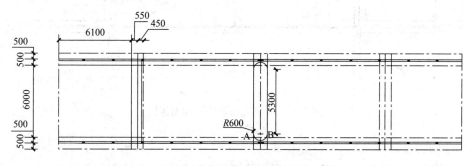

图 9-11　桥边敦外部轮廓绘制

（4）单击"绘图"工具栏中的"直线"按钮，绘制桥边敦基础平面线。完成的图形如图 9-12 所示。

5. 绘制水位线

（1）单击"绘图"工具栏中的"多段线"按钮，绘制两条长为 2500 的直线。

（2）单击"绘图"工具栏中的"直线"按钮，绘制水位线。

（3）利用所学知识绘制折断线。

操作流程参见如图 9-13 中箭头部分。

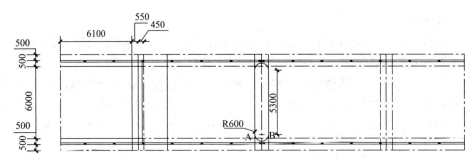

图 9-12　桥边敦平面布置图绘制

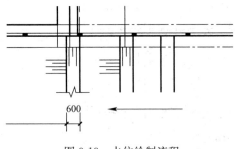

图 9-13　水位绘制流程

（4）单击"修改"工具栏中的"镜像"按钮，复制桥边墩绘制的图形。

（5）把尺寸图层设置为当前图层，单击"标注"工具栏中的"线性"按钮，标注直线尺寸。

（6）单击"标注"工具栏中的"连续"按钮，进行连续标注。完成的图形如图 9-14 所示。

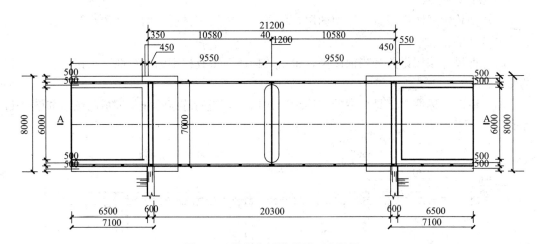

图 9-14　绘制完桥墩的平面布置图

6. 绘制雨水管

（1）单击"绘图"工具栏中的"圆"按钮，绘制一个直径为 100 的圆。

（2）单击"修改"工具栏中的"复制"按钮，复制雨水管。

（3）单击"绘图"工具栏中的"直线"按钮，绘制标高直线，长度为 600。

（4）单击"绘图"工具栏中的"圆"按钮，绘制两个半径为 600 的圆。绘制流程如图 9-15 所示。

（5）单击"绘图"工具栏中的"多段线"按钮，绘制箭头。指定 A 点为起点，指定 B 点为第二点。输入 w 来设置起点宽度为 100，端点宽度为 0。指定 C 点为端点。完成的图形如图 9-16 所示。

图 9-15　绘制标高符号流程图　　　　　　　　图 9-16　箭头的绘制

单击"绘图"工具栏中的"直线"按钮，在中间中心位置绘制竖直直线，如图 9-17 所示。

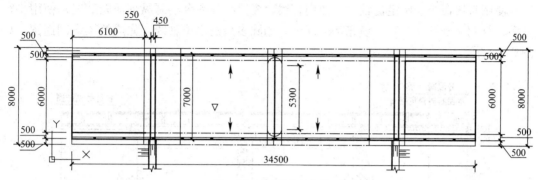

图 9-17　绘制竖直直线

单击"修改"工具栏中的"偏移"按钮，选择上步绘制的竖直直线为偏移对象，将其向左右两侧进行偏移，偏移距离均为 20，如图 9-18 所示。

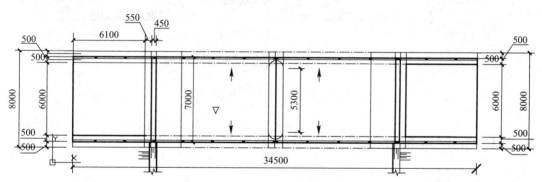

图 9-18　桥平面轮廓线

单击"修改"工具栏中的"删除"按钮，选择中间竖直线段为删除对象将其删除，完成剩余图形的绘制，如图 9-19 所示。

9.2.4　标注文字

【操作步骤】

1. 把文字图层设置为当前图层。单击"绘图"工具栏中的"多行文字"按钮 A，标注雨水管、坡度和标高。

2. 单击"修改"工具栏中的"复制"按钮，把相同的内容复制到指定的位置。完成的图形如图 9-1 所示。

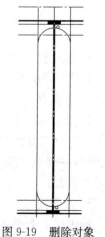

图 9-19　删除对象

9.3 桥梁纵剖面图绘制

 **绘制思路**

使用直线命令绘制定位轴线；使用直线、多段线等命令绘制纵剖面轮廓线；使用多行文字、复制命令标注文字；填充基础部分；删除多余的定位轴线，完成桥梁纵剖面图，如图 9-20 所示。

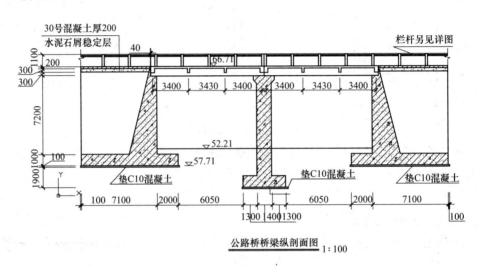

图 9-20　桥梁纵剖面效果图

9.3.1　前期准备以及绘图设置

【操作步骤】

1. 要根据绘制图形决定绘图的比例，建议采用 1∶1 的比例绘制，1∶100 的出图比例。

2. 建立新文件

打开 AutoCAD 2014 应用程序，建立新文件，将新文件命名为"桥梁纵剖面图.dwg"，并保存。

3. 设置绘图工具栏

在任意工具栏处单击鼠标右键，从打开的快捷菜单中选择"标准"，"图层"，"样式"，"绘图"，"修改"和"标注"这六个选项，调出这些工具栏，并将它们移动到绘图窗口中的适当位置。

4. 设置图层

设置以下七个图层："尺寸"，"定位中心线"，"栏杆"，"轮廓线"，"桥梁"，"填充"和"文字"，将"定位中心线"设置为当前图层。设置好的图层如图 9-21 所示。

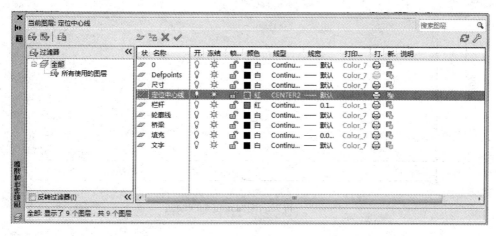

图 9-21　桥梁纵剖面图图层设置

5. 文字样式的设置

单击"标注"工具栏中的"文字样式"按钮，进入"文字样式"对话框，选择仿宋字体，宽度因子设置为 0.8。

6. 标注样式的设置

根据绘图比例设置标注样式，对标注样式线、符号和箭头、文字、主单位进行设置，具体如下：

线：超出尺寸线为 400，起点偏移量为 500；

符号和箭头：第一个为建筑标记，箭头大小为 500，圆心标记为标记 250；

文字：文字高度为 500，文字位置为垂直上，从尺寸线偏移为 250，文字对齐为 ISO 标准；

主单位：精度为 0，比例因子为 1。

9.3.2　绘制定位轴线

 【操作步骤】

1. 把定位中心线图层设置为当前图层。在状态栏，单击"正交模式"按钮，打开正交模式，单击"绘图"工具栏中的"直线"按钮，绘制一条长为 34500 的水平直线，以水平直线的端点为起点绘制垂直的长为 12100 的直线。

2. 把尺寸图层设置为当前图层，单击"标注"工具栏中的"线性"按钮，标注直线尺寸，完成的图形如图 9-22 所示。

3. 单击"修改"工具栏中的"复制"按钮，复制刚刚绘制好的水平直线，分别向上复制的位移分别为 1900，2000，3000，10200，10500，10800，11000，12100。

4. 单击"修改"工具栏中的"复制"按钮，复制刚刚绘制好的垂直直线，分别向右复制的位移分别为 100，7200，9200，15250，16550，17950，19250，25300，27300，34400，34500。

5. 单击"标注"工具栏中的"线性"按钮，标注直线尺寸。

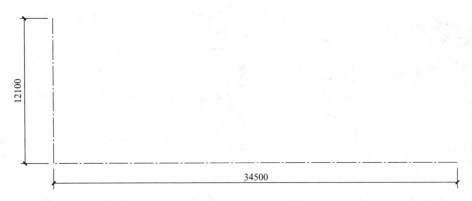

图 9-22　桥梁纵剖面定位轴线绘制

6. 单击"标注"工具栏中的"连续"按钮，进行连续标注。完成的图形如图 9-23 所示。

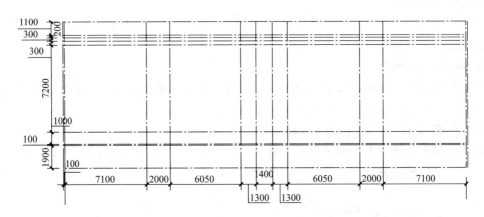

图 9-23　桥梁纵剖面定位轴线复制

9.3.3　绘制纵剖面轮廓线

【操作步骤】

1. 桥面和基础外部轮廓线

（1）把轮廓线图层设置为当前图层，在状态栏，打开"对象捕捉追踪"按钮，接着单击"绘图"工具栏中的"多段线"按钮，绘制纵断面桥面。选择 w 来设置起点和端点宽度为 30。

（2）单击"绘图"工具栏中的"多段线"按钮，绘制基础轮廓线，完成的纵剖面和基础的轮廓如图 9-24 所示。

2. 绘制桥梁

（1）单击"绘图"工具栏中的"多段线"按钮，绘制梁的纵剖面。

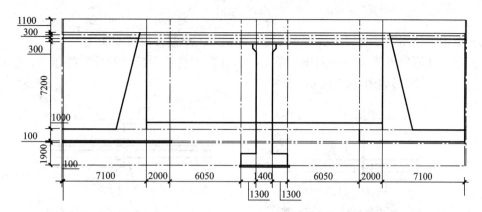

图 9-24　桥面和基础外部轮廓线

（2）把尺寸图层设置为当前图层。单击"标注"工具栏中的"线性"按钮⊢，标注直线尺寸。

（3）单击"标注"工具栏中的"连续"按钮⊬，进行连续标注。完成的图形如图 9-25 所示。

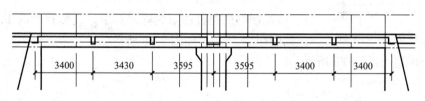

图 9-25　绘制完梁纵剖面图

3. 绘制伸缩缝

（1）桥中伸缩缝

1）把轮廓线图层设置为当前图层，单击"绘图"工具栏中的"直线"按钮✐，绘制一条垂直的长为 2000 的直线。

2）单击"修改"工具栏中的"复制"按钮⁰⁸，复制刚刚绘制好的垂直直线，复制的距离为 40。

3）单击"修改"工具栏中的"修剪"按钮⊬，剪切多余的部分。剪切两条直线之间的线段。

4）把尺寸图层设置为当前图层，单击"标注"工具栏中的"线性"按钮⊢，标注直线尺寸。

完成的图形如图 9-26 所示。

（2）桥边伸缩缝

1）把轮廓线图层设置为当前图层，单击"绘图"工具栏中的"直线"按钮✐，绘制一条垂直的长为 950 的直线。

2）单击"修改"工具栏中的"复制"按钮⁰⁸，复制刚刚绘制好的垂直直线，复制的距离为 40。

3）单击"修改"工具栏中的"修剪"按钮⊬，剪切多余的部分。剪切两条直线之间的线段。

4）单击"绘图"工具栏中的"多段线"按钮 ⌐，绘制多段线 CD。

5）把尺寸图层设置为当前图层，单击"标注"工具栏中的"线性"按钮 ⊢，标注直线尺寸。完成的图形如图 9-27 所示。

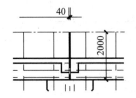

图 9-26 桥中伸缩缝纵剖面绘制

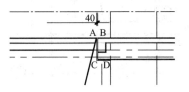

图 9-27 桥边伸缩缝纵剖面绘制

4. 绘制栏杆纵剖面

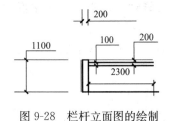

图 9-28 栏杆立面图的绘制

（1）把栏杆图层设置为当前图层，单击"绘图"工具栏中的"多段线"按钮 ⌐，绘制栏杆。

（2）单击"修改"工具栏中的"矩形阵列"按钮 ▦，选择上步绘制好的栏杆图形为阵列对象，设置行数为 1、列数为7，列间距为 2500，如图 9-28 所示。

完成的图形如图 9-29 所示。

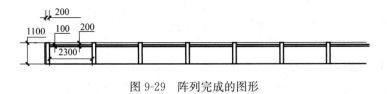

图 9-29 阵列完成的图形

（3）绘制折断线，完成的图形如图 9-30 所示。

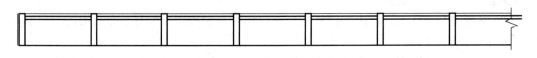

图 9-30 栏杆折断线绘制

（4）单击"修改"工具栏中的"修剪"按钮 ⊹，删除剪切超出折断线外的直线。完成的图形如图 9-31 所示。

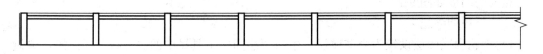

图 9-31 栏杆多余直线剪切

（5）单击"修改"工具栏中的"镜像"按钮 ⚐，镜像刚刚绘制完的栏杆。完成的图形如图 9-32 所示。

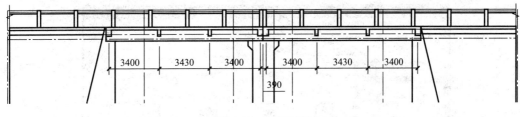

图 9-32　栏杆镜像

5. 绘制标高符号

使用 Ctrl＋C 命令复制桥梁平面布置图中绘制好的标高，然后 Ctrl＋V 粘贴到桥梁纵剖面图中。

6. 标注文字

（1）单击"绘图"工具栏中的"多行文字"按钮 **A**，来标注文字。

（2）单击"修改"工具栏中的"复制"按钮，复制文字相同的内容到指定位置，完成的图形如图 9-33 所示。

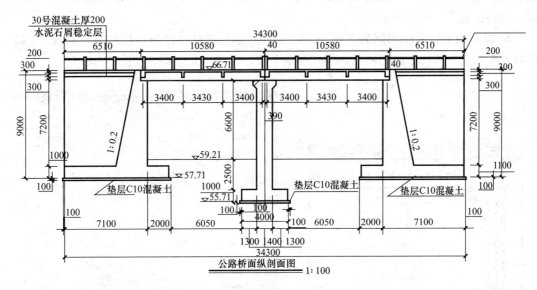

图 9-33　标注完文字后的桥梁纵剖面图

9.3.4　填充基础部分

【操作步骤】

1. 将钢筋混凝土填充图案（钢筋混凝土 .pat）使用 Ctrl＋C 命令复制，然后 Ctrl＋V 粘贴到 AutoCAD 2014 安装目录 Support 文件袋内。如图 9-34 所示。

2. 运行 AutoCAD 2014，把当前图层设置为填充图层，单击"绘图"工具栏中的"图

图 9-34　钢筋混凝土的填充图案的加载

案填充"按钮 ，进入"图案填充和渐变色"对话框，点击填充图标，点图案旁边的按钮，点选自定义。如图 9-35 所示。

　　3. 设置图案的显示比例为 100，如图 9-36 所示。选择"添加：拾取点"按钮，然后拾取需要填充封闭图形内部的点，按"确定"按钮完成填充操作。

图 9-35　钢筋混凝土的选取

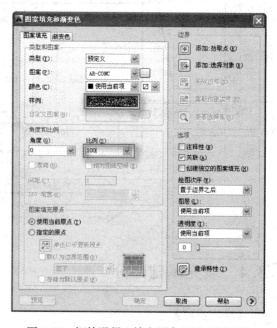

图 9-36　钢筋混凝土填充图案显示比例设置

　　4. 同理，选择石料和回填土进行填充。石料填充的显示比例为 200，如图 9-37 所示。回填土的显示比例为 500，如图 9-38 所示。

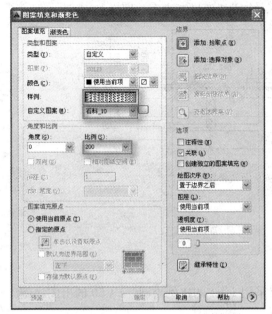
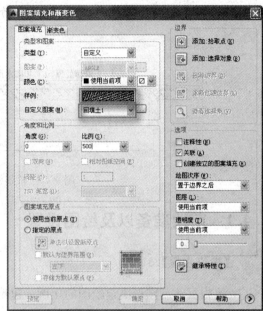

图 9-37　料石填充图案显示比例设置　　　　图 9-38　回填土填充图案显示比例设置

填充完的图形如图 9-39 所示。

5. 单击"修改"工具栏中的"删除"按钮 ，删除定位轴线。完成图形如图 9-39 所示。

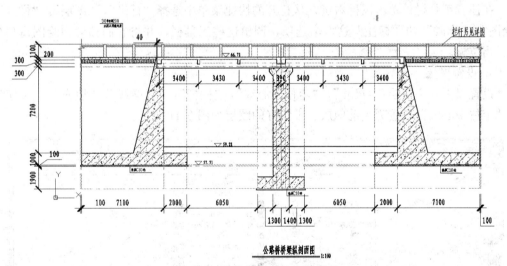

图 9-39　填充完的桥梁纵剖面图

9.4　桥梁横断面图绘制

绘制思路

使用直线、复制命令绘制定位轴线；使用直线等命令绘制横断面轮廓线；使用多行文字、复制命令标注文字；填充桥面、桥梁部分；完成桥梁横断面图如图 9-40 所示。

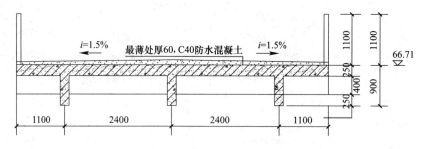

图 9-40　桥梁横断面效果图

9.4.1　前期准备以及绘图设置

1. 要根据绘制图形决定绘图的比例，建议采用 1∶1 的比例绘制，1∶50 的出图比例。

2. 建立新文件

打开 AutoCAD 2014 应用程序，建立新文件，将新文件命名为"桥梁横断面图. dwg"，并保存。

3. 设置绘图工具栏

在任意工具栏处单击鼠标右键，从打开的快捷菜单中选择"标准"，"图层"，"样式"，"绘图"，"修改"和"标注"这六个选项，调出这些工具栏，并将它们移动到绘图窗口中的适当位置。

4. 设置图层

设置以下六个图层："尺寸"，"定位中心线"，"栏杆"，"轮廓线"，"填充"，"文字"，将"定位中心线"设置为当前图层。设置好的图层如图 9-41 所示。

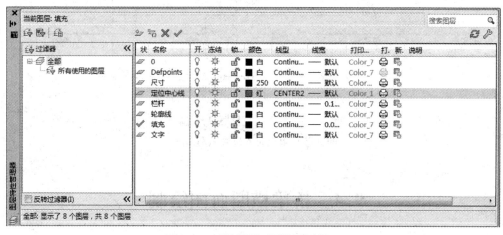

图 9-41　桥梁横断面图的图层设置

5. 文字样式的设置

单击"标注"工具栏中的"文字样式"按钮，进入"文字样式"对话框，选择仿宋

字体，宽度因子设置为 0.8。

　6. 标注样式的设置

　根据绘图比例设置标注样式，对标注样式线、符号和箭头、文字、主单位进行设置，具体如下：

　线：基线间距为 0，超出尺寸线为 200，起点偏移量为 250；

　符号和箭头：第一个为建筑标记，箭头大小为 250，圆心标记为标记 125；

　文字：文字高度为 250，文字位置为垂直上，从尺寸线偏移为 125，文字对齐为 ISO 标准；

　主单位：精度为 0，比例因子为 1。

9.4.2　绘制定位轴线

　1. 把定位中心线图层设置为当前图层。在状态栏，单击"正交模式"按钮▭，打开正交模式，单击"绘图"工具栏中的"直线"按钮／，绘制一条长为 7000 的水平直线，以水平直线的端点为起点绘制垂直的长为 2000 的直线。

　2. 把尺寸图层设置为当前图层，单击"标注"工具栏中的"线性"按钮▭，标注直线尺寸，完成的图形如图 9-42 所示。

　3. 单击"修改"工具栏中的"复制"按钮▨，复制刚刚绘制好的水平直线，分别向上复制的位移分别为 250，650，900，2000。

　4. 单击"修改"工具栏中的"复制"按钮▨，复制刚刚绘制好的垂直直线，分别向右复制的位移分别为 1100，3500，5900，7000。

　5. 把尺寸图层设置为当前图层，单击"标注"工具栏中的"线性"按钮▭，标注直线尺寸，然后单击"标注"工具栏中的"连续"按钮▥，进行连续标注。完成的图形如图 9-43 所示。

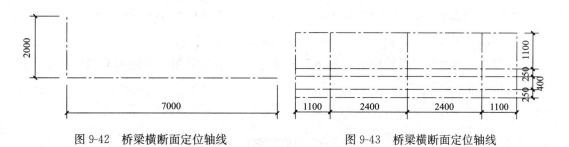

图 9-42　桥梁横断面定位轴线　　　　　图 9-43　桥梁横断面定位轴线

9.4.3　绘制纵断面轮廓线

【操作步骤】

　1. 把轮廓线图层设置为当前图层，单击"绘图"工具栏中的"直线"按钮／，绘制横断面桥面和桥梁轮廓线。完成的图形如图 9-44 所示。

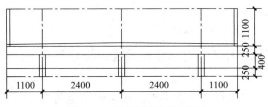

图 9-44　桥梁横断面轮廓线

2. 单击"修改"工具栏中的"修剪"按钮，剪切多余的部分。完成的图形如图 9-45 所示。

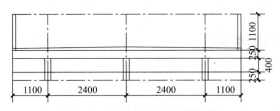

图 9-45　修剪完的桥梁横断面图

3. 单击"修改"工具栏中的"删除"按钮，删除定位轴线。完成的图形如图 9-46 所示。

4. 使用 Ctrl＋C 命令复制桥梁平面布置图中绘制好的标高和箭头。然后 Ctrl＋V 粘贴到桥梁横断面图中。

5. 单击"修改"工具栏中的"移动"按钮，将箭头和标高移动到相应的位置，完成的图形如图 9-47 所示。

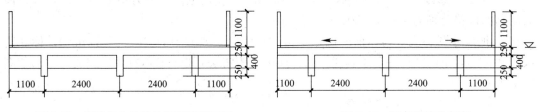

图 9-46　删除定位轴线的桥梁横断面图　　　　图 9-47　标高和箭头复制

6. 单击"绘图"工具栏中的"多行文字"按钮 A，标注文字。

7. 单击"修改"工具栏中的"复制"按钮，复制文字相同的内容到指定位置，完成的图形如图 9-48 所示。

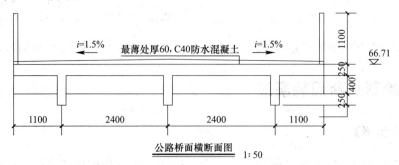

图 9-48　标注完文字后的桥梁横断面图

9.4.4 填充桥面、桥梁部分

【操作步骤】

1. 单击"绘图"工具栏中的"图案填充"按钮，单击对话框里"图案（P）"右边的按钮进行更换图案样例，进入"填充图案选项板"对话框，选择"钢筋混凝土"图例进行填充。设置图案的显示比例为50，如图9-49所示。

2. 单击"绘图"工具栏中的"图案填充"按钮，单击对话框里"图案（P）"右边的按钮进行更换图案样例，进入"填充图案选项板"对话框，选择"混凝土3"图例进行填充。混凝土桥面的设置图案的显示比例为20，如图9-50所示。

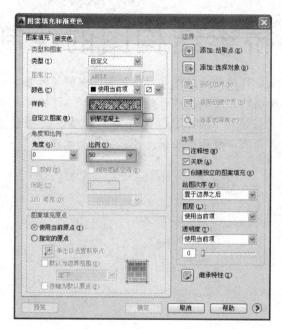
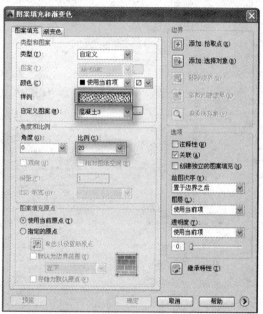

图9-49 桥梁横断面图钢筋混凝土的选取　　　　图9-50 混凝土填充图案显示比例设置

填充完的图形如图9-40所示，完成桥梁横断面图的绘制。

第 **10** 章

桥梁结构图的绘制

　　本章主要目的在于通过学习使读者掌握桥梁的基本构造，桥梁绘制的方法和步骤，能识别 AutoCAD 桥梁施工图，熟练掌握使用 AutoCAD 进行简支梁绘制的一般方法，使读者具有一般桥梁绘制、设计技能的基础。

 学 习 要 点

- ◎ 桥梁配筋图绘制要求
- ◎ 桥梁纵主梁钢筋图绘制
- ◎ 支座横梁配筋图绘制
- ◎ 跨中横梁配筋图绘制
- ◎ 桥梁钢筋剖面图绘制

10.1　桥梁配筋图绘制要求

1. 钢筋混凝土构件图的内容包括模板图和配筋图。

模板图即构件的外形图。对于形状简单的构件，可不必单独画模板图。

配筋图主要表达钢筋在构件中的分布情况，通常有配筋平面图、配筋立面图、配筋断面图等。

钢筋在混凝土中不是单根游离放置的，而是将各钢筋用铁丝绑扎或焊接成钢筋骨架或网片。

受力钢筋：承受构件内力的主要钢筋。

架立钢筋：起架立作用，以构成钢筋骨架。

箍筋：固定各钢筋的位置并承受剪力。

2. 钢筋混凝土构件图绘制要求

（1）为了突出表示钢筋的配置状况，在构件的立面图和断面图上，轮廓线用中实线或细实线画出，图内不画材料图例，而用粗实线（在立面图）和黑圆点（在断面图）表示钢筋，并要对钢筋加以说明标注。

（2）钢筋的标注方法

钢筋（或钢丝束）的标注应包括钢筋的编号、数量或间距、代号、直径及所在位置，通常应沿钢筋的长度标注或标注在有关钢筋的引出线上。梁、柱的箍筋和板的分布筋，一般应注出间距，不注数量。对于简单的构件，钢筋可不编号，如图10-1所示。

当构件纵横向尺寸相差悬殊时，可在同一详图中纵横向选用不同比例。

结构图中的构件标高，一般标注出构件底面的结构标高。

（3）钢筋末端的标准弯钩可分为90°、135°、180°三种。当采用标准弯钩时（标准弯钩即最小弯钩），钢筋直段长的标注可直接注于钢筋的侧面。箍筋大样可不绘出弯钩，当为扭转或抗震箍筋时，应在大样图的右上角，增绘两条倾斜45°的斜短线。弯钩的表示，如图10-2所示。

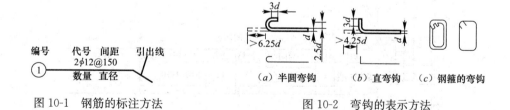

图 10-1　钢筋的标注方法

（a）半圆弯钩　（b）直弯钩　（c）钢箍的弯钩

图 10-2　弯钩的表示方法

（4）钢筋的保护层

钢筋的保护层的作用是为保护钢筋以防锈、防水、防腐蚀。钢筋混凝土保护层最小厚度见表10-1。

钢筋混凝土保护层最小厚度（mm）　　　　　　**表 10-1**

钢筋名称	环境条件	构件类别	混凝土强度等级		
			≤C20	C25 及 C30	≥C35
受力筋	室内正常环境	板、墙	15		
		梁	25		
		柱	30		
	露天或室内高湿度	板、墙	35	25	15
		梁	45	35	25
		柱	45	35	30
箍筋	梁和柱		15		
分布筋	墙和板		10		

（5）钢筋的简化画法

• 型号、直径、长度和间隔距离完全相同的钢筋，可以只画出第一根和最后一根的全长，用标注的方法表示其根数、直径和间隔距离。如图 10-3（a）所示。

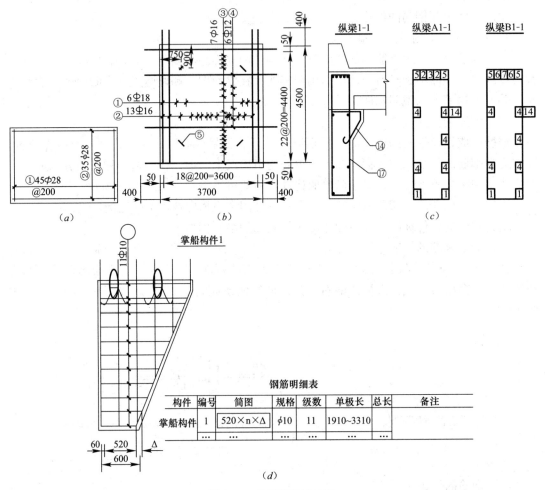

图 10-3　钢筋的简化画法

• 型号、直径、长度相同而间隔距离不相同的钢筋，可以只画出第一根和最后一根的全长，中间用粗短线表示其位置，用标注的方法表明钢筋的根数、直径和间隔距离。如图 10-3（b）所示。

• 当若干构件的断面形状、尺寸大小和钢筋布置均相同，仅钢筋编号不同时，可采用下图的画法。如图 10-3（*c*）所示。

• 钢筋的形式和规格相同，而其长度不同且呈有规律的变化时，这组钢筋允许只编一个号，并在钢筋表中"简图"栏内加注变化规律。如图 10-3（*d*）所示。

10.2　桥梁纵主梁钢筋图绘制

✦ **绘制思路**

使用直线命令绘制定位轴线；使用直线、多段线等命令绘制纵主梁配筋；使用多行文字、复制命令标注文字；删除、修剪多余直线，完成纵主梁配筋图，如图 10-4 所示。

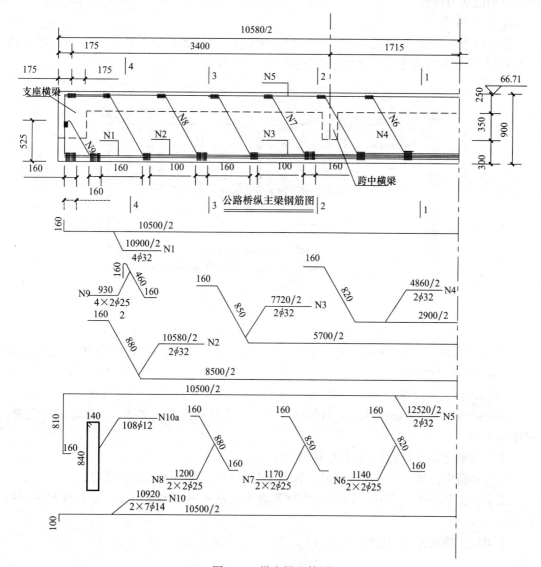

图 10-4　纵主梁配筋图

10.2.1 前期准备以及绘图设置

【操作步骤】

1. 要根据绘制图形决定绘图的比例，建议采用 1∶1 的比例绘制，1∶30 的出图比例。

2. 建立新文件

打开 AutoCAD 2014 应用程序，建立新文件，将新文件命名为"纵梁配筋图. dwg"，并保存。

3. 设置绘图工具栏

在任意工具栏处单击鼠标右键，从打开的快捷菜单中选择"标准"，"图层"，"样式"，"绘图"，"修改"，"文字"和"标注"这七个选项，调出这些工具栏，并将它们移动到绘图窗口中的适当位置。

4. 设置图层

设置以下六个图层："尺寸"，"中心线"，"钢筋"，"轮廓线"，"文字"和"虚线"，将"中心线"设置为当前图层。设置好的图层如图 10-5 所示。

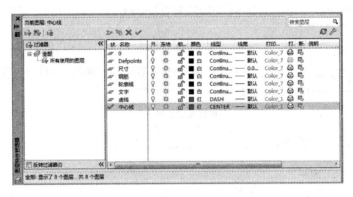

图 10-5　纵梁配筋图图层设置

5. 文字样式的设置

单击"标注"工具栏中的"文字样式"按钮，进入"文字样式"对话框，选择仿宋字体，宽度因子设置为 0.8。

6. 标注样式的设置

根据绘图比例设置标注样式，对标注样式线、符号和箭头、文字、主单位进行设置，具体如下：

线：超出尺寸线为 125，起点偏移量为 150；

符号和箭头：第一个为建筑标记，箭头大小为 150，圆心标记为标记 75；

文字：文字高度为 150，文字位置为垂直上，从尺寸线偏移 75，文字对齐为 ISO标准；

主单位：精度为 0，比例因子为 1。

10.2.2 绘制定位轴线

【操作步骤】

1. 在状态栏，单击"正交模式"按钮，打开正交模式，单击"绘图"工具栏中的"直线"按钮，绘制一条长为 5290 的水平直线。

2. 单击"绘图"工具栏中的"直线"按钮，绘制交于端点的垂直的长为 900 的直线。

3. 把尺寸图层设置为当前图层，单击"标注"工具栏中的"线性"按钮，标注直线尺寸，完成的图形如图 10-6 所示。

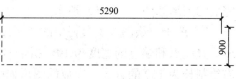

图 10-6 纵主梁配筋图定位轴线

4. 单击"修改"工具栏中的"复制"按钮，复制刚刚绘制好的水平直线，分别向上复制的位移分别为 300，650，900。

5. 单击"修改"工具栏中的"复制"按钮，复制刚刚绘制好的垂直直线，分别向右复制的位移分别为 175，3575，5290。

6. 单击"标注"工具栏中的"线性"按钮，标注直线尺寸。

7. 单击"标注"工具栏中的"连续"按钮，进行连续标注。完成的图形如图 10-7 所示。

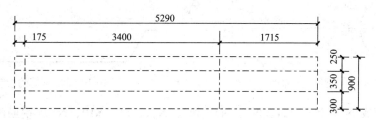

图 10-7 纵主梁配筋图定位轴线复制

10.2.3 绘制纵剖面轮廓线

【操作步骤】

1. 把轮廓线图层设置为当前图层，单击"绘图"工具栏中的"直线"按钮，绘制纵主梁外部轮廓线和轴对称线，完成的图形如图 10-8 所示。

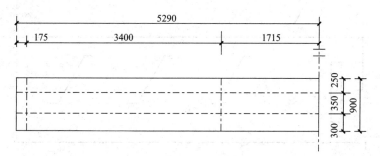

图 10-8 纵主梁外部轮廓线

261

2. 绘制钢筋

（1）绘制 N2 钢筋

1）把钢筋图层设置为当前图层。单击"绘图"工具栏中的"直线"按钮，指定轴对称线上 A 点，水平向左绘制一条长为 4250 的直线，然后水平向左绘制一条长为 440 的直线，最后垂直向上任意指定距离大于 880 的一点。完成的图形如图 10-9（a）所示。

2）单击"绘图"工具栏中的"圆"按钮，以 B 点为圆心绘制一个半径为 880 的圆。完成的图形如图 10-9（b）所示。

3）单击"绘图"工具栏中的"多段线"按钮，绘制钢筋，指定 A 点为起点，选择 w 设置起点和端点的宽度为 10，指定 B 点为第二点，指定 C 点为第三点，选择 L 水平向右绘制长为 160 的直线。完成的图形如图 10-10（a）所示。

4）单击"修改"工具栏中的"删除"按钮，删除圆和定位直线。完成的图形如图 10-10（b）所示。

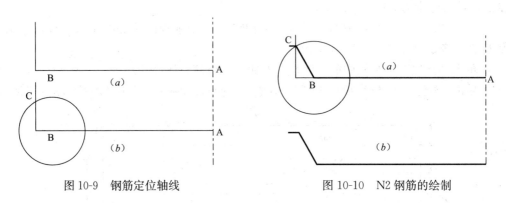

图 10-9　钢筋定位轴线　　　　　　　图 10-10　N2 钢筋的绘制

类似，完成 N1、N3、N4、N5、N6、N7、N8、N9、N10、N10a 钢筋的绘制。完成的图形如图 10-11 所示。

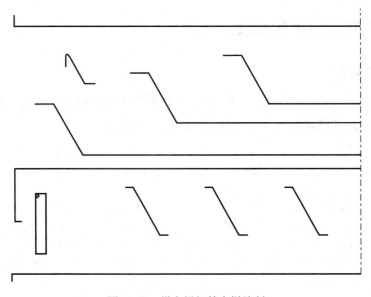

图 10-11　纵主梁钢筋大样绘制

（2）单击"修改"工具栏中的"复制"按钮 ，把绘制好的钢筋复制到相应的位置。

（3）单击"绘图"工具栏中的"直线"按钮 ，绘制一条长为 120 和 100 的垂直的主梁钢筋焊缝。

（4）单击"修改"工具栏中的"矩形阵列"按钮 ，选择 160 的长焊缝为阵列对象设置行数为 1 列数为 9，列间距为 20，选择 100 长焊缝为阵列对象设置行数为 1 列数为 6，列间距为 20。

（5）单击"修改"工具栏中的"复制"按钮 ，复制绘制好的纵主梁梁钢筋焊缝到纵主梁相应部位。完成的图形如图 10-12 所示。

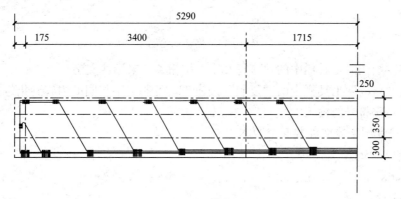

图 10-12　钢筋和焊缝绘制

（6）绘制横梁

把虚线图层设置为当前图层。单击"绘图"工具栏中的"直线"按钮 ，绘制横梁。完成的图形如图 10-13 所示。

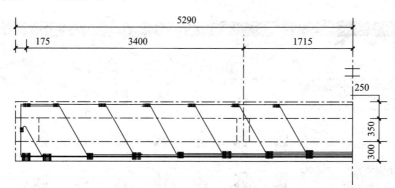

图 10-13　绘制完的横梁的纵主梁配筋图

（7）单击"绘图"工具栏中的"多段线"按钮 ，绘制剖切线，完成的图形如图 10-14 所示。

10.2.4　标注文字和尺寸

【操作步骤】

1. 使用 Ctrl＋C 命令复制桥梁平面布置图中绘制好的标高，然后 Ctrl＋V 粘贴到纵梁配筋图中。

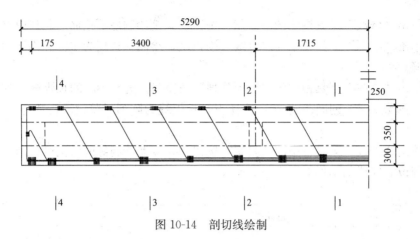

图 10-14　剖切线绘制

2. 单击"绘图"工具栏中的"多行文字"按钮 **A**，来标注文字。

3. 单击"修改"工具栏中的"复制"按钮 ，复制文字相同的内容到指定位置。

4. 钢筋特殊符号的输入

结构字符专用字体文件共 5 个版本

SUPEROS. SHX

SYFS. shx

SYSZ. SHX

Txt-1. shx（PKPM 编译的结构字形）的结构字符

_ HZTXT. SHX 为符合建筑制图规范标准的"细仿宋体"

（1）把相关的字体复制到 AutoCAD 2014 程序文件夹中的 Fonts 子文件夹内，如图 10-15 所示。

图 10-15　字体的复制

（2）运行 AutoCAD 2014，打开"文字样式"对话框，对话框的设置，如图 10-16 所示。

图 10-16　钢筋符号的文字样式设置

（3）单击"绘图"工具栏中的"多行文字"按钮 **A**，来标注钢筋型号和长度。
常用的特殊符号 AutoCAD 输入方法参见表 10-2。

常用的特殊符号 AutoCAD 输入方法　　　　　　　　　　　　　　表 10-2

CAD 输入内容	代表的特殊符号		
%%c	Φ符号	%%1452%%146	平方
%%d	度符号	%%1453%%146	立方
%%p	±符号	%%162	工字钢
%%130	Ⅰ级钢筋 ϕ	%%161	角钢
%%131	Ⅱ级钢筋 ϕ	%%163	槽钢
%%132	Ⅲ级钢筋 ϕ	%%164	方钢
%%133	Ⅳ级钢筋 ϕ	%%165	扁钢
%%130%%145ll%%146	冷轧带肋钢筋	%%166	卷边角钢
%%130%%145j%%146	钢绞线符号	%%167	卷边槽钢
%%136	千分号	%%168	卷边 Z 型钢
%%141	字串缩小 1/2（下标开始）	%%169	钢轨
%%142	字串增大 1/2（下标结束）	%%170	圆钢
%%143	字串升高 1/2	%%147	对前一字符画圈
%%144	字串降低 1/2	%%148	对前两字符画圈

另外有时打开一些图纸时，往往要求选择替代的字体，建筑制图中一般都选择 hz-txt. shx 字体，但是，它一般排列在对话框靠下的位置，可以把 hztxt. shx 字体名称改为

_hztxt.shx 或者是直接改名为：0.shx 或 _.shx 也行。这样，再次打开这些图形文件的时候，连续按回车，即可替换所有其他 CAD 字体为标准的建筑字体，同时避免出现"日文字符"等乱码。

完成的图形如图 10-17 所示。

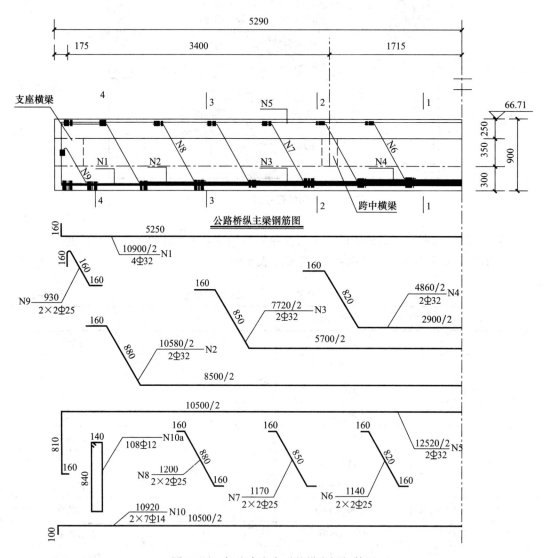

图 10-17　标注完文字后的纵主梁钢筋图

（4）把尺寸图层设置为当前图层，关闭中心线层，单击"标注"工具栏中的"线性"按钮，标注焊缝尺寸。标注尺寸后的图形如图 10-18 所示。

（5）单击"标注"工具栏中的"编辑标注文字"按钮，为标注文字指定新位置。

（6）单击"文字"工具栏中的"编辑文字"按钮，来编辑标注文字，比如 5290 改为 10580/2。完成的图形如图 10-4 所示。

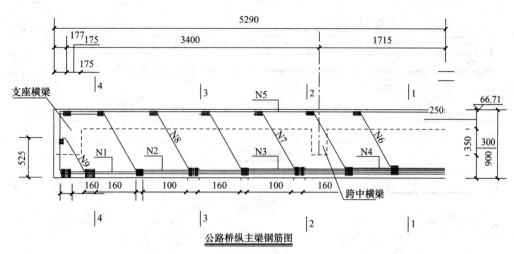

图 10-18　未经调整前的纵主梁钢筋图尺寸标注

10.3　支座横梁配筋图绘制

 **绘制思路**

　　使用直线、复制命令绘制定位轴线；使用直线、多段线等命令绘制支座横梁配筋；使用多行文字、复制命令标注文字；用线性、连续标注命令标注尺寸，删除、修剪多余直线，完成保存支座横梁配筋图，如图 10-19 所示。

10.3.1　前期准备以及绘图设置

　　【操作步骤】

　　1. 要根据绘制图形决定绘图的比例，建议采用 1∶1 的比例绘制，1∶30 的出图比例。

　　2. 建立新文件

　　打开 AutoCAD 2014 应用程序，建立新文件，将新文件命名为"支座横梁配筋图.dwg"，并保存。

　　3. 设置绘图工具栏

　　在任意工具栏处单击鼠标右键，从打开的快捷菜单中选择"标准"，"图层"，"样式"，"绘图"，"修改"和"标注"这六个选项，调出这些工具栏，并将它们移动到绘图窗口中的适当位置。

　　4. 设置图层

　　设置以下六个图层："尺寸"，"中心线"，"钢筋"，"轮廓线"，"文字"和"虚线"，将"中心线"设置为当前图层。设置好的图层，如图 10-5 所示。

　　5. 文字样式的设置

　　单击"标注"工具栏中的"文字样式"按钮，进入"文字样式"对话框，选择仿宋字体，宽度因子设置为 0.8。

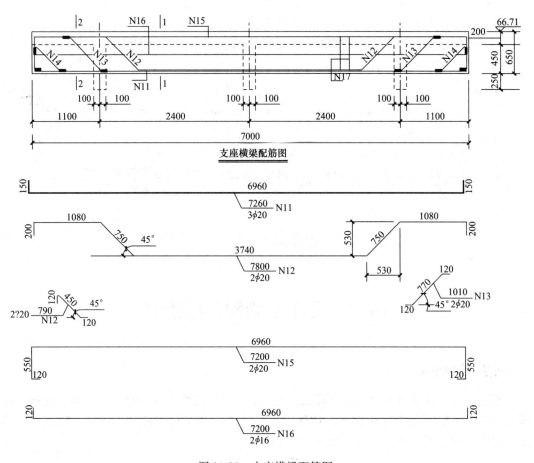

图 10-19　支座横梁配筋图

6. 标注样式的设置

根据绘图比例设置标注样式，对标注样式线、符号和箭头、文字、主单位进行设置，具体如下：

线：超出尺寸线为 125，起点偏移量为 150；

符号和箭头：第一个为建筑标记，箭头大小为 150，圆心标记为标记 75；

文字：文字高度为 150，文字位置为垂直上，从尺寸线偏移 75，文字对齐为 ISO 标准；

主单位：精度为 0，比例因子为 1。

10.3.2　绘制定位轴线

【操作步骤】

1. 在状态栏，单击"正交模式"按钮█，打开正交模式，单击"绘图"工具栏中的"直线"按钮✎，绘制一条长为 7000 的水平直线。

2. 单击"绘图"工具栏中的"直线"按钮✎，绘制交于端点的垂直的长为 900 的直线。

3. 把尺寸图层设置为当前图层，单击"标注"工具栏中的"线性"按钮⊢，标注直线尺寸，完成的图形如图 10-20 所示。

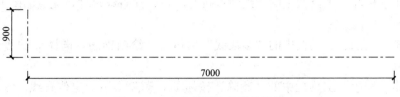

图 10-20　支座横梁定位轴线绘制

4. 单击"修改"工具栏中的"复制"按钮，复制刚刚绘制好的水平直线，分别向上复制的位移分别为 250，700，900。

5. 单击"修改"工具栏中的"复制"按钮，复制刚刚绘制好的垂直直线，分别向右复制的位移分别为 1100，3500，5900，7000。

6. 单击"标注"工具栏中的"线性"按钮⊢，标注直线尺寸。

7. 单击"标注"工具栏中的"连续"按钮，进行连续标注。完成的图形如图 10-21 所示。

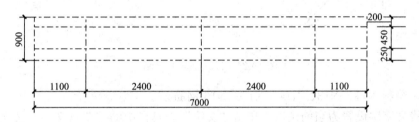

图 10-21　支座横梁配筋图定位轴线复制

10.3.3　绘制纵剖面轮廓线

【操作步骤】

1. 把轮廓线图层设置为当前图层，单击"绘图"工具栏中的"直线"按钮，绘制支座横梁外部轮廓线，完成的图形如图 10-22 所示。

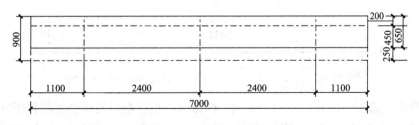

图 10-22　支座横梁外部轮廓线

2. 绘制钢筋

（1）绘制 N12 钢筋

1）把钢筋图层设置为当前图层。单击"绘图"工具栏中的"直线"按钮，在屏幕上任意指定一点为起点，绘制坐标为（@0，200）（@1080，0）（@0，－530）（@530，0）（@3740，0）（@0，530）（@530，0）（@1080，0）（@0，－200）。

2）单击"标注"工具栏中的"线性"按钮⊢，标注直线尺寸，完成的图形如图 10-23 所示。

3）单击"绘图"工具栏中的"多段线"按钮⊃，绘制钢筋，选择 w 设置起点和端点的宽度为 10。

4）单击"修改"工具栏中的"删除"按钮✎，删除多余的定位直线。完成的图形如图 10-24 所示。

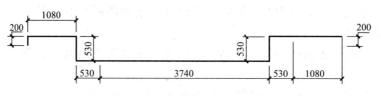

图 10-23　N12 钢筋轮廓定位线绘制

图 10-24　N12 钢筋的绘制

类似，绘制 N11、N13、N14、N15、N16 钢筋。

（2）将文字层设置为当前图层，单击"文字"工具栏中的"单行文字"按钮 **A**，来标注钢筋型号和长度。

（3）单击"标注"工具栏中的"角度"按钮△，来标注钢筋角度。

完成的图形如图 10-25 所示。

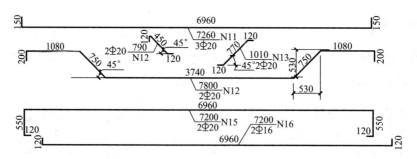

图 10-25　N12、N11、N13、N14、N15、N16 钢筋的绘制

（4）单击"修改"工具栏中的"复制"按钮%，把绘制好的钢筋复制到相应的位置。

（5）使用 Ctrl＋C 命令复制纵主梁绘制好的钢筋焊缝。然后 Ctrl＋V 粘贴到支座横梁相应部位。完成的图形如图 10-26 所示。

3. 绘制纵梁

（1）把虚线图层设置为当前图层。单击"绘图"工具栏中的"直线"按钮╱，绘制纵梁。完成的图形如图 10-27 所示。

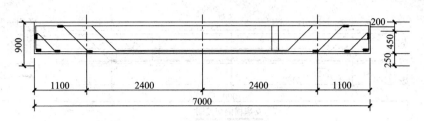

图 10-26　钢筋和焊缝绘制

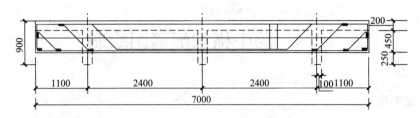

图 10-27　绘制完的纵梁的支座配筋图

（2）单击"绘图"工具栏中的"多段线"按钮⤳，绘制剖切线。

（3）单击"绘图"工具栏中的"多行文字"按钮 **A**，来标注文字。完成的图形如图 10-28 所示。

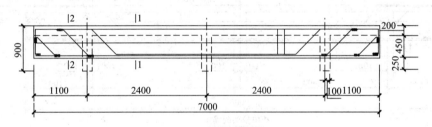

图 10-28　剖切线绘制

10.3.4　标注文字

【操作步骤】

1. 单击"绘图"工具栏中的"多行文字"按钮 **A**，来标注钢筋。

2. 使用 Ctrl＋C 命令复制桥梁纵主梁钢筋图中绘制好的标高。然后 Ctrl＋V 粘贴到支座横梁配筋图中。

3. 单击"绘图"工具栏中的"多行文字"按钮 **A**，标注钢筋编号。

4. 单击"修改"工具栏中的"复制"按钮，复制文字相同的内容到指定位置。完成的图形如图 10-29 所示。

5. 把尺寸图层设置为当前图层，单击"标注"工具栏中的"线性"按钮，标注焊缝尺寸。

6. 单击"修改"工具栏中的"删除"按钮，删除多余的直线。

7. 单击"标注"工具栏中的"编辑标注文字"按钮，为标注文字指定新位置。完成的图形如图 10-19 所示。

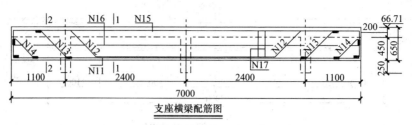

图 10-29　标注完文字后的支座横梁钢筋图

10.4　跨中横梁配筋图绘制

绘制思路

使用直线、复制命令绘制定位轴线；使用直线、多段线等命令绘制跨中横梁配筋；使用多行文字、复制命令标注文字；使用线性标注命令标注尺寸，完成保存跨中横梁配筋图，如图 10-30 所示。

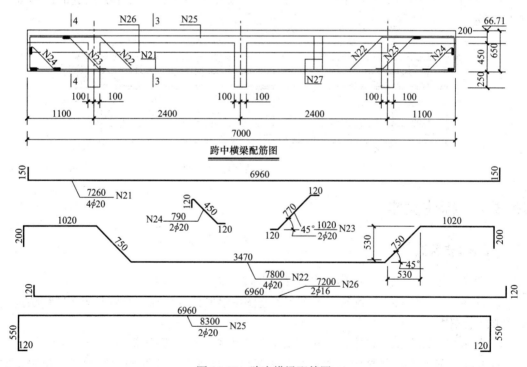

图 10-30　跨中横梁配筋图

10.4.1　前期准备以及绘图设置

【操作步骤】

1. 要根据绘制图形决定绘图的比例，建议采用 1：1 的比例绘制，1：30 的出图比例。

2. 建立新文件

打开 AutoCAD 2014 应用程序，建立新文件，将新文件命名为"跨中横梁配筋图.dwg"，并保存。

3. 设置绘图工具栏

在任意工具栏处单击鼠标右键，从打开的快捷菜单中选择"标准"，"图层"，"样式"，"绘图"，"修改"和"标注"这六个选项，调出这些工具栏，并将它们移动到绘图窗口中的适当位置。

4. 设置图层

设置以下六个图层："尺寸"，"中心线"，"钢筋"，"轮廓线"，"文字"和"虚线"，将"中心线"设置为当前图层。设置好的图层如图 10-5 所示。

5. 文字样式的设置

单击"标注"工具栏中的"文字样式"按钮，弹出"文字样式"对话框，选择仿宋字体，宽度因子设置为 0.8。

6. 标注样式的设置

根据绘图比例设置标注样式，对标注样式线、符号和箭头、文字、主单位进行设置，具体如下：

线：超出尺寸线为 125，起点偏移量为 150；

符号和箭头：第一个为建筑标记，箭头大小为 150，圆心标记为标记 75；

文字：文字高度为 150，文字位置为垂直上，从尺寸线偏移 75，文字对齐为 ISO 标准；

主单位：精度为 0，比例因子为 1。

10.4.2　绘制定位轴线

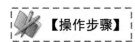 **【操作步骤】**

1. 在状态栏，单击"正交模式"按钮，打开正交模式，单击"绘图"工具栏中的"直线"按钮，绘制一条长为 7000 的水平直线。

2. 单击"绘图"工具栏中的"直线"按钮，绘制交于端点的垂直的长为 900 的直线。

3. 把尺寸图层设置为当前图层，单击"标注"工具栏中的"线性"按钮，标注直线尺寸，完成的图形如图 10-31 所示。

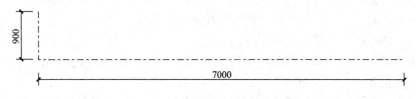

图 10-31　跨中横梁定位轴线绘制

4. 单击"修改"工具栏中的"复制"按钮，复制刚刚绘制好的水平直线，分别向上复制的位移分别为 250，700，900。

5. 单击"修改"工具栏中的"复制"按钮，复制刚刚绘制好的垂直直线，分别向右复制的位移分别为1100，3500，5900，7000。

6. 单击"标注"工具栏中的"线性"按钮，标注直线尺寸。

7. 单击"标注"工具栏中的"连续"按钮，进行连续标注。完成的图形如图 10-32 所示。

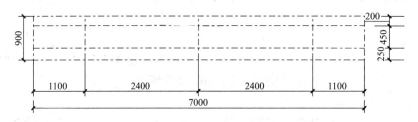

图 10-32　跨中横梁配筋图定位轴线复制

10.4.3　绘制纵剖面轮廓线

【操作步骤】

1. 把轮廓线图层设置为当前图层，单击"绘图"工具栏中的"直线"按钮，绘制跨中横梁外部轮廓线，完成的图形如图 10-33 所示。

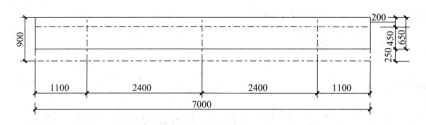

图 10-33　跨中横梁外部轮廓线

2. 绘制钢筋

把钢筋图层设置为当前图层。单击"绘图"工具栏中的"多段线"按钮，绘制钢筋，选择 w 设置起点和端点的宽度为 10。

（1）单击"修改"工具栏中的"删除"按钮，删除多余的定位直线。

（2）单击"标注"工具栏中的"线性"按钮，标注直线尺寸。单击"标注"工具栏中的"角度"按钮，来标注钢筋角度。

（3）单击"绘图"工具栏中的"多行文字"按钮 A，来标注钢筋型号和长度。

完成的图形和尺寸如图 10-34 所示。

（4）单击"修改"工具栏中的"复制"按钮，把绘制好的钢筋复制到相应的位置。使用 Ctrl＋C 命令复制纵主梁绘制好的钢筋焊缝。然后 ctrl＋V 粘贴到跨中横梁相应部位。完成的图形如图 10-35 所示。

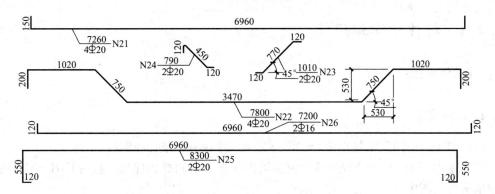

图 10-34 N21、N22、N23、N24、N25、N26 钢筋绘制

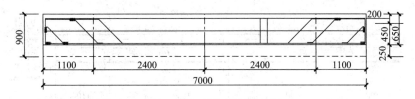

图 10-35 钢筋和焊缝绘制

3. 绘制纵梁

（1）把虚线图层设置为当前图层。单击"绘图"工具栏中的"直线"按钮 ，绘制纵梁。

（2）单击"修改"工具栏中的"删除"按钮 ，删除多余的定位轴线。完成的图形如图 10-36 所示。

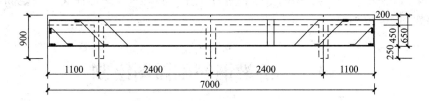

图 10-36 绘制完的纵梁的跨中配筋图

（3）单击"绘图"工具栏中的"多段线"按钮 ，绘制剖切线。

（4）单击"绘图"工具栏中的"多行文字"按钮 **A**，来标注文字。完成的图形如图 10-37 所示。

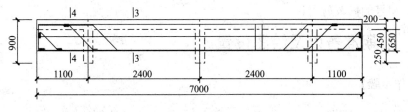

图 10-37 剖切线绘制

10.4.4 标注文字和尺寸

【操作步骤】

1. 标注文字

（1）单击"绘图"工具栏中的"多行文字"按钮 **A**，来标注钢筋。

（2）使用 Ctrl＋C 命令复制桥梁纵主梁钢筋图中绘制好的标高。然后 Ctrl＋V 粘贴到跨中横梁配筋图中。

（3）单击"绘图"工具栏中的"多行文字"按钮 **A**，标注钢筋编号。单击"修改"工具栏中的"复制"按钮，复制文字相同的内容到指定位置。完成的图形如图 10-38 所示。

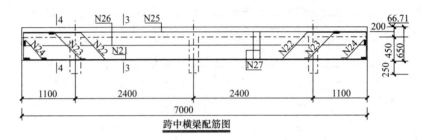

图 10-38　标注完文字后的跨中横梁钢筋图

2. 标注尺寸

（1）单击"标注"工具栏中的"线性"按钮，标注焊缝尺寸。

（2）单击"标注"工具栏中的"编辑标注文字"按钮，为标注文字指定新位置。完成的图形如图 10-30 所示。

10.5　桥梁钢筋剖面图绘制

✦ 绘制思路

使用直线、多段线等命令绘制钢筋剖面；使用多行文字、复制命令标注文字；用线性、连续标注命令标注尺寸，完成保存钢筋剖面图，如图 10-39 所示。

以纵主梁的 1-1 剖面为例，其余纵主梁的剖面复制 1-1 仅作各种钢筋数量、直径、长度、间距、编号的修改就可以。

10.5.1 前期准备以及绘图设置

【操作步骤】

1. 要根据绘制图形决定绘图的比例，建议采用 1：1 的比例绘制，1：20 的出图比例。

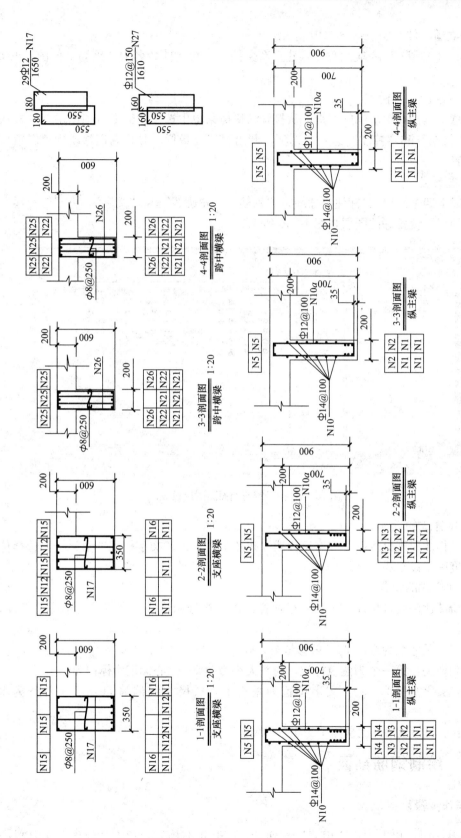

图 10-39 钢筋剖面图

2. 建立新文件

打开 AutoCAD 2014 应用程序，建立新文件，将新文件命名为"钢筋剖面图. dwg"，并保存。

3. 设置绘图工具栏

在任意工具栏处单击鼠标右键，从打开的快捷菜单中选择"标准"，"图层"，"样式"，"绘图"，"修改"和"标注"这六个选项，调出这些工具栏，并将它们移动到绘图窗口中的适当位置。

4. 设置图层

设置以下四个图层："标注尺寸线"，"钢筋"，"轮廓线"和"文字"，将"轮廓线"设置为当前图层。设置好的图层如图 10-40 所示。

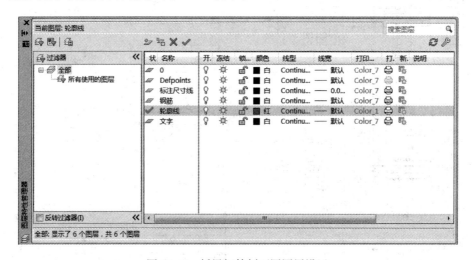

图 10-40　桥梁钢筋剖面图图层设置

5. 文字样式的设置

单击"标注"工具栏中的"文字样式"按钮，进入"文字样式"对话框，选择仿宋字体，宽度因子设置为 0.8。

6. 标注样式的设置

根据绘图比例设置标注样式，对标注样式线、符号和箭头、文字、主单位进行设置，具体如下：

线：超出尺寸线为 80，起点偏移量为 100；

符号和箭头：第一个为建筑标记，箭头大小为 100，圆心标记为标记 50；

文字：文字高度为 100，文字位置为垂直上，从尺寸线偏移 50，文字对齐为 ISO 标准；

主单位：精度为 0，比例因子为 1。

10.5.2　绘制钢筋剖面

　【操作步骤】

1. 在状态栏，单击"正交模式"按钮，打开正交模式，单击"绘图"工具栏中的

"直线"按钮 ✎ ，在屏幕上任意指定一点，以坐标点（@200，0）（@0，700）（@500，0）（@0，200）（@-1200，0）（@0，-200）（@500，0）（@0，-700）绘制直线。

2. 把标注尺寸线图层设置为当前图层，单击"标注"工具栏中的"线性"按钮 ⊟，标注直线尺寸，完成的图形如图10-41所示。

3. 绘制折断线

（1）把轮廓线图层设置为当前图层，绘制两侧折断线。

（2）单击"修改"工具栏中的"删除"按钮 ✎ ，删除尺寸标注。完成的图形如图10-42所示。

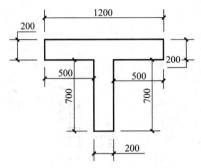

图10-41　1-1剖面轮廓线绘制

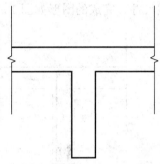

图10-42　1-1剖面折断线绘制

4. 绘制钢筋

（1）把钢筋图层设置为当前图层，单击"修改"工具栏中的"偏移"按钮 ⊜ ，绘制钢筋定位线。指定偏移距离为35，要偏移的对象为AB，指定刚绘制完图形内部任意一点。指定偏移距离为20，要偏移的对象为AC、BD和EF，指定刚绘制完图形内部任意一点。完成的图形如图10-43所示。

（2）在状态栏，单击"对象捕捉"按钮 ▢ ，打开对象捕捉模式。单击"极轴追踪"按钮 ⊿ ，打开极轴追踪。

（3）单击"绘图"工具栏中的"多段线"按钮 ⊃ ，绘制架立筋。输入w来设置线宽为10。完成的图形如图10-44所示。

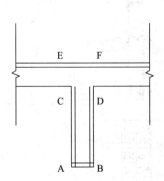

图10-43　1-1剖面钢筋定位线绘制

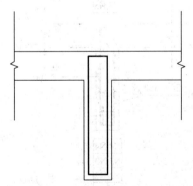

图10-44　钢筋绘制流程图（一）

（4）单击"绘图"工具栏中的"圆"按钮 ◴ ，绘制两个直径为14和32的圆，完成的图形如图10-45（a）所示。

（5）单击"绘图"工具栏中的"图案填充"按钮 ▨ ，单击对话框里"图案（P）"右边的

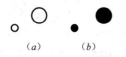

(a)   (b)

图 10-45　钢筋绘制流程图（二）

按钮进行更换图案样例，进入"填充图案选项板"对话框，选择"SOLID"图例进行填充。完成的图形如图 10-45（b）所示。

（6）单击"修改"工具栏中的"复制"按钮，复制刚刚填充好的钢筋到相应的位置，完成的图形如图 10-46 所示。

（7）单击"绘图"工具栏中的"矩形"按钮，绘制 100×100 的矩形。

（8）单击"修改"工具栏中的"复制"按钮，复制刚刚绘制好的矩形。

（9）把标注尺寸线图层设置为当前图层，单击"标注"工具栏中的"线性"按钮，标注直线尺寸，完成的图形如图 10-47 所示。

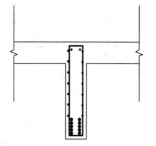

图 10-46　钢筋绘制流程图（三）

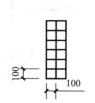

图 10-47　钢筋绘制流程图（四）

（10）把文字图层设置为当前图层，单击"绘图"工具栏中的"多行文字"按钮 **A**，标注钢筋型号和编号，完成的图形如图 10-48 所示。

（11）把标注尺寸线图层设置为当前图层。把标注尺寸图层设置为当前图层，单击"标注"工具栏中的"线性"按钮。然后单击"标注"工具栏中的"连续"按钮，进行连续标注。完成的图形如图 10-49 所示。

其他钢筋剖面图的绘制和 1-1 剖面图的绘制方法和步骤类似。这里就不过多阐述。完成的图形如图 10-39 所示。

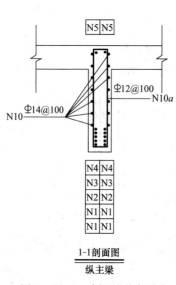

图 10-48　1-1 剖面文字标注

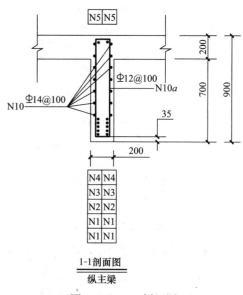

图 10-49　1-1 剖面图

第 **11** 章

桥墩和桥台结构图绘制

本章主要目的在于通过学习使读者熟练掌握墩台和桥台结构图的一般绘制方法，为今后从事有关桥梁工程工作打下坚实基础。

 学 习 要 点

- ◎ 桥墩结构图绘制
- ◎ 桥台结构图绘制
- ◎ 附属结构图绘制

11.1　桥墩结构图绘制

11.1.1　桥墩图简介

桥墩，由基础、墩身和墩帽组成。

基础在桥墩的底部，埋在地面以下。基础可以采用扩大基础、桩基础或沉井基础。扩大基础的材料多为浆砌片石或混凝土。墩身是桥墩的主体，上面小，下面大。墩身有实心和空心，实心桥墩以墩身的横断面形状来区分类型，如圆形墩、矩形墩、圆端形墩、尖端形墩等。墩身的材料多为浆砌片石或混凝土，在墩身顶部 40cm 高的范围内放有少量钢筋的混凝土，以加强与墩帽的连接。

墩帽位于桥墩的上部，用钢筋混凝土材料制成，由顶帽和托盘组成。直接与墩身连接的是托盘，下面小，上面大，顶帽位于托盘之上，在其上面设置垫石以便安装桥梁支座。

桥墩的组成如图 11-1 所示。

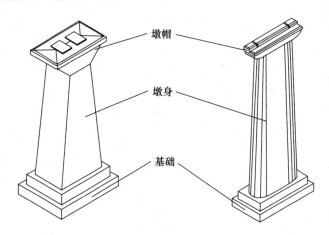

图 11-1　桥墩组成

表示桥墩的图样有：桥墩图、墩帽图以及墩帽钢筋布置图。

1. 桥墩图

桥墩图用来表达桥墩的整体情况，包括墩帽、墩身、基础的形状、尺寸和材料
圆端形桥墩正面图为按照线路方向投射桥墩所得的视图。如图 11-2 所示。

圆形墩的桥墩图正面图是半正面与半剖面的合成视图，半剖面是为了表示桥墩各部分的材料，加注材料说明，画出虚线作为材料分界线。半正面图上的点画线，是托盘上的斜圆柱面的轴线和顶帽上的直圆柱面的轴线。平面图画成了基顶平面，它是沿基础顶面剖切后向下投射得到的剖面（剖视）图。如图 11-3 所示。

2. 墩帽图

一般需要用较大的比例单独画出墩帽图。

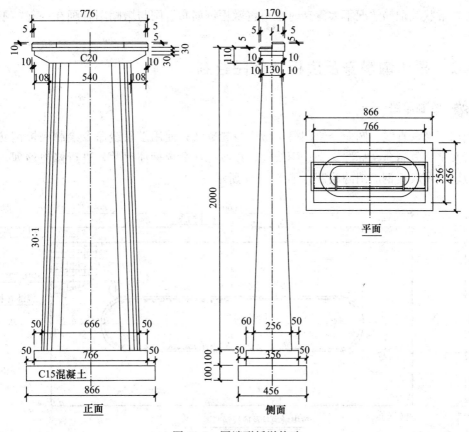

图 11-2　圆端形桥墩构造

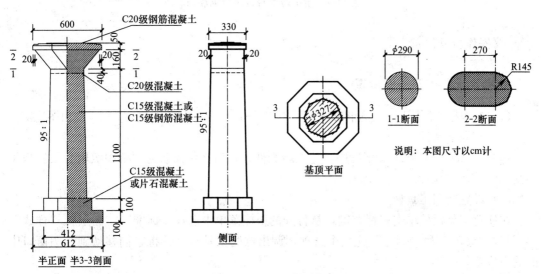

图 11-3　圆形墩桥墩构造

正面图和侧面图中的虚线为材料分界线，点画线为柱面的轴线。

3. 墩帽钢筋布置图

墩帽钢筋布置图提供墩帽部分的钢筋布置情况，钢筋图的画法见桥梁制图基础知识。

墩帽形状和配筋情况不太复杂时也可将墩帽钢筋布置图与墩帽图合画在一起，不必单独绘制。

11.1.2 桥中墩墩身及底板钢筋图绘制

✦ **绘制思路**

使用矩形、直线、圆命令绘制桥中墩墩身轮廓线；使用多段线命令绘制底板钢筋；使用多行文字、复制命令标注文字；用线性、连续标注命令标注尺寸，进行修剪整理，完成桥中墩墩身及底板钢筋图的绘制，如图 11-4 所示。

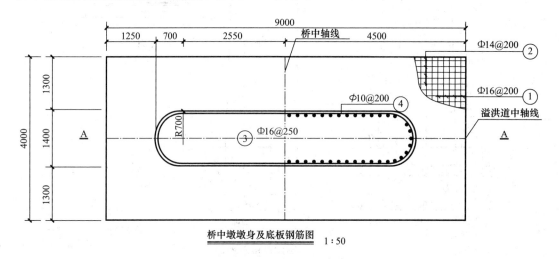

桥中墩墩身及底板钢筋图 1∶50

图 11-4 桥中墩墩身及底板钢筋图

 **【操作步骤】**

1. 前期准备以及绘图设置

（1）要根据绘制图形决定绘图的比例，建议采用 1∶1 的比例绘制，1∶50 的出图比例。

（2）建立新文件

打开 AutoCAD 2014 应用程序，建立新文件，将新文件命名为"桥中墩墩身及底板钢筋图.dwg"，并保存。

（3）设置绘图工具栏

在任意工具栏处单击鼠标右键，从打开的快捷菜单中选择"标准"，"图层"，"样式"，"绘图"，"修改"和"标注"这六个选项，调出这些工具栏，并将它们移动到绘图窗口中的适当位置。

（4）设置图层

设置以下四个图层："尺寸"，"定位中心线"，"轮廓线"和"文字"，将"轮廓线"设置为当前图层。设置好的图层如图 11-5 所示。

（5）文字样式的设置

单击"标注"工具栏中的"文字样式"按钮，进入"文字样式"对话框，选择仿宋

字体，宽度因子设置为0.8。

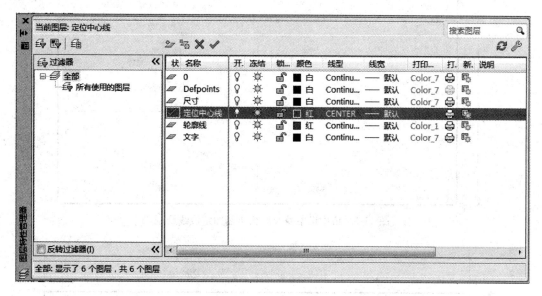

图 11-5　桥中墩墩身及底板钢筋图图层设置

（6）标注样式的设置

根据绘图比例设置标注样式，对标注样式线、符号和箭头、文字、主单位进行设置，具体如下：

线：超出尺寸线为120，起点偏移量为150；

符号和箭头：第一个为建筑标记，箭头大小为150，圆心标记为标记75；

文字：文字高度为150，文字位置为垂直上，从尺寸线偏移75，文字对齐为ISO标准；

主单位：精度为0，比例因子为1。

2. 绘制桥中墩墩身轮廓线

（1）单击"绘图"工具栏中的"矩形"按钮▢，绘制矩形9000×4000的矩形。

（2）把定位中心线图层设置为当前图层，在状态栏，单击"正交模式"按钮▣，打开正交模式。在状态栏，单击"对象捕捉"按钮▢，打开对象捕捉。单击"绘图"工具栏中的"直线"按钮╱，取矩形的中点绘制两条对称中心线。

（3）把尺寸图层设置为当前图层，单击"标注"工具栏中的"线性"按钮▯，标注直线尺寸，如图11-6所示。

（4）单击"修改"工具栏中的"复制"按钮▒，复制刚刚绘制好的两条对称中心线。

（5）单击"标注"工具栏中的"线性"按钮▯。完成的图形和复制尺寸如图11-7所示。

（6）单击"绘图"工具栏中的"多段线"按钮⤵，绘制墩身轮廓线。选择a来指定圆弧的圆心。完成的图形如图11-8所示。

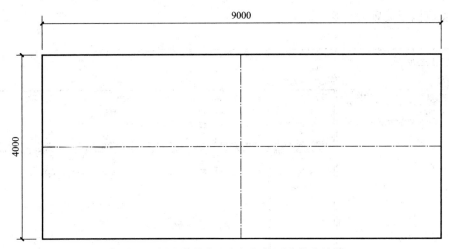

图 11-6　桥中墩墩身及底板钢筋图定位线绘制

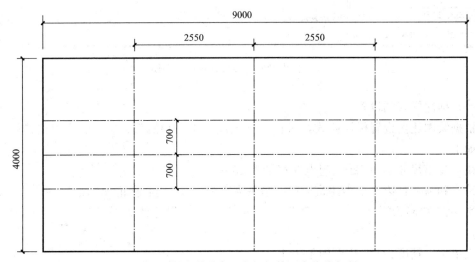

图 11-7　桥中墩墩身及底板钢筋图定位线复制

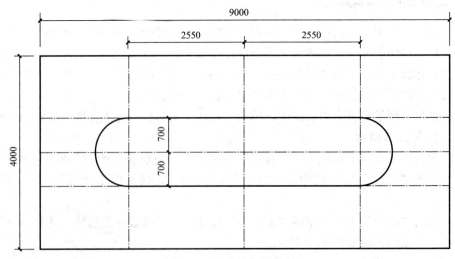

图 11-8　墩身轮廓线绘制

3. 绘制底板钢筋

（1）单击"修改"工具栏中的"偏移"按钮，向里面偏移刚刚绘制好的墩身轮廓线，指定偏移距离的距离为 50。

（2）单击"绘图"工具栏中的"多段线"按钮，加粗钢筋，选择 w 设置起点和端点的宽度为 25。

（3）使用偏移命令绘制墩身钢筋，然后使用多段线编辑命令加粗偏移后的箍筋。完成的图形如图 11-9 所示。

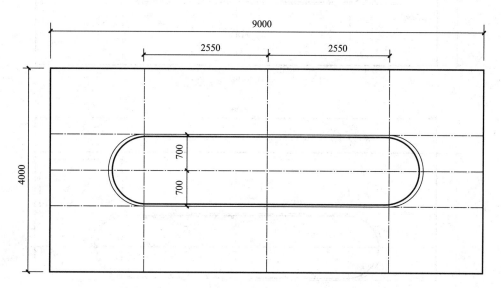

图 11-9　桥中墩墩身钢筋绘制

（4）单击"绘图"工具栏中的"圆"按钮，绘制一个直径为 16 的圆。

（5）单击"绘图"工具栏中的"图案填充"按钮，单击对话框里"图案（P）"右边的按钮进行更换图案样例，进入"填充图案选项板"对话框，选择"SOLID"图例进行填充。

（6）单击"修改"工具栏中的"复制"按钮，复制刚刚填充好的钢筋到相应的位置，完成的图形如图 11-10 所示。

（7）单击"修改"工具栏中的"样条曲线"按钮，绘制底板配筋折线。

（8）单击"绘图"工具栏中的"多段线"按钮，绘制水平的钢筋线长度 1400，重复"多段线"命令，绘制垂直的钢筋线长度 1300。完成的图形如图 11-11 所示。

（9）单击"修改"工具栏中的"矩形阵列"按钮，选择水平钢筋为阵列对象，设置行数为 6，列数为 1，设置行间距为－200。

（10）单击"修改"工具栏中的"矩形阵列"按钮，选择竖直钢筋为阵列对象，设置行数为 1，列数为 7，设置列间距为－200，列间距为－200。

完成的图形如图 11-12 所示。

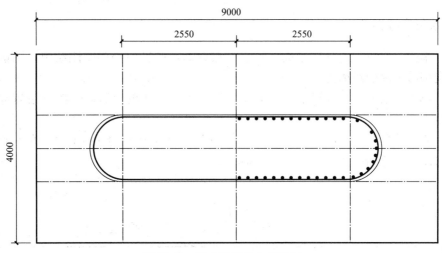

图 11-10　桥中墩墩身主筋绘制

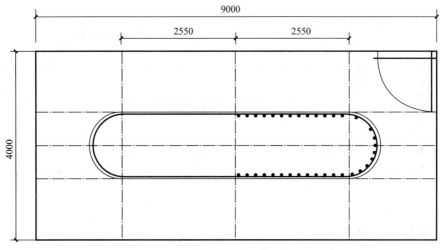

图 11-11　底板钢筋

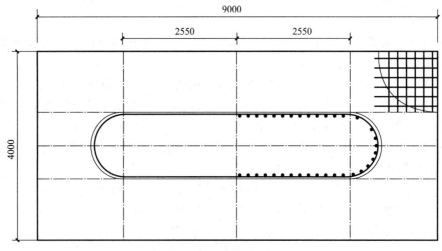

图 11-12　底板钢筋阵列

（11）单击"修改"工具栏中的"修剪"按钮 <kbd>+</kbd>，剪切多余的部分。完成的图形如图 11-13 所示。

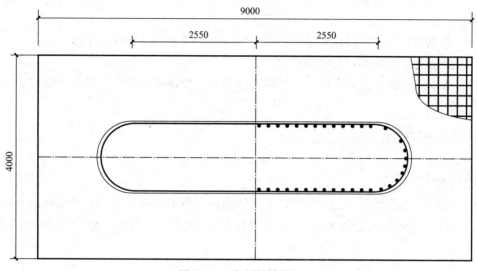

图 11-13 底板钢筋剪切

（12）单击"绘图"工具栏中的"多段线"按钮 <kbd>⊃</kbd>，绘制剖切线。

4. 标注文字

（1）将文字层设为当前图层单击"绘图"工具栏中的"多行文字"按钮 <kbd>A</kbd>，标注钢筋型号和编号。

（2）单击"修改"工具栏中的"复制"按钮 <kbd>%</kbd>，把相同的内容复制到指定的位置。注意文字标注时需要把文字图层设置为当前图层。完成的图形如图 11-14 所示。

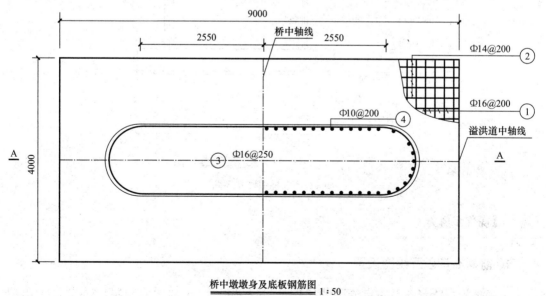

图 11-14 桥中墩墩身及底板钢筋图文字标注

5. 标注尺寸，完成图形

（1）把尺寸图层设置为当前图层，单击"标注"工具栏中的"线性"按钮⊢，标注直线尺寸。

（2）单击"标注"工具栏中的"连续"按钮⊞，进行连续标注。单击"标注"工具栏中的"半径标注"按钮◢，标注半径尺寸。

（3）单击"修改"工具栏中的"删除"按钮◢，删除多余的标注尺寸。完成的图形如图 11-4 所示。

11.1.3　桥中墩立面图绘制

✦ **绘制思路**

使用直线、多段线命令绘制桥中墩立面轮廓线；使用多行文字、文字编辑命令标注文字；用线性、连续标注命令标注尺寸，进行修剪整理，完成桥中墩立面图如图 11-15 所示。

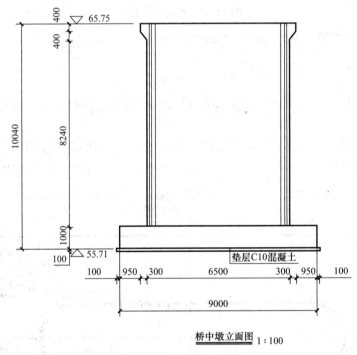

桥中墩立面图 1∶100

图 11-15　桥中墩立面图

【操作步骤】

1. 前期准备以及绘图设置

（1）要根据绘制图形决定绘图的比例，建议采用 1∶1 的比例绘制，1∶100 的出图比例。

（2）建立新文件

打开 AutoCAD 2014 应用程序，建立新文件，将新文件命名为"桥中墩立面图.dwg"，并保存。

（3）设置绘图工具栏

在任意工具栏处单击鼠标右键，从打开的快捷菜单中选择"标准"，"图层"，"样式"，"绘图"，"修改"，"文字"和"标注"这七个选项，调出这些工具栏，并将它们移动到绘图窗口中的适当位置。

（4）设置图层

设置以下三个图层："尺寸"，"轮廓线"和"文字"，将"轮廓线"设置为当前图层。设置好的图层如图 11-16 所示。

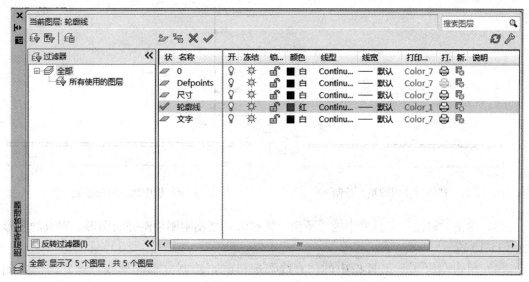

图 11-16　桥中墩立面图图层设置

（5）文字样式的设置

单击"标注"工具栏中的"文字样式"按钮 ，进入"文字样式"对话框，选择仿宋字体，宽度因子设置为 0.8。

（6）标注样式的设置

根据绘图比例设置标注样式，对标注样式线、符号和箭头、文字进行设置，其他选项默认。具体如下：

线：超出尺寸线为 250，起点偏移量为 300；

符号和箭头：第一个为建筑标记，箭头大小为 300，圆心标记为标记 150；

文字：文字高度为 300，文字位置为垂直上，从尺寸线偏移为 150，文字对齐为 ISO标准；

2. 绘制桥中墩立面定位线

（1）单击"绘图"工具栏中的"矩形"按钮 ，绘制 9200×100 的矩形，如图 11-17所示。

（2）单击"绘图"工具栏中的"直线"按钮 ，绘制轮廓定位线。以 A 点为起点，绘制坐标为（@100，0）（@0，1000）（@1250，0）（@0，8240）（@500＜127）（@0，400）（@3550，0），完成的图形如图 11-18 所示。

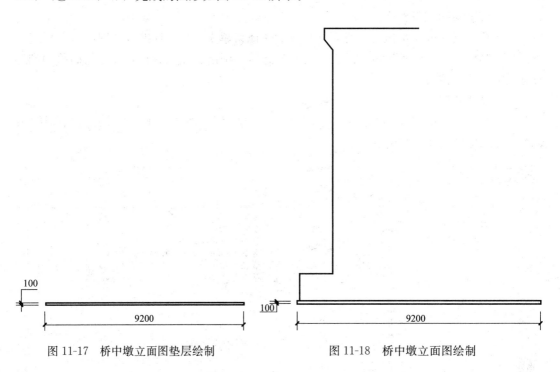

图 11-17　桥中墩立面图垫层绘制　　　　　图 11-18　桥中墩立面图绘制

（3）单击"修改"工具栏中的"镜像"按钮 ，复制刚刚绘制完的图形。完成的图形如图 11-19 所示。

（4）单击"绘图"工具栏中的"直线"按钮 ，绘制立面轮廓线，完成的图形如图 11-20 所示。

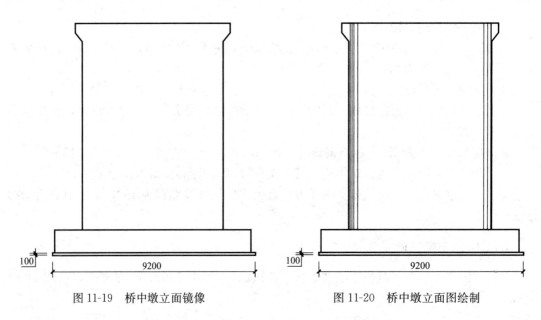

图 11-19　桥中墩立面镜像　　　　　　　　图 11-20　桥中墩立面图绘制

（5）单击"绘图"工具栏中的"多段线"按钮 ⤵，加粗桥中墩立面轮廓。输入 w 来确定多段线的宽度为 20。

3. 标注文字

（1）使用 Ctrl＋C 命令复制桥梁纵剖面图中绘制好的标高。然后 Ctrl＋V 粘贴到桥中墩立面图中，如图 11-21 所示。

（2）要把文字图层设置为当前图层。单击"文字"工具栏中的"编辑文字"按钮 ，单击文字修改标高。

（3）单击"绘图"工具栏中的"多行文字"按钮 **A**，来标注文字。完成的图形如图 11-22 所示。

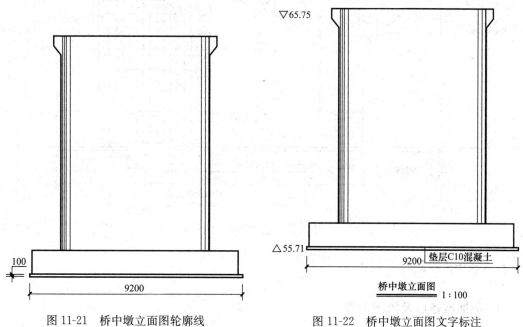

图 11-21　桥中墩立面图轮廓线　　　　图 11-22　桥中墩立面图文字标注

4. 标注尺寸

（1）把尺寸图层设置为当前图层，单击"标注"工具栏中的"线性"按钮 ，标注直线尺寸。

（2）单击"标注"工具栏中的"连续"按钮 ，进行连续标注。完成的图形如图 11-15 所示。

11.1.4　桥中墩剖面图绘制

✦ **绘制思路**

调用桥中墩立面图；使用偏移、复制、阵列等命令绘制桥中墩剖面钢筋；使用多行文字、复制命令标注文字；用线性、连续标注命令标注尺寸，完成保存桥中墩剖面图，如图 11-23 所示。

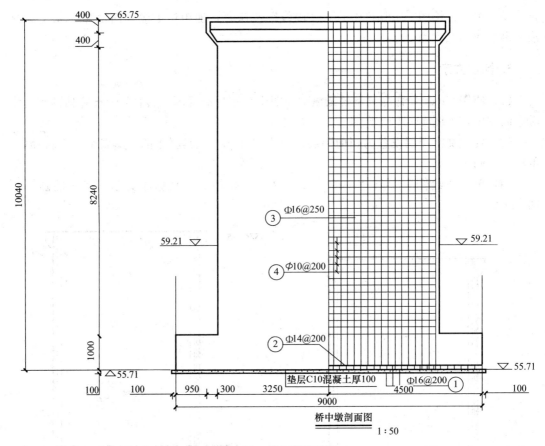

图 11-23　桥中墩剖面图

【操作步骤】

1. 前期准备以及绘图设置

（1）要根据绘制图形决定绘图的比例，建议采用1：1的比例绘制，1：50的出图比例。

（2）建立新文件

打开 AutoCAD 2014 应用程序，建立新文件，将新文件命名为"桥中墩剖面图.dwg"，并保存。

（3）设置绘图工具栏

在任意工具栏处单击鼠标右键，从打开的快捷菜单中选择"标准"，"图层"，"样式"，"绘图"，"修改"和"标注"这六个选项，调出这些工具栏，并将它们移动到绘图窗口中的适当位置。

（4）设置图层

设置以下四个图层："尺寸"，"定位中心线"，"轮廓线"和"文字"，将"轮廓线"设置为当前图层。设置好的图层如图 11-5 所示。

（5）文字样式的设置

单击"标注"工具栏中的"文字样式"按钮▲，进入"文字样式"对话框，选择仿宋字体，宽度因子设置为 0.8。

（6）标注样式的设置

根据绘图比例设置标注样式，对标注样式线、符号和箭头、文字、主单位进行设置，具体如下：

线：超出尺寸线为 120，起点偏移量为 150；

符号和箭头：第一个为建筑标记，箭头大小为 150，圆心标记为标记 75；

文字：文字高度为 150，文字位置为垂直上，从尺寸线偏移 75，文字对齐为 ISO 标准；

主单位：精度为 0，比例因子为 1。

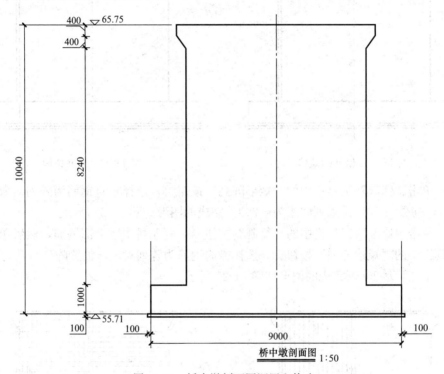

桥中墩剖面图 1:50

图 11-24　桥中墩剖面图调用和修改

2. 调用桥中墩立面线图

（1）使用 Ctrl+C 命令复制桥中墩立面图。然后 Ctrl+V 粘贴到桥中墩剖面图中，如图 11-24 所示。

（2）单击"修改"工具栏中的"缩放"按钮⬜，比例因子设置为 0.5，把文字缩放 0.5 倍。

（3）单击"修改"工具栏中的"删除"按钮✎，删除多余的标注和直线。

（4）把定位中心线图层设置为当前图层，单击"绘图"工具栏中的"直线"按钮✎，绘制一条桥中墩立面轴线。

3. 绘制桥中墩剖面钢筋

（1）单击"修改"工具栏中的"偏移"按钮▣，偏移选择刚刚绘制完的墩身立面轮廓线。指定的偏移距离为 100。完成的图形如图 11-25 所示。

（2）单击"修改"工具栏中的"延伸"按钮✍，拉伸钢筋到指定位置，完成的图形如

图 11-26 所示。

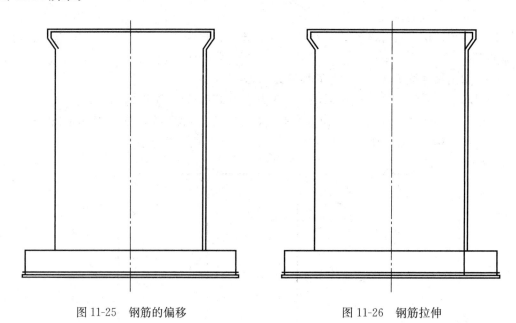

图 11-25　钢筋的偏移　　　　　　　　　　图 11-26　钢筋拉伸

（3）单击"修改"工具栏中的"矩形阵列"按钮，选择垂直钢筋为阵列对象，设置行数为 1，列数为 16，设置列间距为－200，完成的图形如图 11-27 所示。

（4）单击"修改"工具栏中的"复制"按钮，复制桥中墩上部钢筋，然后单击"修改"工具栏中的"矩形阵列"按钮，选择横向钢筋为阵列对象，设置阵列行数为 43，列数为 1，行间距为-200，完成的图形如图 11-28 所示。

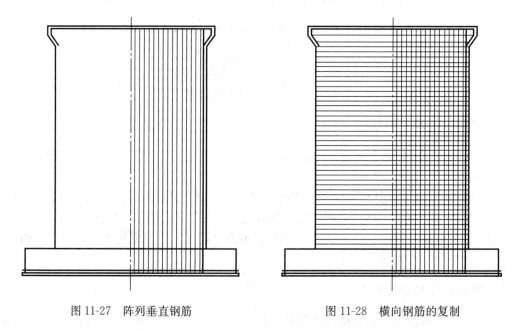

图 11-27　阵列垂直钢筋　　　　　　　　　图 11-28　横向钢筋的复制

（5）单击"绘图"工具栏中的"圆"按钮，绘制一个直径为 16 圆。

（6）单击"绘图"工具栏中的"图案填充"按钮，单击对话框里"图案（P）"右边的按钮进行更换图案样例，进入"填充图案选项板"对话框，选择"SOLID"图例进行填充。

（7）单击"修改"工具栏中的"复制"按钮，把绘制好的钢筋复制到相应的位置。完成的图形如图 11-29 所示。

（8）单击"修改"工具栏中的"修剪"按钮，剪切钢筋的多余部分。完成的图形如图 11-30 所示。

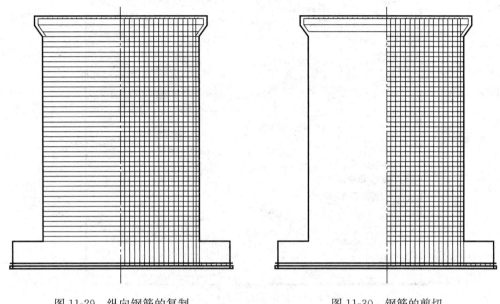

图 11-29　纵向钢筋的复制　　　　　　图 11-30　钢筋的剪切

（9）单击"绘图"工具栏中的"图案填充"按钮，单击对话框里"图案（P）"右边的按钮进行更换图案样例，进入"填充图案选项板"对话框，选择"混凝土 3"图例进行填充。填充的比例为 15，如图 11-31 所示。

4. 标注文字

（1）单击"绘图"工具栏中的"多行文字"按钮**A**，标注钢筋编号和型号。

（2）单击"修改"工具栏中的"复制"按钮，把相同的内容复制到指定的位置。注意文字标注时需要把文字图层设置为当前图层。完成的图形如图 11-32 所示。

5. 标注尺寸

（1）把尺寸图层设置为当前图层，单击"标注"工具栏中的"线性"按钮，标注直线尺寸。

（2）单击"标注"工具栏中的"连续"按钮，进行连续标注。完成的图形如图 11-23 所示。

11.1.5　墩帽钢筋图绘制

墩帽钢筋图的绘制流程同桥中墩墩身及底板钢筋图的钢筋图绘制流程一样，这里就不再过多阐述，如图 11-33 所示。

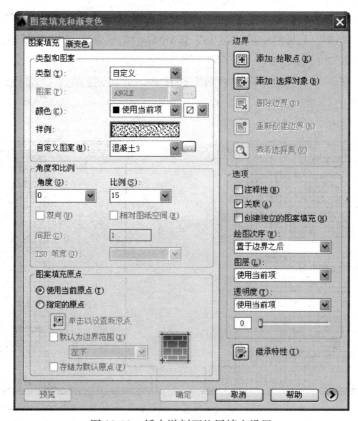

图 11-31　桥中墩剖面垫层填充设置

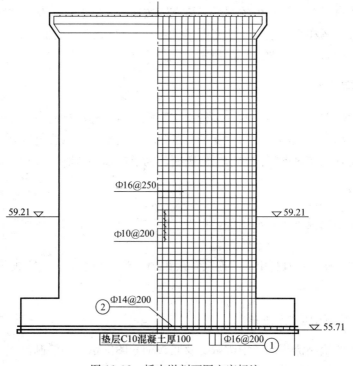

图 11-32　桥中墩剖面图文字标注

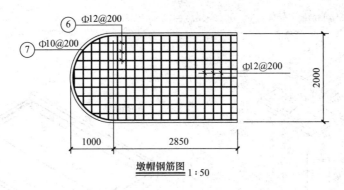

图 11-33　墩帽钢筋图

11.2　桥台结构图绘制

11.2.1　桥台图简介

桥台位于桥梁的两端，是桥梁与路基连接处的支柱。它一方面支撑着上部桥跨，另一方面支挡着桥头路基的填土。

桥台的形式很多，以 T 形桥台为例。

桥台主要由基础、台身和台顶三部分组成。基础位于桥台的下部，一般都是扩大基础。扩大基础使用的材料多为浆砌片石或混凝土。基础以上、顶帽以下的部分是台身，T 形桥台的台身，其水平断面的形状是 T 形。

桥台的组成如图 11-34 所示。

从桥台的桥跨一侧顺着线路方向观看桥台，称为桥台的正面，台身上贴近河床的一端叫前墙。前墙上向上扩大的部分叫托盘。从桥台的路基一侧顺着线路方向观看桥台，称为桥台的背面，台身上与路基街接的一端叫后墙。台身使用的材料多为浆砌片石或混凝土。台身以上的部分称为台顶，台顶包括了顶帽和道碴槽。顶帽位于托盘上，上部有排水坡，周边有抹角。前面的排水坡上有两块垫石用于安放支座。

道碴槽位于后墙的上部，形状如图 11-35 所示，它是由挡碴墙和端墙围成的一个中间高两边低的凹槽。两侧的挡碴墙比较高，前后的端墙比较低。挡碴墙和端墙的内表面均设有凹进去的防水层槽。道碴槽的底部表面是用混凝土垫成的中间高、两边低的排水坡，坡面上铺设有防水层，防水层四周嵌入挡碴墙和端墙上的防水层槽内。在挡碴墙的下部设有泄水管，用以排除道碴槽内的积水。道碴槽和顶帽使用的材料均为钢筋混凝土。

桥台常依据台身的水平断面形状来取名，除 T 形桥台外，常见的还有 U 形桥台、十字形桥台、矩形桥台等。

桥台的表达：

表示一个桥台总是先画出它的总图，用以表示桥台的整体形状、大小以及桥台与线路的相对位置关系。

除桥台总图外，还要用较大的比例画出台顶构造图。另外还要表明顶帽和道碴槽内钢

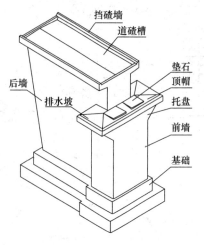

图 11-34　桥台的组成

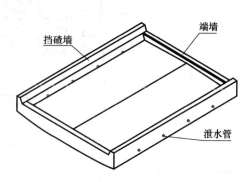

图 11-35　道碴槽形状

筋的布置情况，需要画出顶帽和道碴槽的钢筋布置图。

　　桥台总图（T 形桥台为例），它上面画出了桥台的侧面、半平面及半基顶剖面、半正面及半背面等几个视图。如图 11-36 所示。

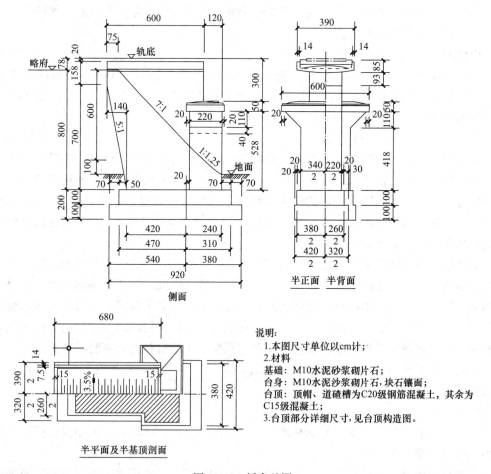

说明：
1.本图尺寸单位以cm计；
2.材料
基础：M10水泥砂浆砌片石；
台身：M10水泥沙浆砌片石,块石镶面；
台顶：顶帽、道碴槽为C20级钢筋混凝土，其余为
C15级混凝土；
3.台顶部分详细尺寸,见台顶构造图。

图 11-36　桥台总图

桥台顶部分详细尺寸，见造图 11-37。

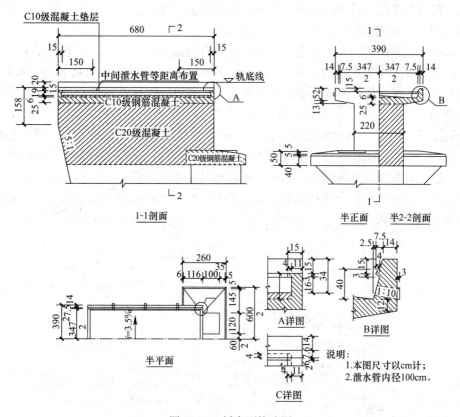

图 11-37　桥台顶构造图

在画正面图的位置画的是桥台的侧面，表示垂直于线路方向观察桥台。将桥台本身全部画成是可见的，路基、锥体护坡及河床地面均未完整示出，只画出了轨底线、部分路肩线、锥体护坡的轮廓线及台前台后的部分地面线，这些线及有关尺寸反映了桥台与线路的关系及桥台的埋深。前墙上距托盘底部 40cm 处的水平虚线是材料分界线。图上还注出了基础、台身及台顶在侧面上能反映出来的尺寸，有许多尺寸是重复标注的。大量出现重复尺寸是土建工程图的一个特点。

在画平面图的位置画出的是半平面及半基顶平面，这是由两个半视图合成的视图：对称轴线上方一半画的是桥台本身的平面图；对称轴线下方一半画的是沿着基顶剖切得到的水平剖面（剖视）图。由于剖切位置已经明确，所以未再对剖切位置作标注。虽然基础埋在地下，但仍画成了实线。半平面及半基顶平面反映了台顶、台身、基础的平面形状及大小，按照习惯，合成视图上对称部位的尺寸常注写成全长一半的形式，例如写成或 320/2 的样子。

在画侧面图的位置画的是桥台的半正面及半背面合成的视图，用以表示桥台正面和背面的形状和大小。图中的双点画线画出的是轨枕和道床，虚线是材料分界线。图上重复标注了有关尺寸，只示出了一半的对称部位亦注写成全长一半的形式。

台顶构造图，如图 11-37 所示。它主要用来表示顶帽和道碴槽的形状、构造和大小。台顶构造图由几个基本视图和若干详图组成。

1-1 剖面图的剖切位置和投射方向在半正面半 2-2 剖面图中示出，它是沿桥台对称面剖切得到的全剖视。1-1 剖面图用来表示道碴槽的构造及台顶各部分所使用的材料。图中的虚线是材料分界线。受图的比例的限制，道碴槽上局部未能表示清楚的地方，如圆圈 A 处，则另用较大的比例画出它的详图作为补充。

平面图上只画出了一半，称为半平面，它是台顶部分的外形视图，表明了道碴槽、顶帽的平面形状和大小。道碴槽上未能表示清楚的 C 部位，亦通过 C 详图作进一步的表达。半正面和半 2-2 剖面是台顶从正面观察和从 2-2 处剖切后观察得到的合成视图，图中未能表示清楚的 B 部位，另用 B 详如图示。

公路上常用的 U 形桥台的总图（图 11-38），它包括了纵剖面图、平面图和台前、台后合成视图。纵剖面图是沿桥台对称面剖切得到的全剖视，主要用来表明桥台内部的形状和尺寸，以及各组成部分所使用的材料。平面图是一个外形图，主要用以表明桥台的平面形状和尺寸。台前、台后合成视图是由桥台的半正面、半背面组合而成的，用以表明桥台的正面和背面的形状和大小。

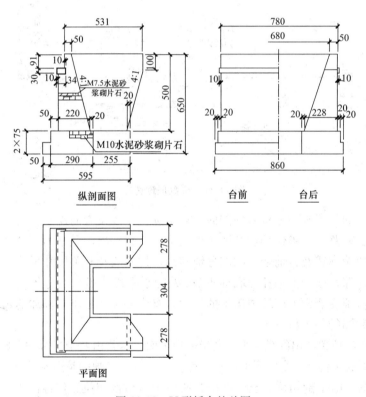

图 11-38　U 形桥台的总图

11.2.2　桥边墩平面图绘制

✦ **绘制思路**

使用直线命令绘制桥边墩轮廓定位中心线；使用直线、多段线命令绘制桥边墩轮廓线；使用多行文字命令标注文字；用线性、连续标注命令以及 dimtedit 命令标注修改尺寸，完成桥边墩平面图，如图 11-39 所示。

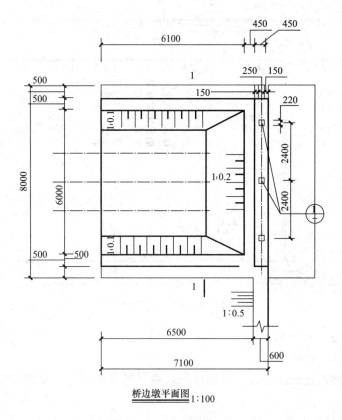

桥边墩平面图 1:100

图 11-39　桥边墩平面图

【操作步骤】

1. 前期准备以及绘图设置

（1）要根据绘制图形决定绘图的比例，建议采用 1∶1 的比例绘制，1∶100 的出图比例。

（2）建立新文件

打开 AutoCAD 2014 应用程序，建立新文件，将新文件命名为"桥边墩平面图.dwg"，并保存。

（3）设置绘图工具栏

在任意工具栏处单击鼠标右键，从打开的快捷菜单中选择"标准"，"图层"，"样式"，"绘图"，"修改"和"标注"这六个选项，调出这些工具栏，并将它们移动到绘图窗口中的适当位置。

（4）设置图层

设置以下四个图层："尺寸"，"定位中心线"，"轮廓线"和"文字"，把这些图层设置成不同的颜色，使图纸上表示更加清晰，将"定位中心线"设置为当前图层。设置好的图层如图 11-40 所示。

（5）文字样式的设置

单击"标注"工具栏中的"文字样式"按钮，进入"文字样式"对话框，选择仿宋

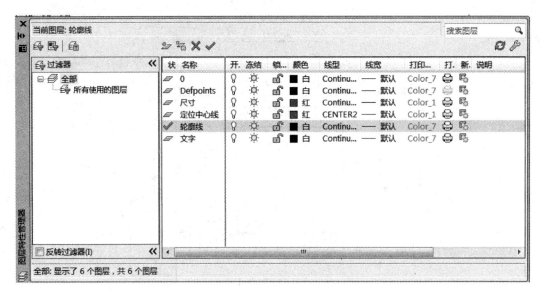

图 11-40　桥边墩平面图图层设置

字体，宽度因子设置为 0.8。

（6）标注样式的设置

根据绘图比例设置标注样式，对标注样式线、符号和箭头、文字、主单位进行设置，具体如下：

线：超出尺寸线为 400，起点偏移量为 500；

符号和箭头：第一个为建筑标记，箭头大小为 500，圆心标记为标记 250；

文字：文字高度为 500，文字位置为垂直上，从尺寸线偏移为 250，文字对齐为 ISO 标准；

主单位：精度为 0，比例因子为 1。

2. 绘制桥边墩轮廓定位中心线

（1）在状态栏，单击"正交模式"按钮，打开正交模式，单击"绘图"工具栏中的"直线"按钮，绘制一条长为 9100 的水平直线。

（2）单击"绘图"工具栏中的"直线"按钮，绘制交于端点的垂直的长为 8000 的直线。

（3）把尺寸图层设置为当前图层，单击"标注"工具栏中的"线性"按钮，标注直线尺寸，完成的图形如图 11-41 所示。

（4）单击"修改"工具栏中的"复制"按钮，复制刚刚绘制好的水平直线，分别向上复制的位移分别为 500，1000，1800，4000，6200，7000，7500，8000。

（5）单击"修改"工具栏中的"复制"按钮，复制刚刚绘制好的垂直直线，分别向右复制的位移分别为 4500，6100、6500，6550，7100，9100。

（6）注意把尺寸图层设置为当前图层。单击"标注"工具栏中的"线性"按钮，标注直线尺寸，然后单击"标注"工具栏中的"连续"按钮，进行连续标注。如图 11-42 所示。

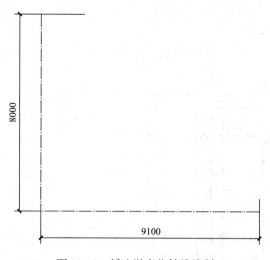

图 11-41　桥边墩定位轴线绘制

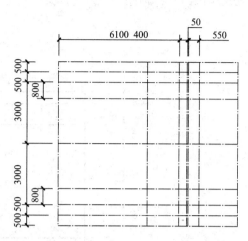

图 11-42　桥边墩平面图定位轴线复制

3. 绘制桥边墩平面轮廓线

（1）把轮廓线图层设置为当前图层，单击"绘图"工具栏中的"多段线"按钮，绘制桥边墩轮廓线，选择 w 设置起点和端点的宽度为 30。

（2）单击"绘图"工具栏中的"多段线"按钮，完成其他线的绘制，完成的图形如图 11-43 所示。

（3）单击"修改"工具栏中的"复制"按钮，复制定位轴线去确定支座定位线。

（4）单击"绘图"工具栏中的"矩形"按钮，绘制 220×220 的矩形作为支座。

（5）单击"修改"工具栏中的"复制"按钮，复制支座矩形。完成的图形如图 11-44 所示。

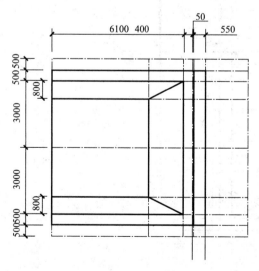

图 11-43　桥边墩平面轮廓线绘制（一）

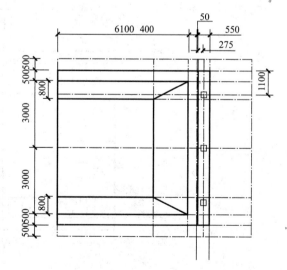

图 11-44　桥边墩平面轮廓线绘制（二）

（6）单击"绘图"工具栏中的"直线"按钮，绘制坡度和水位线。

（7）单击"绘图"工具栏中的"多段线"按钮，绘制剖切线。利用所学知识绘制折断线如图 11-45 所示。

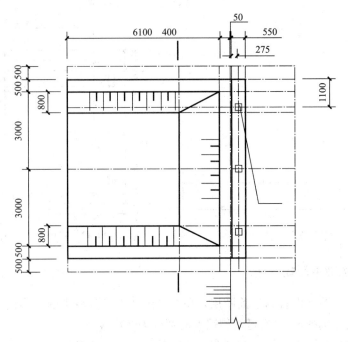

图 11-45　桥边墩平面轮廓线绘制（三）

（8）单击"修改"工具栏中的"删除"按钮 ，删除多余定位线。

（9）单击"修改"工具栏中的"修剪"按钮 ，框选实体删除多余的实体，完成的图形如图 11-46 所示。

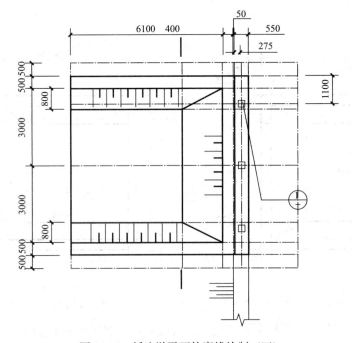

图 11-46　桥边墩平面轮廓线绘制（四）

4. 标注文字

（1）单击"绘图"工具栏中的"多行文字"按钮 **A**，标注文字。

（2）单击"修改"工具栏中的"复制"按钮，复制文字相同的内容到指定位置。完成的图形如图 11-47 所示。

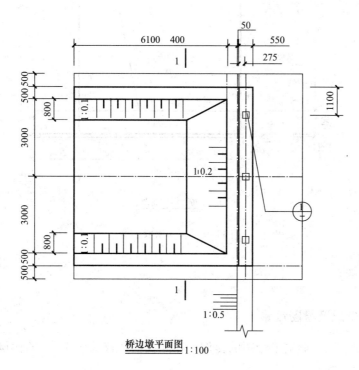

图 11-47　桥边墩平面图文字标注

5. 标注尺寸

（1）把尺寸图层设置为当前图层，单击"标注"工具栏中的"线性"按钮，标注尺寸。

（2）单击"标注"工具栏中的"连续"按钮，进行连续标注。注意尺寸标注时需要把尺寸图层设置为当前图层。

（3）单击"标注"工具栏中的"编辑标注文字"按钮，对标注文字进行重新编辑。完成的图形如图 11-39 所示。

11.2.3　桥边墩立面图绘制

✦ **绘制思路**

使用直线、多段线命令绘制桥边墩立面轮廓线；使用多行文字、文字编辑命令标注文字，完成保存桥边墩立面图，如图 11-48 所示。

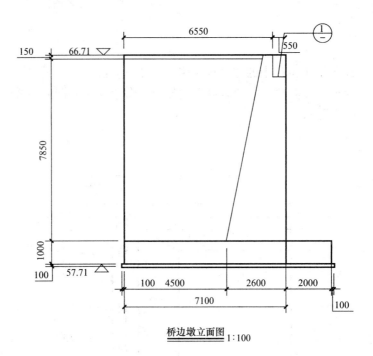

桥边墩立面图 1:100

图 11-48　桥边墩立面图

【操作步骤】

1. 前期准备以及绘图设置

（1）要根据绘制图形决定绘图的比例，在此我们建议采用 1：1 的比例绘制，1：100 的出图比例。

（2）建立新文件

打开 AutoCAD 2014 应用程序，建立新文件，将新文件命名为"桥边墩立面图.dwg"，并保存。

（3）设置绘图工具栏

在任意工具栏处单击鼠标右键，从打开的快捷菜单中选择"标准"，"图层"，"样式"，"绘图"，"修改"，"文字"和"标注"这七个选项，调出这些工具栏，并将它们移动到绘图窗口中的适当位置。

（4）设置图层

设置以下四个图层："尺寸"，"定位中心线"，"轮廓线"和"文字"，把这些图层设置成不同的颜色，使图纸上表示更加清晰，将"定位中心线"设置为当前图层。设置好的图层如图 11-40 所示。

（5）文字样式的设置

单击"标注"工具栏中的"文字样式"按钮，进入"文字样式"对话框，选择仿宋字体，宽度因子设置为 0.8。

（6）标注样式的设置

根据绘图比例设置标注样式，对标注样式线、符号和箭头、文字、主单位进行设置，

具体如下：

线：超出尺寸线为 400，起点偏移量为 500；

符号和箭头：第一个为建筑标记，箭头大小为 500，圆心标记为标记 250；

文字：文字高度为 500，文字位置为垂直上，从尺寸线偏移为 250，文字对齐为 ISO 标准；

主单位：精度为 0，比例因子为 1。

2. 绘制桥边墩立面定位线

（1）在状态栏，单击"正交模式"按钮▇，打开正交模式，单击"绘图"工具栏中的"直线"按钮／，绘制一条长为 9300 的水平直线。

（2）单击"绘图"工具栏中的"直线"按钮／，绘制交于端点的垂直的长为 9100 的直线。

（3）把尺寸图层设置为当前图层，单击"标注"工具栏中的"线性"按钮⊢，标注直线尺寸，完成的图形如图 11-49 所示。

（4）单击"修改"工具栏中的"复制"按钮❀，复制刚刚绘制好的水平直线，分别向上复制的位移分别为 100，1100，8950，9100。

（5）单击"修改"工具栏中的"复制"按钮❀，复制刚刚绘制好的垂直直线，分别向右复制的位移分别为 100，4600，6650，7200，9200，9300。

（6）把尺寸图层设置为当前图层，单击"标注"工具栏中的"线性"按钮⊢，标注直线尺寸。

（7）单击"标注"工具栏中的"连续"按钮⊞，进行连续标注。完成的图形如图 11-50 所示。

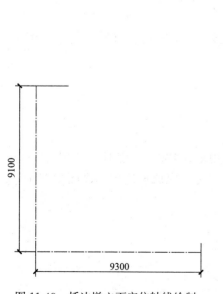

图 11-49　桥边墩立面定位轴线绘制

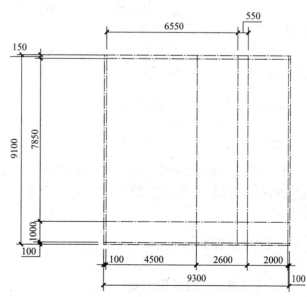

图 11-50　桥边墩立面定位轴线复制

（8）将轮廓线图层设置为当前图层，单击"绘图"工具栏中的"矩形"按钮▢，绘制

9300×100 的矩形，选择"w"来指定矩形的线宽为 30。重复"矩形"按钮，绘制 9100×1000 的矩形和 7100×8000 的矩形，完成的图形如图 11-51 所示。

（9）单击"绘图"工具栏中的"直线"按钮 ，绘制其他桥边墩立面轮廓线，完成的图形如图 11-52 所示。

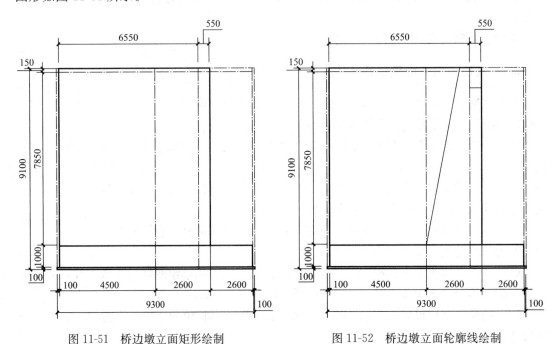

图 11-51　桥边墩立面矩形绘制　　　　图 11-52　桥边墩立面轮廓线绘制

3. 标注文字

（1）使用 Ctrl＋C 命令复制桥梁纵剖面图图中绘制好的标高。然后 Ctrl＋V 粘贴到桥边墩立面图中。

（2）单击"标注"工具栏中的"编辑标注文字"按钮 ，对标注文字进行重新编辑。完成的图形如图 11-48 所示。

11.2.4　桥边墩剖面图绘制

✦ 绘制思路

使用直线、多段线命令绘制桥边墩剖面轮廓线；使用多行文字、文字编辑命令标注文字，完成保存桥边墩剖面图；用线性、连续标注命令标注尺寸，完成桥边墩剖面图如图 11-53 所示。

1. 前期准备以及绘图设置

（1）要根据绘制图形决定绘图的比例，在此我们建议采用 1∶1 的比例绘制，1∶100 的出图比例。

（2）建立新文件

打开 AutoCAD 2014 应用程序，建立新文件，将新文件命名为"桥边墩剖面图.dwg"，并保存。

（3）设置绘图工具栏

在任意工具栏处单击鼠标右键，从打开的快捷菜单中选择"标准"，"图层"，"样式"，"绘图"，"修改"，"文字"和"标注"这七个选项，调出这些工具栏，并将它们移动到绘图窗口中的适当位置。

（4）设置图层

设置以下四个图层："尺寸"，"定位中心线"，"轮廓线"和"文字"，把这些图层设置成不同的颜色，使图纸上表示更加清晰，将"轮廓线"设置为当前图层。设置好的图层如图 11-40 所示。

（5）文字样式的设置

单击"标注"工具栏中的"文字样式"按钮，进入"文字样式"对话框，选择仿宋字体，宽度因子设置为0.8。

（6）标注样式的设置

根据绘图比例设置标注样式，对标注样式线、符号和箭头、文字、主单位进行设置，具体如下：

线：超出尺寸线为400，起点偏移量为500；

符号和箭头：第一个为建筑标记，箭头大小为500，圆心标记为标记250；

文字：文字高度为500，文字位置为垂直上，从尺寸线偏移为250，文字对齐为ISO标准；

主单位：精度为0，比例因子为1。

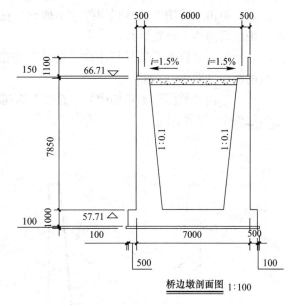

图 11-53　桥边墩剖面图

2. 绘制桥边墩剖面轮廓线

（1）将轮廓线层设置为当前图层，单击"绘图"工具栏中的"矩形"按钮，绘制 8200×100 的矩形。

（2）把定位中心线单击"绘图"工具栏中的"直线"按钮，绘制定位线，以 A 点为起点，绘制坐标点为（@100，0）（@0，1000）（@500，0）（@0，7850）（@785，0）（@-7889.5＜96）（@1890，0）。

（3）尺寸图层设置为当前图层，单击"标注"工具栏中的"线性"按钮，标注直线尺寸，然后单击"标注"工具栏中的"连续"按钮，进行连续标注。完成的图形如图 11-54 所示。

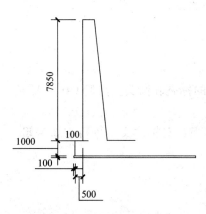

图 11-54　桥边墩剖面图
绘制流程（一）

（4）单击"绘图"工具栏中的"多段线"按钮⤵，指定起点宽度为 30，端点宽度为 30，加粗桥边墩剖面轮廓线。

（5）单击"修改"工具栏中的"镜像"按钮⬏，镜像刚刚绘制好桥边墩剖面轮廓线。完成的图形如图 11-55 所示。

（6）单击"绘图"工具栏中的"直线"按钮⟋，绘制桥边墩栏杆和顶部构造，完成的图形如图 11-56 所示。

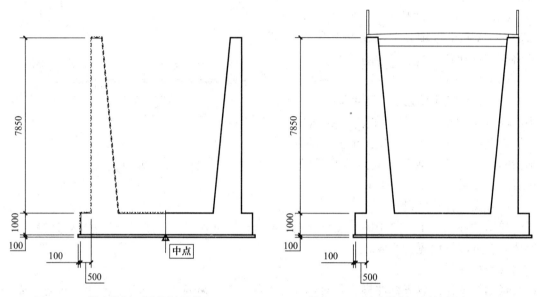

图 11-55　桥边墩剖面图绘制流程（二）　　　图 11-56　桥边墩剖面图绘制流程（三）

（7）单击"绘图"工具栏中的"图案填充"按钮▨，单击对话框里"图案（P）"右边的按钮进行更换图案样例，进入"填充图案选项板"对话框，选择"AR-SAND"图例进行填充。填充比例的设置，如图 11-57（a）所示。单击"绘图"工具栏中的"图案填充"按钮▨，单击对话框里"图案（P）"右边的按钮进行更换图案样例，进入"填充图案选项板"对话框，选择"混凝土 3"图例进行填充。填充比例的设置，如图 11-57（b）所示。完成的图形如图 11-58 所示。

3. 标注文字

（1）使用 Ctrl＋C 命令复制桥梁纵剖面图图中绘制好的标高和箭头。然后 Ctrl＋V 粘贴到桥边墩剖面图中。

（2）单击"标注"工具栏中的"编辑标注文字"按钮⬩，对标注文字进行重新编辑。完成的图形如图 11-59 所示。

4. 标注尺寸

（1）把尺寸图层设置为当前图层单击"标注"工具栏中的"线性"按钮⊢，标注直线尺寸。

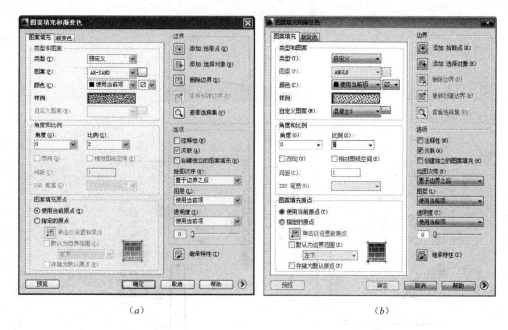

（a）　　　　　　　　　　　　　　（b）

图 11-57　桥边墩剖面图填充比例的设置

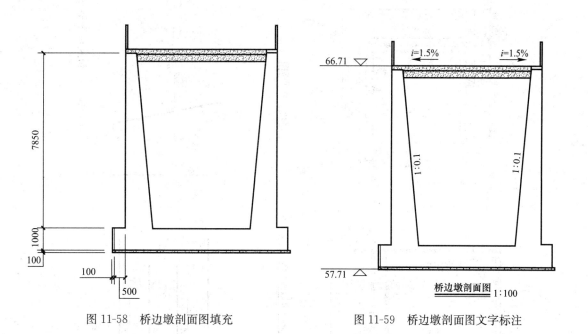

图 11-58　桥边墩剖面图填充　　　　图 11-59　桥边墩剖面图文字标注

（2）单击"标注"工具栏中的"连续"按钮，进行连续标注。完成的图形如图 11-53 所示。

11.2.5　桥边墩钢筋图绘制

桥边墩钢筋图的绘制与桥中墩剖面图钢筋的绘制类似，完成的图形如图 11-60 所示。

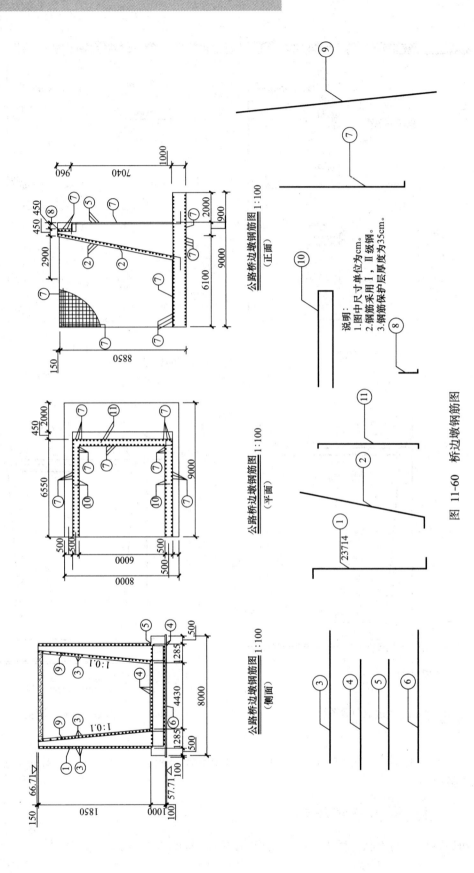

图 11-60 桥边墩钢筋图

11.3 附属结构图绘制

11.3.1 桥面板钢筋图绘制

✦ 绘制思路

使用直线、复制命令绘制桥面板定位中心线；使用直线、复制、修剪等命令绘制纵横梁平面布置；使用多段线、直线命令绘制钢筋；使用多行文字、复制命令标注文字；用线性、连续标注命令标注尺寸，完成保存桥面板钢筋图如图11-61所示。

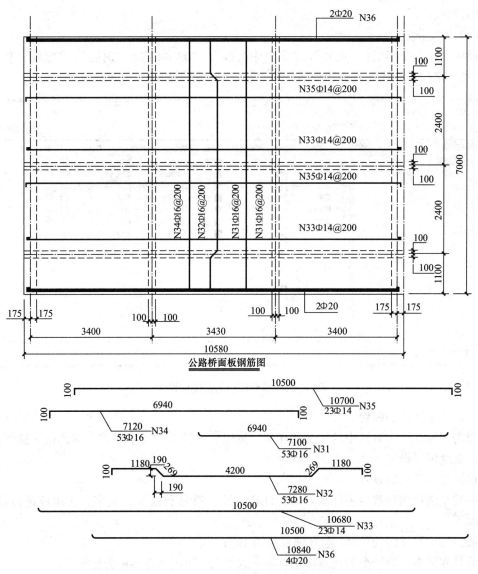

图 11-61 桥面板钢筋图

【操作步骤】

1. 前期准备以及绘图设置

（1）要根据绘制图形决定绘图的比例，建议采用 1∶1 的比例绘制，1∶50 的出图比例。

（2）建立新文件

打开 AutoCAD 2014 应用程序，建立新文件，将新文件命名为"桥面板钢筋图.dwg"，并保存。

（3）设置绘图工具栏

在任意工具栏处单击鼠标右键，从打开的快捷菜单中选择"标准"，"图层"，"样式"，"绘图"，"修改"和"标注"这六个选项，调出这些工具栏，并将它们移动到绘图窗口中的适当位置。

（4）设置图层

设置以下六个图层："尺寸"，"定位中心线"，"轮廓线"，"钢筋"，"虚线"和"文字"，将"定位中心线"设置为当前图层。设置好的图层如图 11-62 所示。

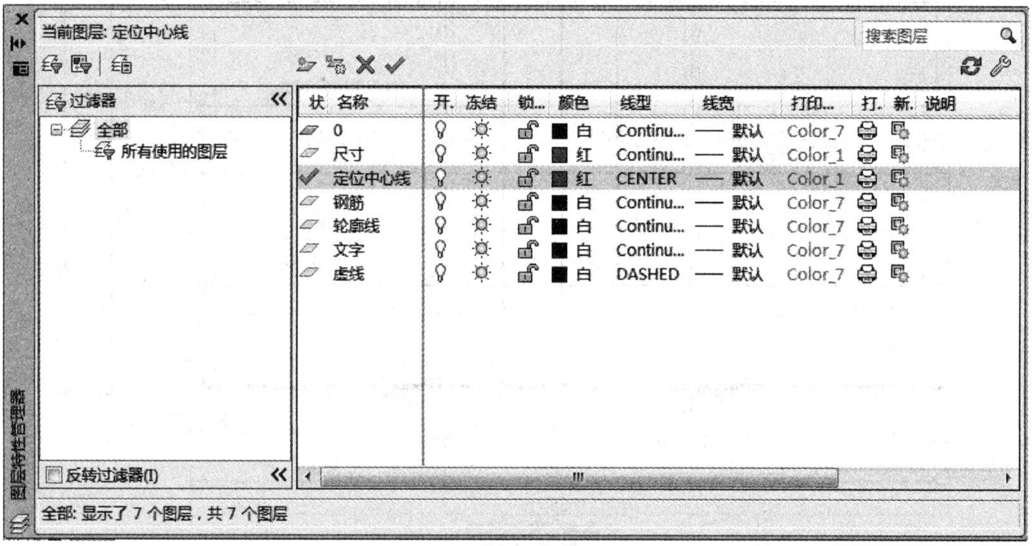

图 11-62　桥面板钢筋图图层设置

（5）文字样式的设置

单击"标注"工具栏中的"文字样式"按钮，进入"文字样式"对话框，选择仿宋字体，宽度因子设置为 0.8。

（6）标注样式的设置

根据绘图比例设置标注样式，对标注样式线、符号和箭头、文字、主单位进行设置，具体如下：

线：超出尺寸线为 120，起点偏移量为 150；

符号和箭头：第一个为建筑标记，箭头大小为 150，圆心标记为标记 75；

文字：文字高度为 150，文字位置为垂直上，从尺寸线偏移为 75，文字对齐为 ISO 标准；

主单位：精度为 0，比例因子为 1。

2. 绘制桥面板定位中心线

（1）在状态栏，单击"正交模式"按钮▇，打开正交模式。在状态栏，单击"对象捕捉"按钮▢，打开对象捕捉。单击"绘图"工具栏中的"直线"按钮✎，绘制一条长为 10580 的水平直线。

（2）单击"绘图"工具栏中的"直线"按钮✎，绘制交于端点的垂直的长为 7000 的直线。

（3）把尺寸图层设置为当前图层，单击"标注"工具栏中的"线性"按钮╠，标注直线尺寸，完成的图形如图 11-63 所示。

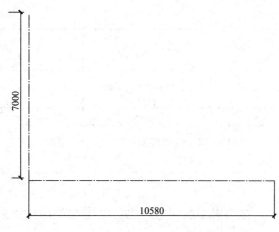

图 11-63　桥面板钢筋图定位轴线绘制

（4）单击"修改"工具栏中的"复制"按钮▨，复制刚刚绘制好的水平直线，分别向上复制的位移分别为 1100，3500，5900，7000。

（5）单击"修改"工具栏中的"复制"按钮▨，复制刚刚绘制好的垂直直线，分别向右复制的位移分别为 3575，7005，10405，10580。

（6）单击"标注"工具栏中的"线性"按钮╠，标注复制直线尺寸。

（7）单击"标注"工具栏中的"连续"按钮╫，进行连续标注。完成的图形如图 11-64 所示。

3. 绘制纵横梁平面布置

（1）单击"修改"工具栏中的"复制"按钮▨，复制纵横梁定位线。

（2）单击"修改"工具栏中的"删除"按钮✐，删除多余标注尺寸。单击"标注"工具栏中的"线性"按钮╠，标注直线尺寸。

（3）单击"标注"工具栏中的"连续"按钮╫，进行连续标注。完成的图形如图 11-65 所示。

（4）把轮廓线设置为当前图层，单击"绘图"工具栏中的"直线"按钮✎，绘制桥面板外部轮廓线。

（5）把虚线图层为当前图层，单击"绘图"工具栏中的"直线"按钮✎，绘制一条直线。

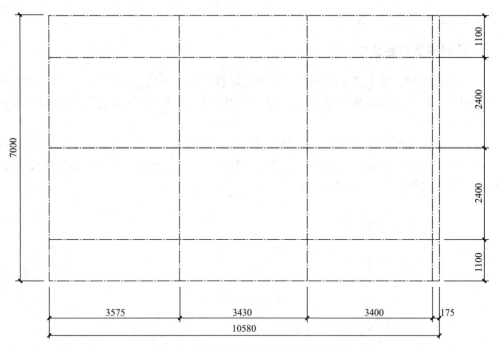

图 11-64　桥面板钢筋图定位轴线复制

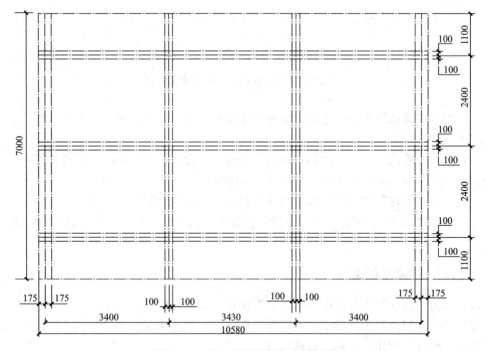

图 11-65　桥面板纵横梁定位线复制

（6）单击"标准"工具栏中的"特性匹配"按钮，把纵横梁的线型变成虚线。完成的图形如图 11-66 所示。

（7）单击"修改"工具栏中的"修剪"按钮，框选剪切纵横梁交接处，完成的图形如图 11-67 所示。

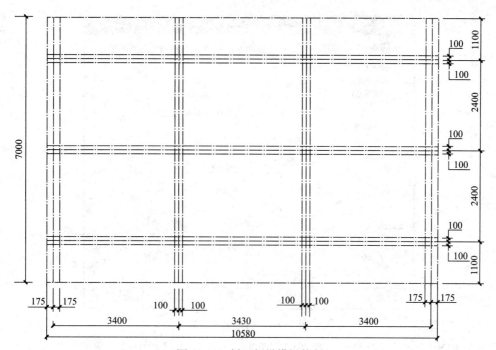

图 11-66　桥面板纵横梁绘制

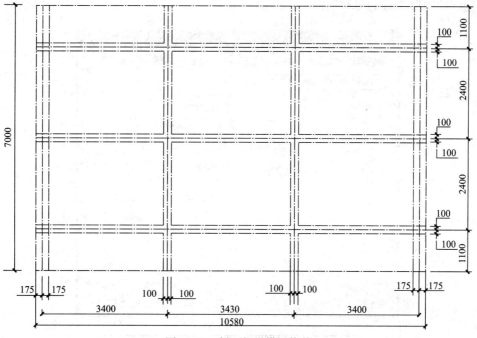

图 11-67　桥面板纵横梁修剪

4. 绘制钢筋

（1）在状态栏，右键单击"极轴追踪"按钮 ，在下拉菜单中选择"设置（s）"，进入"草图设置"对话框，对极轴追踪进行设置，设置的参数如图 11-68 所示。

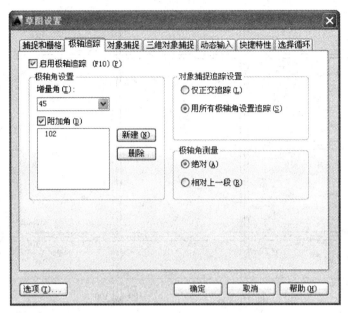

图 11-68　极轴追踪设置

（2）把轮廓线图层设置为当前图层。单击"绘图"工具栏中的"多段线"按钮 ⌐⊃，绘制钢筋，具体的操作参见桥梁纵主梁钢筋图的绘制。

完成的图形如图 11-69 所示。

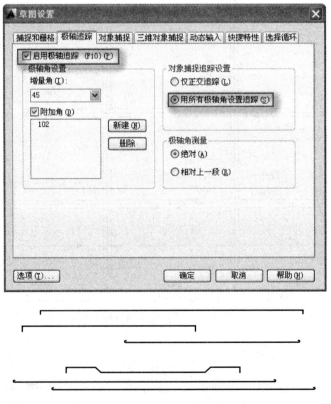

图 11-69　桥面板钢筋绘制

（3）多次单击"修改"工具栏中的"复制"按钮，把绘制好的钢筋复制到相应的位置。完成的图形如图11-70所示。

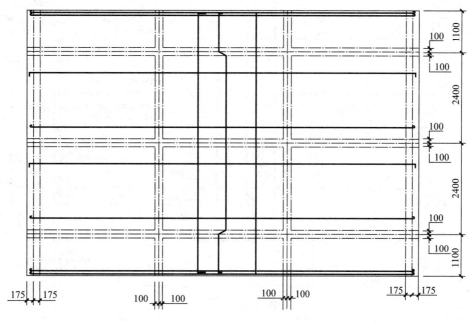

图 11-70　桥面板钢筋复制

5. 标注文字

（1）单击"绘图"工具栏中的"多行文字"按钮 **A**，标注钢筋编号和型号。

（2）单击"修改"工具栏中的"复制"按钮，复制文字相同的内容到指定位置。完成的图形如图11-71所示。

6. 标注尺寸

单击"标注"工具栏中的"线性"按钮，标注斜钢筋尺寸。完成的图形如图11-64所示。

11.3.2　伸缩缝图绘制

✦ 绘制思路

使用直线、折断线以及复制命令绘制伸缩缝大样；使用填充命令填充填料；使用多行文字命令标注文字，完成保存伸缩缝大样，如图11-72所示。

【操作步骤】

1. 前期准备以及绘图设置

（1）要根据绘制图形决定绘图的比例，在此我们建议采用1∶1的比例绘制，1∶10的

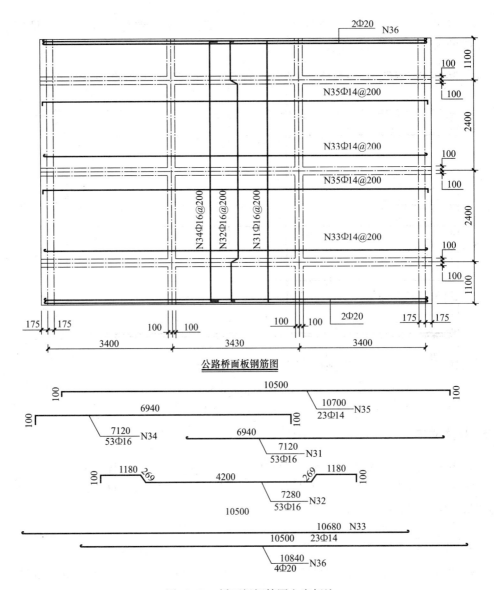

图 11-71　桥面板钢筋图文字标注

出图比例。

（2）建立新文件

打开 AutoCAD 2014 应用程序，建立新文件，将新文件命名为"伸缩缝大样.dwg"，并保存。

（3）设置绘图工具栏

在任意工具栏处单击鼠标右键，从打开的快捷菜单中选择"标准"，"图层"，"样式"，"绘图"，"修改"和"标注"这六个选项，调出这些工具栏，并将其移动到绘图窗口中的适当位置。

（4）设置图层

设置以下五个图层："尺寸"，"定位中心线"，"轮廓线"，"填充"和"文字"，将"定

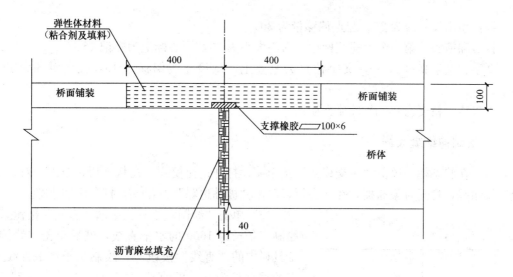

图 11-72　伸缩缝大样

位中心线"设置为当前图层。设置好的图层如图 11-73 所示。

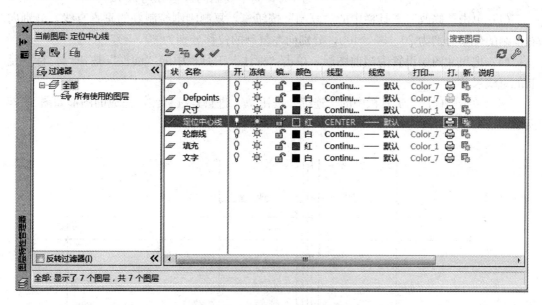

图 11-73　伸缩缝大样图层设置

（5）文字样式的设置

单击"标注"工具栏中的"文字样式"按钮，进入"文字样式"对话框，选择仿宋字体，宽度因子设置为 0.8。

（6）标注样式的设置

根据绘图比例设置标注样式，对标注样式线、符号和箭头、文字、主单位进行设置，具体如下：

线：超出尺寸线为 25，起点偏移量为 30；

符号和箭头：第一个为建筑标记，箭头大小为 30，圆心标记为标记 15；

文字：文字高度为 30，文字位置为垂直上，从尺寸线偏移为 15，文字对齐为 ISO 标准；

主单位：精度为 0，比例因子为 1。

2. 绘制伸缩缝大样

（1）在状态栏，单击"正交模式"按钮▄，打开正交模式，在状态栏，单击"对象捕捉"按钮▢，打开对象捕捉，在状态栏，单击"极轴追踪"按钮▨，打开极轴追踪。

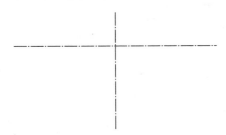

（2）单击"绘图"工具栏中的"直线"按钮╱，绘制一条长为 1600 的水平直线，然后单击"绘图"工具栏中的"直线"按钮╱，绘制交于水平直线中点的垂直长为 900 的直线。完成的图形如图 11-74 所示。

（3）单击"修改"工具栏中的"复制"按钮🗐，复制刚刚绘制好的水平直线，向上复制的位移分别为 100，向下复制的位移分别为 400。

图 11-74　伸缩缝大样定位轴线绘制

（4）单击"修改"工具栏中的"复制"按钮🗐，复制刚刚绘制好的垂直直线，分别向右复制的位移分别为 20，50，400，分别向左复制的位移分别为 20，50，400。

（5）把尺寸图层设置为当前图层，单击"标注"工具栏中的"线性"按钮┠，标注复制的直线尺寸。

（6）单击"标注"工具栏中的"连续"按钮┠┨，进行连续标注。完成的图形如图 11-75 所示。

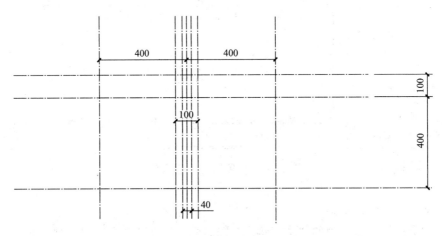

图 11-75　伸缩缝大样定位轴线复制

（7）把轮廓线图层设置为当前图层，单击"绘图"工具栏中的"直线"按钮╱，绘制伸缩缝大样轮廓线。

（8）绘制折断线。完成的图形如图 11-76 所示。

（9）单击"修改"工具栏中的"删除"按钮 ✐，删除多余的定位中心线。完成的图形如图 11-77 所示。

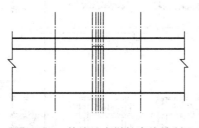 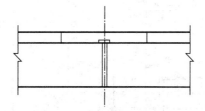

图 11-76　伸缩缝大样轮廓线绘制　　　　图 11-77　多余直线的删除

3. 填充填料

（1）将填充线图层设置为当前图层，单击"绘图"工具栏中的"图案填充"按钮，填充填料。单击对话框里"图案（P）"右边的按钮进行更换图案样例，进入"填充图案选项板"对话框，选择"DASH"图例进行填充，填充比例和角度分别为 5 和 0。

（2）将填充图层设置为当前图层，单击"绘图"工具栏中的"图案填充"按钮，填充填料。单击对话框里"图案（P）"右边的按钮进行更换图案样例，进入"填充图案选项板"对话框，选择"ANSI31"图例进行填充，填充比例和角度分别为 2 和 0。

（3）单击"绘图"工具栏中的"图案填充"按钮。单击对话框里"图案（P）"右边的按钮进行更换图案样例，进入"填充图案选项板"对话框，选择"EARTH"图例进行填充，填充比例和角度分别为 5 和 0。

完成的图形如图 11-78 所示。

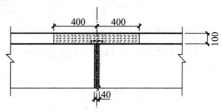

图 11-78　伸缩缝大样填充

4. 标注文字

单击"绘图"工具栏中的"多行文字"按钮 A，来标注文字。完成的图形如图 11-72 所示。

11.3.3　支座绘制

 绘制思路

绘制桥边墩、桥中墩支座构造；绘制支座梁底垫块平面，如图 11-79 所示。

【操作步骤】

1. 前期准备以及绘图设置

（1）要根据绘制图形决定绘图的比例，建议采用 1∶1 的比例绘制，1∶10 的出图比例。

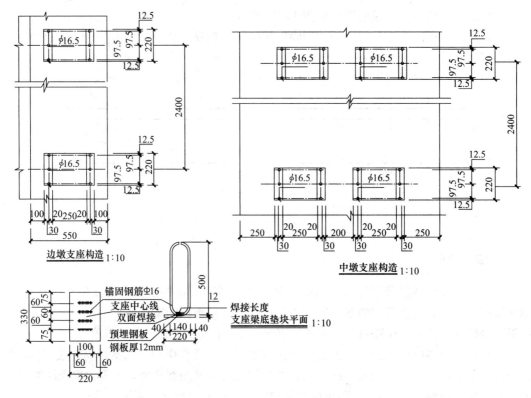

图 11-79　支座构造图

（2）建立新文件

打开 AutoCAD 2014 应用程序，建立新文件，将新文件命名为"支座构造图.dwg"，并保存。

（3）设置绘图工具栏

在任意工具栏处单击鼠标右键，从打开的快捷菜单中选择"标准"，"图层"，"样式"，"绘图"，"修改"和"标注"这六个选项，调出这些工具栏，并将它们移动到绘图窗口中的适当位置。

（4）设置图层

设置以下八个图层："尺寸"，"定位中心线"，"栏杆"，"轮廓线"，"桥梁"，"填充"，"文字"和"虚线"，将"轮廓线"设置为当前图层。设置好的图层如图 11-80 所示。

（5）文字样式的设置

单击"标注"工具栏中的"文字样式"按钮 ，进入"文字样式"对话框，选择仿宋字体，宽度因子设置为 0.8。

（6）标注样式的设置

根据绘图比例设置标注样式，对标注样式线、符号和箭头、文字、主单位进行设置，具体如下：

线：超出尺寸线为 25，起点偏移量为 30；

符号和箭头：第一个为建筑标记，箭头大小为 30，圆心标记为标记 15；

文字：文字高度为 30，文字位置为垂直上，从尺寸线偏移为 15，文字对齐为 ISO 标准；

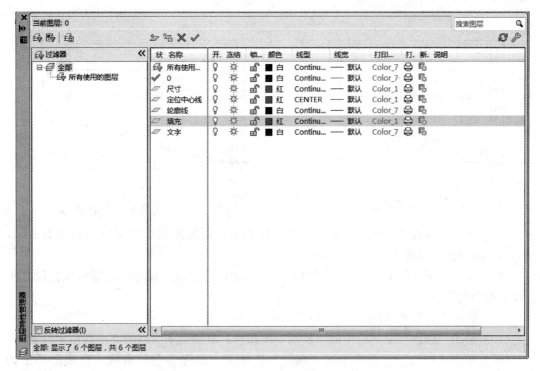

图 11-80 支座大样图层设置

主单位: 精度为 0, 比例因子为 1。

2. 绘制桥边墩、桥中墩支座构造（以桥边墩支座构造图为例进行介绍）。

（1）在状态栏，单击"正交模式"按钮，打开正交模式，在状态栏，单击"对象捕捉"按钮，打开对象捕捉。

（2）单击"绘图"工具栏中的"直线"按钮，绘制 350×220 的矩形。

（3）单击"修改"工具栏中的"复制"按钮，复制刚刚绘制好的底下水平直线，分别向上复制的位移分别为 12.5，110，207.5。

（4）单击"修改"工具栏中的"复制"按钮，复制刚刚绘制好的左边垂直直线，分别向右复制的位移分别为 30，50。

（5）单击"标注"工具栏中的"线性"按钮，标注直线尺寸。

（6）单击"标注"工具栏中的"连续"按钮，进行连续标注，注意应该把尺寸图层设置为当前图层。完成的图形如图 11-81 所示。

（7）单击"绘图"工具栏中的"圆"按钮，绘制一个直径为 16.5 的圆。

（8）把定位中心线图层设置为当前图层，绘制一条直线。

（9）单击"标准"工具栏中的"特性匹配"按钮，把中心线设置为 center 线型。

（10）单击"标注"工具栏中的"直径标注"按钮，标注预留孔直径，注意应该把尺寸图层设置为当前图层。完成的图形如图 11-82 所示。

（11）单击"绘图"工具栏中的"直线"按钮，绘制一个 650×1250 的矩形。

（12）单击"修改"工具栏中的"复制"按钮，复制刚刚绘制好的底下水平直线，分别向上复制的位移分别为 200，1050。

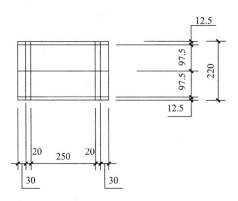

图 11-81　支座轮廓线绘制

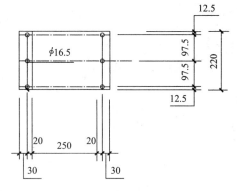

图 11-82　桥边墩支座预留孔绘制

（13）单击"修改"工具栏中的"复制"按钮，复制刚刚绘制好的左边垂直直线，向右复制的位移分别为 100，200，550。

（14）单击"标注"工具栏中的"线性"按钮，标注直线尺寸，注意应该把尺寸图层设置为当前图层。

（15）在命令行输入 ddedit 对竖向中心线尺寸修改为 2400。

（16）单击"修改"工具栏中的"复制"按钮，复制刚刚绘制的支座到指定位置。

（17）单击"修改"工具栏中的"删除"按钮，删除多余的直线。完成的图形如图 11-83 所示。

（18）绘制折断线。

（19）单击"修改"工具栏中的"修剪"按钮，剪且多余的直线。完成的图形如图 11-84 所示。

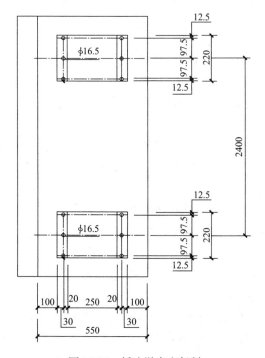

图 11-83　桥边墩支座复制

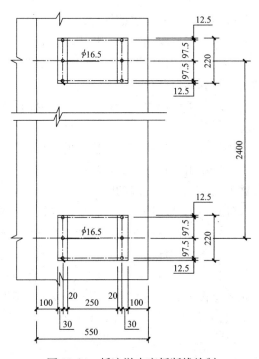

图 11-84　桥边墩支座折断线绘制

（20）单击"绘图"工具栏中的"直线"按钮，绘制一个1400×1250的矩形。

（21）单击"修改"工具栏中的"复制"按钮，复制刚刚绘制好的底下水平直线，分别向上复制的位移分别为200，1050。

（22）单击"修改"工具栏中的"复制"按钮，复制刚刚绘制好的左边垂直直线，向右复制的位移分别为250，600，800，1150。

（23）单击"修改"工具栏中的"复制"按钮，复制刚刚绘制的支座到指定位置。

（24）单击"标注"工具栏中的"线性"按钮，标注直线尺寸。

（25）单击"标注"工具栏中的"连续"按钮，进行连续标注，注意应该把尺寸图层设置为当前图层。

（26）在命令行输入 ddedit 对竖向中心线尺寸修改为2400。

（27）单击"修改"工具栏中的"删除"按钮，删除多余的直线。完成桥中墩支座图形绘制，完成的图形如图11-85所示。

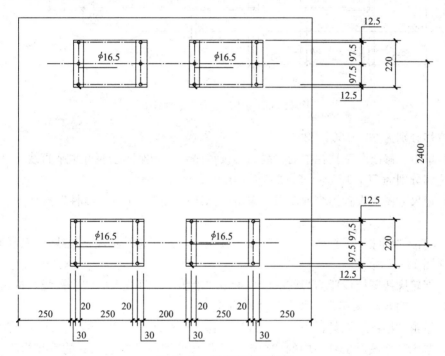

图11-85　桥中墩支座复制

（28）绘制折断线。

（29）单击"修改"工具栏中的"修剪"按钮，剪且多余的直线。完成的图形如图11-86所示。

3. 绘制支座梁底垫块平面

（1）把定位中心线图层设置为当前图层，然后单击"绘图"工具栏中的"直线"按钮，绘制一条长为220的水平直线。

（2）单击"绘图"工具栏中的"直线"按钮，绘制交于端点的垂直的长为330的直线。

（3）单击"修改"工具栏中的"复制"按钮，复制刚刚绘制好垂直直线，分别向上

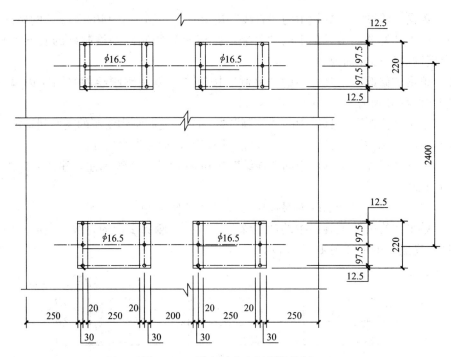

图 11-86　桥中墩支座折断线绘制

复制的位移分别为 60，160，220。

（4）单击"修改"工具栏中的"复制"按钮，复制刚刚绘制好水平直线，分别向上复制的位移分别为 75，135，195，255，330。

（5）把尺寸图层设置为当前图层，单击"标注"工具栏中的"线性"按钮，标注直线尺寸。

（6）单击"标注"工具栏中的"连续"按钮，进行连续标注定位线，完成的图形以及尺寸如图 11-87 所示。

（7）把轮廓线图层设置为当前图层，单击"绘图"工具栏中的"多段线"按钮，绘制焊缝长度。输入 w 来确定多段线的宽度为 5。

（8）单击"绘图"工具栏中的"直线"按钮，绘制一条垂直的长为 10 的直线。

（9）单击"修改"工具栏中的"矩形阵列"按钮，选择绘制完的直线为阵列对象，设置行数为 1 列数为 16，设置列间距为 6。

（10）单击"修改"工具栏中的"复制"按钮，复制刚刚绘制好的焊缝到指定位置，成的图形如图 11-88 所示。

（11）单击"绘图"工具栏中的"矩形"按钮，绘制 220×330 矩形。

（12）后单击"修改"工具栏中的"删除"按钮，删除多余的定位中心线，完成的图形如图 11-89 所示。

（13）单击"绘图"工具栏中的"矩形"按钮，绘制 220×12 矩形。

（14）把定位中心线图层设置为当前图层，单击"绘图"工具栏中的"直线"按钮，取其长边的中点绘制一条垂直的长为 512 的直线。

（15）单击"修改"工具栏中的"复制"按钮，复制刚刚绘制好的垂直直线。

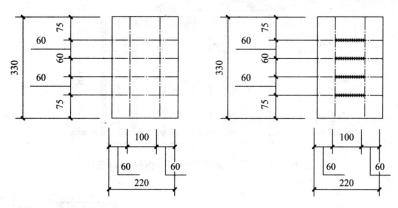

图 11-87　支座梁底垫块绘制　　　图 11-88　支座梁底垫块焊缝复制

（16）把尺寸图层设置为当前图层，单击"标注"工具栏中的"线性"按钮，标注直线尺寸。

（17）单击"标注"工具栏中的"连续"按钮，进行连续标注。复制的尺寸和完成的图形如图 11-90 所示。

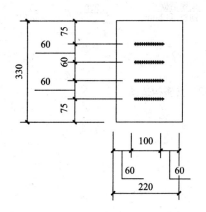

图 11-89　支座梁底垫块平面图绘制

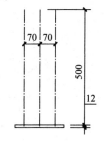

图 11-90　支座梁底垫块
立面定位轴线绘制

（18）把轮廓线图层设置为当前图层，单击"绘图"工具栏中的"直线"按钮，绘制钢筋。

（19）单击"修改"工具栏中的"圆角"按钮，绘制钢筋转角。选择 r 来指定圆角半径为 30。

（20）单击"修改"工具栏中的"镜像"按钮，复制绘制刚刚圆角好的钢筋，完成图形如图 11-91 所示。

（21）将文字层设置为当前图层，选择"文字"工具栏中的"单行文字"按钮，标注文字。

（22）利用所学知识添加剩余图形单击"修改"工具栏中的"删除"按钮，删除多余定位轴线，完成的图形如图 11-92 所示。

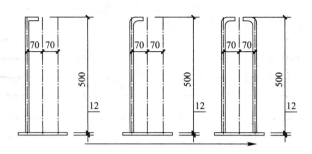

如图 11-91 支座梁底垫块立面钢筋绘制流程

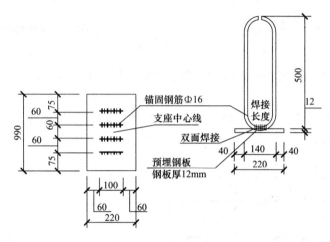

图 11-92 支座构造图

4

给水排水系统是为人们的生活、生产、市政和消防提供用水和废水排除设施的总称。

给水排水系统的功能是向各种不同类别的用户供应满足不同需求的水量和水质，同时承担用户排除废水的收集、输送和处理，达到消除废水中污染物质对于人体健康和保护环境的目的。

第四篇　给水排水施工篇

本篇主要介绍给水、雨水、排水的分类、组成、功能、管线布置以及绘制的方法和步骤。能识别 AutoCAD 市政给排水施工图，熟练掌握使用 AutoCAD 进行给水、雨水、排水制图的一般方法，使读者具有一般给水、雨水、排水绘制、设计技能。

第 12 章

给水排水管道概述

由于给水排水工程涉及内容比较广泛，所以本章简单介绍市政道路给水排水工程。主要介绍给水排水系统的组成、给水排水网系统、给水排水管网系统规划布置及道路给水排水制图简介，简单介绍了给水排水工程的基础知识。

学 习 要 点

- 给水排水系统的组成
- 给水排水管道系统的功能与特点
- 给水排水管网系统
- 给水管网系统规划布置
- 排水管网系统规划布置
- 道路给水排水制图简介
- 实例简介

12.1 给水排水系统的组成

给水排水系统是为人们的生活、生产、市政和消防提供用水和废水排除设施的总称。

给水排水系统的功能是向各种不同类别的用户供应满足不同需求的水量和水质，同时承担用户排除废水的收集、输送和处理，达到消除废水中污染物质对于人体健康和保护环境的目的。

给水系统（water supply system）是保障城市居民、工矿企业等用水的各项构筑物和输配水管网组成的系统。根据系统的性质不同有四种分类方法：

按水源种类可以分为地表水（江河、湖泊、水库、海洋等）和地下水（潜水、承压水、泉水等）给水系统；

按服务范围可分为区域给水、城镇给水、工业给水和建筑给水等系统；

按供水方式分为自流系统（重力供水）、水泵供水系统（加压供水）和两者相结合的混合供水系统；

按使用目的可分为生活给水、生产给水和消防给水系统。

废水收集、处理和排放工程设施，称为排水系统（sewerage system）。

根据排水系统所接受的废水的性质和来源不同，废水可分为生活污水、工业废水和雨水三类。

整个城市给水排水系统如如图 12-1 所示。

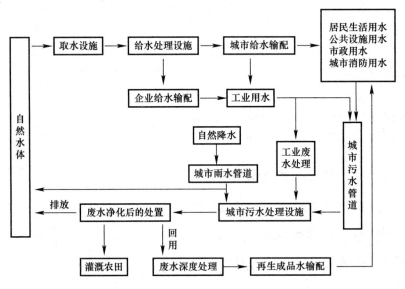

图 12-1　城市给水排水系统

给水排水系统组成一般包括取水系统、给水处理系统、给水管网系统、排水管道系统、废水处理系统、废水排放系统、重复利用系统。给水排水系统组成如图 12-2 所示。

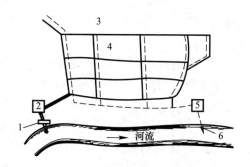

图 12-2　给水排水系统组成

1—取水系统；2—给水处理系统；3—给水管网系统；4—排水管道系统；5—污水处理系统；6—污水排放系统

12.2　给水排水管道系统的功能与特点

1. 给水排水管道系统的功能

（1）水量输送：即实现一定水量的位置迁移，满足用水和排水的地点要求；

（2）水量调节：即采用贮水措施解决供水、用水与排水的水量不平均问题；

（3）水压调节：即采用加压和减压措施调节水的压力，满足水输送、使用和排放的能量要求。

2. 给水排水管道系统的特点

给水排水管道系统具有一般网络系统的特点，即分散性（覆盖整个用水区域）、连通性（各部分之间的水量、水压和水质紧密关联且相互作用）、传输性（水量输送、能量传递）、扩展性（可以向内部或外部扩展，一般分多次建成）等。同时给水排水管道系统又具有与一般网络系统不同的特点，如隐蔽性强、外部干扰因素多、容易发生事故、基建投资费用大、扩建改建频繁、运行管理复杂等。

12.3　给水排水管网系统

1. 给水管网系统

（1）给水管网系统的组成

给水管网系统一般是由输水管（渠）、配水管网、水压调节设施（泵站、减压阀）及水量调节设施（清水池、水塔、高位水池）等构成。

（2）给水管网系统类型

1）按水源的数目分类

• 单水源给水管网系统

- 多水源给水管网系统

2) 按系统构成方式分类

- 统一给水管网系统：同一管网按相同的压力供应生活、生产、消防各类用水系统，简单，投资较少，管理方便。用在工业用水量占总水量比例小，地形平坦的地区。按水源数目不同可为单水源给水系统和多水源给水系统。

- 分质给水系统：因用户对水质的要求不同而分成两个或两个以上系统，分别供给各类用户。可分为生活给水管网和生产给水管网等。可以从同一水源取水，在同一水厂中经过不同的工艺和流程处理后，由彼此独立的水泵、输水管和管网，将不同水质的水供给各类用户。采用此种系统，可使城市水厂规模缩小，特别是可以节约大量药剂费用和动力费用，但管道和设备增多，管理较复杂。适用在工业用水量占总水量比例大，水质要求不高的地区。

- 分区给水系统：将给水管网系统划分为多个区域，各区域管网具有独立的供水泵站，供水具有不同的水压。分区给水管网系统可以降低平均供水压力，避免局部水压过高的现象，减少爆管的几率和泵站能量的浪费。

管网分区的方法有两种，一种为城镇地形较平坦，功能分区较明显或自然分隔而分区，如图 12-4 所示。

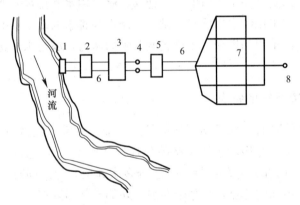

图 12-3　地表水源给水管道系统示意图

1—取水构筑物；2——级泵站；3—水处理构筑物；

4—清水池；5—二级泵站；6—输水管；7—管网；8—水塔

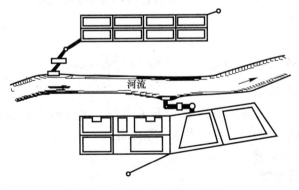

图 12-4　分区给水管网系统

另一种为地形高差较大或输水距离较长而分区，又有串联分区和并联分区两类，如图 12-5 所示所示为并联分区给水管网系统，如图 12-6 所示为串联分区给水管网系统。

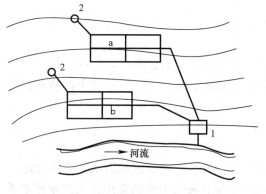 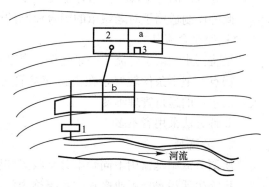

图 12-5　并联分区给水管网系统

a—高区；b—低区；

1—净水厂；2—水塔；

图 12-6　串联分区给水管网系统

a—高区；b—低区；

1—净水厂；2—水塔；3—加压泵站

3）按输水方式分类

· 重力输水：水源处地势较高，清水池中的水依靠重力进入管网系统，无动力消耗，较经济。

· 压力输水：依靠泵站加压输水。

2. 排水管道系统

（1）排水管道系统的组成

排水管道系统一般由废水收集设施、排水管道、水量调节池、提升泵站、废水输水管（渠）和排放口等组成。如图 12-7 所示。

（2）排水管网系统的体制

排水系统的体制是指在一个地区内收集和输送废水的方式，简称排水体制（制度）。它有合流制和分流制两种基本方式。

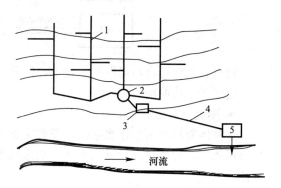

图 12-7　排水管道系统示意图

1—排水管道；2—水量调节池；3—提升
泵站；4—输水管道（渠）；5—污水处理厂

1）合流制

所谓合流制是指用同一种管渠收集和输送生活污水、工业废水和雨水的排水方式。根据污水汇集后的处置方式不同，又可把合流制分为下列三种情况。

· 直排式合流制

管道系统的布置就近坡向水体，分若干排出口，混合的污水未经处理直接排入水体，我国许多老城市的旧城区大多采用的是这种排水体制。

特点：对水体污染严重，系统简单。

这种直排式合流制系统目前不宜采用。

· 截流式合流制

这种系统是在沿河的岸边铺设一条截流干管，同时在截流干管上设置溢流井，并在下游设置污水处理厂。

特点：比直排式有了较大的改进，但在雨天时，仍有部分混合污水未经处理而直接排放，成为水体的污染源而使水体遭受污染。

此种体制适用于对老城市的旧合流制的改造。

- 完全合流制

是将污水和雨水合流于一条管渠，全部送往污水处理厂进行处理。

特点：卫生条件较好，在街道交接管道综合也比较方便，但工程量较大，初期投资大，污水厂的运行管理不便。

此种方法采用者不多。

2）分流制

所谓分流制是指用不同管渠分别收集和输送生活污水、工业废水和雨水的排水方式。

排除生活污水、工业废水的系统称为污水排水系统；排除雨水的系统称为雨水排水系统。

根据雨水的排除方式不同，分流制又分为下列两种情况：

- 完全分流制

既有污水管道系统，又有雨水管渠系统，如下：

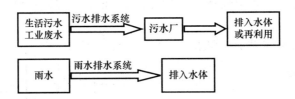

特点：比较符合环境保护的要求，但对城市管区的一次性投资较大。

适用于新建城市。

- 不完全分流制

这种体制只有污水排水系统，没有完整的雨水排水系统。各种污水通过污水排水系统送至污水厂，经过处理后排入水体；雨水沿道路边沟，地面明渠和小河，然后进入较大的水体。

如城镇的地势适宜，不易积水时，或初建城镇和小区可采用不完全分流制，先解决污水的排放问题，待城镇进一步发展后，再建雨水排水系统，完成完全分流制的排水系统。这样可以节省初期投资，有利于城镇的逐步发展。

- 半分流制

既有污水排水系统，又有雨水排水系统。

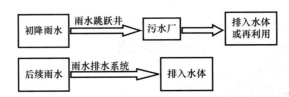

特点：可以更好地保护水环境，但工程费用较大，目前使用不多。适用于污染较严重地区。

3）排水体制的比较选择

合理选择排水体制，关系到排水系统是否实用，是否满足环境保护要求，同时也影响排水工程的总投资、初期投资和经营费用。排水体制的选择要从以下方面来综合考虑。

• 从城市规划方面

合流制仅有一条管渠系统，对地下建筑相互间的矛盾较小，占地少，施工方便。分流制管线多，对地下建筑的竖向规划矛盾较大。

• 从环境保护方面

直排式合流制不符合卫生要求，新建的城镇和小区已不再采用。

完全合流制排水系统卫生条件较好，但工程量大，初期投资大，污水厂的运行管理不便，特别是在我国经济实力还不雄厚的城镇和地区，更是无法采用。

在老城市的改造中，常采用截流式合流制，充分利用原有的排水设施，与直排式相比，减小了对环境的危害，但仍有部分混合污水通过溢流井直接排入水体。

分流制排水系统的管线多，但卫生条件好，有利于环境保护，虽然初降雨水对水体有污染，但它比较灵活，比较容易适应社会发展的需要，一般又能符合城镇卫生的要求，所以在国内外得到推荐应用，而且也是城镇排水系统体制发展的方向。

不完全分流制排水系统，初期投资少，有利于城镇建设的分期发展，在新建城镇和小区可考虑采用这种体制；半分流制卫生情况比较好，但管渠数量多，建造费用高，一般仅在地面污染较严重的区域（如某些工厂区等）采用。

• 从基建投资方面

分流制比合流制高。合流制只敷设一条管渠，其管渠断面尺寸与分流制的雨水管渠相差不大，管道总投资较分流制低 20%～40%，但合流制的泵站和污水厂却比分流制的造价要高。由于管道工程的投资占给排水工程总投资的 70%～80%，所以总的投资分流制比合流制高。

如果是初建的城镇和小区，初期投资受到限制时，可以考虑采用不完全分流制，先建污水管道而后建雨水管道系统，以节省初期投资，有利于城镇发展，且工期短，见效快，随着工程建设的发展，逐步建设雨水排水系统。

• 从维护管理方面

合流制管道系统在晴天时只是部分流，流速较低，容易产生沉淀，据经验，管中的沉淀物易被暴雨水流冲走，这样一来合流制管道系统的维护管理费用可以降低，但是，流入污水厂的水量变化较大，污水厂运行管理复杂。

分流制管道系统可以保证管内的流速，不致发生沉淀，同时，污水厂的运行管理也易于控制。

排水系统体制的选择，应根据城镇和工业企业规划、当地降雨情况和排放标准、原有排水设施、污水处理和利用情况、地形和水体等条件，在满足环境保护的前提下，全面规划，按近期设计，考虑远期发展，通过技术经济比较，综合考虑而定。

新建的城镇和小区宜采用分流制和不完全分流制；

老城镇可采用截流式合流制；

在干旱少雨地区；或街道较窄地下设施较多而修建污水和雨水两条管线有困难的地区，也可考虑采用合流制。

12.4 给水管网系统规划布置

给水管网规划、定线是管网设计的初始阶段，其布置的合理与否直接关系到供水运行的合理与否及水泵扬程的设置。

1. 给水管网布置原则

（1）应符合场地总体规划的要求，并考虑供水的分期发展，留有充分的余地；

（2）管网应布置在整个给水区域内，在技术上要使用户有足够的水量和水压；

无论在正常工作或在局部管网发生故障时，应保证不中断供水；

在经济上要使给水管道修建费最少，定线时应选用短捷的线路，并要使施工方便。

2. 给水管网布置基本形式

给水管网的布置一般分为树状网、环状网。

（1）树状网

干管与支管的布置有如树干与树枝的关系。其主要优点是管材省、投资少、构造简单；缺点是供水可靠性较差，一处损坏则下游各段全部断水，同时各支管尽端易造成"死水"，会恶化水质。适用于对供水安全可靠性要求不高的小城市和小型工业企业。

（2）环状网：

环状管网是供水干管间都用联络管互相连通起来，形成许多闭合的环。这样每条管都可以由两个方向来水，因此供水安全可靠。一般在大中城市给水系统或供水要求较高，不能停水的管网，均应用环状管网。环状管网还可降低管网中的水头损失，节省动力，管径可稍减小。另外环状管网还能减轻管内水锤的威胁，有利管网的安全。总之，环网的管线较长，投资较大，但供水安全可靠。

适用于对供水安全可靠性要求较高的大、中城市和大型工业企业。

3. 给水管网定线

给水管网定线包括干管和连接管（干管之间），不包括从干管到用户的分配管和进户管。

（1）管网定线要点

以满足供水要求为前提，尽可能缩短管线长度。

干管延伸方向与管网的主导流向一致，主要取决于二级泵站到大用水户、水塔的水流方向。

沿管网的主导流向布置一条或数条干管。

干管应从两侧用水量大的街道下经过（双侧配水），减少单侧配水的管线长度。

干管之间的间距根据街区情况，宜控制在 $500 \sim 800\mathrm{m}$，连接管间距宜控制在 $800 \sim 1000\mathrm{m}$。

干管一般沿城市规划道路定线，尽量避免在高级路面或重要道路下通过。

管线在街道下的平面和高程位置，应符合城镇或厂区管道的综合设计要求。

（2）分配管、进户管

分配管：敷设在每一街道或工厂车间的路边，将干管中的水送到用户和消火栓。直径由消防流量决定（防止火灾时分配管中的水头损失过大），最小管径为 100mm，大城市一般为 150mm～200mm。

进户管：一般设一条，重要建筑设两条，从不同方向引入。

12.5　排水管网系统规划布置

1. 排水管网布置原则与形式

（1）排水管网布置原则

1）按照城市总体规划，结合实际布置。

2）先确定排水区域和排水体制，然后布置排水管网，按从主干管到干管到支管的顺序进行布置。

3）充分利用地形，采用重力流排除污水和雨水，并使管线最短和埋深最小。

4）协调好与其他管道关系。

5）施工、运行和维护方便。

6）远近期结合，留有发展余地。

（2）排水管网布置形式

排水管网一般布置成树状网，根据地形、竖向规划、污水厂的位置、土壤条件、河流情况以及污水种类和污染程度等分为多种形式，以地形为主要考虑因素的布置形式有以下几种：

1）正交式

正交式是在地势向水体适当倾斜的地区，各排水流域的干管可以最短距离沿与水体垂直相交的方向布置。其特点主要是干管长度短，管径小，较经济，污水排出也迅速。由于污水未经处理就直接排放，会使水体遭受严重污染，影响环境。适用于雨水排水系统。

2）截流式

截流式是沿河岸再敷设主干管，并将各干管的污水截流送至污水厂，是正交式发展的结果。其特点主要是减轻水体污染，保护环境。适用于分流制污水排水系统。

3）平行式

平行式是在地势向河流方向有较大倾斜的地区，可使干管与等高线及河道基本上平行，主干管与等高线及河道成一倾斜角敷设。其特点主要是保证干管较好的水力条件，避免因干管坡度过大以至于管内流速过大，使管道受到严重冲刷或跌水井过多。适用于地形坡度大的地区。

4）分区式

在地势高低相差很大的地区，当污水不能靠重力流至污水厂时采用。分别在高地区和低地区敷设独立的管道系统。高地区的污水靠重力流直接流入污水厂，而低地区的污水用水泵抽送至高地区干管或污水厂。其优点在于能充分利用地形排水，节省电力。适用于个别阶梯地形或起伏很大的地区。

5）分散式

当城镇中央部分地势高，且向周围倾斜，四周又有多处排水出路时，各排水流域的干管常采用辐射状布置，各排水流域具有独立的排水系统。其特点主要是干管长度短，管径小，管道埋深浅，便于污水灌溉等。但污水厂和泵站（如需设置时）的数量将增多。适用于在地势平坦的大城市。

6）环绕式

可沿四周布置主干管，将各干管的污水截流送往污水厂集中处理，这样就由分散式发展成环绕式布置。其特点主要是污水厂和泵站（如需设置时）的数量少。基建投资和运行管理费用小。

2. 污水管网规划布置

（1）污水管网布置

污水管网布置的主要内容包括确定排水区界，划分排水流域；选定污水厂和出水口的位置；进行污水管道系统的定线；确定需要抽升区域的泵站位置；确定管道在街道上的位置等。一般按主干管、干管、支管的顺序进行布置。

1）确定排水区界、划分排水流域

排水区界是污水排水系统设置的界限。它是根据城市规划的设计规模确定的。在排水区界内，一般根据地形划分为若干个排水流域。

在丘陵和地形起伏的地区：流域的分界线与地形的分水线基本一致，由分水线所围成的地区即为一个排水流域。

在地形平坦无明显分水线的地区：可按面积的大小划分，使各流域的管道系统合理分担排水面积，并使干管在最大合理埋深的情况下，各流域的绝大部分污水能自流排出。

每一个排水流域内，可布置若干条干管，根据流域地势标明水流方向和污水需要抽升的地区。

2）选定污水厂和出水口位置

现代化的城市，需将各排水流域的污水通过主干管输送到污水厂，经处理后再排放，以保护受纳水体。在污水管道系统的布置时，应遵循如下原则选定污水厂和出水口的位置。

出水口应位于城市河流下游。当城市采用地表水源时，应位于取水构筑物下游，并保持 100m 以上的距离。

出水口不应设在回水区，以防止回水污染。

污水厂要位于河流下游，并与出水口尽量靠近，以减少排放渠道的长度。

污水厂应设在城市夏季主导风向的下风向，并与城市、工矿企业和农村居民点保持300m 以上的卫生防护距离。

污水厂应设在地质条件较好，不受雨洪水威胁的地方，并有扩建的余地。

（2）污水管道定线

在城市规划平面图上确定污水管道的位置和走向，称为污水管道系统的定线。

　　污水管道定线主要原则是采用重力流排除污水和雨水，尽可能在管线最短和埋深较小的情况下，让最大区域的污水能自流排出。影响污水管道定线主要因素有城市地形、竖向规划、排水体制、污水厂和出水口位置、水文地质、道路宽度、大出水户位置等等。

　　1）主干管

　　主干管定线的原则是如果地形平坦或略有坡度，主干管一般平行于等高线布置，在地势较低处，沿河岸边敷设，以便于收集干管来水；如果地形较陡，主干管可与等高线垂直，这样布置主干管坡度较大，但可设置数量不多的跌水井，使干管的水力条件改善，避免受到严重冲刷；同时选择时尽量避开地质条件差的地区。

　　2）干管

　　干管定线的原则是尽量设在地势较低处，以便支管顺坡排水；地形平坦或略有坡度，干管与等高线垂直（减小埋深）；地形较陡，干管与等高线平行（减少跌水井数量）；一般沿城市街道布置。通常设置在污水量较大、地下管线较少、地势较低一侧的人行道、绿化带或慢车道下，并与街道平行。当街道宽度大于40m，可考虑在街两侧设两条污水管，以减少连接支管的长度和数量。

　　3）支管

　　支管定线取决于地形和街坊建筑特征，并应便于用户接管排水。布置形式有：

　　低边式：当街坊面积较小而街坊内污水又采用集中出水方式时，支管敷设在服务街坊较低侧的街道下。

　　周边式（围坊式）：当街坊面积较大且地势平坦时，宜在街坊四周的街道下敷设支管。

　　穿坊式：当街坊或小区已按规划确定，其内部的污水管网已按建筑物需要设计，组成一个系统时，可将该系统穿过其他街坊，并与所穿街坊的污水管网相连。

　　（3）确定污水管道在街道下的具体位置

　　在城市街道下常有各种管线，如给水管、污水管、雨水管、煤气管、热力管、电力电缆、电讯电缆等。此外，街道下还可能有地铁、地下人行横道、工业隧道等地下设施。这就需要在各单项管道工程规划的基础上，综合规划，统筹考虑，合理安排各种管线在空间的位置，以利施工和维护管理。

　　由于污水管道为重力流管道，其埋深大，连接支管多，使用过程中难免渗漏损坏。所有这些都增加了污水管道的施工和维修难度，还会对附近建筑物和构筑物的基础造成危害，甚至污染生活饮用水。

　　因此，污水管道与建筑物应有一定间距，与生活给水管道交叉时，应敷设在生活给水管的下面。管线综合规划时，所有地下管线都应尽量设置在人行道、非机动车道和绿化带下，只有在不得已时，才考虑将埋深大，维修次数较少的污水、雨水管道布置在机动车道下。各种管线在平面上布置的次序一般是，从建筑规划线向道路中心线方向依次为：电力电缆—电讯电缆—煤气管道—热力管道—给水管道—雨水管道—污水管道。若各种管线布置时发生冲突，处理的原则一般为未建让已建的，临时让永久的，小管让大管，压力管让无压管，可弯管让不可弯管。在地下设施较多的地区或交通极为繁忙的街道下，应把污水管道与其他管线集中设置在隧道（管廊）中，但雨水管道应设在隧道外，并与隧道平行敷设。

3. 雨水管的布置及排水系统选择

（1）雨水管的布置

城市道路的雨水管线应该是直线，平行于道路中心线或规划红线，宜布置在人行道或绿化带下，不宜布置在快车道下，以免积水时影响交通或维修管道时破坏路面。雨水干管一般设置在街道中间或一侧，并宜设在快车道以外，当道路红线宽度大于 60m 时，可考虑沿街道两侧作双线布置。这主要根据街道的等级、横断面的形式、车辆交通、街道建筑等技术经济条件来决定。

雨水管线应该尽量避免或减少与河流、铁路以及其他城市底下管线的交叉，否则将使施工复杂以致增加造价。在不能避免相交处应该正交，并保证相互之间有一定的竖向间隙。雨水管道离开房屋及其他地下管线或构筑物的最小净距可参照表 12-1。

排水管道与其他管线（构筑物）的最小净距（单位：m）　　　表 12-1

名　称		水平净距	垂直净距	名　称	水平净距	垂直净距
建筑物		见注 3		乔木	1.5	
给水管		1.5	0.4	地上柱杆（中心）	1.5	
排水管		1.5	0.15	道路侧石边缘	1.5	
煤气管	低压	1.0	0.15	铁路钢轨（或坡脚）	5.0	轨底 1.2
	中压	1.5		电车轨底	2.0	1.0
	高压	2.0		架空管架基础	2.0	
	特高压	5.0		油管	1.5	0.25
热力管沟		1.5	0.15	压缩空气管	1.5	0.15
电力电缆		1.0	0.5	氧气管	1.5	0.25
通讯电缆		1.0	直埋 0.5	乙炔管	1.5	0.25
			穿管 0.15	电车电缆		0.5
涵洞基础底			0.15	明渠渠底		0.5

注：1. 表列数字除注明外，水平净距均指外壁净距，垂直净距系指下面管道的外顶与上面管道基础底间净距。
　　2. 采取充分措施（如结构措施）后，表列数字可以减小。
　　3. 与建筑物水平净距，管道埋深浅于建筑物时，不得小于 2.5m，管道埋深深于建筑物基础时，按计算规定，但不得小于 3.0m。

雨水管与其他管线发生平交时，其他管线一般可以用倒虹管的办法。雨水管和污水管相交，一般将污水管用倒虹管穿过雨水管的下方。如果污水管的管径较小，也可在交汇处加建窨井，将污水管改用生铁管穿越而过。当雨水管与给水管相交时，可以把给水管向上做成弯头，用铁管穿过雨水窨井。

由于雨水在管道内是靠它本身的重力而流动，所以雨水管道都是由上游向下游倾斜的。雨水管的纵断面设计应尽量与街道地形相适应，即雨水管管道纵坡尽可能与街道纵坡取得一致。从排除雨水的要求来说，水管的最小纵坡不得太小，一般不小于 0.3%，最好在 0.3%～4% 范围内，为防止或减少沉淀，雨水管设计流速常采用自清流速，一般为 0.75m/s。为了满足管中雨水流速不超过管壁受力安全的要求，对雨水管的最大纵坡也要加以控制，通常道路纵坡大于 4% 时，需分段设置跌水井。

管道的埋植深度，对整个管道系统的造价和施工的影响很大。管道越深造价越贵，施工越困难，所以埋植深度不宜过大。管道最大允许埋深：一般在干燥土壤中，管道最大埋

深不超过 $7\sim8m$，地下水位较高，可能产生流沙的地区不超过 $4\sim5m$。最小埋深等于管直径与管道上面的最小覆土深度之和。在车行道下，管顶最小覆土深度一般不小于 $0.7m$。在管道保证不受外部荷载损坏时，最小覆土深度可适当减小。冰冻地区，则要依靠防冻要求来确定覆土深度。

（2）雨水排水系统的选择

城市道路路面排水系统，根据构造特点，可分为明式、暗式和混合式三种。

1）明沟系统

公路和一般乡镇道路采用明沟排水，在街坊出入口、人行横道处增设一些盖板、涵管等构造物。其特点是造价低；但明渠容易淤积，孳生蚊蝇，影响环境卫生，且明渠占地大，使道路的竖向规划和横断面设计受限，桥涵费用也增加。

纵向明沟可设在道路的两边或一边，也可设在车行道的中间。纵向明沟过长将增大明沟断面和开挖过深，此时适当地点开挖横向明沟，将水引向道路两侧的河滨排出。

明沟的排水断面尺寸，可按照排泄面积依照水力学所述公式计算。郊区道路采用明渠排水时，小于或等于 $0.5m$ 的低填土路基和挖土路基，均应设边沟。边沟宜采用梯形断面，底宽应大于或等于 $0.3m$，最小设计流速为 $0.4m/s$，最大流速规定见表 12-2。超过最大设计流速时，应采取防冲刷措施。

明渠最大设计流速（单位：m/s）　　　　　　　　　表 12-2

土质或防护类型	最大设计流速	土质或防护类型	最大设计流速
粗砂土	0.8	干砌片石	2.0
中液限的细粒土	1.0	浆砌砖、浆砌片石	3.0
高液限的细粒土	1.2	混凝土铺砌	4.0
草皮护面	1.6	石灰岩或砂岩	4.0

注：表中数值适用于水流深度为 $0.4\sim1.0m$。

2）暗管系统

暗管系统包括街沟、雨水口、连管、干管、检查井、出水口等部分。在城市市区或厂区内，由于建筑密度高，交通量大，一般采用暗管排除雨水。其特点是卫生条件好、不影响交通，但造价高。

道路上及其相邻地区的地面水依靠道路设计的纵、横坡度，流向车行道两侧的街沟，然后顺街沟的纵坡流入沿街沟设置的雨水管，再由地下的连管通向干管，排入附近河滨或湖泊中去。

雨水排水系统一般不设泵站，雨水靠管道的坡降排入水体。但在某些地势平坦、区域较大的大城市如上海等，因为水体的水位高于出水口，常常需要设置泵站抽升雨水。

3）混合式系统

混合式系统是明沟和暗管相结合的一种形式。城市中排除雨水可用暗管，也可用明沟。

4. 雨水口和检查井的布置

（1）雨水口的布置

雨水口是在雨水管道或合流管道上收集雨水的构筑物。地面上、街道路面上的雨水首先进入雨水口，再经过连接管流入雨水管道。雨水口一般设在街区内、广场上、街道交叉口和街道边沟的一定距离处，以防止雨水漫过道路或造成道路及低洼处积水，妨碍交通。道量汇水点、人行横道上游、沿街单位出入口上游、靠地面径流的街坊或庭院的出水口等处均应设置雨水口。道路低洼和易积水地段应根据需要适当增加雨水口。此外，在道路上每隔 25～50m 也应设置雨水口。

此外，在道路路面上应尽可能利用道路边沟排除雨水，为此，在每条雨水干管的起端，通常利用道路边沟排除雨水，从而减少暗管长度约 100～150m，降低了整个管渠工程的造价。

雨水口形式有平算式、立式和联合式等。

平算式雨水口有缘有平算式和地面平算式。缘石平算式雨水口适用于有缘石的道路。地面平算式适用于无缘石的路面、广场、地面低洼聚水处等。

立式雨水口有立孔式和立算式，适用于有缘石的道路。其中立孔式适用于算隙容易被杂物堵塞的地方。

联合式雨水口是平算与立式的综合形式，适用于路面较宽、有缘石、径流量较集中且有杂物处。

雨水口的泄水能力，平算式雨水口约为 20L/s，联合式雨水口约为 30L/s。大雨时易被杂物堵塞的雨水口泄水能力应乘以 0.5～0.7 的系数。多算式雨水口、立式雨水口的泄水能力经计算确定。

雨水口的泄水能力按下式计算：

$$Q = \omega C (2ghk)^{1/2}$$

式中　Q——雨水口排泄的流量（m³/s）；

　　　ω——雨水口进水面积（m²）；

　　　C——孔口系数，圆角孔用 0.8，方角孔用 0.6；

　　　g——重力加速度；

　　　h——雨水口上允许贮存的水头，一般认为街沟的水深不宜大于侧石高度的 2/3，一般采用 h=0.02～0.06m；

　　　k——孔口阻塞系数，一般 k=2/3。

平算式雨水口的算面应低于附近路面 3～5cm，并使周围路面坡向雨水口。

立式雨水口进水孔底面应比附近路面略低。

雨水口井的深度宜小于或等于 1m。冰冻地区应对雨水井及其基础采取防冻措施。在泥沙量较大的地区，可根据需要设沉泥槽。

雨水口连接管最小管径为 200mm。连接管坡度应大于或等于 10%，长度小于或等于 25m，覆土厚度大于或等于 0.7m。

必要时雨水口可以串联。串联的雨水口不宜超过三个，并应加大出口连接管管径。

雨水口连接管的管基与雨水管道基础做法相同。

雨水口的间距宜为 25～50m，其位置应与检查井的位置协调，连接管与干管的夹角宜接近 90°；斜交时连接管应布置成与干管的水流顺向。

平面交叉口应按竖向设计布设雨水口，并应采取措施防止路段的雨水流入交叉口。

（2）检查井（窨井）

为了对管道进行检查和疏通，管道系统上必须设置检查井，同时检查井还起到连接沟管的作用。相邻两个检查井之间的管道应在同一直线上，便于检查和疏通操作。检查井一般设置在管道容易沉积污物以及经常需要检查的地方。

　　1）检查井设置的条件

- 管道方向转折处。
- 管道交汇处，包括当雨水管直径小于800mm时，雨水口管接入处。
- 管道坡度改变处
- 直线管道上每隔一定距离处，管径不大于600，间距为25～40m。管径700～1100，间距为40～55m。

　　2）构造要求

一切形式的检查井都要求砌筑流槽。污水检查井流槽顶可与0.85倍大管管径处相平，雨水（合流）检查井流槽顶可与0.5倍大管管径处相平。流槽顶部宽度宜满足检修要求。

井口、井筒和井室的尺寸应便于养护和检修，爬梯和脚窝的尺寸、位置应便于检修和上下安全。

井室工作高度在管道深许可条件下，一般为1.8m，有管算起。污水检查井由流槽顶算起，雨水（合流）检查井由管底算起。

检查井在直线管段的最大间距应根据疏通方法等具体情况确定，一般宜按表12-3的规定取值。

检查井最大间距　　　　　　　　　　　　　　　表12-3

管径或暗渠净高（mm）	最大间距（m）	
	污水管道	雨水（合流）管道
200～400	40	50
500～700	60	70
800～1000	80	90
1100～1500	100	120
1600～2000	120	120

检查井是有基础、井底、井身、井盖和盖座组成，材料一般有砖、石、混凝土或钢筋混凝土。

12.6　道路给水排水制图简介

1. 一般规定

（1）图线

给水排水施工图的线宽 b 应根据图纸的类别、比例和复杂程度确定。一般线宽 b 宜为0.7mm或1.0mm。

（2）比例

道路给水排水平面图采用的比例为1：200、1：150、1：100，且宜与道路专业一致。管道的纵向断面图常常采用的比例为1：200、1：100、1：50，横向断面图一般为1：

1000、1∶500、1∶300，且宜与相应图纸一致。管道纵断面图可根据需要对纵向与横向采用不同的组合比例。

（3）标高

沟渠和重力流管道的起讫点、转角点、连接点、变坡点、变尺寸（管径）点及交叉点、压力流管道中的标高控制点、管道穿外墙、剪力墙和构筑物的壁及底板等处、不同水位线处等处应标注标高。

压力管道应标注管中心标高；重力流管道宜标注管底标高。标高单位为 m。管径的表达方式，依据管材不同，可标注公称直径 DN、外径 $D×$壁厚、内径 d 等。

标高的标注方法应符合下列规定：

1）平面图中，管道标高应按如图 12-8 所示的方式标注。

2）平面图中，沟渠标高应按如图 12-9 所示的方式标注。

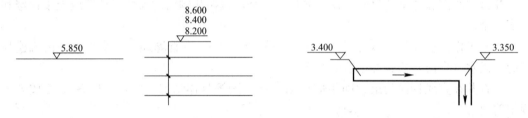

图 12-8　平面图中管道标高标注法　　　　图 12-9　平面图中沟渠标高标注法

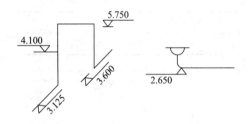

图 12-10　轴测图中管道标高标注法

3）轴测图中，管道标高应按如图 12-10 所示的方式标注。

（4）管径

管径应以 mm 为单位。水煤气输送钢管（镀锌或非镀锌）、铸铁管等管材，管径宜以公称直径 DN 表示（如 $DN15$、$DN50$）；无缝钢管、焊接钢管（直缝或螺旋缝）、铜管、不锈钢管等管材，管径宜以外径 $D×$壁厚表示（如 $D108×4$、$D159×4.5$ 等）；钢筋混凝土（或混凝土）管、陶土管、耐酸陶瓷管、缸瓦管等管材，管径宜以内径 d 表示（如 $d230$、$d380$ 等）；塑料管材，管径宜按产品标准的方法表示。当设计均用公称直径 DN 表示管径时，应用公称直径 DN 与相应产品规格对照表。

管径的标注方法应符合下列规定：

1）单根管道时，管径应按如图 12-11 所示的方式标注。

2）多根管道时，管径应按如图 12-12 所示的方式标注。

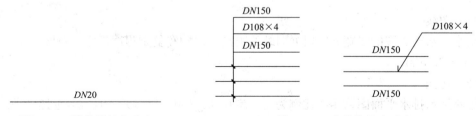

图 12-11　单管管径表示法　　　　图 12-12　多管管径表示法

2. 常用给水排水图例

《给水排水制图标准》GB/T 50106—2001 中列出了管道、管道附件、管道连接、管件、阀门、给水配件、消防设施、卫生设备及水池、小型给水排水构筑物、给水排水设备、仪表等共 11 类图例。这里仅给出一些常用图例供参考，见表 12-4。

常用图例   表 12-4

序 号	名 称	图 例	备 注
1	生活给水管	—— J ——	
2	热水给水管	—— RJ ——	
3	热水回水管	—— RH ——	
4	中水给水管	—— ZJ ——	
5	循环给水管	—— XJ ——	
6	循环回水管	—— Xh ——	
7	热媒给水管	—— RM ——	
8	热媒回水管	—— RMH ——	
9	蒸汽管	—— Z ——	
10	凝结水管	—— N ——	
11	废水管	—— F ——	可与中水源水管合用
12	压力废水管	—— YF ——	
13	通气管	—— T ——	
14	污水管	—— W ——	
15	压力污水管	—— YW ——	
16	雨水管	—— Y ——	
17	压力雨水管	—— YY ——	
18	膨胀管	—— PZ ——	

常见的给水排水图示参见如图 12-13 所示。

图 12-13　给水排水常见图样画法（一）

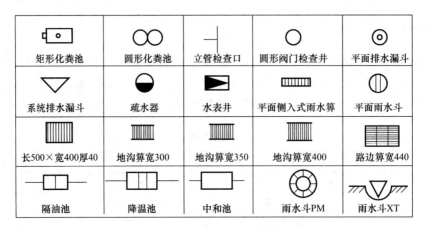

图 12-13　给水排水常见图样画法（二）

12.7　实 例 简 介

　　本案例给水排水管网规划是某大城市的市政道路给水排水。城区生活用水的最小要求服务水头为 40m，A 路给水引自市政给水管，与整个西区给水形成环状给水网。根据该城区的平面图，可知该城区自北向南倾斜，即北高南低。城区土壤种类为黏质土，地下水水位深度为 16m。年降水量为 936mm。城市最高温度为 42℃，最低温度为 0.5℃，年平均温度为 20.4℃，暴雨强度按本市暴雨强度公式计算，重现期 1 年，地面集水时间 15min，径流系数 0.7。在管基土质情况较好，且地下水位低于管底地段，采用素土基础，将天然地基整平，管道敷设在未经扰动的原土上。给水管网采用环状网；排水管网采用雨污分流体制。

第 13 章

给水工程施工图绘制

　　本章主要目的在于通过学习使读者能识别 AutoCAD 市政给水排水施工图，熟练掌握使用 AutoCAD 进行给水、排水制图的一般方法，使读者具有一般给水、排水绘制、设计技能。为今后从事有关市政给水排水工程设计、施工和运行管理工作打下坚实基础。

   学 习 要 点

- ◉ 给水管道设计说明、材料表及图例
- ◉ 给水管道平面图绘制
- ◉ 给水管道纵断面图绘制
- ◉ 给水节点详图绘制
- ◉ 排气阀详图绘制
- ◉ 阀门井详图绘制
- ◉ 管线综合横断面绘制

13.1　给水管道设计说明、材料表及图例

给水管道设计说明一般包括设计依据、工程概况、设计范围、给水管道管材及工程量一览表以及图例构成。

✦ 绘制思路

使用多行文字命令输入给水管道设计说明；使用直线、复制、阵列命令绘制材料表，然后使用单行文字命令输入文字；绘制图例，如图 13-1 所示。

图 13-1　给水设计说明效果图

13.1.1　前期准备以及绘图设置

【操作步骤】

1. 要根据绘制图形决定绘图的比例，建议使用 1：1 的比例绘制，1：200 的图纸比例。

2. 建立新文件

打开 AutoCAD 2014 应用程序，以 "A3.dwg" 样板文件为模板，建立新文件，将新文件命名为 "给水设计说明.dwg" 并保存。

3. 设置绘图工具栏

在任意工具栏处单击鼠标右键，从打开的快捷菜单中选择 "标准"，"图层"，"特性"，"绘图"，"修改" 和 "标注" 这六个选项，调出这些工具栏，并将它们移动到绘图窗口中

的适当位置。

4. 设置图层

设置以下三个图层："轮廓线"、"文字"、"图框"，设置好的各图层的属性参见图 13-2。

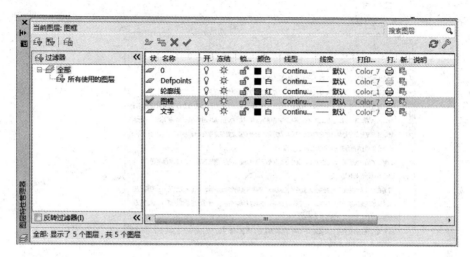

图 13-2　给水设计说明图层设置

5. 标注样式的设置

根据绘图比例设置标注样式，对标注样式线、符号和箭头、文字、主单位进行设置，具体如下：

线：超出尺寸线为 0.5，起点偏移量为 0.6；

符号和箭头：第一个为建筑标记，箭头大小为 0.6，圆心标记为标记 0.3；

文字：文字高度为 0.6，文字位置为垂直上，从尺寸线偏移为 0.3，文字对齐为 ISO 标准；

主单位：精度为 0.0，比例因子为 1。

6. 文字样式的设置

单击"标注"工具栏中的"文字样式"按钮，进入"文字样式"对话框，选择仿宋字体，宽度因子设置为 0.7。

13.1.2　给水管道设计说明

把文字图层设置为当前图层，单击"绘图"工具栏中的"多行文字"按钮 A，来标注给水管道设计。点击功能区下的"文本编辑器"，进行文字字体和大小的设置。如图 13-3 所示。

完成的图形参见图 13-4。

13.1.3　绘制材料表

【操作步骤】

1. 把轮廓线图层设置为当前图层，单击"绘图"工具栏中的"直线"按钮，绘制一条长为 15 的水平直线。

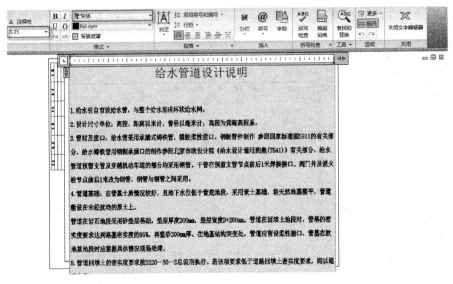

图 13-3　多行文字输入界面

给水管道设计说明

1. 给水引自市政给水管，与整个给水形成环状给水网。

2. 设计尺寸单位：高程、距离以米计，管径以毫米计，高程为黄海高程系。

3. 管材及接口：给水管采用承插式铸铁管，橡胶柔性接口，钢制管件制作 参照国家标准图S311的有关部分，给水铸铁管用钢制承插口的制作参照北京市政设计院《给水设计通用图集(TG41)》有关部分。给水管道预留支管及穿越机动车道的部分均采用钢管。干管在预留支管节点前后1米焊接接口。阀门井及消火栓节点前后1米改为钢管，钢管与钢管之间采用。

4. 管道基础：在管基土质情况较好，且地下水位低于管底地段，采用素土基础，将天然地基整平，管道敷设在未经扰动的原土上。

管道在岩石地段采用砂垫层基础，垫层厚度200mm，垫层宽度D+200mm。管道在回填土地段时，管基的密实度要求达到路基密实度的95%，再垫砂200mm厚，在地基结构突变处，管道应敷设柔性接口，管基在软地基地段时应根据具体情况现场处理。

5. 管道回填土的密实度要求按S220—30—2总说明执行。若该项要求低于道路回填土密实度要求，则以道路为准。

6. 管道防腐处理：钢管及铸铁管内壁喷砂除锈后涂料无毒聚合物水泥砂浆，外壁缠（环氧煤沥青，按CECS10：89执行。

7. 阀门井采用轻型铸铁井盖、井座，排水管就近接入雨水井。

8. 室外消防栓安装及所需具体管件按标准图集S8S162执行。

9. 图中给水管道桩号与道路桩号一致，给水管道以管线排列尺寸及道路桩号进行放线。

10. 给水管道试验压力1.1MPa，并做渗水量试验。

11. 管道盘竖直与水平转弯处应设置支墩，支墩大样见标准图集S345，管顶覆土深度不小于0.5米。

12. 本次设计道路西侧DN900管为西区形成配水管网应敷设的市政管道，此次施工可暂缓实施。

13. 管道施工要求严格按"给排水管道工程施工及验收规范"执行。

图 13-4　标注完后的设计说明

2. 单击"修改"工具栏中的"矩形阵列"按钮，选择绘制好的水平直线为阵列对象设置行数为 32 列数为 1，设置行间距为 0.8。完成的图形如图 13-5 所示。

3. 单击"绘图"工具栏中的"直线"按钮，连接阵列完直线的两端。

4. 单击"修改"工具栏中的"复制"按钮，把最左边的直线向右复制，距离分别为 1.5，5.5，8，10，11.5，13，复制的尺寸和完成的图形如图 13-6 所示。

图 13-5　阵列完的图形

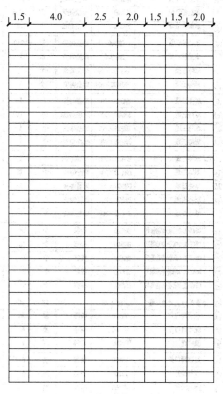

图 13-6　材料表的图框

5. 单击"修改"工具栏中的"删除"按钮，删除标注尺寸。

6. 单击"绘图"工具栏中的"多行文字"按钮A，来输入文字，完成的图形，如图 13-7 所示。

13.1.4　绘制图例

图例图框的绘制和材料表的类似，这里就不过多介绍。绘制的尺寸和图形，如图 13-8 所示。

【操作步骤】

1. 绘制给水管道标高图例 1

（1）把轮廓线图层设置为当前图层，单击"绘图"工具栏中的"矩形"按钮，绘制 0.4x0.4 矩形。

（2）在状态栏，打开"对象捕捉追踪"按钮 ，捕捉矩形中心。单击"绘图"工具栏中的"圆"按钮 ，以矩形的中心为圆心，以矩形的交点为半径绘制圆。绘制流程和完成的图形如图 13-9 所示。

序号	名　称	规　格	材　料	单位	数量	备　注
①	镀锌钢管	DN100	镀锌钢管	米	275	
②	承插铸铁管	DN500	球墨铸铁	米	60	
③	承插铸铁管	DN400	球墨铸铁	米	2014	
④	承插铸铁管	DN600	球墨铸铁	米	128	
⑤	承插铸铁管	DN900	球墨铸铁	米	2010	
⑥	承插铸铁管	DN1000	球墨铸铁	米	62	
⑦	球铸三通	DN1000×900	球墨铸铁	个	1	参见S311
⑧	球铸三通	DN1000×400	球墨铸铁	个	1	参见S311
⑨	球铸三通	DN900×500	球墨铸铁	个	3	参见S311
⑩	球铸三通	DN900×100	球墨铸铁	个	10	参见S311
⑪	球铸三通	DN900×400	球墨铸铁	个	1	参见S311
⑫	球铸三通	DN400×400	球墨铸铁	个	1	参见S311
⑬	球铸三通	DN400×300	球墨铸铁	个	1	参见S311
⑭	球铸三通	DN400×100	球墨铸铁	个	12	参见S311
⑮	球铸四通	DN500×400	球墨铸铁	个	1	参见S311
⑯	球铸四通	DN900×300	球墨铸铁	个	10	参见S311
⑰	球铸四通	DN400×300	球墨铸铁	个	7	参见S311
⑱	D34X-1.0暗杆传动蝶阀	DN100	铸铁	个	39	
⑲	D34X-1.0暗杆传动蝶阀	DN500	铸铁	个	20	
⑳	D34X-1.0暗杆传动蝶阀	DN400	铸铁	个	5	
㉑	D34X-1.0暗杆传动蝶阀	DN600	铸铁	个	2	
㉒	D34X-1.0暗杆传动蝶阀	DN900	铸铁	个	5	
㉓	室外地上式消火栓	SS100-1.0		套	39	
㉔	圆形阀门井	Φ1500	砖福	座	20	S143-17-7
㉕	圆形阀门井	Φ1800	砖福	座	5	S143-17-7
㉖	圆形阀门井	Φ2200	砖福	座	2	S143-17-7
㉗	圆形阀门井	Φ2800	砖福	座	5	S142-17-7
㉘	排气阀井	Φ1200	砖福	座	2	S146-6-4
㉙	排气阀井	Φ1400	砖福	座	2	S146-6-4
㉚	排泥阀井	Φ1800	砖福	座	1	S146-6-7

图 13-7　给水管材料表

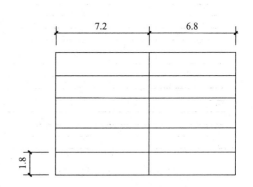

图 13-8　图例图框

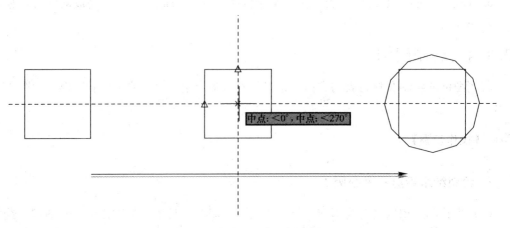

图 13-9　给水管道标高图例绘制（一）

2. 绘制给水管道标高图例 2

（1）单击"绘图"工具栏中的"直线"按钮，绘制其他线。

（2）单击"绘图"工具栏中的"多行文字"按钮 A，标注文字。

（3）单击"修改"工具栏中的"复制"按钮，复制刚刚绘制好的图形。双击文字对文字进行修改。操作步骤和完成的图形，如图 13-10 所示。

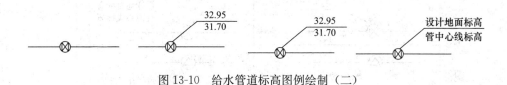

图 13-10　给水管道标高图例绘制（二）

3. 排泥阀门井绘制

（1）单击"绘图"工具栏中的"圆"按钮，绘制半径为 0.2 和 0.3 的同心圆。

（2）单击"绘图"工具栏中的"直线"按钮，绘制两条条水平和一条垂直直线，交于圆心。

（3）单击"修改"工具栏中的"旋转"按钮，以同心圆圆心为旋转基点，把水平向右的直线旋转 30°。

（4）单击"修改"工具栏中的"旋转"按钮，以同心圆圆心为旋转基点，把水平向左的直线旋转-30°。

（5）单击"绘图"工具栏中的"直线"按钮，以三条直线与内部圆的交点为端点，绘制三角形。

（6）单击"修改"工具栏中的"删除"按钮，删除多余的实体。

（7）单击"绘图"工具栏中的"图案填充"按钮，填充三角形。单击对话框里"图案（P）"右边的按钮进行更换图案样例，进入"填充图案选项板"对话框，选择"SOLID"图例进行填充。

（8）单击"绘图"工具栏中的"多行文字"按钮 A，标注文字，完成排泥阀门井绘制。具体的操作步骤如图 13-11 所示。

图 13-11　排泥阀门井图例绘制

同理，可以完成其他图例的绘制。完成的图形如图 13-12 所示。

图例

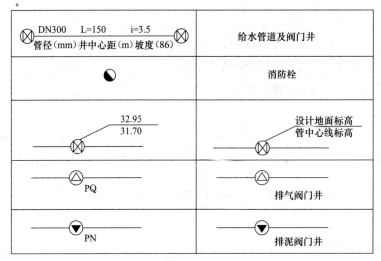

图 13-12　给水图例绘制

13.2　给水管道平面图绘制

绘制思路

　　直接调用道路平面布置图所需内容；使用直线、复制命令绘制给水管道以及定位轴线；调用给水管道设计说明中的图例，复制到指定的位置；用多行文字命令标注文字；用线性、连续标注命令标注尺寸，并对图进行修剪整理，完成保存给水管道平面图，如图 13-13 所示。

13.2.1　前期准备以及绘图设置

【操作步骤】

　　1. 要根据绘制图形决定绘图的比例，我们建议使用 1：1 的比例绘制，1：100 的图纸比例。

　　2. 建立新文件

　　打开 AutoCAD 2014 应用程序，以"A3. dwt"样板文件为模板，建立新文件，将新文件命名为"给水管道平面图. dwg"并保存。

　　3. 设置绘图工具栏

　　在任意工具栏处单击鼠标右键，从打开的快捷菜单中选择"标准"，"图层"，"特性"，"绘图"，"修改"和"标注"这六个选项，调出这些工具栏，并将它们移动到绘图窗口中的适当位置。

　　4. 设置图层

　　根据需要我们设置以下七个图层："尺寸"，"道路中心线"，"给水"，"路网"，"轮廓线"，"图框"，"文字"，设置好的各图层的属性如图 13-14 所示。

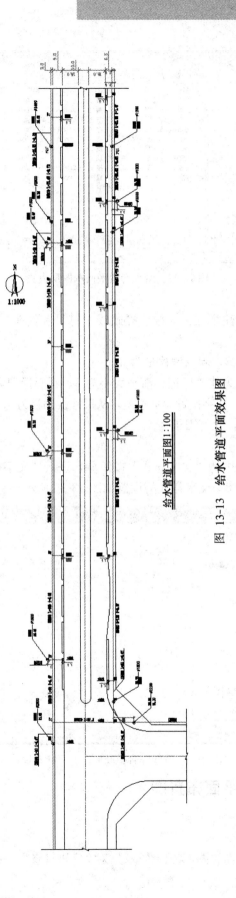

给水管道平面图1:100

图 13-13　给水管道平面效果图

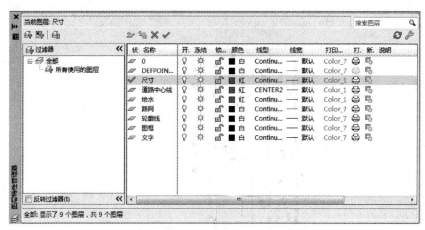

图 13-14　给水管道平面图图层设置

5. 标注样式的设置

根据绘图比例设置标注样式，对标注样式线、符号和箭头、文字、主单位进行设置，具体如下：

线：超出尺寸线为 2.5，起点偏移量为 3；

符号和箭头：第一个为建筑标记，箭头大小为 3，圆心标记为标记 1.5；

文字：文字高度为 3，文字位置为垂直上，从尺寸线偏移为 1.5，文字对齐为 ISO 标准；

主单位：精度为 0.0，比例因子为 1。

6. 文字样式的设置

单击"标注"工具栏中的"文字样式"按钮，进入"文字样式"对话框，选择仿宋字体，宽度因子设置为 0.8。文字样式的设置如图 13-15 所示。

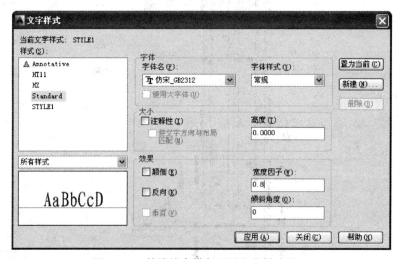

图 13-15　管线综合横断面图文字样式设置

13.2.2　调用道路平面布置图

【操作步骤】

1. 直接调用道路平面布置图，双击图名文字对文字进行修改。完成的图形如图 13-16 所示。

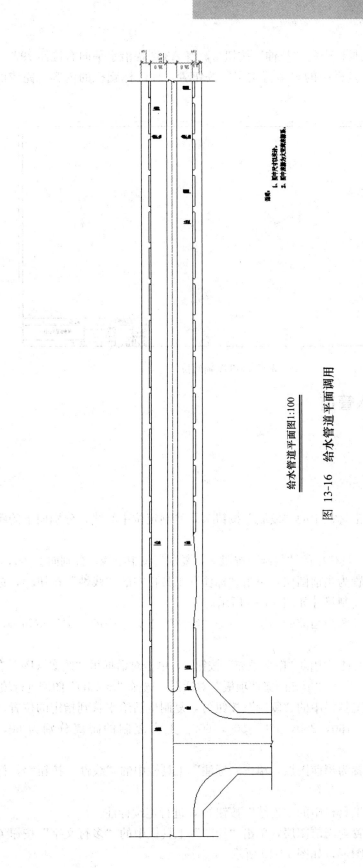

给水管道平面图1:100

图 13-16　给水管道平面调用

2. 单击"修改"工具栏中的"拉伸"按钮⬜，将 A3 图幅沿水平向右拉伸 297。

3. 单击"绘图"工具栏中的"多行文字"按钮 **A**，标注标题栏的内容，完成的图形如图 13-17 所示。

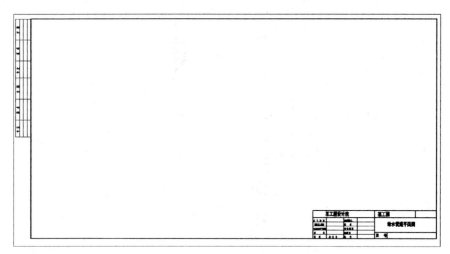

图 13-17   A3 图幅的拉伸

13.2.3   绘制给水管道

1. 绘制给水管道

（1）单击"修改"工具栏中的"复制"按钮⬚，复制定位中心线，分别向下的距离为 20，22.5，27.5，31。

（2）单击"修改"工具栏中的"复制"按钮⬚，复制定位中心线，分别向上 22.5，35。

（3）把尺寸图层设置为当前图层，单击"标注"工具栏中的"线性"按钮⬜，标注直线尺寸，完成的图形和复制尺寸如图 13-18 所示。

（4）把轮廓线图层设置为当前的图层，单击"绘图"工具栏中的"圆"按钮⬭，绘制半径为 0.2 的圆。

（5）单击"绘图"工具栏中的"图案填充"按钮⬜，单击对话框里"图案（P）"右边的按钮进行更换图案样例，进入"填充图案选项板"对话框，选择"SOLID"图例进行填充。

（6）单击"修改"工具栏中的"复制"按钮⬚，复制生活给水管到指定的位置，下方复制的距离分别为 40，160，280，400，500，600。上方复制的距离分别为 60，160，260，360，460，580.5。

（7）把尺寸图层设置为当前图层，单击"标注"工具栏中的"线性"按钮⬜，标注直线尺寸。

（8）单击"标注"工具栏中的"连续"按钮⬜，进行连续标注。

（9）把文字图层设置为当前图层，单击"绘图"工具栏中的"多行文字"按钮 **A**，标注给水管编号，完成的图形，如图 13-19 所示。

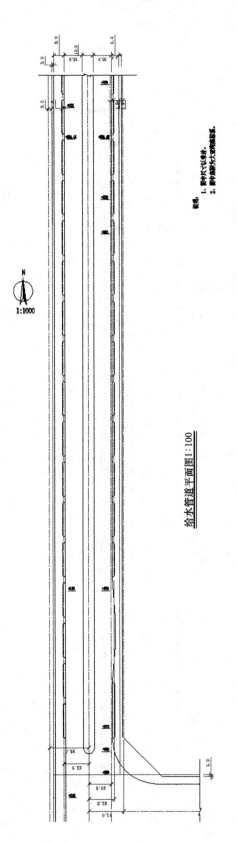

给水管道平面图 1:100

图 13-18 复制定位轴线后的给水管道平面图

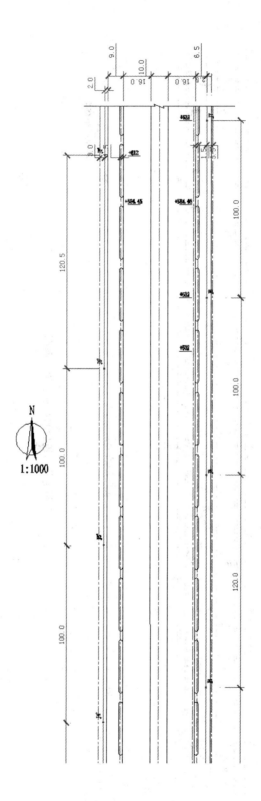

图 13-19　生活给水管绘制

2. 绘制图例定位线

（1）将给水层置为当前图层，单击"绘图"工具栏中的"直线"按钮，绘制一条长为 42 的垂直直线。

（2）单击"修改"工具栏中的"复制"按钮，复制刚刚绘制好的垂直直线，向右复制。

（3）单击"修改"工具栏中的"复制"按钮，复制刚刚绘制好的垂直直线，向左右复制的距离为 20。

（4）单击"绘图"工具栏中的"直线"按钮，绘制一条长为 28 的垂直直线。

（5）单击"修改"工具栏中的"复制"按钮，复制刚刚绘制好的垂直直线，向右复制。以确定阀门井、消防栓、排气阀门中线。

（6）把尺寸图层设置为当前图层，单击"标注"工具栏中的"线性"按钮，标注直线尺寸。

（7）单击"标注"工具栏中的"连续"按钮，进行连续标注。完成的图形和尺寸，如图 13-20 所示。

3. 调用给水管道设计说明中的图例，复制到指定的位置

（1）使用 Ctrl＋V 复制给水管道设计说明图中的图例，使用 Ctrl＋V 粘贴到给水管道平面图中。

（2）单击"修改"工具栏中的"缩放"按钮，将图例缩小 2 倍。

（3）单击"修改"工具栏中的"复制"按钮，复制图例到相应的交点上，完成的图形，如图 13-21 所示。

13.2.4　标注文字和尺寸

【操作步骤】

1. 标注文字

（1）单击"绘图"工具栏中的"多行文字"按钮 A，标注坐标文字，注意要把文字图层设置为当前图层。

（2）单击"修改"工具栏中的"复制"按钮，复制相同的内容。来进行图例名称、管径、中心距、坡度等等的标注，完成的图形，如图 13-22 所示。

2. 标注尺寸

（1）把尺寸图层设置为当前图层，单击"标注"工具栏中的"线性"按钮，标注直线尺寸。

（2）单击"标注"工具栏中的"连续"按钮，进行连续标注。

（3）单击"修改"工具栏中的"删除"按钮，删除多余的定位线和尺寸。完成的图形，如图 13-23 所示。

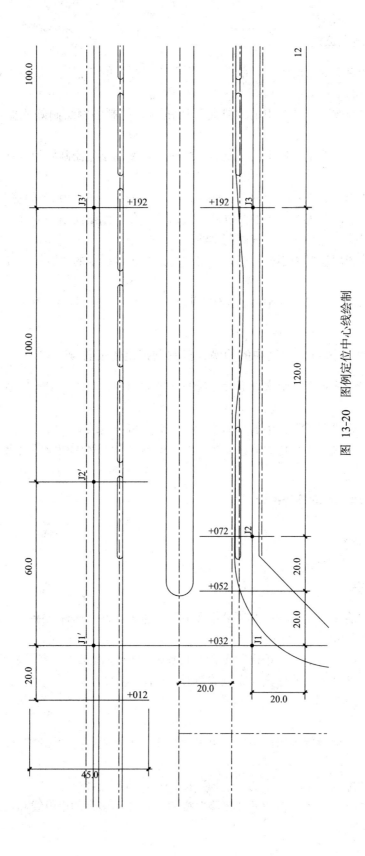

图 13-20　图例定位中心线绘制

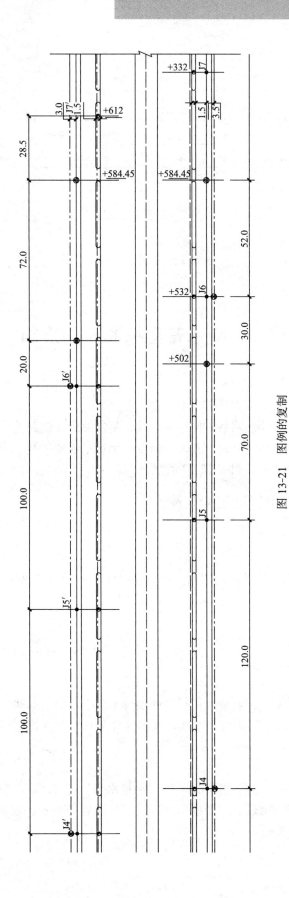

图 13-21　图例的复制

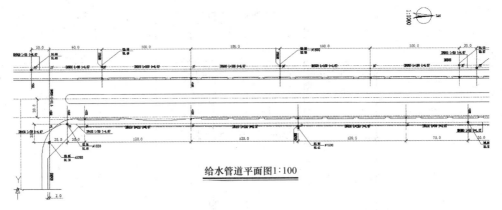

给水管道平面图1:100

图 13-22　图例文字标注

13.3　给水管道纵断面图绘制

**绘制思路**

使用直线、阵列命令绘制网格；使用多段线、复制命令绘制其他线；使用多行文字命令输入文字；根据高程，使用直线、多段线命令绘制给水管地面线、管中心设计线、高程线，完成给水管道纵断面图，如图 13-23 所示。

13.3.1　前期准备以及绘图设置

【操作步骤】

1. 要根据绘制图形决定绘图的比例，我们建议使用 1∶1 的比例绘制，横向 1∶1000、纵向 1∶100 的图纸比例。

2. 建立新文件

打开 AutoCAD 2014 应用程序，以"A3. dwt"样板文件为模板，建立新文件，将新文件命名为"给水管道纵断面图. dwg"并保存。

3. 设置绘图工具栏

在任意工具栏处单击鼠标右键，从打开的快捷菜单中选择"标准"，"图层"，"特性"，"绘图"，"修改"和"标注"这六个选项，调出这些工具栏，并将它们移动到绘图窗口中的适当位置。

4. 设置图层

设置以下十个图层："电"，"方格网"，"给排水口"，"给水"，"中心线"，"给水管道"，"管道地面"，"轮廓线"，"图框"，"文字"，设置好的各图层的属性，如图 13-24 所示。

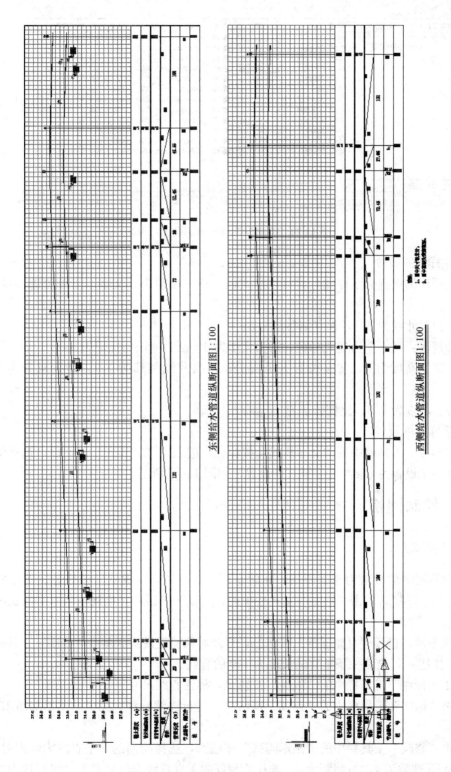

东侧给水管道纵断面图1:100

西侧给水管道纵断面图1:100

图 13-23　给水管道纵断面图

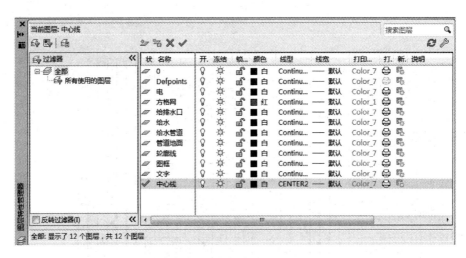

图 13-24　给水设计说明图层设置

5. 标注样式的设置

根据绘图比例设置标注样式，对标注样式线、符号和箭头、文字、主单位进行设置，具体如下：

线：超出尺寸线为 2.5，起点偏移量为 3；

符号和箭头：第一个为建筑标记，箭头大小为 3，圆心标记为标记 1.5；

文字：文字高度为 3，文字位置为垂直上，从尺寸线偏移为 1.5，文字对齐为 ISO标准；

主单位：精度为 0.0，比例因子为 1。

6. 文字样式的设置

单击"标注"工具栏中的"文字样式"按钮，进入"文字样式"对话框，选择仿宋字体，宽度因子设置为 0.8。文字样式的设置，如图 13-15 所示。

13.3.2　绘制网格

【操作步骤】

1. 将方格网图层设置为当前图层，在状态栏，打开"正交模式"按钮。把方格网图层设置为当前图层，单击"绘图"工具栏中的"直线"按钮，绘制一条水平的长度为745 的直线。

2. 在状态栏，打开"对象捕捉"按钮，打开对象捕捉模式。单击"绘图"工具栏中的"直线"按钮，绘制一条垂直的长度为 120 的直线。

3. 单击"标注"工具栏中的"线性"按钮，标注直线尺寸。

4. 单击"标注"工具栏中的"连续"按钮，进行连续标注。完成的图形如图 13-25所示。

5. 单击"修改"工具栏中的"矩形阵列"按钮，选择绘制的水平直线为阵列对象，设置行数为 25 列数为 1，行间距为 5。选择绘制好的垂直直线为阵列对象设置行数为 1 列数为 150 列偏移为 5。

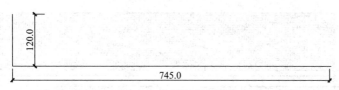

图 13-25   给水管道方格网正交直线

完成的图形如图 13-26 所示。

图 13-26   给水管道方格网的绘制

13.3.3   绘制其他线

【操作步骤】

1. 把轮廓线图层设置为当前图层，单击"绘图"工具栏中的"多段线"按钮，绘制底部线框。选择 w 来设定起点宽度和端点宽度为 0.2，来绘制水平的多段线。

2. 单击"修改"工具栏中的"拉伸"按钮，把刚刚绘制好的水平多段线水平向左延伸 40。

3. 单击"修改"工具栏中的"矩形阵列"按钮，选择绘制的水平多段线为阵列对象设置行数为 8 列数为 1，行间距为-11，完成的图形如图 13-27 所示。

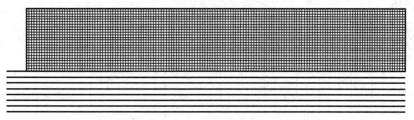

图 13-27   阵列后的图形

4. 单击"绘图"工具栏中的"多段线"按钮，绘制出其他的多段线。完成的图形如图 13-28 所示。

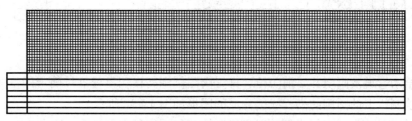

图 13-28   外部轮廓绘制完后的图形

5. 单击"绘图"工具栏中的"直线"按钮，绘制其他直线。完成的图形如图 13-29 所示。

6. 把文字图层设置为当前图层，单击"绘图"工具栏中的"多行文字"按钮 **A**，标注文字和标高，完成的图形如图 13-30 所示。

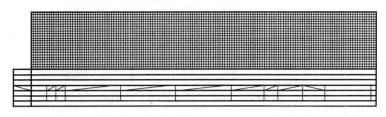

图 13-29　底部线框直线绘制

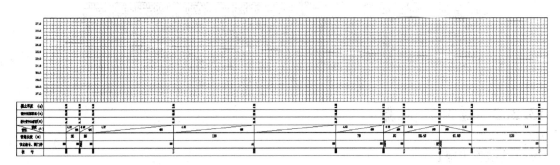

图 13-30　输入文字后的给水管道纵断面图

13.3.4　绘制给水管地面线、管中心设计线、高程线

【操作步骤】

1. 把给排水口图层设置为当前图层，单击"绘图"工具栏中的"矩形"按钮，来绘制电、信管道。

2. 单击"绘图"工具栏中的"椭圆"按钮，来绘制雨、污管道，单击"绘图"工具栏中的"多行文字"按钮 A，标注名称。完成的图形如图 13-31 所示。

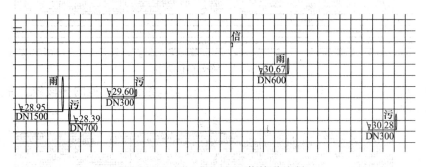

图 13-31　雨、污、电、信管道绘制

复制给水管道及阀门井、消防栓、排气阀图例到高程和里程桩号确定的位置。使用多段线命令绘制以上的图例的高程线。完成的图形如图 13-32 所示。

3. 单击"绘图"工具栏中的"多段线"按钮，绘制水平箭头。输入 w 来指定起点宽度和端点宽度为 0.2000。输入 w 来指定起点宽度为 1 和端点宽度为 0。单击"绘图"工具栏中的"多段线"按钮，绘制垂直箭头。输入 w 来指定起点宽度和端点宽度为 0.2000。输入 w 来指定起点宽度为 1 和端点宽度为 0。完成的图形如图 13-33 所示。

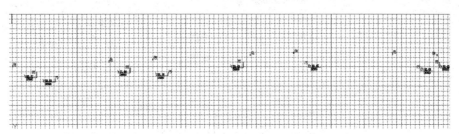

图 13-32　给水管道图例复制

4. 根据高程的数值，单击"绘图"工具栏中的"多段线"按钮 $\circlearrowleft$，绘制给水管道地面线和设计线。注意绘制给水管道地面线需要把管道地面图层设置为当前图层，绘制设计线需要把给水管道图层设置为当前图层。完成的图形如图 13-34 所示。

5. 同理，绘制西侧给水管道纵断面图，完成的图形，如图 13-35 所示。

给水管道纵断面图，如图 13-23 所示。

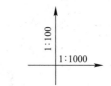

图 13-33　给箭头的绘制

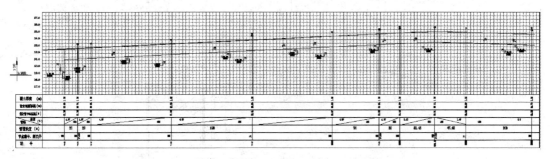

图 13-34　给水管道地面线和纵坡设计线的绘制

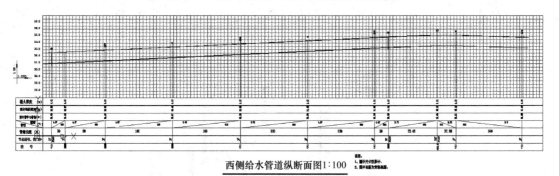

图 13-35　西侧给水管道纵断面图的绘制

13.4　给水节点详图绘制

⭐ **绘制思路**

使用直线命令绘制给水管道线；使用直线、镜像等命令绘制阀门井，并复制到相应的位置；使用单行文字、复制命令标注文字；完成保存给水节点详图，如图 13-36 所示。

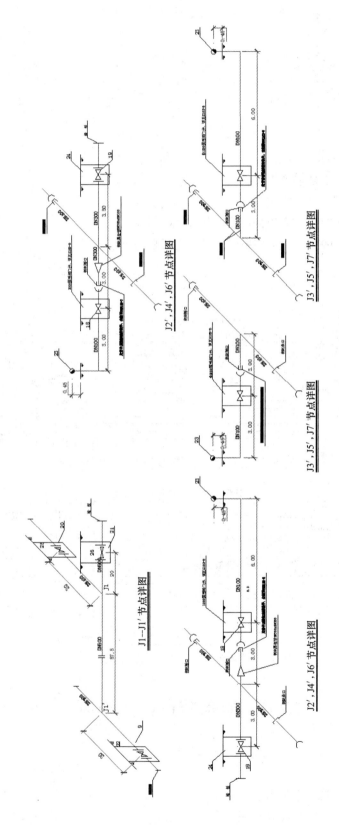

图 13-36　给水节点详图效果图

13.4.1 前期准备以及绘图设置

【操作步骤】

1. 要根据绘制图形决定绘图的比例，在此我们建议采用 1:1 的比例绘制，1:15 的出图比例。

2. 建立新文件

打开 AutoCAD 2014 应用程序，以"A3.dwt"样板文件为模板，建立新文件，将新文件命名为"给水节点详图.dwg"并保存。

3. 设置绘图工具栏

在任意工具栏处单击鼠标右键，从打开的快捷菜单中选择"标准"，"图层"，"特性"，"绘图"，"修改"，"文字"和"标注"这七个选项，调出这些工具栏，并将它们移动到绘图窗口中的适当位置。

4. 设置图层

根据需要我们设置以下四个图层："尺寸"，"管道线"，"轮廓线"和"文字"，把管道线图层设置为当前图层。设置好的各图层的属性，如图 13-37 所示。

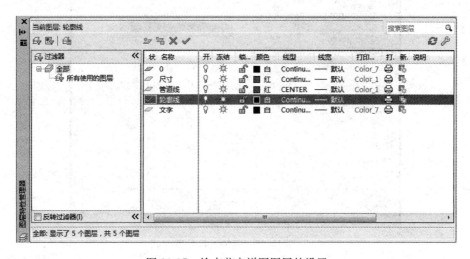

图 13-37 给水节点详图图层的设置

5. 标注样式的设置

根据绘图比例设置标注样式，对标注样式线、符号和箭头、文字、主单位进行设置，具体如下：

线：超出尺寸线为 0.15，起点偏移量为 0.2；

符号和箭头：第一个为建筑标记，箭头大小为 0.2，圆心标记为标记 0.1；

文字：文字高度为 0.2，文字位置为垂直上，从尺寸线偏移为 0.1，文字对齐为 ISO 标准；

主单位：精度为 0.00，比例因子为 1。

6. 文字样式的设置

单击"标注"工具栏中的"文字样式"按钮，进入"文字样式"对话框，选择仿宋

字体，宽度因子设置为 0.8。

13.4.2 J1—J1'节点详图

【操作步骤】

1. 绘制给水管道线

（1）在状态栏，单击"正交模式"按钮，打开正交模式。在状态栏，右键单击"极轴追踪"按钮，进入"设置（s）"下拉菜单，进入"草图设置"对话框，极轴追踪的参数设置如图 13-38 所示。然后按"确定"按钮完成极轴追踪的设置。

（2）单击"绘图"工具栏中的"直线"按钮，绘制两条水平的长为 5.75 和 2 的直线。

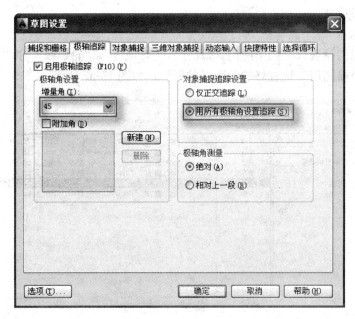

图 13-38　极轴追踪设置

（3）单击"绘图"工具栏中的"直线"按钮，绘制两条 45°方向的直线，如图 13-39 所示。

（4）把尺寸图层设置为当前图层，单击"标注"工具栏中的"线性"按钮，标注直线尺寸。

（5）单击"标注"工具栏中的"连续"按钮，进行连续标注。完成的图形，如图 13-40 所示。

2. 绘制阀门井

（1）把轮廓图层设置为当前图层，单击"绘图"工具栏中的"直线"按钮，绘制一个 1×1.5 的矩形。

（2）单击"绘图"工具栏中的"直线"按钮，取其水平直线中点绘制一条垂直直线。

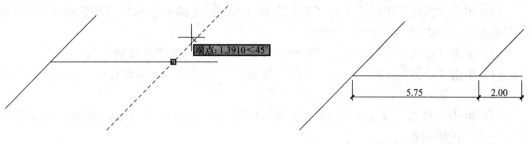

图 13-39　45°直线的绘制　　　　　图 13-40　J1-J1′定位管线绘制

（3）单击"修改"工具栏中的"复制"按钮，复制刚刚绘制好的水平直线，向上复制的位移分别为 0.5。

（4）把尺寸图层设置为当前图层，单击"标注"工具栏中的"线性"按钮，标注直线尺寸，完成的图形如图 13-41（a）所示。

（5）单击"修改"工具栏中的"复制"按钮，复制刚刚复制完的水平直线，向上复制的距离分别为 0.15，0.25。然后向下复制，距离分别为 0.15，0.25。

（6）单击"修改"工具栏中的"复制"按钮，复制刚刚绘制好的垂直中心线，向右复制的距离分别为 0.25，0.35。然后向左复制，距离分别为 0.25，0.35。

（7）单击"修改"工具栏中的"删除"按钮，删除多余的标注尺寸。

（8）单击"标注"工具栏中的"线性"按钮，标注直线尺寸。

（9）单击"标注"工具栏中的"连续"按钮，进行连续标注。完成的图形，如图 13-41（b）所示。

（10）把轮廓图层设置为当前图层，单击"绘图"工具栏中的"直线"按钮，绘制轮廓线。

（11）单击"修改"工具栏中的"删除"按钮，删除多余的标注尺寸。

（12）单击"标注"工具栏中的"线性"按钮，标注直线尺寸。完成的图形如图 13-41（c）所示。

（13）单击"修改"工具栏中的"删除"按钮，删除多余的直线和标注。完成的图形参见如图 13-41（d）所示。

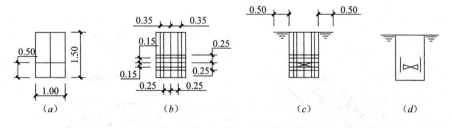

图 13-41　阀门井绘制流程

3. 45°方向阀门井

（1）单击"修改"工具栏中的"复制"按钮，复制刚刚绘制好的部分实体，复制的部分，如图 13-42（a）所示。

（2）单击"修改"工具栏中的"旋转"按钮↻，把上部水平水位直线旋转45°，完成的图形如图13-42（b）所示。

（3）单击"修改"工具栏中的"旋转"按钮↻，把下部水平线旋转45°。

（4）单击"绘图"工具栏中的"直线"按钮╱，连接另一条垂直直线，完成的图形如图13-42（c）所示。

（5）单击"修改"工具栏中的"复制"按钮💿，复制垂直直线，复制的尺寸和图13-41（b）中的一样。

（6）单击"修改"工具栏中的"复制"按钮💿，复制45°方向直线，复制的尺寸和图13-41（b）中的一样，完成的图形，图13-42（d）所示。

（7）单击"修改"工具栏中的"修剪"按钮⊬，剪切多余的部分，完成的图形如图13-42（e）所示。

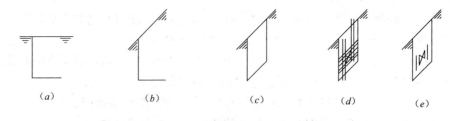

图 13-42　45°方向阀门井绘制流程

4. 复制阀门井

（1）单击"修改"工具栏中的"复制"按钮💿，复制水平阀门井到指定的位置。

（2）单击"绘图"工具栏中的"直线"按钮╱，沿左边45°直线绘制长为20的直线。

（3）单击"绘图"工具栏中的"直线"按钮╱，沿右边45°直线绘制长为20的直线。

（4）单击"修改"工具栏中的"复制"按钮💿，复制45°水平阀门井到指定的位置。

（5）把尺寸图层设置为当前图层，单击"标注"工具栏中的"对齐标注"按钮，标注直线尺寸。完成的图形和尺寸如图13-43所示。

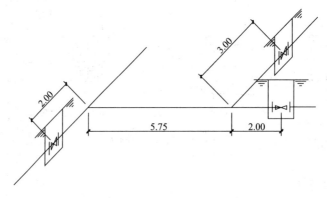

图 13-43　阀门井复制

（6）单击"绘图"工具栏中的"直线"按钮╱，绘制其他直线。

（7）单击"修改"工具栏中的"修剪"按钮 ⊬，剪切多余的部分，完成的图形如图 13-44 所示。

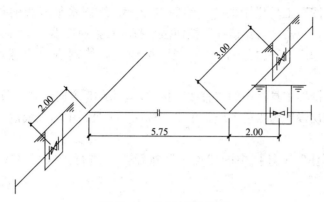

图 13-44　J1-J1′节点详图

5. 标注文字

（1）把文字图层设置为当前图层，单击"文字"工具栏中的"单行文字"按钮 **AI**，标注 45°方向的文字。

（2）单击"文字"工具栏中的"单行文字"按钮 **AI**，标注水平方向文字。

（3）单击"文字"工具栏中的"单行文字"按钮 **AI**，标注垂直方向文字，指定文字的旋转角度为 90°。

（4）单击"修改"工具栏中的"复制"按钮 ％，复制相同的文字到指定的位置。完成的图形如图 13-45 所示。

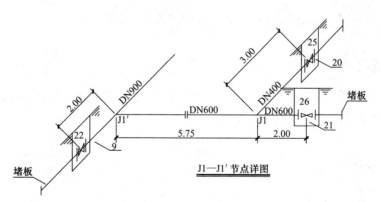

图 13-45　J1-J1′节点详图文字标注

13.4.3　J2、J4、J6 节点详图

【操作步骤】

1. 绘制给水管道线

（1）把管道线图层设置为当前图形，在状态栏，单击"正交模式"按钮 ⊾，打开正交

模式。在状态栏，右键单击"极轴追踪"按钮⊙，进入"设置（s）"下拉菜单，进入"草图设置"对话框，极轴追踪的参数设置，如图 13-38 所示。

（2）单击"绘图"工具栏中的"直线"按钮✎，绘制水平直线的长度分别为 3，3，3.5，2。在状态栏，单击"对象捕捉"按钮▢，打开对象捕捉模式。

（3）单击"绘图"工具栏中的"直线"按钮✎，绘制垂直直线的长度分别为 1，0.45。

（4）单击"绘图"工具栏中的"直线"按钮✎，沿 45°方向绘制两条长为 4 的直线。

（5）把尺寸图层设置为当前图层，单击"标注"工具栏中的"线性"按钮⊢，标注直线尺寸。

（6）单击"标注"工具栏中的"连续"按钮⊢⊢，进行连续标注。完成的图形如图 13-46 所示。

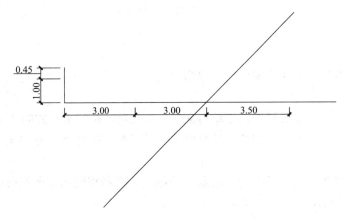

图 13-46　J2、J4、J6 节点给水定位线绘制

2. 绘制阀门井

（1）单击"修改"工具栏中的"复制"按钮℅，复制水平阀门井到指定的位置。完成的图形如图 13-47 所示。

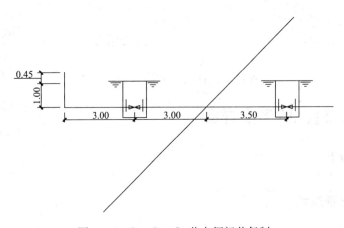

图 13-47　J2、J4、J6 节点阀门井复制

（2）使用 Ctrl＋C 命令复制给水管道设计说明中的图例，然后 Ctrl＋V 给水节点详图中。

（3）单击"修改"工具栏中的"复制"按钮，复制消防栓图例到指定位置。

（4）单击"绘图"工具栏中的"直线"按钮，绘制其他线。

（5）单击"绘图"工具栏中的"圆弧"按钮，绘制圆弧。

（6）单击"修改"工具栏中的"修剪"按钮，剪切多余的部分，完成的图形如图 13-48 所示。

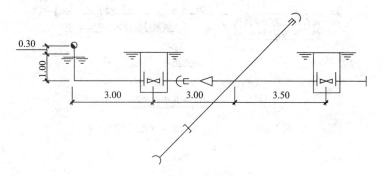

图 13-48　J2、J4、J6 节点详图轮廓线绘制

（7）单击"修改"工具栏中的"打断"按钮，打断图例之间的直线。完成的图形如图 13-49 所示。

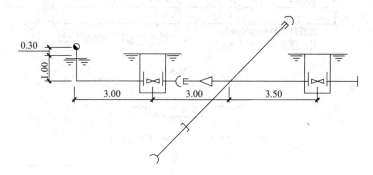

图 13-49　直线的打断

3. 标注文字

（1）把文字图层设置为当前图层，单击"文字"工具栏中的"单行文字"按钮，标注 45°方向的文字。

（2）单击"文字"工具栏中的"单行文字"按钮，标注水平方向文字。

（3）单击"修改"工具栏中的"复制"按钮，复制相同的文字到指定的位置。完成的图形如图 13-50 所示。

（4）单击"修改"工具栏中的"删除"按钮，删除多余的标注。完成保存的图形如图 13-51 所示。

同理，完成其他给水节点的绘制，完成的图形如图 13-52～图 13-54 所示。

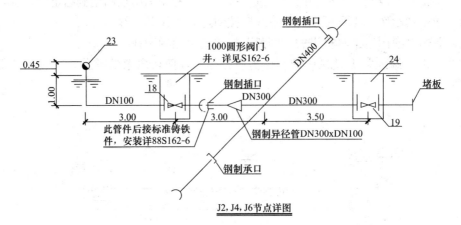

图 13-50　J2、J4、J6 节点详图文字标注

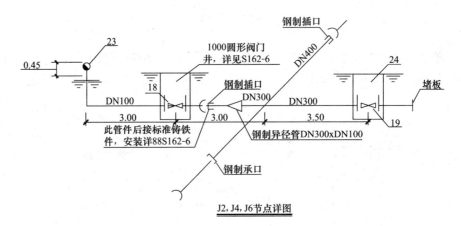

图 13-51　J2、J4、J6 节点详图

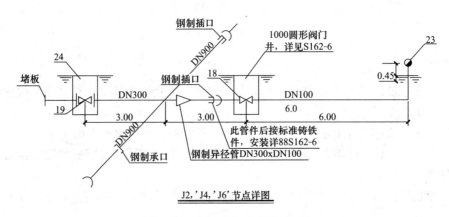

图 13-52　J2′、J4′、J6′节点详图

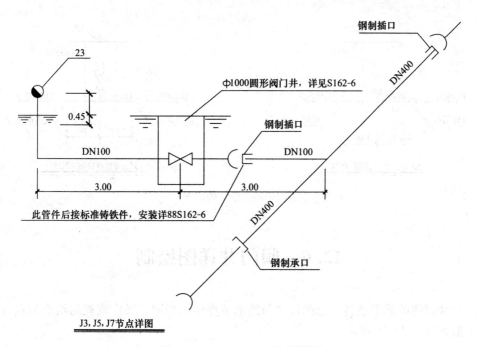

J3、J5、J7节点详图

图 13-53　J3、J5、J7 节点详图

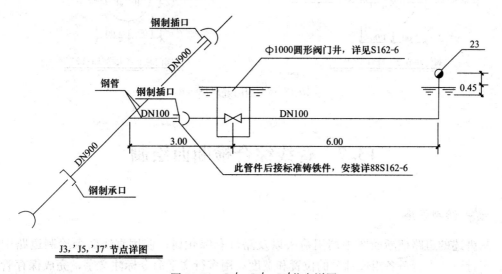

J3′、J5′、J7′节点详图

图 13-54　J3′、J5′、J7′节点详图

13.5　排气阀详图绘制

操作流程与给水节点详图的绘制相同，如图 13-55 所示。

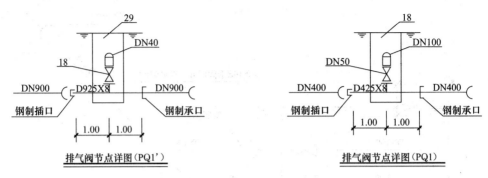

图 13-55　排气阀详图

13.6　阀门井详图绘制

阀门井详图的前期准备、绘图设置与给水节点详图相同，操作流程与给水节点详图的绘制类似，如图 13-56 所示。

图 13-56　阀门井详图

13.7　管线综合横断面绘制

绘制思路

从讲述的道路横断面图中调用箭头以及路灯和绿化树；使用直线命令绘制道路中心线、车行道、人行道各组成部分的位置和宽度；用多行文字命令标注文字，完成保存管线综合横断面图，如图 13-57 所示。

13.7.1　前期准备以及绘图设置

【操作步骤】

1. 要根据绘制图形决定绘图的比例，建议使用 1∶1 的比例绘制，1∶200 的图纸比例。

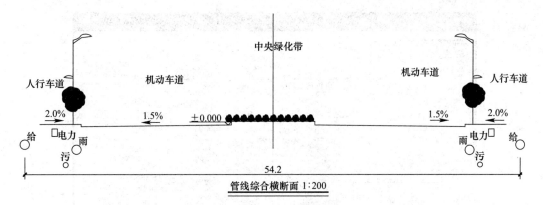

图 13-57　管线综合横断面图

2. 建立新文件

打开 AutoCAD 2014 应用程序，建立新文件，将新文件命名为"管线综合横断面.dwg"并保存。

3. 设置绘图工具栏

在任意工具栏处单击鼠标右键，从打开的快捷菜单中选择"标准"，"图层"，"对象特性"，"绘图"，"修改"，"文字"和"标注"这七个选项，调出这些工具栏，并将它们移动到绘图窗口中的适当位置。

4. 设置图层

设置以下十一个图层："尺寸线"，"道路中线"，"路灯"，"路基路面"，"轮廓线"，"坡度"，"树"，"填充"和"文字"，将"轮廓线"设置为当前图层。设置好的各图层的属性如图 13-58 所示。

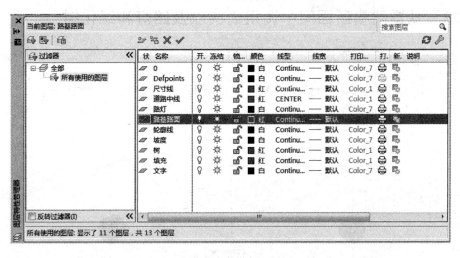

图 13-58　管线综合横断面图图层设置

5. 文字样式的设置

单击"标注"工具栏中的"文字样式"按钮，进入"文字样式"对话框，选择仿宋字体，宽度因子设置为 0.8。文字样式的设置如图 13-59 所示。

图 13-59　管线综合横断面图文字样式设置

6. 标注样式的设置

根据绘图比例设置标注样式，对标注样式线、符号和箭头、文字、主单位进行设置，具体如下：

线：超出尺寸线为 0.5，起点偏移量为 0.6；

符号和箭头：第一个为建筑标记，箭头大小为 0.6，圆心标记为标记 0.3；

文字：文字高度为 0.6，文字位置为垂直上，从尺寸线偏移为 0.3，文字对齐为 ISO 标准；

主单位：精度为 0.0，比例因子为 1。

13.7.2　从道路横断面图中调用箭头以及路灯和绿化树

【操作步骤】

1. 打开源文件中绘制好的道路横断面图，使用 Ctrl＋C 复制所需图形和文字，使用 Ctrl＋V 粘贴到管线综合横断面图中、如图 13-60 所示。

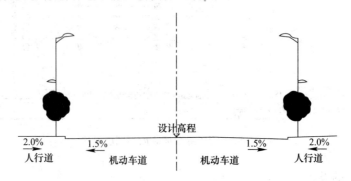

图 13-60　调用的图形

2. 单击"文字"工具栏中的"编辑文字"按钮，进行相关的文字的修改，完成的图形如图 13-61 所示。

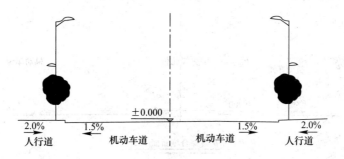

图 13-61　文字的编辑修改

13.7.3　绘制道路中心线、车行道、人行道

【操作步骤】

1. 在状态栏，单击"正交模式"按钮 ，打开正交模式。在状态栏，单击"对象捕捉"按钮 ，打开对象捕捉。

2. 单击"修改"工具栏中的"移动"按钮 ，把道路中线左边的图形向左移动 5。重复"移动"命令，把道路中线右边的图形向右移动 5；把道路中线左边的图形向下移动 0.4；把道路中线右边的图形向下移动 0.4。完成的图形如图 13-62 所示。

图 13-62　中央绿化带绘制

3. 单击"修改"工具栏中的"拉伸"按钮 ，将道路中线左边机动车道水平向左拉伸 5.5。重复"拉伸"命令，将道路中线右边机动车道水平向右拉伸 5.5；将道路中线左边人行道水平向左拉伸 6；将道路中线右边人行道水平向左拉伸 6。

4. 单击"修改"工具栏中的"移动"按钮 ，将机动车道、人行道以及坡度移动到合适的位置。

5. 单击"绘图"工具栏中的"多行文字"按钮 A，标注中央绿化带。

6. 单击"绘图"工具栏中的"多段线"按钮 ，指定起点宽度为 0 端点宽度为 0，绘制左右两图形之间的连接线。完成的图形如图 13-63 所示。

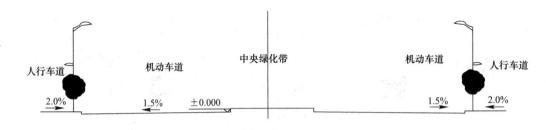

图 13-63　横断面绘制

7. 单击"绘图"工具栏中的"矩形"按钮▢，绘制 0.6×0.8 矩形代表电力管道。

8. 单击"绘图"工具栏中的"圆"按钮⊙，绘制两个半径为 0.5 个一个半径为 0.25 的圆，分别代表给、雨和污水管道。完成的图形如图 13-64 所示。

9. 单击"绘图"工具栏中的"修订云线"按钮，来绘制中央绿化带植物外形轮廓。

10. 将填充层设置为当前图层单击"绘图"工具栏中的"图案填充"按钮▧，单击对话框里"图案（P）"右边的按钮进行更换图案样例，进入"填充图案选项板"对话框，选择"SOLID"图例进行填充，注意应该把填充图层设置为当前图层。

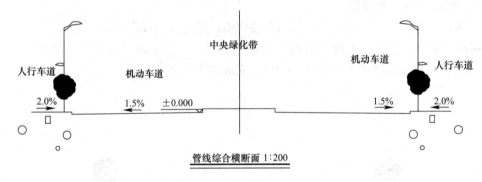

图 13-64　管线横断面绘制

11. 单击"修改"工具栏中的"矩形阵列"按钮▦，选择填充后的绿化物为阵列对象。设置行数为 1、列数为 12，列间距为 0.8，完成的图形如图 13-65 所示。

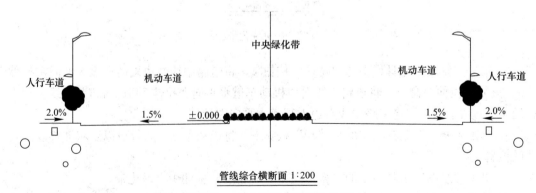

图 13-65　中央绿化带植物绘制

13.7.4　标注文字和尺寸

【操作步骤】

1. 把文字图层设置为当前图层，单击"绘图"工具栏中的"多行文字"按钮 **A**，标注电力、给、雨、污等文字。

2. 把尺寸图层设置为当前图层，单击"标注"工具栏中的"线性"按钮，标注直线尺寸。

园林是现代化城市的重要组成部分。在市政规划设计中，园林景观是市政规划设计的重要内容和重要组成部分。园林设计的因素包含构思立意、自然地形地貌的利用与塑造、园林建筑布置、园路和场地，植物种植，置石，假山与小品的设置等。是文科与理工科的贯穿、科学性与艺术性的交融、在广义建筑学中与城市规划学、建筑学共同组成一个学科和建设的系列。而绿地是城市用地的一种类型，指以有生命的绿色植物种植和覆盖的用地。城市总体规划中有城市绿地系统的专项规划，而城市景观不仅有绿化的要求，更要着眼于园林城市建设。说绿就是美是不全面的。园林不仅是绿，还有美学和园林艺术的内容。在现阶段园林更注重承担诸多的实用功能：如保护环境、改善居住条件，提供一定的物质生活资料；提供人交往、放松人的神经的场所来减轻社会压力甚至拯救地球。

一般来说一套完整的园林施工图通常包括建筑工程、结施工程、园林绿化工程、给排水工程、电气工程等等。一个园林工程的施工图一般按照设计说明、总平面图、施工放线图、竖向设计施工图、植物配置图、照明电气图、喷灌施工图、给排水施工图、园林小品施工详图、铺装剖切段面等顺序依次编排成册的。同一类型有相同的图别，按照顺序进行顺次编号，如：园林施工放线图，环施；园林植物配置图，绿施；给排水施工图，水施等等。园林施工图是依据正投影原理绘制的，同时还要符合国家有关建筑制图标准和建筑行业的习惯表达。

第五篇　市政园林施工篇

本篇主要目的在于通过学习使读者掌握园林水景、园林绿化、园林建筑、园林小品的基础知识，在此基础上了解园林水景、园林绿化、园林建筑、园林小品施工图的基本知识以及绘图步骤，使读者对园林施工图的表达方式、绘图步骤有所了解，能识别 AutoCAD 园林施工图。重点对园林施工图中绘制园林围墙、园林建筑、园林山石、园林水体、园路、园路铺装、植物等典型构成元素进行 AutoCAD 绘图讲解，使读者能把握使用 AutoCAD 进行园林设计制图的一般方法，具有园林常见图例、典型元素绘制、设计技能。为今后从事有关园林工程设计、施工和运行管理工作打下坚实基础。

由于园林是个综合性的学科，涉及的专业很多、内容比较广泛，所以本篇重点介绍如何使用 Auto-CAD 绘制园林建筑、园林水体、园路铺装、植物等典型构成元素施工图的绘制，简单介绍了园林绘图以及相关的基础知识。希望读者能从本章中学会园林 AutoCAD 施工图绘制的基本思路、方法和步骤。

第 14 章

园林景观概述

在市政规划设计中，园林景观是市政规划设计的重要内容和重要组成部分。本章从园林设计的基本原则、园林施工图绘制的具体要求和风景园林常见图例三方面简单介绍了园林基本知识

   学 习 要 点

- 园林设计的基本原则
- 园林施工图绘制的具体要求
- 风景园林常见图例

14.1　园林设计的基本原则

1. 主景与配景设计原则

各种艺术创作中，首先确定主题、副题，重点、一般，主角、配角，主景、配景等关系。所以，园林布局，首先确定主题思想前提下，考虑主要的艺术形象，也就是考虑园林主景。主要景物能通过次要景物的配景、陪衬、烘托，得到加强。

为了表现主题，在园林和建筑艺术中主景突出通常采用下列手法：

（1）中轴对称

在布局中，首先确定某方向一轴线，轴线上方通常安排主要景物，在主景前方两侧，常常配置一对或若干对的次要景物，以陪衬主景。如天安门广场、凡尔赛宫殿等等。

（2）主景升高

主景升高犹如鹤立鸡群，这是普通、常用的艺术手段。主景升高往往与中轴对称方法同步使用。如美国华盛顿纪念性园林、北京人民英雄纪念碑等等。

（3）环拱水平视觉四合空间的交汇点

园林中，环拱四合空间主要出现在宽阔的水平面景观或四周由群山环抑盆地类型园林空间，如杭州西湖中的三潭印月等。自然式园林中四周由土山和树林环抱的林中草地，也是环拱的四合空间。四周配杆林带，在视觉交汇点上布置主景，即可起到主景突出作用。

（4）构图重心位能

三角形、圆形图案等重心为几何构图中心，往往是处理主景突出的最佳位置，起到最好的信能效应。自然山水园的视觉重心忌居正中。

（5）渐变法

渐变法即园林景物布局，采用渐变的方法，从低到高，逐步升级，由次要景物到主景，级级引入，通过园林景观的序列布置，引人入胜，引出主景。

2. 对比与调和

对比与调和，是布局中运用统一与变化的基本规律，物形象的具体表现。采用骤变的景象，以产生唤起兴致的效果。调和的手法，主要通过布局形式、造园材料等方面的统一、协调来表现。

园林设计中，对比手法主要应用于空间对比、疏密对比、虚实对比、藏露对比、高低对比、曲直对比等。主景与配景本身就是"主次对比"的一种对比表现形式。

3. 节奏与韵律

在园林布局中，对使同样的景物重复出现，这样的同样的景物重复出现和布局，就是节奏与韵律在园林中的应用。韵律可分为连续韵律、渐变韵律、交错韵律、起伏韵律等处理方法。

4. 均衡与稳定

在园林布局中，均以分为静态、依靠动势求得均衡，或称之为拟对称的均衡。对称的均衡为静态均衡，一般在主轴两边景物以相等的距离、体量、形态组成均衡即对称均衡。拟对称均衡，是主轴不在中线上，两边的景物在形体、大小、与主轴的距离都不相等，但两景物又处于动态的均衡之中。

5. 尺度与比例

任何物体，不论任何形状，必有三个方向，即长、宽、高的度量。比例就是研究三者之间的关系。任何园林景观，都要研究双重的三个关系，一是景物本身的三维空间；二是整体与局部。园林中的尺度，指园林空间中各个组成部分与具有一定自然尺度的物体的比较。功能、审美和环境特点决定园林设计的尺度。尺度可分为可变尺度和不可变尺度两种。不可变尺度是按一般人体的常规尺寸确定的尺度。可变尺度如建筑形体、雕像的大小、桥景的幅度等都要依具体情况而定。园林中常应用的是夸张尺度，夸张尺度往往是将景物放大或缩小，以达到造园造景效果的需要。

14.2　园林施工图绘制的具体要求

园林制图是表达园林设计意图最直接的方法，是每个园林设计师必须掌握的技能。园林 AutoCAD 制图是风景园林景观设计的基本语言，AutoCAD 园林制图可参照《中华人民共和国国家标准房屋建筑 CAD 图统一规则》GB/T 18112—2000 作为制图的依据。在园林图纸中，对制图的基本内容都有规定。这些内容包括图纸幅面、标题栏及会签栏、线宽及线型、汉字、字符、数字、符号和标注等。具体可以参考第一章制图知识。

一套完整的园林施工图一般包括封皮、目录、设计说明、总平面图、施工放线图、竖向设计施工图、植物配置图、照明电气图、喷灌施工图、给排水施工图、园林小品施工详图、铺装剖切段面等等。

1. 文字部分应该包括封皮，目录，总说明，材料表等。

（1）封皮的内容包括工程名称、建设单位、施工单位、时间、工程项目编号等。

（2）目录的内容包括图纸的名称、图别、图号、图幅、基本内容、张数等。图纸编号以专业为单位，各专业各自编排各专业的图号；对于大、中型项目，应按照以下专业进行图纸编号：园林、建筑、结构、给水排水、电气、材料附图等；对于小型项目，可以按照以下专业进行图纸编号：园林、建筑及结构、给水排水、电气等。每一专业图纸应该对图号加以统一标示，以方便查找，如：建筑结构施工可以缩写为"建施（JS）"，给水排水施工可以缩写为"水施（SS）"，种植施工图可以缩写为"绿施（LS）"。

（3）设计说明主要针对整个工程需要说明的问题。如：设计依据、施工工艺、材料数量、规格及其他要求。其具体内容主要包括：

1）设计依据及设计要求：应注明采用的标准图集及依据的法律规范。

2）设计范围。

3）标高及标注单位：应说明图纸文件中采用的标注单位，采用的是相对坐标还是绝对坐标，如为相对坐标，须说明采用的依据以及与绝对坐标的关系。

4）材料选择及要求：对各部分材料的材质要求及建议；一般应说明的材料包括：饰面材料、木材、钢材、防水疏水材料、种植土及铺装材料等。

5）施工要求：强调需注意工种配合及对气候有要求的施工部分。

6）经济技术指标：施工区域总的占地面积，绿地、水体、道路、铺地等的面积及占地百分比、绿化率及工程总造价等。

除了总的说明之外，在各个专业图纸之前还应该配备专门的说明，有时施工图纸中还应该配有适当的文字说明。

2. 施工放线应该包括施工总平面图、各分区施工放线图、局部放线详图等。

（1）施工总平面图

1）施工总平面图的主要内容

• 指北针（或风玫瑰图），绘图比例（比例尺），文字说明，景点、建筑物或者构筑物的名称标注，图例表。

• 道路、铺装的位置、尺度、主要点的坐标、标高以及定位尺寸。

• 小品主要控制点坐标及小品的定位、定形尺寸。

• 地形、水体的主要控制点坐标、标高及控制尺寸。

• 植物种植区域轮廓。

• 对无法用标注尺寸准确定位的自由曲线园路、广场、水体等，应给出该部分局部放线详图，用放线网表示，并标注控制点坐标。

2）施工总平面图绘制的要求

• 布局与比例

图纸应按上北下南方向绘制，根据场地形状或布局，可向左或右偏转，但不宜超过45°。施工总平面图一般采用 1：500、1：1000、1：2000 的比例进行绘制。

• 图例

《总图制图标准》GB/T 50103—2010 中列出了建筑物、构筑物、道路、铁路以及植物等的图例，具体内容如相应的制图标准。如果由于某些原因必须另行设定图例时，应该在总图上绘制专门的图例表进行说明。

• 图线

在绘制总图时应该根据具体内容采用不同的图线，具体内容参照《总图制图标准》GB/T 50103—2010。

• 单位

施工总平面图中的坐标、标高、距离宜以米为单位，并应至少取至小数点后两位，不足时以 0 补齐。详图宜以毫米为单位，如不以毫米为单位，应另加说明。

建筑物、构筑物、铁路、道路方位角（或方向角）和铁路、道路转向角的度数，宜注写到秒，特殊情况，应另加说明。

道路纵坡度、场地平整坡度、排水沟沟底纵坡度宜以百分计，并应取至小数点后一位，不足时以 0 补齐。

- 坐标网格

坐标分为测量坐标和施工坐标。测量坐标为绝对坐标，测量坐标网应画成交叉十字线，坐标代号宜用"X、Y"表示。施工坐标为相对坐标，相对零点宜通常选用已有建筑物的交叉点或道路的交叉点，为区别于绝对坐标，施工坐标用大写英文字母 A、B 表示。

施工坐标网格应以细实线绘制，一般画成 100m×100m 或者 50m×50m 的方格网，当然也可以根据需要调整，比如采用的就是 30m×30m 的网格，对于面积较小的场地可以采用 5m×5m 或者 10m×10m 的施工坐标网。

- 坐标标注

坐标宜直接标注在图上，如图面无足够位置，也可列表标注，如坐标数字的位数太多时，可将前面相同的位数省略，其省略位数应在附注中加以说明。

建筑物、构筑物、铁路、道路等应标注下列部位的坐标：建筑物、构筑物的定位轴线（或外墙线）或其交点；圆形建筑物、构筑物的中心；挡土墙墙顶外边缘线或转折点。表示建筑物、构筑物位置的坐标，宜注其三个角的坐标，如果建筑物、构筑物与坐标轴线平行，可注对角坐标。

平面图上有测量和施工两种坐标系统时，应在附注中注明两种坐标系统的换算公式。

- 标高标注

施工图中标注的标高应为绝对标高，如标注相对标高，则应注明相对标高与绝对标高的关系。

建筑物、构筑物、铁路、道路等应按以下规定标注标高：建筑物室内地坪，标注图中 ±0.00 处的标高，对不同高度的地坪，分别标注其标高；建筑物室外散水，标注建筑物四周转角或两对角的散水坡脚处的标高；构筑物标注其有代表性的标高，并用文字注明标高所指的位置；道路标注路面中心交点及变坡点的标高；挡土墙标注墙顶和墙脚标高，路堤、边坡标注坡顶和坡脚标高，排水沟标注沟顶和沟底标高；场地平整标注其控制位置标高；铺砌场地标注其铺砌面标高。

3）施工总平面图绘制步骤

- 绘制设计平面图。
- 根据需要确定坐标原点及坐标网格的精度，绘制测量和施工坐标网。
- 标注尺寸、标高。
- 绘制图框、比例尺、指北针，填写标题、标题栏、会签栏，编写说明及图例表。

（2）施工放线图

施工放线图内容主要包括道路、广场铺装、园林建筑小品、放线网格（间距 1m 或 5m 或 10m 不等）、坐标原点、坐标轴、主要点的相对坐标、标高（等高线、铺装等）。如图 14-1 所示。

3.土方工程应该包括竖向施工图、土方调配图。

（1）竖向设计施工图

竖向设计指的是在一块场地中进行垂直于水平方向的布置和处理，也就是地形高程设计。

1）竖向施工图的内容

- 指北针，图例，比例，文字说明，图名。文字说明中应该包括标注单位、绘图比

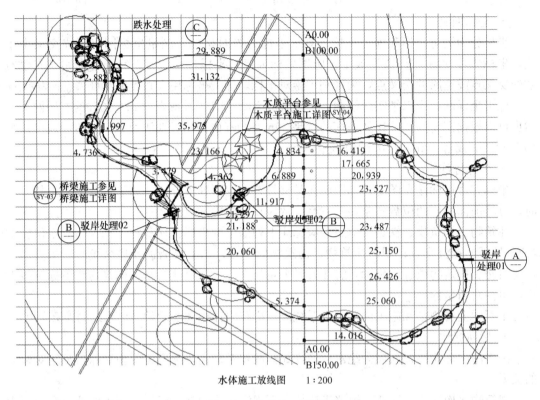

水体施工放线图　　1:200

图 14-1　水体施工放线图

例、高程系统的名称、补充图例等。

- 现状与原地形标高，地形等高线，设计等高线的等高距一般取 0.25～0.5m，当地形较为复杂时，需要绘制地形等高线放样网格。

- 最高点或者某些特殊点的坐标及该点的标高。如：道路的起点、变坡点、转折点和终点等的设计标高（道路在路面中、阴沟在沟顶和沟底）、纵坡度、纵坡距、纵坡向、平曲线要素、竖曲线半径、关键点坐标；建筑物、构筑物室内外设计标高；挡土墙、护坡或土坡等构筑物的坡顶和坡脚的设计标高；水体驳岸、岸顶、岸底标高，池底标高，水面最低、最高及常水位。

- 地形的汇水线和分水线，或用坡向箭头标明设计地面坡向，指明地表排水的方向、排水的坡度等。

- 绘制重点地区、坡度变化复杂的地段的地形断面图，并标注标高、比例尺等。

当工程比较简单时，竖向设计施工平面图可与施工放线图合并。

2）竖向施工图的具体要求

- 计量单位。通常标高的标注单位为米，如果有特殊要求的话应该在设计说明中注明。

- 线型。竖向设计图中比较重要的就是地形等高线，设计等高线用细实线绘制，原有地形等高线用细虚线绘制，汇水线和分水线用细单点长划线绘制。

- 坐标网格及其标注。坐标网格采用细实线绘制，网格间距取决于施工的需要以及图形的复杂程度，一般采用与施工放线图相同的坐标网体系。对于局部的不规则等高线，或者单独作出施工放线图，或者在竖向设计图纸中局部缩小网格间距，提高放线精度。竖向设计图的标注方法同施工放线图，针对地形中最高点、建筑物角点或者特殊点进行标注。

• 地表排水方向和排水坡度。利用箭头表示排水方向，并在箭头上标注排水坡度，对于道路或者铺装等区域除了要标注排水方向和排水坡度之外，还要标注坡长，一般排水坡度标注在坡度线的上方，坡长标注在坡度线的下方。

其他方面的绘制要求与施工总平面图相同。

（2）土方调配图

在土方调配图上要注明挖填调配区、调配方向、土方数量和每对挖填之间的平均运距。图中的土方调配，仅考虑场内挖方、填方平衡。如图14-2所示（A为挖方，B为填方）。

1）建筑工程应该包括建筑设计说明，建筑构造做法一览表，建筑平面图、立面图、剖面图，建筑施工详图等。

2）结构工程应该包括结构设计说明，基础图、基础详图，梁、柱详图，结构构件详图等。

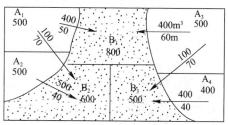

图14-2 土方调配图

3）电气工程应该包括电气设计说明，主要设备材料表，电气施工平面图、施工详图、系统图、控制线路图等。大型工程应按强电、弱电、火灾报警及其智能系统分别设置目录。

4）照明电气施工图的内容主要包括灯具形式、类型、规格、布置位置、配电图（电缆电线型号规格，联结方式；配电箱数量、形式规格等）等。

电位走线只需标明开关与灯位的控制关系，线型宜用细圆弧线（也可适当用中圆弧线），各种强弱电的插座走线不需标明。

要有详细的开关（一联、二联、多联）、电源插座、电话插座、电视插座、空调插座、宽带网插座、配电箱等图标及位置（插座高度未注明的一律距地面300mm，有特殊要求的要在插座旁注明标高）。

• 给排水工程应该包括给排水设计说明，给排水系统总平面图、详图，给水、消防、排水、雨水系统图，喷灌系统施工图。

• 喷灌、给排水施工图内容主要包括给水、排水管的布设、管径、材料等，喷头、检查井、阀门井、排水井、泵房等。

• 园林绿化工程应该包括植物种植设计说明，植物材料表，种植施工图，局部施工放线图，剖面图等。如果采用乔、灌、草多层组合，分层种植设计较为复杂，应该绘制分层种植施工图。

植物配置图的主要内容包括植物种类、规格、配置形式以及其他特殊要求，其主要目的是为苗木购买、苗木栽植提高准确的工程量。如图14-3所示。

4. 现状植物的表示

（1）行列式栽植

对于行列式的种植形式（如行道树，树阵等）可用尺寸标注出株行距，始末树种植点与参照物的距离。

（2）自然式栽植

对于自然式的种植形式（如孤植树），可用坐标标注种植点的位置或采用三角形标注法进行标注。孤植树往往对植物的造型、规格的要求较严格，应在施工图中表达清楚，除利用立面图、剖面图示以外，可与苗木表相结合，用文字来加以标注。

5.图例及尺寸标注

（1）片植、丛植

施工图应绘出清晰的种植范围边界线，标明植物名称、规格、密度等。对于边缘线呈规则的几何形状的片状种植，可用尺寸标注方法标注，为施工放线提供依据，而对边缘线呈不规则的自由线的片状种植，应绘坐标网格，并结合文字标注

（2）草皮种植

草皮是用打点的方法表示，标注应标明其草坪名、规格及种植面积。

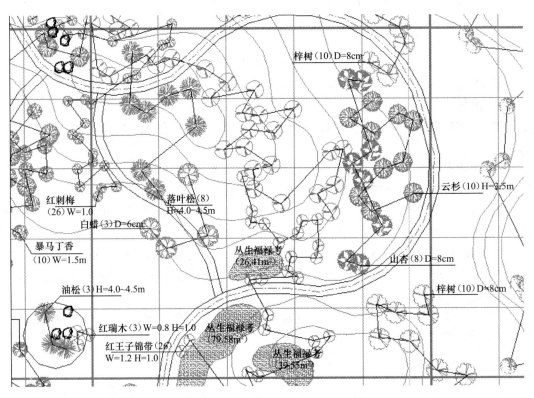

图 14-3　植物配置图

14.3　风景园林常见图例

风景园林常见图例见图 14-4。

图例一览表

图例	名称	图例	名称	图例	名称	图例	名称
	溶洞		垂丝海棠		龙柏		水杉
	温泉		紫薇		银杏		金叶女贞
	瀑布跌水		含笑		鹅掌秋		鸡爪槭
	山峰		龙爪槐		珊瑚树		芭蕉
	森林		茶梅＋茶花		雪松		杜英
	古树名木		桂花		小花月季球		杜鹃
	墓园		红枫		小花月季		花石榴
	文化遗址		四季竹		杜鹃		蜡梅
	民风民俗		白（紫）玉兰		红花继木		牡丹
	桥		广玉兰		龟甲冬青		鸢尾
	景点		香樟		长绿草		苏铁
	规划建筑物		原有建筑物		剑麻		葱兰

图 14-4　常见图例

第 **15** 章

园林水景图绘制

本章主要讲述了园林水景的绘制。水景，作为园林中一道别样的风景点缀，以它特有的气息与神韵感染着每一个人。它是园林景观和给水排水的有机结合。随着房地产等相关行业的发展，人们对居住环境有了更高的要求。水景逐渐成为居住区环境设计的一大亮点水景的应用技术也得到很快发展，许多技术已大量应用于实践中。

◎ 园林水景概述

◎ 园林水景工程图的绘制

◎ 喷泉顶视图绘制

◎ 喷泉立面图绘制

◎ 喷泉剖面图绘制

◎ 喷泉详图绘制

◎ 喷泉施工图绘制

15.1　园林水景概述

水景，作为园林中一道别样的风景点缀，以它特有的气息与神韵感染着每一个人。它是园林景观和给水排水的有机结合。随着房地产等相关行业的发展，人们对居住环境有了更高的要求。水景逐渐成为居住区环境设计的一大亮点，水景的应用技术也得到很快发展，许多技术已大量应用于实践中。

1. 园林水景的作用

园林水景的用途非常广泛，主要归纳为以下十个方面：

（1）园林水体景观。如喷泉、瀑布、池塘等等，都以水体为题材，水成了园林的重要构成要素，也引发无穷尽的诗情画意。冰灯、冰雕也是水在非常温状况下的一种观赏形式。

（2）改善环境，调节气候，控制噪声。矿泉水具有医疗作用，负离子具有清洁作用，都不可忽视。

（3）提供体育娱乐活动场所。如游泳、划船、溜冰、船模等。现在休闲的热点，如冲浪、漂流、水上乐园等。

（4）汇集、排泄天然雨水。此项功能，在认真设计的园林中，会节省不少地下管线的投资，为植物生长创造良好的立地条件。相反，污水倒灌、淹苗，又会造成意想不到的损失。

（5）防护、隔离、防灾用水。如护城河、隔离河，以水面作为空间隔离，是最自然、最节约的办法。引申来说，水面创造了园林迂回曲折的线路。隔岸相视，可望不可及也。救火、抗旱都离不开水。城市园林水体，可作为救火备用水，郊区园林水体、沟渠，是抗旱天然管网。

2. 园林景观的分类

园林水体的景观形式是丰富多彩的。明袁中郎谓："水突然而趋，忽然而折，天回云昏，顷刻不知其千里，细则为罗谷，旋则为虎眼，注则为天坤，立则为岳玉；矫而为龙，喷而为雾，吸而为风，怒而为霆，疾徐舒蹙，奔跃万状。"下面以水体存在的四种形态来划分水体的景观。

（1）水体因压力而向上喷，形成各种各样的喷泉、涌泉、喷雾……总称"喷水"。

（2）水体因重力而下跌，高程突变，形成各种各样的瀑布、水帘……总称"跌水"。

（3）水体因重力而流动，形成各种各样溪流，旋涡……总称"流水"。

（4）水面自然，不受重力及压力影响，称"池水"。

自然界不流动的水体，并不是静止的。它因风吹而漪涟、波涛，因降雨而得到补充，因蒸发、渗透而减少、枯干，因各种动植物、微生物的参与而污染、净化，无时不在进行生态的循环。

3. 喷水的类型

人工造就的喷水，有七种景观类型。

（1）水池喷水：这是最常见的形式。设计水池，安装喷头、灯光、设备。停喷时，是一个静水池。

（2）旱池喷水：喷头等隐于地下，适用于让人参与的地方，如广场、游乐场。停喷时是场中一块微凹地坪，缺点是水质易污染。

（3）浅池喷水：喷头于山石、盆栽之间，可以把喷水的全范围做成一个浅水盆，也可以仅在射流落点之处设几个水钵。美国迪士尼乐园有座间歇喷泉，由 A 定时喷一串水珠至 B，再由 B 喷一串水珠至 C，如此不断循环跳跃下去周而复始。何尝不是喷泉的一种形式。

（4）舞台喷水：影剧院、跳舞厅、游乐场等场所，有时作为舞台前景、背景，有时作为表演场所和活动内容。这里小型的设施，水池往往是活动的。

（5）盆景喷水：家庭、公共场所的摆设，大小不一，往往成套出售。此种以水为主要景观的设施，不限于"喷"的水姿，而易于吸取高科技成果，做出让人意想不到的景观，很有启发意义。

（6）自然喷水：喷头置于自然水体之中。

（7）水幕影像：上海城隍庙的水幕电影，由喷水组成 10 余米宽、20 余米长的扇形水幕，与夜晚天际连成一片，电影放映时，人物驰骋万里，来去无影。

当然，除了这七种类型景观，还有不少奇闻趣观。

4. 水景的类型

水景是园林景观构成的重要组成部分，水的形态不同，则构成的景观也不同。水景一般可分为以下几种类型。

（1）水池

园林中常以天然湖泊作水池，尤其在皇家园林中，此水景有一望千顷、海阔天空之气派，构成了大型园林的宏旷水景。而私家园林或小型园林的水池面积较小，其形状可方、可圆、可直、可曲，常以近观为主，不可过分分隔，故给人的感觉是古朴野趣。

（2）瀑布

瀑布在园林中虽用得不多，但它特点鲜明，即充分利用了高差变化，使水产生动态之势。如把石山叠高，下挖成潭，水自高往下倾泻，击石四溅，飞珠若帘，俨如千尺飞流，震撼人心，令人流连忘返。

（3）溪涧

溪涧的特点是水面狭窄而细长，水因势而流，不受拘束。水口的处理应使水声悦耳动听，使人犹如置身于真山真水之间。

（4）泉源

泉源之水通常是溢满的，一直不停地往外流出。古有天泉、地泉、甘泉之分。泉的地势一般比较低下，常结合山石，光线幽暗，别有一番情趣。

（5）濠濮

濠濮是山水相依的一种景象，其水位较低，水面狭长，往往能产生两山夹岸之感。而护坡置石，植物探水，可造成幽深濠涧的气氛。

（6）渊潭

潭景一般与峭壁相连。水面不大，深浅不一。大自然之潭周围峭壁嶙峋，俯瞰气势险峻，有若万丈深渊。庭园中潭之创作，岸边宜叠石，不宜披土；光线处理宜荫蔽浓郁，不宜阳光灿烂；水位标高宜低下，不宜涨满。水面集中而空间狭隘是渊潭的创作要点。

（7）滩

滩的特点是水浅而与岸高差很小。滩景结合洲、矶、岸等，潇洒自如，极富自然。

（8）水景缸

水景缸是用容器盛水作景。其位置不定，可随意摆放，内可养鱼、种花以用作庭园点景之用。

除上述类型外，随着现代园林艺术的发展，水景的表现手法越来越多，如喷泉造景、叠水造景等，均活跃了园林空间，丰富了园林内涵，美化了园林的景致。

5. 喷水池的设计原则

（1）要尽量考虑向生态方向发展，如空调冷却水的利用、水帘幕降温、鱼塘增氧、兼作消防水池、喷雾增加空气湿度和负离子，以及作为水系循环水源等。科学研究证明，水滴分裂有带电现象，水滴由加有高压电的喷嘴中以雾状喷出，可吸附微小烟尘乃至有害气体，会大大提高除尘效率。带电水雾硝烟的技术及装置、向雷云喷射高速水流消除雷害的技术，正在积极研究中。真是"喷流飞电来，奇观有奇用"。

（2）要与其他景观设施结合，这里有两层意思。一是喷水等水景工程，是一项综合性工程，要园林、建筑、结构、雕塑、自控、电气、给水排水、机械等方面专业参加，才能做到臻善臻美。

（3）水景是园林绿化景观中的一部分内容，要有雕塑、花坛、亭廊、花架、坐椅、地坪铺装、儿童游戏场、露天舞池等内容的参加配合，才能成景，并做到规模不至过大，而效果淋漓尽致，喷射时好看，停止时也好看。

（4）要有新意，不落旧巢，日本的喷水，有由声音、风向、光线来控制开启的，还有座"激流勇进"，一股股激浪冲向艘艘木舟，激起千堆雪。不详细看，还以为是老渔翁在奋勇前进呢。美国有座喷泉，上喷的水正对着下泻的瀑，水花在空中爆炸，蔚为壮观。

（5）要因地制宜选择合理的喷泉。例如，适于参与、有管理条件的地方采用旱地喷水；而只适于观赏的要采用水池喷泉；园林环境下可考虑采用自然式浅池喷水。

6. 各种喷水款式的选择

现在的喷泉设计，多从造型考虑，喜欢哪个样子就选哪种喷头。此大谬。实际上现有各种喷头的使用条件是有很多不同的：

（1）声音：有的喷头的水噪声很大，如充气喷头；而有的是有造型而无声，很安静的，如喇叭喷头。

（2）风力的干扰：有的喷头受外界风力影响很大，如半圆形喷头，此类喷头形成的水膜很薄，强风下几乎不能成型；有的则没什么影响，如树水状喷头。

（3）水质的影响：有的喷头受水质的影响很大，水质不佳，动辄堵塞，如蒲公英喷头，堵塞局部，破坏整体造型。但有的影响很小，如涌泉。

（4）高度和压力：各种喷头都有其合理、高效的喷射高度。例如，要喷得高，可用中空喷头，比用直流喷头好，因为环形水流的中部空气稀薄，四周空气裹紧水柱使之不易分散。而儿童游戏场为安全起见，要选用低压喷头。

（5）水姿的动态：多数喷头是安装后或调整后按固定方向喷射的，如直流喷头。还有一些喷头是动态的，如摇摆和旋转喷头，在机械和水力的作用下，喷射时喷头经过特殊设计是移动的，有的喷头还可按预定的轨迹前进。同一种喷头，由于设计的不同，可喷射出各种高度此起彼伏。无级边速可使喷射轨迹呈曲线形状，甚至时断时续，射流呈现出点、滴、串的水姿，如间歇喷头。多数喷头是安装在水面之上的，但是鼓泡（泡沫）喷头是安装在水面之下的，因水面的波动，喷射的水姿会呈现起伏动荡的变化。使用此类喷头，还要注意水池会有较大的波浪出现。

（6）射流和水色：多数喷头喷射时水色是透明无色的。鼓泡（泡沫）喷头、充气喷头由于空气和水混合，射流是不透明白色的。而雾状喷头要在阳光照射下才会产生瑰丽的彩虹。水盆景、摆设一类水景，往往把水染色，使之在灯光下，更显烂漫辉煌。

15.2 园林水景工程图的绘制

山石水体是园林的骨架，表达水景工程构筑物（如驳岸、码头、喷水池等）的图样称为水景工程图。在水景工程图中，除表达工程设施的土建部分外，一般还有机电、管道、水文地质等专业内容。此处主要介绍水景工程图的表达方法、一般分类和喷水池工程图。

1. 水景工程图的表达方法

（1）视图的配置

水景工程图的基本图样仍然是平面图、立面图和剖面图。水景工程构筑物，如基础、驳岸、水闸、水池等许多部分被土层覆盖，所以剖面图和断面图应用较多。人站在上游（下游），面向建筑物作投射，所得的视图称为上游（下游）立面图。如图 15-1 所示。

为看图方便，每个视图都应在图形下方标出名称，各视图应尽量按投影关系配置。布置图形时，习惯使水流方向由左向右或自上而下。

（2）其他表示方法

1）局部放大图

物体的局部结构用较大比例画出的图样称为局部放大图或详图。放大的详图必须标注索引标志和详图标志。

2）展开剖面图

当构筑物的轴线是曲线或折线时，可沿轴线剖开物体并向剖切面投影，然后将所得剖面图展开在一个平面上，这种剖面图称为展开剖面图，在图名后应标注"展开"二字。

3）分层表示法

当构筑物有几层结构时，在同一视图内可按其结构层次分层绘制。相邻层次用波浪线分界，并用文字在图形下方标注各层名称。

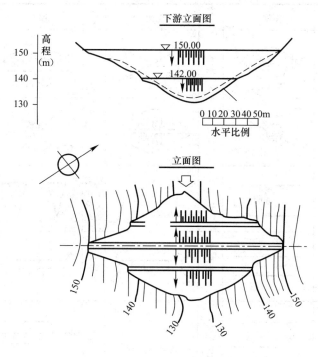

图 15-1　上游立面图

4）掀土表示法

被土层覆盖的结构，在平面图中不可见。为表示这部分结构，可假想将土层掀开后再画出视图。

5）规定画法

除可采用规定画法和简化画法外，还有以下规定：

构筑物中的各种缝线，如沉陷缝、伸缩缝和材料分界线，两边的表面虽然在同一平面内，但画图时一般按轮廓线处理，用一条粗实线表示。

水景构筑物配筋图的规定画法与园林建筑图相同。如钢筋网片的布置对称可以只画一半，另一半表达构件外形。对于规格、直径、长度和间距相同的钢筋，可用粗实线画出其中一根来表示。同时用一横穿的细实线表示其余的钢筋。

如图形的比例较小，或者某些设备另有专门的图纸来表达，可以在图中相应的部位用图例来表达工程构筑物的位置。常用图例如图 15-2 所示。

2. 水景工程图的尺寸注法

投影制图有关尺寸标注的要求，在注写水景工程图的尺寸时也必须遵守。但水景工程图也有它自己的特点，主要如下：

（1）基准点和基准线

要确定水景工程构筑物在地面的位置，必须先定好基准点和基准线在地面的位置，各构筑物的位置均以基准点进行放样定位。基准点的平面位置是根据测量坐标确定的，两个基准点的连线可以定出基准线的平面位置。基准点的位置用交叉十字线表示，引出标注测量坐标。

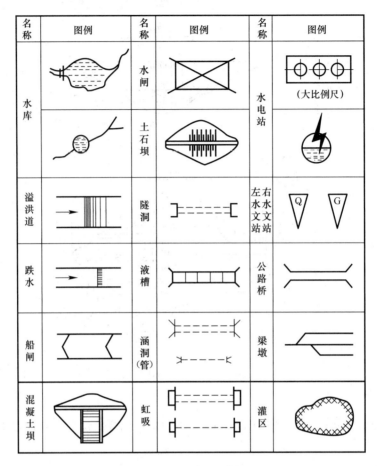

名称	图例	名称	图例	名称	图例
水库		水闸		水电站	（大比例尺）
		土石坝			
溢洪道		隧洞		左水文站 右水文站	Q G
跌水		渡槽		公路桥	
船闸		涵洞（管）		梁墩	
混凝土坝		虹吸		灌区	

图 15-2　常见图例

（2）常水位、最高水位和最低水位

设计和建造驳岸、码头、水池等构筑物时，应根据当地的水情和一年四季的水位变化来确定驳岸和水池的形式和高度。使得常水位时景观最佳．最高水位不至于溢出，最低水位时岸壁的景观也可入画。因此在水景工程图上，应标注常水位、最高水位和最低水位的标高，并常将水位作为相对标高的零点．如图 15-3 所示。为便于施工测量，图中除注写各部分的高度尺寸外，尚需注出必要的高程。

（3）里程桩

对于堤坝、渠道、驳岸、隧洞等较长的水景工程构筑物，沿轴线的长度尺寸通常采用里程桩的标注方法。标注形式为 k＋m，k 为公里数，m 为米数。如起点桩号标注成 0＋000，起点桩号之后，k、m 为正值，起点桩号之前，k、m 为负值。桩号数字一般沿垂直于轴线的方向注写，且标注在同一侧，如图 15-4 所示。当同一图中几种建筑物均采用"桩号"标注时，可在桩号数字之前加注文字以示区别，如坝 0＋021.00，洞 0＋018.30 等。

3. 水景工程图的内容

开池理水是园林设计的重要内容。园林中的水景工程，一类是利用天然水源（河流、

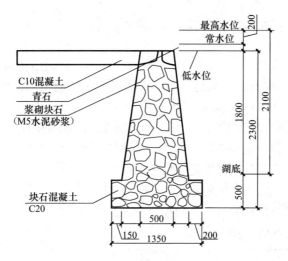

图 15-3　驳岸剖面图尺寸标注

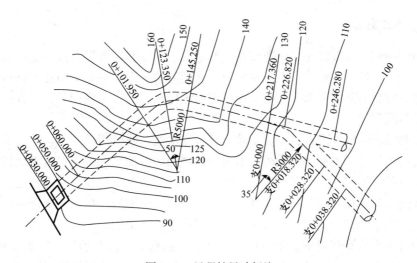

图 15-4　里程桩尺寸标注

湖泊）和现状地形修建的较大型水面工程，如驳岸、码头、桥梁、引水渠道和水闸等；更多的是在街头、游园内修建的小型水面工程，如喷水池、种植池、盆景池、观鱼池等人工水池。水景工程设计一般也要经过规划、初步设计、技术设计和施工设计几个阶段。每个阶段都要绘制相应的图样。水景工程图主要有总体布置图和构筑物结构图。

（1）总体布置图

总体布置图主要表示整个水景工程各构筑物在平面和立面的布置情况。总体布置图以平面布置图为主，必要时配置立面图，平面布置图一般画在地形图上；为了使图形主次分明，结构上的次要轮廓线和细部构造均省略不画，或用图例或示意图表示这些构造的位置和作用。图中一般只注写构筑物的外形轮廓尺寸和主要定位尺寸，主要部位的高程和填挖方坡度。总体布置图的绘图比例一般为1：200～1：500。总体布置图的内容：

1）工程设施所在地区的地形现状、河流及流向、水面、地理方位（指北针）等。

2）各工程构筑物的相互位置、主要外形尺寸、主要高程。

3）工程构筑物与地面交线、填挖方的边坡线。

（2）构筑物结构图

结构图是以水景工程中某一构筑物为对象的工程图。包括结构布置图、分部和细部构造图以及钢筋混凝土结构图。构筑物结构图必须把构筑物的结构形状、尺寸大小、材料、内部配筋及相邻结构的连接方式等都表达清楚。结构图包括平面图、立面图、剖面图、详图和配筋图，绘图比例一般为 1∶5～1∶100。构筑物结构图的内容：

1）表明工程构筑物的结构布置、形状、尺寸和材料。

2）表明构筑物各分部和细部构造、尺寸和材料。

3）表明钢筋混凝土结构的配筋情况。

4）工程地质情况及构筑物与地基的连接方式。

5）相邻构筑物之间的连接方式。

6）附属设备的安装位置。

7）构筑物的工作条件，如常水位和最高水位等。

4. 喷水池工程图

喷水池的面积和深度较小，一般仅几十厘米至一米左右，可根据需要建成地面上或地面下或者半地上半地下的形式。人工水池与天然湖池的区别：一是采用各种材料修建池壁和池底，并有较高的防水要求。二是采用管道给水排水，要修建闸门井、检查井、排放口和地下泵站等附属设备。

常见的喷水池结构有两种：一类是砖、石池壁水池，池壁用砖砌筑，池底采用素混凝土或钢筋混凝土。另一类是钢筋混凝土水池，池底和池壁都采用钢筋混凝土结构。喷水池的防水做法多是在池底上表面和池壁内外墙面抹 20mm 厚防水砂浆。北方水池还有防冻要求，可以在池壁外侧回填时采用排水性能较好的轻骨料如矿渣、焦渣或级配砂石等。喷水池土建部分用喷水池结构图表达，以下主要说明喷水池管道的画法。

喷水的基本形式有直射形、集射形、放射形、散剔形、混合形等。喷水又可与山石、雕塑、灯光等相互依赖，共同组合形成景观。不同的喷水外形主要取决于喷头的形式，可根据不同的喷水造型设计喷头。

（1）管道的连接方法

喷水池采用管道给水排水，管道是工业产品有一定的规格和尺寸。在安装时加以连接组成管路，其连接方式将因管道的材料和系统而不同。常用的管道连接方式有四种。

1）法兰接

在管道两端各焊一个圆形的先到趾，在法兰盘中间垫以橡皮，四周钻有成组的小圆孔，在圆孔中用螺栓连接。

2）承插接

管道的一端做成钟形承口，另一端是直管，直管插入承口内，在空隙处填以石棉水泥。

3）螺纹接

管端加工有外螺纹，用有内螺纹的套管将两根管道连接起来。

4）焊接

将两管道对接焊成整体，在园林给水排水管路中应用不多。

喷水池给水排水管路中，给水管一般采用螺纹连接，排水管大多采用承插接。

（2）管道平面图

管道平面图主要是用以显示区域内管道的布置。一般游园的管道综合平面图常用比例为1∶200～1∶2000。喷水池管道平面图主要能显示清楚该小区范围内的管道即可，通常选用1∶50～1∶300的比例。管道均用单线绘制，称为单线管道图。但用不同的宽度和不同的线型加以区别。新建的各种给水排水管用粗线，原有的给水排水管用中粗线。给水管用实线，排水管用虚线等。

管道平面图中的房屋、道路、广场、围墙、草地花坛等原有建筑物和构筑物按建筑总平面图的图例用细实线绘制，水池等新建建筑物和构筑物用中粗线绘制。

铸铁管以公称直径"DN"表示，公称直径指管道内径，通常以英寸为单位（$1'' = 25.4\text{mm}$），也可标注毫米，例如 DN50。混凝土管以内径"d"表示，例如 d150。管道应标注起讫点、转角点、连接点、变坡点的标高。给水管宜注管中心线标高，排水管宜注管内底标高。一般标注绝对标高，如无绝对标高资料，也可注相对标高。给水管是压力管，通常水平敷设，可在说明中注明中心线标高。排水管为简便起见，可在检查井处引出标注，水平线上面注写管道种类及编号，例如 W-5，水平线下面注写井底标高。也可在说明中注写管口内底标高和坡度。管道平面图中还应标注闸门井的外形尺寸和定位尺寸，指北针或风向玫瑰图。为便于对照阅读，应附足给水排水专业图例和施工说明。施工说明一般包括：设计标高、管径及标高、管道材料和连接方式、检查井和闸门井尺寸、质量要求和验收标准等。

（3）安装详图

安装详图主要用以表达管道及附属设备安装情况的图样，或称工艺图。安装详图以平面图作为基本视图，然后根据管道布置情况选择合适的剖面图，剖切位置通过管道中心，但管道按不剖绘制。局部构造，如闸门井、泄水口、喷泉等用管道节点图表达。在一般情况下管道安装详图与水池结构图应分别绘制。

一般安装详图的画图比例都比较大，各种管道的位置、直径、长度及连接情况必须表达清楚。在安装详图中，管径大小按比例用双粗实线绘制，称为双线管道图。

为便于阅读和施工备料，应在每个管件旁边，以指引线引出 6mm 小圆圈并加以编号，相同的管配件可编同一号码。在每种管道旁边注明其名称，并画箭头以示其流向。

池体等土建部分另有构筑物结构图详细表达其构造、厚度、钢筋配置等内容。在管道安装工艺图中，一般只画水池的主要轮廓，细部结构可省略不画。池体等土建构筑物的外形轮廓线（非剖切）用细实线绘制，闸门井、池壁等剖面轮廓线用中粗线绘制，并画出材料图例。管道安装详图的尺寸包括：构筑尺寸、管径及定位尺寸、主要部位标高。构筑尺寸指水池、闸门井、地下泵站等内部长、宽和深度尺寸，沉淀池、泄水口、出水槽的尺寸等。在每段管道旁边注写管径和代号"DN"等，管道通常以池壁或池角定位。构筑物的主要部位（池顶、池底、泄水口等）及水面、管道中心、地坪应标注标高。

喷头是经机械加工的零部件，与管道用螺纹连接或法兰连接。自行设计的喷头应按机械制图标准画出部件装配图和零件图。

为便于施工备料、预算，应将各种主要设备和管配件汇总列出材料表。表列内容：件号、名称、规格、材料、数量等。

（4）喷水池结构图

喷水池池体等土建构筑物的布置、结构、形状大小和细部构造用喷水池结构图来表示。喷水池结构图通常包括：表达喷水池各组成部分的位置、形状和周围环境的平面布置图，表达喷泉造型的外观立面图，表达结构布置的剖面图和池壁、池底结构详图或配筋图。其钢筋混凝土结构的表达方法应符合建筑结构制图标准的规定。如图15-5所示某公园喷泉结构图。

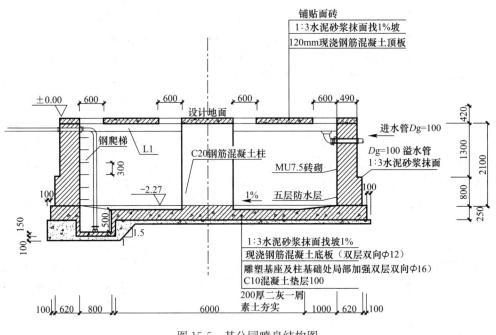

图15-5 某公园喷泉结构图

15.3 喷泉顶视图绘制

绘制思路

使用直线、圆命令绘制定位轴线和喷池；使用直线、偏移、修剪命令绘制喷泉顶视图；用半径标注命令标注尺寸；完成保存喷泉顶视图，如图15-6所示。

15.3.1 绘图前准备与设置

【操作步骤】

1. 要根据绘制图形决定绘图的比例，建议采用1∶1的比例绘制。

2. 建立新文件

打开 AutoCAD 2014 应用程序，建立新文件，将新文件命名为"喷泉顶视图.dwg"并保存。

3. 设置绘图工具栏

在任意工具栏处单击鼠标右键，从打开的快捷菜单中选择"标准"，"图层"，"对象特性"，"绘图"，"修改"，"修改Ⅱ"，"文字"和"标注"这八个选项，调出这些工具栏，并将它们移动到绘图窗口中的适当位置。

4. 设置图层

设置以下四个图层："标注尺寸"，"中心线"，"轮廓线"，"文字"，把这些图层设置成不同的颜色，使图纸上表示更加清晰，将"中心线"设置为当前图层。设置好的图层如图 15-7 所示。

喷泉顶视图

图 15-6　喷泉顶视图

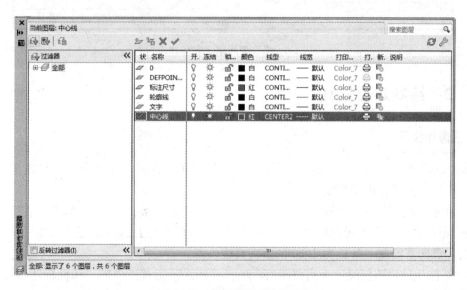

图 15-7　喷泉顶视图图层设置

5. 标注样式的设置

根据绘图比例设置标注样式，对标注样式线、符号和箭头、文字、主单位进行设置，具体如下：

线：超出尺寸线为 250，起点偏移量为 300；

符号和箭头：第一个为建筑标记，箭头大小为 300，圆心标注为标记 150；

文字：文字高度为 300，文字位置为垂直上，从尺寸线偏移 150，文字对齐为 ISO

标准；

主单位：精度为 0，比例因子为 1。

6. 文字样式的设置

单击"文字"工具栏中的"文字样式"按钮，进入"文字样式"对话框，选择仿宋字体，宽度因子设置为 0.8。文字样式的设置如图 15-8 所示。

图 15-8　喷泉顶视图文字样式设置

15.3.2　绘制定位轴线

【操作步骤】

1. 在状态栏，单击"正交模式"按钮，打开正交模式，在状态栏，单击"对象捕捉"按钮，打开对象捕捉模式。

2. 单击"绘图"工具栏中的"直线"按钮，绘制一条长为 8000 的水平直线。重复"直线"命令，以中点为起点向上绘制一条长为 4000 的垂直直线，重复"直线"命令，以中点为起点向下绘制一条长为 4000 的垂直直线。

3. 把标注尺寸图层设置为当前图层，单击"标注"工具栏中的"线性标注"按钮，标注外形尺寸。完成的图层和尺寸如图 15-9 所示。

4. 单击"绘图"工具栏中的"圆"按钮，绘制同心圆，圆的半径分别为：120，200，280，650，800，1250，1400，3600，4000。

5. 把轮廓线图层设置为当前图层。单击"修改"工具栏中的"删除"按钮，删除标注尺寸。

6. 把标注尺寸图层设置为当前图层，单击"标注"工具栏中的"半径标注"按钮，标注外形尺寸。完成的图形和尺寸如图 15-10 所示。

单击"修改"工具栏中的"删除"按钮，选择上步标注尺寸为删除对象将其删除。

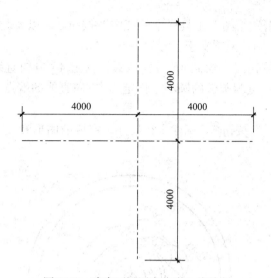

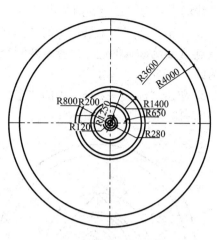

图 15-9　喷泉顶视图定位中心线绘制　　　　图 15-10　喷泉顶视图同心圆绘制

15.3.3　绘制喷泉顶视图

1. 把轮廓线图层设置为当前图层。单击"绘图"工具栏中的"圆"按钮，绘制一个半径为 2122 的圆。

2. 单击"绘图"工具栏中的"直线"按钮，绘制刚刚绘制好的圆与定位中心线的交点的直线。然后在状态栏中打开"对象捕捉"按钮和"极轴追踪"按钮，对象捕捉和极轴追踪的设置如图 15-11 所示。

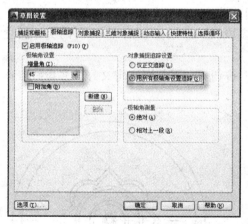

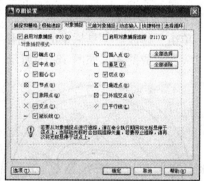

图 15-11　喷泉顶视图极轴追踪和对象捕捉设置

3. 单击"绘图"工具栏中的"直线"按钮，在 45°绘制长为 800 的两条直线。

4. 把标注尺寸图层设置为当前图层，单击"标注"工具栏中的"半径标注"按钮，标注半径尺寸。

5. 单击"标注"工具栏中的"对齐标注"按钮，标注斜向尺寸。完成的图形和尺寸如图 15-12 所示。

6. 把轮廓线图层设置为当前图层。单击"绘图"工具栏中的"圆"按钮⊙，以 45°方向直线的端点为圆心绘制两个半径为 750 的圆，两圆交于下方的一点为 C。

7. 单击"绘图"工具栏中的"圆弧"按钮⟋，绘制 45°方向圆弧，指定 45°方向直线的端点 A 点为圆弧的起点，指定两圆交点 C 点为圆弧的圆心，指定 45°方向直线的端点 B 点为圆弧的端点。

8. 单击"标注"工具栏中的"半径标注"按钮⊙，标注半径尺寸。完成的图形和尺寸如图 15-13 所示。

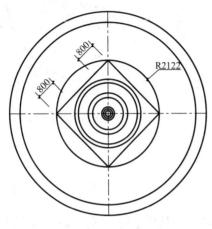 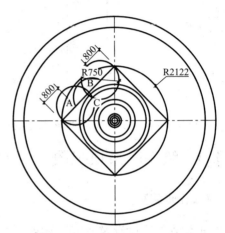

图 15-12　45°方向直线绘制　　　　　图 15-13　45°方向圆弧绘制

9. 单击"修改"工具栏中的"删除"按钮✐，删除多余圆和直线。

10. 单击"标注"工具栏中的"对齐标注"按钮✎，标注斜向尺寸。

11. 单击"修改"工具栏中的"镜像"按钮⚎，分别以两条定位中心线为镜像线复制 45°方向圆弧的实体。完成的图形如图 15-14 所示。

12. 单击"修改"工具栏中的"编辑多段线"按钮⟋，把 45°方向的实体转化为多段线，指定所有线段的新宽度为 2。

13. 单击"修改"工具栏中的"偏移"按钮⚊，复制刚刚定义好的多段线，向内偏移距离为 150。完成的图形如图 15-15 所示。

图 15-14　45°方向实体的复制　　　　　图 15-15　45°方向实体的偏移

15.3.4　绘制喷泉池

【操作步骤】

1. 单击"绘图"工具栏中的"直线"按钮，绘制一条与水平成 30°的直线。

2. 单击"绘图"工具栏中的"圆"按钮，以垂直直线和 30°的直线与半径为 200 的圆的交点为圆心绘制半径为 100 的圆。

3. 单击"绘图"工具栏中的"圆弧"按钮，绘制圆弧。完成的图形和尺寸如图 15-16 所示。

4. 单击"修改"工具栏中的"删除"按钮，删除多余圆和直线。

5. 单击"修改"工具栏中的"环形阵列"按钮，选择圆弧为阵列对象。阵列中心点为圆的圆心，设置项目数为 6，完成的图形如图 15-17 所示。

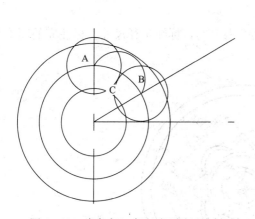

图 15-16　喷泉中心喷池平面圆弧绘制

图 15-17　喷泉中心喷池绘制

6. 单击"绘图"工具栏中的"直线"按钮，绘制集水坑定位轴线。

7. 单击"绘图"工具栏中的"矩形"按钮，绘制集水坑。指定矩形的长度为 700，指定矩形的宽度为 700，指定旋转角度为 45°。

8. 把标注尺寸图层设置为当前图层，单击"标注"工具栏中的"线性标注"按钮，标注外形尺寸。

9. 单击"标注"工具栏中的"对齐标注"按钮，标注斜向尺寸。完成的图形和尺寸如图 15-18 所示。

10. 单击"修改"工具栏中的"删除"按钮，删除多余的标注尺寸和定位直线。

11. 单击"绘图"工具栏中的"多段线"按钮，绘制箭头。输入 w 来指定起点宽度和端点宽度的宽度为 5。然后输入 w 来指定起点宽度为 50 和端点宽度的宽度为 0。完成的图形如图 15-19 所示。

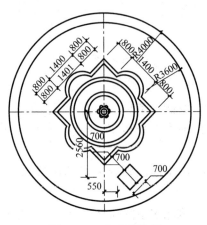

图 15-18　集水坑绘制

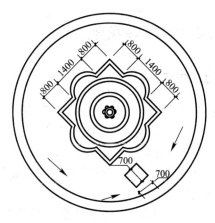

图 15-19　箭头绘制

15.3.5　标注尺寸和文字

【操作步骤】

1. 单击"标注"工具栏中的"半径标注"按钮，标注半径尺寸。标注完的图形如图 15-20 所示。

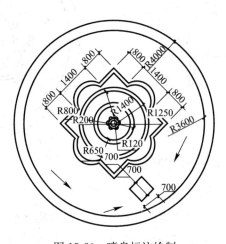

图 15-20　喷泉标注绘制

2. 文字层置为当前图层，单击"绘图"工具栏中的"多行文字"按钮 **A**，标注文字。完成图形如图 15-20 所示。

15.4　喷泉立面图绘制

✦ 绘制思路

使用直线、复制命令绘制定位轴线；使用直线、样条曲线、复制、修剪等命令绘制喷泉立面图；标注标高，使用多行文字命令标注文字，完成保存喷泉立面图，如图 15-21 所示。

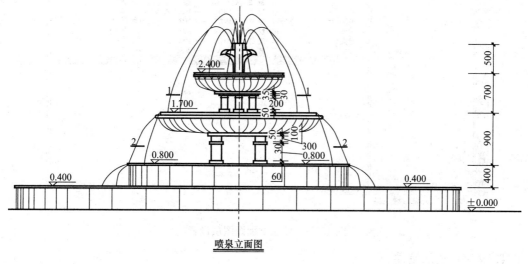

图 15-21 喷泉立面图

15.4.1 绘图前准备以及绘图设置

1. 要根据绘制图形决定绘图的比例，建议采用 1:1 的比例绘制。

2. 建立新文件

打开 AutoCAD 2014 应用程序，建立新文件，将新文件命名为"喷泉立面图 . dwg"并保存。

3. 设置绘图工具栏

在任意工具栏处单击鼠标右键，从打开的快捷菜单中选择"标准"，"图层"，"对象特性"，"绘图"，"修改"，"修改Ⅱ"，"文字"和"标注"这八个选项，调出这些工具栏，并将它们移动到绘图窗口中的适当位置。

4. 设置图层

设置以下五个图层："标注尺寸"，"中心线"，"轮廓线"，"文字"和"水面线"，将"中心线"设置为当前图层。设置好的图层如图 15-22 所示。

5. 标注样式的设置

根据绘图比例设置标注样式，对标注样式线、符号和箭头、文字、主单位进行设置，具体如下：

线：超出尺寸线为 120，起点偏移量为 150；

符号和箭头：第一个为建筑标记，箭头大小为 150，圆心标注为标记 75；

文字：文字高度为 150，文字位置为垂直上，从尺寸线偏移 150，文字对齐为 ISO 标准；

主单位：精度为 0，比例因子为 1。

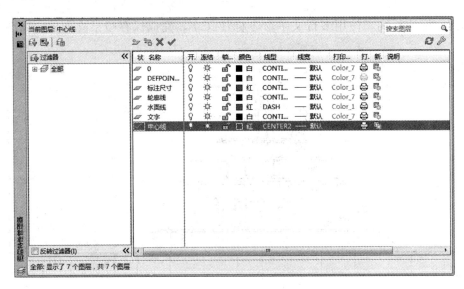

图 15-22　喷泉立面图图层设置

6. 文字样式的设置

单击"文字"工具栏中的"文字样式"按钮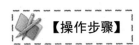，进入"文字样式"对话框，选择仿宋字体，宽度因子设置为 0.8。文字样式的设置如图 15-8 所示。

15.4.2　绘制定位轴线

【操作步骤】

1. 在状态栏，单击"正交模式"按钮，打开正交模式，在状态栏，单击"对象捕捉"按钮，打开对象捕捉模式。

2. 单击"绘图"工具栏中的"直线"按钮，绘制一条长为 8050 的水平直线。重复"直线"命令，以中点为起点向上绘制一条长为 2224 的垂直直线，重复"直线"命令，以中点为起点向下绘制一条长为 2224 的垂直直线。

3. 把标注尺寸图层设置为当前图层，单击"标注"工具栏中的"线性标注"按钮，标注外形尺寸。然后单击"标注"工具栏中的"连续"按钮，进行连续标注。完成的图形和尺寸如图 15-23 所示。

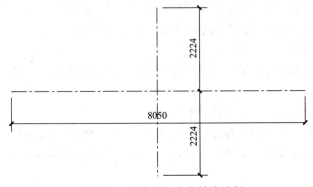

图 15-23　喷泉立面定位轴线绘制

4. 单击"修改"工具栏中的"删除"按钮 ✎ ，删除标注尺寸线。单击"修改"工具栏中的"复制"按钮 ❀ ，复制刚刚绘制好的水平直线，分别向上复制的位移分别为700，1200。

5. 单击"修改"工具栏中的"复制"按钮 ❀ ，复制刚刚绘制好的水平直线，分别向下复制的位移分别为900，1300，1700。

6. 单击"修改"工具栏中的"复制"按钮 ❀ ，复制刚刚绘制好的垂直直线，分别向右复制的位移分别为120，200，273，650，800，1250，1400，1832，1982，3800，4000。重复"复制"命令，复制刚刚绘制好的垂直直线，分别向左复制的位移分别为120，200，273，650，800，1250，1400，1832，1982，3800，4000。

7. 单击"标注"工具栏中的"线性"按钮 ⊢ ，标注直线尺寸。

8. 单击"标注"工具栏中的"连续"按钮 ⊮ ，进行连续标注。完成的图形和尺寸如图 15-24 所示。

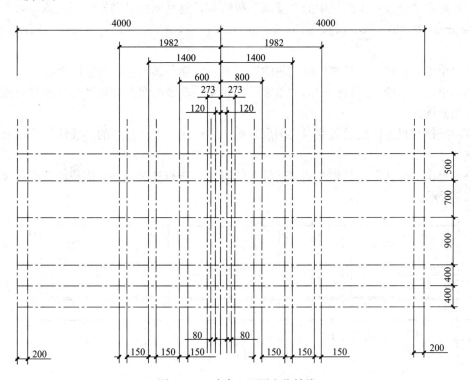

图 15-24　喷泉立面图定位轴线

15.4.3　绘制喷泉立面图

 【操作步骤】

1. 绘制最底面喷池

（1）把轮廓线图层设置为当前图层，单击"绘图"工具栏中的"多段线"按钮 ⤳ ，绘制一条水平地面线。输入 w 来指定起点和端点的宽度为30。

（2）单击"绘图"工具栏中的"矩形"按钮▢，绘制最外面的喷池，尺寸为8000×30。输入 f 来指定矩形的圆角半径为15，输入 w 指定矩形的线宽为5。完成的图形如图15-25所示。

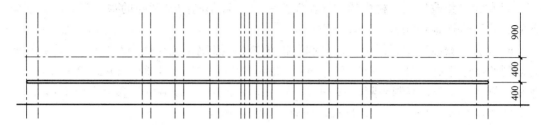

图15-25　最底面喷池绘制

（3）单击"绘图"工具栏中的"直线"按钮╱，绘制最底面的竖向线，长度为370。

（4）单击"修改"工具栏中的"复制"按钮▨，复制刚刚绘制好的竖向线，向右复制的距离分别为 25，75，125，225，325，525，725，925，1325，1725，2325，2925，3525。

（5）单击"修改"工具栏中的"删除"按钮✎，删除最初绘制的竖向直线。

（6）单击"修改"工具栏中的"镜像"按钮▨，以竖向线为对称轴为基点复制刚刚绘制完的竖向线。

（7）把标注尺寸图层设置为当前图层，单击"标注"工具栏中的"线性"按钮⊢，标注直线尺寸。

（8）单击"标注"工具栏中的"连续"按钮▥，进行连续标注。完成的图形和尺寸如图15-26所示。

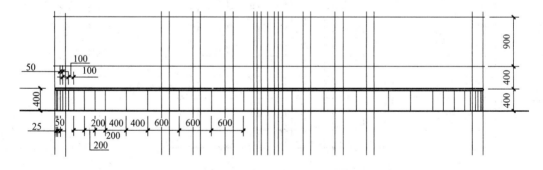

图15-26　最底面喷池竖向线绘制

2. 绘制第二层喷池

（1）把轮廓线图层设置为当前图层，单击"绘图"工具栏中的"矩形"按钮▢，绘制第二层喷池，尺寸为3964×30。输入 f 来指定矩形的圆角半径为15，输入 w 指定矩形的线宽为5。

（2）单击"绘图"工具栏中的"直线"按钮╱，绘制最底面的竖向线，长度为370。

（3）单击"修改"工具栏中的"复制"按钮▨，复制刚刚绘制好的竖向线，向右复制的距离分别为25，75，125，225，325，525，725，925，1325，1925。

（4）单击"修改"工具栏中的"删除"按钮，删除最初绘制的竖向直线。

（5）单击"修改"工具栏中的"镜像"按钮，以竖向线为对称轴为基点复制刚刚绘制完的竖向线。

（6）把标注尺寸图层设置为当前图层，单击"标注"工具栏中的"线性"按钮，标注直线尺寸。

（7）单击"标注"工具栏中的"连续"按钮，进行连续标注。完成第二层喷池的绘制，完成的图形和尺寸如图 15-27 所示。

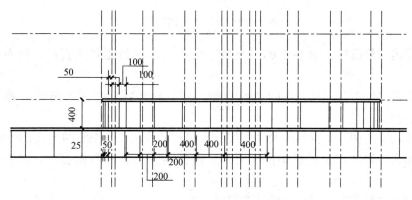

图 15-27　第二层喷池绘制

3. 绘制第三层喷池

（1）单击"修改"工具栏中的"复制"按钮，复制离地面距离为 1700 的直线，向下复制的距离为 15，45，105。

（2）把轮廓线图层设置为当前图层，单击"绘图"工具栏中的"矩形"按钮，绘制第三层喷池，尺寸为 2800×15。输入 f 来指定矩形的圆角半径为 7.5，输入 w 指定矩形的线宽为 5。重复"矩形"命令，绘制 3000×60 矩形。输入 f 来指定矩形的圆角半径为 30，输入 w 指定矩形的线宽为 5。

（3）单击"绘图"工具栏中的"多段线"按钮，绘制圆弧。输入 w 来设置起点和端点宽度为 5。

（4）把标注尺寸图层设置为当前图层，单击"标注"工具栏中的"线性"按钮，标注直线尺寸。

（5）单击"标注"工具栏中的"连续"按钮，进行连续标注。完成的图形和尺寸如图 15-28 所示。

（6）单击"修改"工具栏中的"删除"按钮，删除多余的标注尺寸。使用直线和多段线命令绘制立柱。

（7）单击"修改"工具栏中的"复制"按钮，复制中心的垂直直线，分别向左右的距离为 390，以确定底柱中心线。

（8）把轮廓线图层设置为当前图层，单击"绘图"工具栏中的"多段线"按钮，绘制 240×60 矩形，输入 w 来设置起点宽度为 5。

（9）单击"绘图"工具栏中的"直线"按钮，绘制长为 300 的垂直直线。

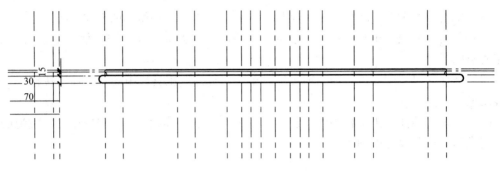

图 15 28　第三层喷池绘制

（10）单击"修改"工具栏中的"复制"按钮，复制此竖向直线，向右的距离为180。

（11）单击"绘图"工具栏中的"多段线"按钮，绘制 220×30 矩形，输入 w 来设置起点宽度为 5。

（12）单击"绘图"工具栏中的"直线"按钮，绘制长为 100 的垂直直线。

（13）单击"修改"工具栏中的"复制"按钮，复制此竖向直线，向右的距离为180。

（14）单击"绘图"工具栏中的"多段线"按钮，绘制 1100×50 矩形，输入 w 来设置起点宽度为 5。

（15）单击"修改"工具栏中的"复制"按钮，复制刚刚绘制好的立柱，复制的距离为 780。

（16）把标注尺寸图层设置为当前图层，单击"标注"工具栏中的"线性"按钮，标注直线尺寸。

（17）单击"标注"工具栏中的"连续"按钮，进行连续标注。完成的图形和尺寸如图 15-29 所示。

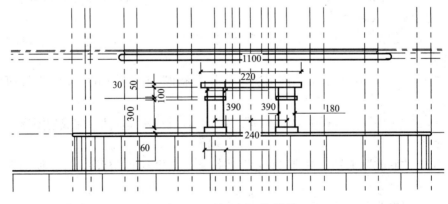

图 15-29　第三层立柱绘制

（18）单击"修改"工具栏中的"删除"按钮，删除多余的标注尺寸。

（19）单击"绘图"工具栏中的"圆弧"按钮，绘制喷池立面装饰线，完成的图形如图 15-30 所示。

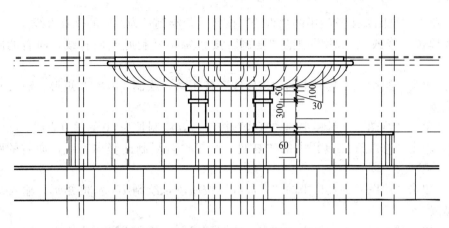

图 15-30　第三层喷池立面装饰绘制

4. 绘制第四层喷池

（1）单击"修改"工具栏中的"复制"按钮，复制离地面距离为 2400 的直线，向下复制的距离为 15，45，75。

（2）把轮廓线图层设置为当前图层，单击"绘图"工具栏中的"矩形"按钮，绘制第四层喷池，尺寸为 1615×15。输入 f 来指定矩形的圆角半径为 7.5，输入 w 指定矩形的线宽为 5。重复"矩形"命令，绘制 1600×30。输入 f 来指定矩形的圆角半径为 15，输入 w 指定矩形的线宽为 5。

（3）单击"绘图"工具栏中的"多段线"按钮，绘制圆弧。输入 w 来设置起点和端点宽度为 5。

（4）把标注尺寸图层设置为当前图层，单击"标注"工具栏中的"线性"按钮，标注直线尺寸。

（5）单击"标注"工具栏中的"连续"按钮，进行连续标注。完成的图形和尺寸如图 15-31 所示。

（6）单击"修改"工具栏中的"删除"按钮，删除多余的标注尺寸。

（7）把轮廓线图层设置为当前图层，单击"绘图"工具栏中的"多段线"按钮，绘制 180×50 矩形，输入 w 来设置起点宽度为 5。

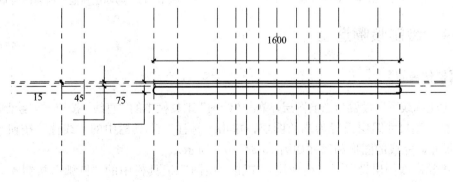

图 15-31　第四层喷池绘制

（8）单击"绘图"工具栏中的"直线"按钮，绘制长为 200 的垂直直线。

（9）单击"修改"工具栏中的"复制"按钮，复制此竖向直线，向右的距离为 120。

（10）单击"绘图"工具栏中的"多段线"按钮，绘制 140×20 矩形，输入 w 来设置起点宽度为 5。

（11）单击"绘图"工具栏中的"直线"按钮，绘制长为 30 的垂直直线。

（12）单击"修改"工具栏中的"复制"按钮，复制此竖向直线，向右的距离为 120。

（13）单击"绘图"工具栏中的"多段线"按钮，绘制 700×30 矩形，输入 w 来设置起点宽度为 5。

（14）单击"绘图"工具栏中的"多段线"按钮，绘制 860×35 矩形，输入 w 来设置起点宽度为 5。

（15）单击"修改"工具栏中的"复制"按钮，复制刚刚绘制好的立柱，分别向左向右复制的距离为 250。

（16）把标注尺寸图层设置为当前图层，单击"标注"工具栏中的"线性"按钮，标注直线尺寸。

（17）单击"标注"工具栏中的"连续"按钮，进行连续标注。完成第四层立柱的绘制，完成的图形和尺寸如图 15-32 所示。

（18）单击"绘图"工具栏中的"圆弧"按钮，绘制喷池立面装饰线。

（19）单击"绘图"工具栏中的"直线"按钮，绘制 1550×50 的矩形。

（20）单击"修改"工具栏中的"删除"按钮，删除多余的标注尺寸和直线。完成的图形如图 15-33 所示。

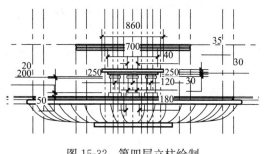

图 15-32　第四层立柱绘制

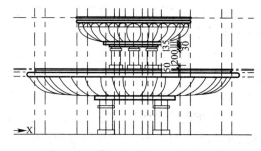

图 15-33　第四层喷池立面装饰绘制

15.4.4　绘制喷嘴造型

【操作步骤】

1. 把轮廓线图层设置为当前图层，单击"绘图"工具栏中的"直线"按钮，绘制喷嘴。

2. 把标注尺寸图层设置为当前图层，单击"标注"工具栏中的"线性"按钮，标注直线尺寸，完成的图形和尺寸如图 15-34（a）所示。

3. 把轮廓线图层设置为当前图层，单击"绘图"工具栏中的"圆弧"按钮，绘制花瓣，完成的图形如图 15-34（b）所示。

4. 单击"修改"工具栏中的"修剪"按钮，剪切多余的部分。完成的图形如图15-34（c）所示。

5. 单击"修改"工具栏中的"镜像"按钮，复制刚刚绘制好的花瓣，完成的图形如图15-34（d）所示。

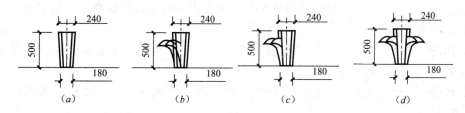

图15-34 顶部喷嘴造型绘制流程

6. 单击"修改"工具栏中的"移动"按钮，把绘制好的喷嘴花瓣移动到指定的位置，删除多余的定位线，完成的图形图15-35所示。

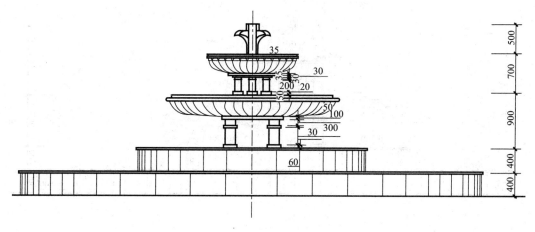

图15-35 喷泉轮廓图

7. 单击"绘图"工具栏中的"样条曲线"按钮，绘制喷水。完成的图形如图15-36所示。

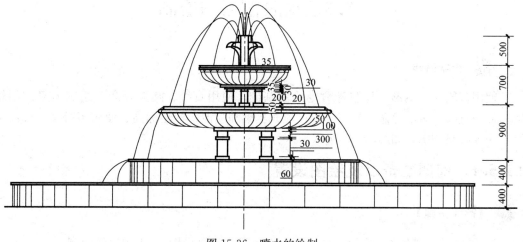

图15-36 喷水的绘制

15.4.5　标注文字

【操作步骤】

1. 使用 Ctrl＋C 命令复制源文件中桥梁平面布置图绘制好的标高，然后 Ctrl＋V 粘贴到喷泉立面图中。

2. 单击"修改"工具栏中的"复制"按钮，把标高和文字复制到相应的位置。然后双击文字，对标高文字进行修改。

3. 单击"绘图"工具栏中的"多段线"按钮，绘制剖切线。输入 w 来确定多段线的宽度为 10。

4. 单击"绘图"工具栏中的"多行文字"按钮，标注剖切文字和图名，完成的图形如图 15-37 所示。

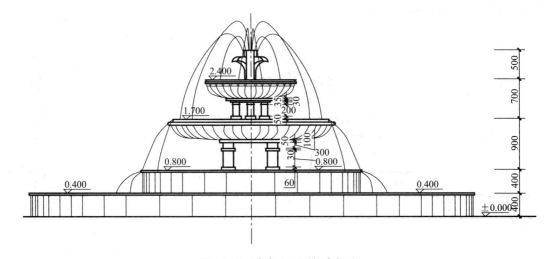

图 15-37　喷泉立面图标高标注

15.5　喷泉剖面图绘制

✦ 绘制思路

使用多段线、矩形、复制等命令绘制基础；使用直线、圆弧等命令绘制喷泉剖面轮廓；使用直线、矩形等命令绘制管道；填充基础和喷池；标注标高、使用多行文字标注文字，完成喷泉剖图，如图 15-38 所示。

15.5.1　前期准备以及绘图设置

【操作步骤】

1. 要根据绘制图形决定绘图的比例，在此我们建议采用 1：1 的比例绘制。

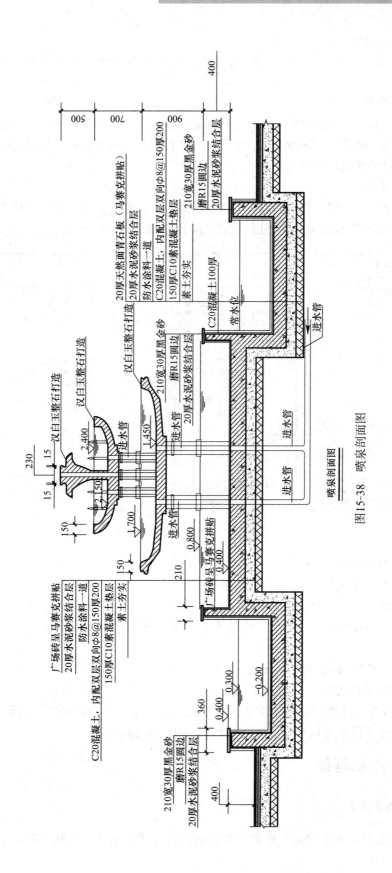

图15-38　喷泉剖面图

2. 建立新文件

打开 AutoCAD 2014 应用程序，建立新文件，将新文件命名为"喷泉剖面图.dwg"并保存。

3. 设置绘图工具栏

在任意工具栏处单击鼠标右键，从打开的快捷菜单中选择"标准"，"图层"，"对象特性"，"绘图"，"修改"，"修改Ⅱ"，"文字"和"标注"这八个选项，调出这些工具栏，并将它们移动到绘图窗口中的适当位置。

4. 设置图层

设置以下四个图层："标注尺寸"，"中心线"，"轮廓线"，"文字"，"填充"和"水面线"，将"轮廓线"设置为当前图层。设置好的图层如图 15-39 所示。

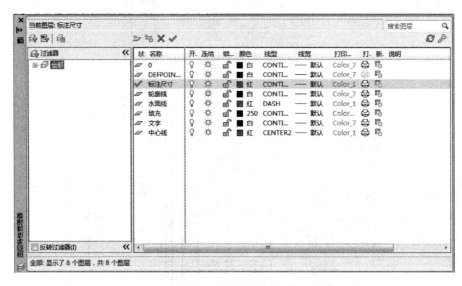

图 15-39　喷泉剖面图图层设置

5. 标注样式设置

线：超出尺寸线为 120，起点偏移量为 150；

符号和箭头：第一个为建筑标记，箭头大小为 150，圆心标注为标记 75；

文字：文字高度为 150，文字位置为垂直上，从尺寸线偏移 150，文字对齐为 ISO 标准；

主单位：精度为 0，比例因子为 1。

6. 文字样式的设置

单击"文字"工具栏中的"文字样式"按钮，进入"文字样式"对话框，选择仿宋字体，宽度因子设置为 0.8。文字样式的设置如图 15-8 所示。

15.5.2　绘制基础

【操作步骤】

1. 在状态栏，单击"正交模式"按钮，打开正交模式，在状态栏，单击"对象捕捉"按钮，打开对象捕捉模式。

2. 单击"绘图"工具栏中的"多段线"按钮，起点宽度为 5，端点宽度为 5，绘制基础底部线。

3. 把标注尺寸图层设置为当前图层，单击"标注"工具栏中的"线性标注"按钮，标注外形尺寸。

4. 单击"标注"工具栏中的"连续"按钮，进行连续标注。完成的图形和尺寸如图 15-40 所示。

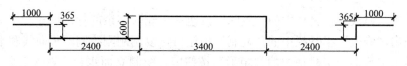

图 15-40 喷泉剖面图基础底部线

5. 单击"修改"工具栏中的"删除"按钮，删除多余的标注尺寸。

6. 把轮廓线图层设置为当前图层，单击"绘图"工具栏中的"矩形"按钮，绘制五个尺寸为 1000×100，2400×100，3400×100，2400×100，1000×100 的矩形。

7. 把标注尺寸图层设置为当前图层，单击"标注"工具栏中的"线性标注"按钮，完成的图形和尺寸如图 15-41 所示。

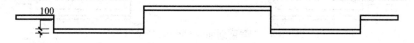

图 15-41 喷泉剖面图基础垫层绘制

8. 把轮廓线图层设置为当前图层，单击"修改"工具栏中的"偏移"按钮，把绘制好的多段线向上偏移 150。

9. 单击"修改"工具栏中的"复制"按钮，复制直线。

10. 把标注尺寸图层设置为当前图层，单击"标注"工具栏中的"线性标注"按钮，标注外形尺寸。

11. 单击"标注"工具栏中的"连续"按钮，进行连续标注。复制的尺寸和完成的图形和如图 15-42 所示。

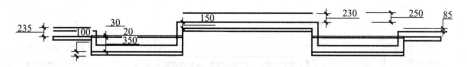

图 15-42 喷泉剖面基础定位线复制

12. 把轮廓线图层设置为当前图层，多次单击"绘图"工具栏中的"多段线"按钮，绘制长分别为 1100，370，360，570，1605，970，150 直线。

13. 然后单击"绘图"工具栏中的"直线"按钮，绘制长为 370 的垂直直线和水平长为 2000 直线。

14. 单击"修改"工具栏中的"镜像"按钮，复制刚刚绘制好的直线。

15. 单击"标注"工具栏中的"线性标注"按钮，标注外形尺寸。完成的图形如

图 15-43 所示。

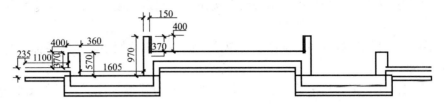

图 15-43　喷泉剖面基础轮廓绘制（一）

16. 单击"修改"工具栏中的"删除"按钮 ⟋|，删除多余的标注尺寸。

17. 单击"修改"工具栏中的"复制"按钮 ⟋⟍，复制刚刚绘制的竖向线和水平线。

18. 单击"绘图"工具栏中的"矩形"按钮 ▢，绘制立面水台。输入 f 来指定矩形的圆角半径为 15，输入 w 指定矩形的线宽为 5。

19. 把标注尺寸图层设置为当前图层，单击"标注"工具栏中的"线性标注"按钮 ⊢|，标注外形尺寸。复制的距离和尺寸，如图 15-44 所示。

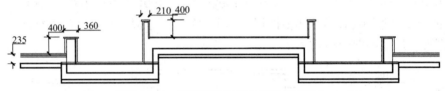

图 15-44　喷泉剖面基础轮廓绘制（二）

20. 绘制折断线。完成图形如图 15-45 所示。

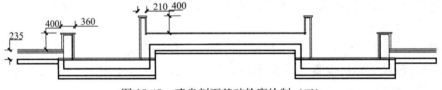

图 15-45　喷泉剖面基础轮廓绘制（三）

21. 单击"修改"工具栏中的"修剪"按钮 ⊹，框选剪切多余的部分。完成图形如图 15-46 所示。

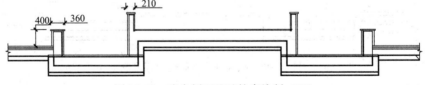

图 15-46　喷泉剖面基础轮廓绘制（四）

15.5.3　绘制喷泉剖面轮廓

 【操作步骤】

1. 使用 Ctrl＋C 命令复制喷泉立面图中绘制好的定位轴线上，然后 Ctrl＋V 粘贴到喷

泉剖面图。

2. 单击"修改"工具栏中的"移动"按钮✥，把绘制好的基础轮廓线复制到定位线上，完成的图形如图 15-47 所示。

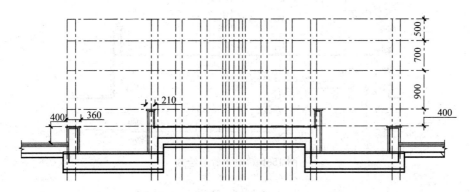

图 15-47 喷泉剖面基础复制到定位线

3. 根据立面图的尺寸，使用直线、圆弧等命令绘制喷泉剖面轮廓，具体的绘制流程和方法与立面图轮廓线的绘制类似。完成的图形如图 15-48 所示。

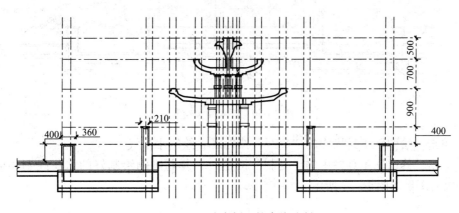

图 15-48 喷泉剖面轮廓线绘制

15.5.4 绘制管道

【操作步骤】

1. 把轮廓线图层设置为当前图层，单击"绘图"工具栏中的"直线"按钮✐，绘制进水管道。

2. 单击"修改"工具栏中的"圆角"按钮◻，把进水管道转角处进行圆角，指定圆角半径为 50。完成的图形如图 15-49 所示。

3. 单击"绘图"工具栏中的"直线"按钮✐，绘制喷嘴管道。

4. 单击"绘图"工具栏中的"圆弧"按钮✐，绘制喷嘴。完成的图形如图 15-50 所示。

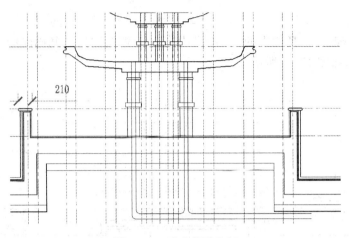

图 15-49　进水管道绘制

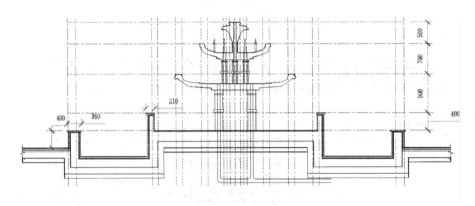

图 15-50　喷泉喷嘴绘制

5. 单击"绘图"工具栏中的"直线"按钮，绘制水位线。

6. 单击"修改"工具栏中的"复制"按钮，复制刚刚绘制好的水位线到相应的位置，完成的图形如图 15-51 所示。

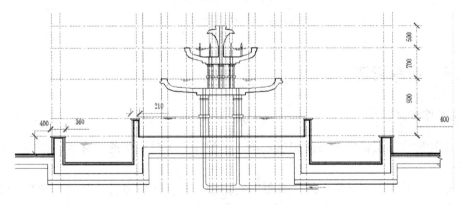

图 15-51　喷泉剖面水位线绘制

7. 单击"修改"工具栏中的"删除"按钮，删除多余的定位轴线，完成的图形如图 15-52 所示。

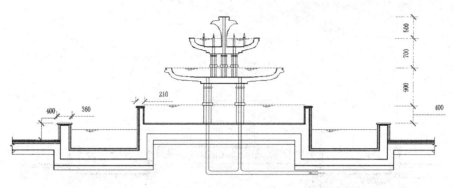

图 15-52　喷泉剖面轮廓线绘制

15.5.5　填充基础和喷池

把填充图层设置为当前图层，单击"绘图"工具栏中的"图案填充"按钮，填充基础和喷池。单击对话框里"图案（P）"右边的按钮进行更换图案样例，进入"填充图案选项板"对话框，各次选择如下：

自定义"回填土 1"图例，填充比例和角度分别为 400 和 0；

自定义"混凝土 1"图例，填充比例和角度分别为 0.5 和 0；

自定义"钢筋混凝土"，填充比例和角度分别为 10 和 0；

"汉白玉整石"填充采用"ANSI33"图例，填充比例和角度分别为 10 和 0。

完成的图形如图 15-53 所示。

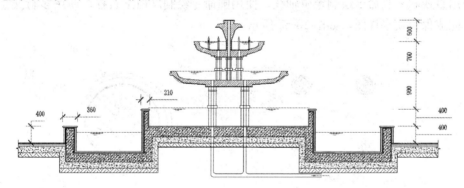

图 15-53　喷泉剖面的填充

15.5.6　标注文字

【操作步骤】

1. 使用 Ctrl＋C 命令复制喷泉立面图中绘制好的标高，然后 Ctrl＋V 粘贴到喷泉剖面图中。

2. 单击"修改"工具栏中的"复制"按钮，把标高和文字复制到相应的位置。

3. 把标注尺寸图层设置为当前图层，单击"标注"工具栏中的"线性"按钮，标注其他直线尺寸。完成的图形如图 15-54 所示。

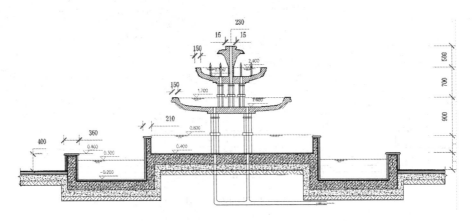

图 15-54　喷泉剖面标高标注

4. 把文字图层设置为当前图层，多次单击"绘图"工具栏中的"多行文字"按钮 **A**，标注坐标文字，完成的图形如图 15-54 所示。

15.6　喷泉详图绘制

✦ 绘制思路

使用直线和复制命令绘制定位轴线；使用圆命令绘制汉白玉石柱；使用多行文字标注文字，完成保存喷泉详图，如图 15-55 所示。

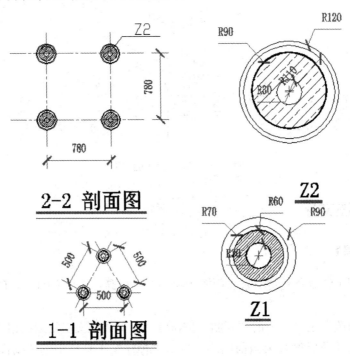

图 15-55　喷泉详图

15.6.1　前期准备以及绘图设置

【操作步骤】

1. 要根据绘制图形决定绘图的比例，在此我们建议采用1：1的比例绘制。

2. 建立新文件

打开 AutoCAD 2014 应用程序，建立新文件，将新文件命名为"喷泉详图.dwg"并保存。

3. 设置绘图工具栏

在任意工具栏处单击鼠标右键，从打开的快捷菜单中选择"标准"，"图层"，"对象特性"，"绘图"，"修改"，"修改Ⅱ"，"文字"和"标注"这八个选项，调出这些工具栏，并将它们移动到绘图窗口中的适当位置。

4. 设置图层

设置以下四个图层："标注尺寸"，"中心线"，"轮廓线"，"文字"，"填充"和"水面线"，把这些图层设置成不同的颜色，使图纸上表示更加清晰，将"中心线"设置为当前图层。设置好的图层如图 15-39 所示。

5. 标注样式设置

根据绘图比例设置标注样式，对标注样式线、符号和箭头、文字、主单位进行设置，具体如下：

线：超出尺寸线为 120，起点偏移量为 150；

符号和箭头：第一个为建筑标记，箭头大小为 150，圆心标注为标记 75；

文字：文字高度为 150，文字位置为垂直上，从尺寸线偏移 150，文字对齐为 ISO 标准；

主单位：精度为 0，比例因子为 1。

6. 文字样式的设置

单击"文字"工具栏中的"文字样式"按钮，进入"文字样式"对话框，选择仿宋字体，宽度因子设置为 0.8。文字样式的设置如图 15-8 所示。

15.6.2　绘制定位线（以 Z2 为例）

【操作步骤】

1. 在状态栏，单击"正交模式"按钮，打开正交模式，在状态栏，单击"对象捕捉"按钮，打开对象捕捉模式。

2. 单击"绘图"工具栏中的"直线"按钮，绘制一条长为 1600 的水平直线。重复"直线"命令，绘制一条长为 1600 的垂直直线。

3. 单击"标注"工具栏中的"线性标注"按钮，标注外形尺寸。完成的图形如图 15-56（a）所示。

4. 单击"修改"工具栏中的"删除"按钮，删除标注尺寸线。

5. 单击"修改"工具栏中的"复制"按钮，复制刚刚绘制好的水平直线，向上复制的位移分别为 780。

6. 单击"修改"工具栏中的"复制"按钮，复制刚刚绘制好的垂直直线，向右复制的位移分别为 780。

7. 把标注尺寸图层设置为当前图层，单击"标注"工具栏中的"线性标注"按钮，标注外形尺寸。完成的图形如图 15-56（b）所示。

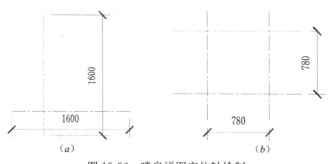

图 15-56　喷泉详图定位轴绘制

15.6.3　绘制汉白玉石柱

1. 单击"绘图"工具栏中的"圆"按钮，绘制四个半径分别为 30，90，110，120 的同心圆。

2. 单击"标注"工具栏中的"半径标注"按钮，来标注圆的半径。完成的图形尺寸如图 15-57（a）所示。

3. 单击"修改"工具栏中的"删除"按钮，删除标注尺寸线。

4. 单击"绘图"工具栏中的"多段线"按钮，加粗立柱圆。输入 w 来设置起点宽度为 2.5，完成的图形尺寸如图 15-57（b）所示。

5. 单击"绘图"工具栏中的"图案填充"按钮，填充石柱。单击对话框里"图案（P）"右边的按钮进行更换图案样例，进入"填充图案选项板"对话框，选择"ANSI33"图例进行填充。填充比例为 5，填充的角度为 0。完成的图形如图 15-57（c）所示。

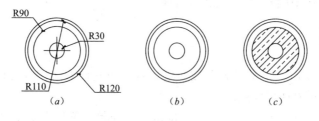

图 15-57　喷泉详图石柱绘制

15.6.4　标注文字和文字

1. 单击"修改"工具栏中的"复制"按钮，把绘制好的石柱复制到定位轴线的交

点，完成的图形如图 15-58 所示。

   2. 单击"修改"工具栏中的"缩放"按钮，把绘制好的石柱放大 5 倍，得到石柱平面放样详图。

   3. 单击"绘图"工具栏中的"多行文字"按钮**A**，标注文字。

   4. 单击"标注"工具栏中的"半径标注"按钮，来标注圆的半径。完成的图形如图 15-59 所示。

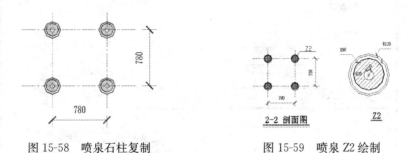

图 15-58　喷泉石柱复制　　　　　　　　图 15-59　喷泉 Z2 绘制

同理，完成另一 Z1 详图的绘制，完成的图形如图 15-60 所示。

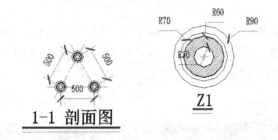

图 15-60　喷泉 Z1 绘制

完成喷泉详图，如图 15-55 所示。

15.7　喷泉施工图绘制

✦ 绘制思路

将前面绘制的各个喷泉视图，定义成块插入到视图中，完成喷泉施工图的绘制，如图 15-61 所示。

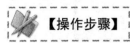

   1. 使用 Ctrl+C 命令复制"A3.dwt"图幅，然后 Ctrl+V 粘贴喷泉详图中。

   2. 单击"修改"工具栏中的"缩放"按钮，把绘制好的 A3 图幅放大 50 倍，即输入的比例因子为 50。并将文件另存为命名为"喷泉.dwg"。

   3. 单击"绘图"工具栏中的"多行文字"按钮**A**，标注标签栏和会签栏立面的文字。然后使用 Ctrl+C 命令复制喷泉立面图、剖面图，然后 Ctrl+V 粘贴到喷泉.dwg 中。

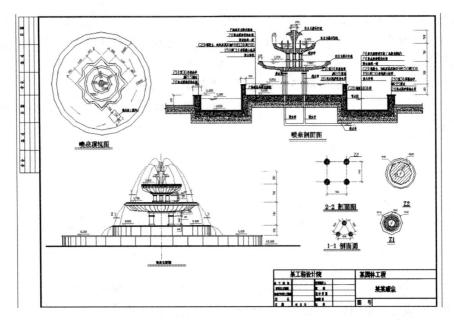

图 15-61　喷泉施工图

4. 单击"修改"工具栏中的"移动"按钮✥，把立面图和剖面图移动到合适的位置。

5. 打开喷泉顶视图，单击"绘图"工具栏中的"创建块"按钮🗗，进入"块定义"对话框，拾取同心圆的圆心为拾取点，把喷泉顶视图创建为块并输入块的名称。如图 15-62 所示。

图 15-62　块定义对话框

6. 单击"标准"工具栏中的"设计中心"按钮▦，进入"设计中心"对话框。选择左上的"打开的图形"按钮，在喷泉顶视图 .dwg 下单击"块"找到"0"图块，鼠标右键单击"0"图块，然后选择"插入块（Ⅰ）"，如图 15-63 所示。

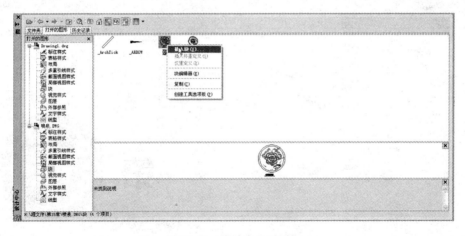

图 15-63　设计中心对话框

7. 进入"插入"对话框，把插入比例设置为 0.02，插入点选择"在屏幕上指定（s）"，按"确定"按钮进行插入，如图 15-64 所示。完成图形如图 15-61 所示。

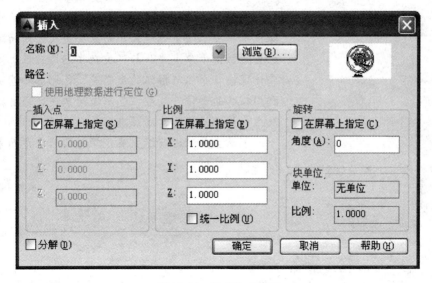

图 15-64　插入块对话框

第 16 章

园林绿化图绘制

城市园林作为城市唯一具有生命的基础设施，在改善生态环境，提高环境质量方面有着不可替代的作用。城市绿化不但要求城市绿起来，而且要美观，因而绿化植物的配置就显得十分重要，与环境在生态适应性上要统一，又要体现植物个体与群体的形态美、色彩美和意境美，充分利用植物的形体、线条、色彩进行构图，通过植物的季相及生命周期的变化达到预期的景观效果。

本章主要从道路绿化及屋顶花园两个方面来介绍园林绿化图的绘制。

◎ 园林植物配置原则

◎ 道路绿化概述

◎ 道路绿化图绘制

◎ 屋顶花园概述

◎ 屋顶花园绘制

16.1 园林植物配置原则

城市园林作为城市唯一具有生命的基础设施，在改善生态环境，提高环境质量方面有着不可替代的作用。城市绿化不但要求城市绿起来，而且要美观，因而绿化植物的配置就显得十分重要，与环境在生态适应性上要统一，又要体现植物个体与群体的形态美、色彩美和意境美，充分利用植物的形体、线条、色彩进行构图，通过植物的季相及生命周期的变化达到预期的景观效果。认识自然，尊重自然，改造自然，保护自然，利用自然，使人与自然和谐相处，这就是植物配置的意义所在。

1. 园林植物配置原则

（1）整体优先原则

城市园林植物配置要遵循自然规律，利用城市所处的环境、地形地貌特征，自然景观，城市性质等进行科学建设或改建。要高度重视保护自然景观、历史文化景观，以及物种的多样性，把握好它们与城市园林的关系，使城市建设与自然和谐，在城市建设中可以回味历史，保障历史文脉的延续。充分研究和借鉴城市所处地带的自然植被类型、景观格局和特征特色，在科学合理的基础上，适当增加植物配置的艺术性、趣味性，使之具有人性化和亲近感。

（2）生态优先的原则

在植物材料的选择、树种的搭配、草本花卉的点缀、草坪的衬托以及新平装的选择等必须最大限度地以改善生态环境、提高生态质量为出发点，也应该尽量多地选择和使用乡土树种，创造出稳定地植物群落；充分应用生态位原理和植物他感作用，合理配置植物，只有最适合的才是最好的，才能发挥出最大的生态效益。

（3）可持续发展原则

以自然环境为出发点，按照生态学原理，在充分了解各植物种类的生物学、生态学特性的基础上，合理布局、科学搭配，使各植物种和谐共存，群落稳定发展，达到调节自然环境与城市环境关系，在城市中实现社会、经济和环境效益的协调发展。

（4）文化原则

在植物配置中坚持文化原则，可以使城市园林向充满人文内涵的高品位方向发展，使不断演变起伏的城市历史文化脉络在城市园林中得到体现。在城市园林中把反应某种人文内涵、象征某种精神品格、代表着某个历史时期的植物科学合理地进行配置，形成具有特色地城市园林景观。

2. 配置方法

（1）近自然式配置

所谓近自然式配置，一方面是指植物材料本身为近自然状态，尽量避免人工重度修剪和造型，另一方面是指在配置中要避免植物种类地单一、株行距地整齐划一以及苗木的规格的一致。在配置中，尽可能自然，通过不同物种、密度，不同规格的适应、竞争实现群落的共生与稳定。目前，城市森林在我国还处于起步阶段，森林绿地的近自然配置应该大力提倡。首先要以地带性植被为样板进行模拟，选择合适的建群种；同时要减少对树木个体、群落的过渡人工干扰。上海在城市森林建设改造中采用宫协造林法来模拟地带性森林植被，也是一种有益的尝试。

（2）融合传统园林中植物配置方法

充分吸收传统园林植物配置中模拟自然的方法，师法自然，经过艺术加工来提升植物景观的观赏价值，在充分发挥群落生态功能的同时尽可能创造社会效益。

3. 树种选择配置

树木是构成森林最基本的组成要素，科学的选择城市森林树种是保证城市森林发挥多种功能的基础，也直接影响城市森林的经营和管理成本。

（1）发展各种高大的乔木树种

在我国城市绿化用地十分有限的情况下，要达到以较少的城市绿化建设用地获得较高生态效益的目的，必须发挥乔木树种占有空间大、寿命长、生态效益高的优势。比如德国城市森林树木达到 12 修剪 6 以下的侧枝，林冠下种植栎类、山毛榉等阔叶树种。我国的高大树木物种资源丰富，30～40 的高大乔木树种很多，应该广泛加以利用。在高大乔木树种选择的过程中除了重视一些长寿命的基调树种以外，还要重视一些速生树种的使用，特别是在我国城市森林还比较落后的现实情况下，通过发展速生树种可以尽快形成森林环境。

（2）按照我国城市的气候特点和具体城市绿地的环境选择常绿与阔叶树种

乔木树种的主要作用之一是为城市居民提供遮荫环境。在我国，大部分地区都有酷热漫长的夏季，冬季虽然比较冷，但阳光比较充足。因此，我国的城市森林建设在夏季能够遮荫降温，在冬季要透光增温。而现在许多城市的城市森林建设并没有这种考虑，偏爱使用常绿树种。有些常绿树种引种进来了，许多都处在濒死的边缘，几乎没有生态效益。一些具有鲜明地方特色的落叶阔叶树种，不仅能够在夏季旺盛生长而发挥降温增湿、净化空气等生态效益，而且在冬季落叶增加光照，起到增温作用。因此，要根据城市所处地区的气候特点和具体城市绿地的环境需求选择常绿与落叶树种。

4. 选择本地带野生或栽培的建群种

追求城市绿化的个性与特色是城市园林建设的重要目标。地区之间因气候条件、土壤条件的差异造成植物种类上的不同，乡土树种是表现城市园林特色的主要载体之一。使用乡土树种更为可靠、廉价、安全，它能够适应本地区的自然环境条件，抵抗病虫害、环境污染等干扰的能力强，尽快形成相对稳定的森林结构和发挥多种生态功能，有利于减少养护成本。因此，乡土树种和地带性植被应该成为城市园林的主体。建群种是森林植物群落中在群落外貌、土地利用、空间占用、数量等方面占主导地位的树木种类。建群种可以是乡土树种，也可以是在引入地经过长期栽培，已适应引入地自然条件地的外来种。建群种无论是在对当地气候条件的适应性，增建群落的稳定性，还是展现当地森林植物群落外貌特征等方面都有不可替代的作用。

16.2　道路绿化概述

1. 城市道路绿化设计要求

道路是城市最重要的基础设施之一，是人们认识和理解一座城市的媒介，城市道路绿化水平的高低直接影响道路形象进而决定城市的品位。道路绿化，除了具有一般绿地的净化空气、降低噪声、调节小气候等生态功能外，还具有保护路面和行人，引导控制人流车流，提高行车安全等功能。搞好道路绿化，首要任务是高水平的绿化设计。城市道路绿化设计应符合以下基本要求：

（1）道路绿化应符合行车视线和行车净空要求

行车视线要求符合安全视距、交叉口视距、停车视距和视距三角形等方面的安全。安全视距即最短通视距离：驾驶员在一定距离内，可随时看到前面的道路和在道路上出现的障碍物以及迎面驶来的其他车辆，以便能当机立断及时采取减速制动措施或绕越障碍物前进。交叉口视距：为保证行车安全，车辆在进入交叉口处前一段距离内，必须能看清相交道路上的行驶情况，以便能顺利驶过交叉口或及时减速停车，避免相撞，这一段距离必须大于或等于停车视距。停车视距：车辆在同一车道上，突然遇到前方障碍物，而必须及时刹车时，所需要的安全停车距离。视距三角形：是由两相交道路的停车视距作为直角边长，在交叉口处组成的三角形。为了保证行车安全，在视距三角形范围内和内侧范围内，不得种植高于外侧机动车车道中线处路面标高 1m 的树木，保证通视。

行车净空则要求道路设计在一定宽度和高度范围内为车辆运行的空间，树木不得进入该空间。

（2）满足树木对立地空间与生长空间的需要

树木生长需要的地上和地下空间，如果得不到满足，树木就不能正常生长发育，甚至死亡。因此，市政公用设施如交通管理设施、照明设施、地下管线、地上杆线等，与绿化树木的相应位置必须统一设计，合理安排，使其各得其所，减少矛盾。

道路绿化应以乔木为主，乔灌、花卉、地被植物相结合，没有裸露土壤，绿化美化，景观层次丰实，最大限度地发挥道路绿化对环境的改善能力。

（3）树种选择要求适地适树

树种选择要符合本地自然条件，根据栽植地的小气候、地下环境、土壤条件等，选择适宜生长的树种。不适宜绿化的土质，应加以改良。道路绿化采用人工植物群落的配置形式时，要使植物生长分布的相互位置与各自的生态习性相适应。地上部分，植物树冠、花叶分布的空间与光照、空气、温度、湿度要求相一致，各得其所。地下部分，植物根系分布对土壤中营养物质全面吸收互不影响，符合植物间伴生的生态习性。植物配置协调空间层次、树形组合、色彩搭配和季相变化的关系。此外，对辖区内的古树名木要加强保护。古树名木都是适宜本地生长或经长久磨难而生存下来的品种，十分珍贵，是城市历史的缩影。因此，在道路平面、纵断面与横断面设计时，对古树名木必然严加保护，对有价值的其他树木也应注意保护。对衰老的古树名木，还应采取复壮措施。

(4) 道路绿化设计要求实行远近期结合

道路绿化很难在栽植时就充分体现其设计意图，达到完美的境界，往往需要几年、十几年的时间。因此，设计要具备发展观点和长远的眼光，对各种植物树种的形态、大小、色彩等现状和可能发生的变化，要有充分的了解，使其长到鼎盛时期时，达到最佳效果。同时，道路绿化的近期效果也应该重视，尤其是行道树苗木规格不宜过小，速生树胸径一般不宜小于 5cm，慢生树木不宜小于 8cm，使其尽快达到其防护功能。

道路绿地还需要配备灌溉设施，道路绿地的坡向、坡度应符合排水要求，并与城市排水系统相结合，防止绿地内积水和水土流失。

(5) 道路绿化应符合美学要求

道路绿化的布局、配置、节奏、色彩变化等都要与道路的空间尺度相协调。同一道路的绿化宜有统一的景观风格，不同道路和绿化形式可有所变化。园林景观路应配置观赏价值高、有地方特色的植物，并与街景结合；主干路应体现城市道路绿化景观风貌；毗邻山、河、湖、海的道路，其绿化应结合自然环境，突出自然景观特色。总之，道路绿化设计要处理好区域景观与整体景观的关系，创造完美的景观。

(6) 适应抵抗性和防护能力的需要

城市道路绿地的立地条件极为复杂，既有地上架空线和地下管线的限制，又有因人流车流频繁，人踩车压及沿街摊群侵占等人为破坏，还有城市环境污染，再加上行人和摊棚在绿地旁和林荫下，给浇水、打药、修剪等日常养护管理工作带来困难。因此，设计人员要充分认识道路绿化的制约因素，在对树种选择、地形处理、防护设施等方面进行认真考虑，力求绿地自身有较强的抵抗性和防护能力。

2. 城市道路绿化植物的选择

城市道路绿化植物的选择，主要考虑艺术效果和功能效果。

(1) 乔木的选择

乔木在街道绿化中，主要作为行道树，作用主要是夏季为行人遮荫、美化街景，因此选择品种时主要从下面几方面着手：

1) 株形整齐，观赏价值较高（或花型、叶型、果实奇特，或花色鲜艳，或花期长），最好叶秋季变色，冬季可观树形、赏枝干。

2) 生命力强健，病虫害少，便于管理，管理费用低，花、果、枝叶无不良气味。

3) 树木发芽早、落叶晚，适合本地区正常生长，晚秋落叶期在短时间内树叶即能落光，便于集中清扫。

4) 行道树树冠整齐，分枝点足够高，主枝伸张角度与地面不小于 30°，叶片紧密，有浓荫。

5) 繁殖容易，移植后易于成活和恢复生长，适宜大树移植。

6) 有一定耐污染、抗烟尘的能力。

7) 树木寿命较长，生长速度不太缓慢。目前在河北省唐市应用较多的有雪松、法桐、国槐、合欢、栾树、垂柳、馒头柳、杜仲、白蜡等。

(2) 灌木的选择

灌木多应用于分车带或人行道绿带（车行道的边缘与建筑红线之间的绿化带），可遮挡视线、减弱噪声等，选择时应注意以下几个方面：

1) 枝叶丰满、株形完美，花期长，花多而显露，防止过多萌蘖枝过长妨碍交通；

2) 植株无刺或少刺，叶色有变，耐修剪，在一定年限内人工修剪可控制它的树形和高矮；

3) 繁殖容易，易于管理，能耐灰尘和路面辐射。应用较多的有大叶黄杨、金叶女贞、紫叶小檗、月季、紫薇、丁香、紫荆、连翘、榆叶梅等。

（3）地被植物的选择

目前，北方大多数城市主要选择冷季型草坪作为地被植物，根据气候、温度、湿度、土壤等条件选择适宜的草坪草种是至关重要的；另外多种低矮花灌木均可作地被应用，如棣棠等。

（4）草本花卉的选择

一般露地花卉以宿根花卉为主，与乔灌草巧妙搭配，合理配置，一、二年生草本花卉只在重点部位点缀，不宜多用。

（5）道路绿化中行道树种植设计形式

1) 树带式。交通、人流不大的路段，在人行道和车行道之间，留出一条不加铺装的种植带，一般宽不小于1.5m，植一行大乔木和树篱，如宽度适宜，则可分别植两行或多行乔木与树篱；树下铺设草皮，留出铺装过道，以便人流或汽车停站。

2) 树池式。在交通量较大，行人多而人行道又窄的路段，设计正方形、长方形或圆形空地，种植花草树木，形成池式绿地。正方形以边长1.5m较合适，长方形长、宽分别以2m、1.5m为宜，圆形树池以直径不小于1.5m为好；行道树的栽植点位于几何形的中心，池边缘高出人行道8～10cm，避免行人践踏，如果树池略低于路面，应加与路面同高的池墙，这样可增加人行道的宽度，又避免践踏，同时还可使雨水渗入池内；池墙可用铸铁或钢筋混凝土做成，设计时应当简单大方。

行道树种植时，应充分考虑株距与定干高度。一般株行距要根据树冠大小决定，有4m、5m、6m、8m不等，若种植干径为5cm以上的树苗，株距应定为6～8m为宜；从车行道边缘至建筑红线之间的绿化地段，统称为人行道绿化带，为了保证车辆在车行道上行驶时，车中人能够看到人行道上的行人和建筑，在人行道绿化带上种植树木，必须保持一定的株距，一般来说，株距不应小于树冠的2倍。

（6）城市干道的植物配置

城市干道具有实现交通、组织街景、改善小气候的三大功能，并以丰富的景观效果、多样的绿地形式和多变的季相色彩影响着城市景观空间和景观视线。城市干道分为一般城市干道、景观游憩型干道、防护型干道、高速公路、高架道路等类型。各种类型城市干道的绿化设计都应该在遵循生态学原理的基础上，根据美学特征和人的行为游憩学原理来进行植物配置，体现各自的特色。植物配置应视地点的不同而有各自的特点。

1) 景观游憩型干道的植物配置

景观游憩型干道的植物配置应兼顾其观赏和游憩功能，从人的需求出发，兼顾植物群落的自然性和系统性来设计可供游人参与游赏的道路。有"城市林荫道"之称的肇嘉浜路中间有宽21m的绿化带，种植了大量的香樟、雪松、水杉、女贞等高大的乔木，林下配置了各种灌木和花草，同时绿地内设置了游憩步道，其间点缀各种雕塑和园林小品，发挥其观赏和休闲功能。

2）防护型干道的植物配置

道路与街道两侧的高层建筑形成了城市大气下垫面内的狭长低谷，不利于汽车尾气的排放，直接危害两侧的行人和建筑内的居民，对人的危害相当严重。基于隔离防护主导功能的道路绿化主要发挥其隔离有害有毒气体、噪声的功能，兼顾观赏功能。绿化设计选择具有耐污染、抗污染、滞尘、吸收噪声的植物，如雪松、圆柏、桂花、珊瑚树、夹竹桃等，采用由乔木群落向小乔木群落、灌木群落、草坪过渡的形式，形成立体层次感，起到良好的防护作用和景观效果。

3）高速公路的植物配置

良好的高速公路植物配置可以减轻驾驶员的疲劳，丰富的植物景观也为旅客带来了轻松愉快的旅途。高速公路的绿化由中央隔离带绿化、边坡绿化和互通绿化组成。中央隔离带内一般不成行种植乔木，避免投影到车道上的树影干扰司机的视线，树冠太大的树种也不宜选用。隔离带内可种植修剪整齐、具有丰富视觉韵律感的大色块模纹绿带，绿带中选择的植物品种不宜过多，色彩搭配不宜过艳，重复频率不宜太高，节奏感也不宜太强烈，一般可以根据分隔带宽度每隔 30～70m 距离重复一段，色块灌木品种选用 3～6 种，中间可以间植多种形态的开花或常绿植物使景观富于变化。

边坡绿化的主要目的是固土护坡、防止冲刷，其植物配置应尽量不破坏自然地形地貌和植被，选择根系发达、易于成活、便于管理、兼顾景观效果的树种。

互通绿化位于高速公路的交叉口，最容易成为人们视觉上的焦点，其绿化形式主要有两种：一种是大型的模纹图案，花灌木根据不同的线条造型种植，形成大气简洁的植物景观。另一种是苗圃景观模式，人工植物群落按乔、灌、草的种植形式种植，密度相对较高，在发挥其生态和景观功能的同时，还兼顾了经济功能，为城市绿化发展所需的苗木提供了有力的保障。

4）园林绿地内道路的植物配置

园林道路是全园的骨架，具有发挥组织游览路线、连接景观区等重要功能。道路植物配置无论从植物品种的选择上还是搭配形式（包括色彩、层次高低、大小面积比例等）都要比城市道路配置更加丰富多样，更加自由生动。

园林道路分为主路、次路和小路。主路绿化常常代表绿地的形象和风格，植物配置应该引人入胜，形成与其定位一致的气势和氛围。如在入口的主路上定距种植较大规格的高大乔木如悬铃木、香樟、杜英、榉树等，其下种植杜鹃、红花木、龙柏等整形灌木，节奏明快富有韵律，形成壮美的主路景观。次路是园中各区内的主要道路，一般宽 2～3m；小路则是供游人在宁静的休息区中漫步，一般宽仅 1～1.5m。绿地的次干道常常蜿蜒曲折，植物配置也应以自然式为宜。沿路在视觉上应有疏有密，有高有低，有遮有敞。形式上有草坪、花丛、灌丛、树丛、孤植树等，游人沿路散步可经过大草坪，也可在林下小憩或穿行在花丛中赏花。竹径通幽是中国传统园林中经常应用的造景手法，竹生长迅速，适应性强，常绿，清秀挺拔，具有文化内涵，至今仍可在现代绿地见到。

5）城市广场绿化植物的配植

由于植物具有生命的设计要素，其生长受到土壤肥力、排水、日照、风力以及温度和湿度等因素的影响，因此设计师在进行设计之前，就必须了解广场相关的环境条件，然后才能确定、选择适合在此条件下生长的植物。

在城市广场等空地上栽植树木，土壤作为树木生长发育的"胎盘"，无疑具有举足轻重的作用。因此土壤的结构，必须满足以下条件：可以让树木长久地茁壮成长；土壤自身不会流失；对环境影响具有抵抗力。

根据形状、习性和特征的不同，城市广场上绿化植物的配植，可以采取一点、两点、线段、团组、面、垂直或自由式等形式。在保持统一性和连续性的同时，显露其丰富性和个性来。例如，在不同功能空间的周边，常采用树篱等方式进行隔离，而树篱通常选用大叶黄杨、小叶黄杨、紫叶小檗、绿叶小檗、侧柏等常绿树种；花坛和草坪常配置30～90cm的镶边，起到阻隔、装饰和保持水土的作用。

花坛虽然在各种绿化空间中都可能出现，但由于其布局灵活、占地面积小、装饰性强，因此在广场空间中出现得更加频繁。既有以平面图案和肌理形式表现的花池；也有与台阶等构筑物相结合的花台；还有以种植容器为依托的各种形式。花坛不仅可以独立设置，也可以与喷泉、水池、雕塑、休息座椅等结合。在空间环境中除了起到限定、引导等作用外，还可以由于本身优美的造型或独特的排列、组合方式，而成为视觉焦点。

（7）城市道路绿化的布置形式

城市道路绿化的布置形式也是多种多样的，其中断面布置形式是规划设计所用的主要模式，常用的城市道路绿化的形式有以下几种：

1）一板二带式。这是道路绿化中最常用的一种形式，即在车行道两侧人行道分隔线上种植行道树。此法操作简单、用地经济、管理方便。但当车行道过宽时行道树的遮荫效果较差，不利于机动车辆与非机动车辆混合行驶时的交通管理。

2）二板三带式。在分隔单向行驶的两条车行道中间绿化，并在道路两侧布置行道树。这种形式适于宽阔道路，绿带数量较大、生态效益较显著，多用于高速公路和人城道路绿化。

3）三板四带式。利用两条分隔带把车行道分成三块，中间为机动车道，两侧为非机动车道，连同车道两侧的行道树共为四条绿带。此法虽然占地面积较大，但其绿化量大，夏季蔽荫效果好，组织交通方便，安全可靠，解决了各种车辆混合互相干扰的矛盾。

4）四板五带式。利用三条分隔带将车道分为四条而规划为五条绿化带，以便各种车辆上行、下行互不干扰，利于限定车速和交通安全；如果道路面积不宜布置五带，则可用栏杆分隔，以节约用地。

5）其他形式。按道路所处地理位置、环境条件特点，因地制宜地设置绿带，如山坡、水道的绿化设计。

16.3　道路绿化图绘制

✦ **绘制思路**

绘制B区道路轮廓线以及定位轴线；使用直线、阵列、圆、填充等命令绘制B区道路绿化、亮化；使用阵列、直线、复制等命令绘制人行道绿化、亮化；使用多行文字命令标注文字，完成保存道路绿化平面图，如图 16-1 所示。

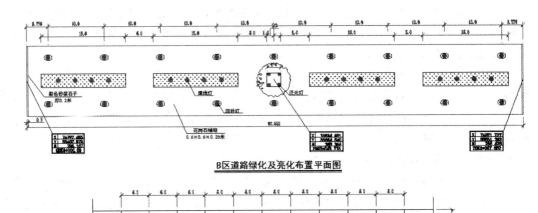

附注：
1. 本图尺寸均以米计。
2. B区道路两侧花池规格15m×2.4m×0.4m，中间花池规格15m×2.4m×0.4m。
3. B区道路两侧花池以种植灌木为主，用花卉点缀，每个花池等间距布置四盏埋地灯。
4. B区道路中间花池种植乔木，在花池四个角各布置一盏泛光灯。
5. 园林灯高3.6m，每隔10m在步行街两侧布置。
6. 高杆灯高10m，每隔30m在人行道两侧布置。
7. 人行道每隔5m种植一棵行道树，行道树种植胸径为10～12cm的香樟。每棵树下设置一盏埋地灯。

图 16-1　道路绿化平面图

16.3.1　绘图前准备与设置

【操作步骤】

1. 要根据绘制图形决定绘图的比例，建议采用1∶1的比例绘制。1∶200的出图比例。

2. 建立新文件

打开 AutoCAD 2014 应用程序，以"A2. dwt"样板文件为模板，建立新文件，将新文件命名为"道路绿化平面图.dwg"并保存。单击"修改"工具栏中的"缩放"按钮，把绘制好的 A2 图幅缩小 5 倍，即输入的比例因子为 0.2。

3. 设置绘图工具栏

在任意工具栏处单击鼠标右键，从打开的快捷菜单中选择"标准"，"图层"，"特性"，"绘图"，"修改"，"文字"和"标注"这七个选项，调出这些工具栏，并将它们移动到绘图窗口中的适当位置。

4. 设置图层

根据需要我们设置以下十一个图层："标注尺寸"，"粗线"，"道路"，"道路红线"，"亮化"，"绿化"，"其他线"，"图例"，"文字"，"香樟"，"中心线"，把"中心线"设置为当前图层，设置好的各图层的属性如图 16-2 所示。

5. 标注样式设置

根据绘图比例设置标注样式，对标注样式线、符号和箭头、文字、主单位进行设置，

具体如下：

线：超出尺寸线为 0.5，起点偏移量为 0.6；

符号和箭头：第一个为建筑标记，箭头大小为 0.6，圆心标记为标记 0.3；

文字：文字高度为 0.6，文字位置为垂直上，从尺寸线偏移为 0.3，文字对齐为 ISO 标准；

主单位：精度为 0.0，比例因子为 1。

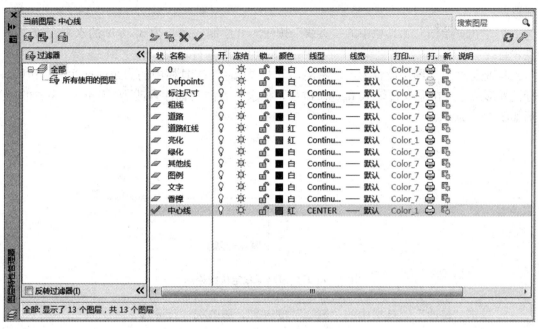

图 16-2　道路绿化亮化图层设置

6. 文字样式的设置

单击"文字"工具栏中的"文字样式"按钮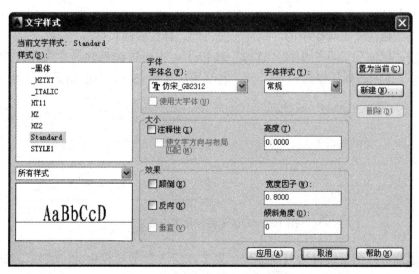，进入"文字样式"对话框，选择仿宋字体，宽度因子设置为 0.8。文字样式的设置如图 16-3 所示。

图 16-3　道路绿化图文字样式设置

16.3.2 绘制 B 区道路轮廓线以及定位轴线

【操作步骤】

1. 在状态栏，单击"正交模式"按钮，打开正交模式，在状态栏，单击"对象捕捉"按钮，打开对象捕捉模式，在状态栏，单击"对象捕捉追踪"按钮，打开对象捕捉追踪。

2. 单击"绘图"工具栏中的"直线"按钮，绘制一条长为 87.552 的水平直线。重复"直线"命令，取水平直线中点绘制一条长为 12 的垂直直线。

3. 把标注尺寸图层设置为当前图层，单击"标注"工具栏中的"线性标注"按钮，标注外形尺寸。在命令行输入 ddedit 命令，把水平方向的标注修改为 87.552。完成的图形如图 16-4 所示。

图 16-4　B 区道路绿化定位线绘制

4. 单击"修改"工具栏中的"删除"按钮，删除标注尺寸线。

5. 单击"修改"工具栏中的"复制"按钮，复制刚刚绘制好的水平直线，分别向上复制的位移分别为 1.2，4，6。分别向下复制的位移分别为 1.2，4，6。

6. 单击"修改"工具栏中的"复制"按钮，复制刚刚绘制好的垂直直线，向右复制的位移分别为 1.2，6.2，10，20，21.2，26.2，30，40，41.2，43.576，43.776。向左复制的位移分别为 1.2，6.2，10，20，21.2，26.2，30，40，41.2，43.576，43.776。

7. 单击"标注"工具栏中的"线性"按钮，标注直线尺寸。

8. 单击"标注"工具栏中的"连续"按钮，进行连续标注。在命令行输入 ddedit 命令，把水平方向的标注修改为 87.552。复制的尺寸和完成的图形如图 16-5 所示。

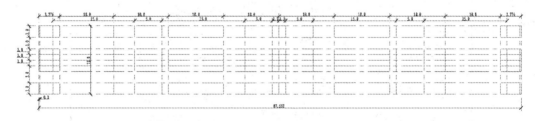

图 16-5　B 区道路绿化定位线复制

9. 把道路红线图层设置为当前图层，单击"绘图"工具栏中的"直线"按钮，绘制道路红线，完成的图形如图 16-6 所示。

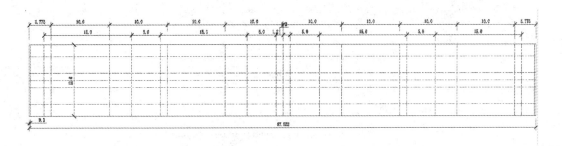

图 16-6　B区道路红线复制

16.3.3　绘制 B 区道路绿化、亮化

1. 绘制园林灯

（1）把亮化图层设置为当前图层，单击"绘图"工具栏中的"圆"按钮，绘制半径为 0.4 的圆。

（2）单击"绘图"工具栏中的"椭圆"按钮，以上步绘制的圆心为椭圆圆心，绘制长半轴为 0.7 和短半轴为 0.5 椭圆，如图 16-7 所示。

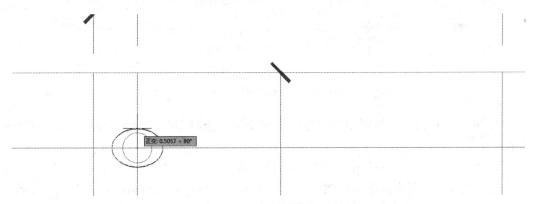

图 16-7　椭圆绘制

（3）把填充图层设置为当前图层，单击"绘图"工具栏中的"图案填充"按钮，填充圆。单击对话框里"图案（P）"右边的按钮进行更换图案样例，进入"填充图案选项板"对话框，选择"SOLID"图例进行填充圆。

（4）单击"修改"工具栏中的"矩形阵列"按钮，选择刚刚绘制好的园林灯为阵列对象设置行数为 2、列数为 9，行间距为-8、列间距为 10。

完成的图形如图 16-8 所示。

2. 绘制绿化带

（1）把绿化图层设置为当前图层，单击"绘图"工具栏中的"矩形"按钮，绘制一个 15×2 的矩形。

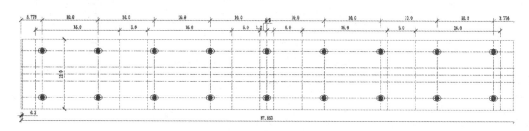

图 16-8　园林灯阵列复制

（2）单击"修改"工具栏中的"复制"按钮，复制园林灯到指定的位置。

（3）把标注尺寸图层设置为当前图层，单击"标注"工具栏中的"线性标注"按钮，标注外形尺寸。

（4）单击"标注"工具栏中的"连续"按钮，进行连续标注。复制的尺寸和完成的图形如图 16-9 所示。

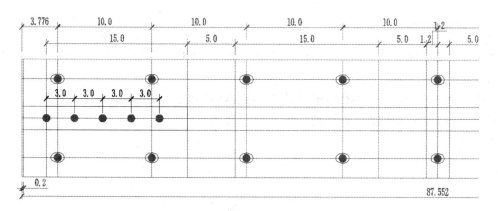

图 16-9　绿化带园林灯复制

（5）单击"修改"工具栏中的"删除"按钮，删除多余的绿化带的园林灯和标注尺寸。

（6）单击"绘图"工具栏中的"图案填充"按钮，填充矩形。单击对话框里"图案（P）"右边的按钮进行更换图案样例，进入"填充图案选项板"对话框，选择"GEASS"图例进行填充。填充图案的比例和角度设置如图 16-10 所示。

（7）单击"修改"工具栏中的"复制"按钮，复制绘制好的绿化带到指定位置，复制的尺寸和完成的图形如图 16-11 所示。

3. 绘制泛光灯以及调用香樟图例

（1）使用 Ctrl＋C 命令复制风景区规划图例绘制好的香樟图例，然后 Ctrl＋V 粘贴到道路绿化平面图中。

（2）单击"修改"工具栏中的"缩放"按钮，把图例缩小 200 倍，即输入的比例因子为 0.005。

（3）把绿化图层设置为当前图层，单击"绘图"工具栏中的"矩形"按钮，绘制一个 2.4×2.4 的矩形。

图 16-10　绿化带填充设置

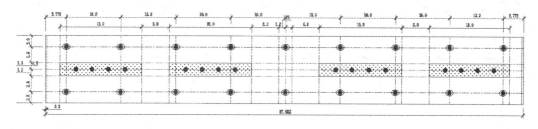

图 16-11　绿化带复制

（4）把亮化图层设置为当前图层，单击"绘图"工具栏中的"圆"按钮⊙，绘制半径为 0.3 的圆。

（5）单击"修改"工具栏中的"复制"按钮，复制泛光灯到指定的位置。

（6）把标注尺寸图层设置为当前图层，单击"标注"工具栏中的"线性标注"按钮，标注外形尺寸。完成的图形如图 16-12 所示。

4．绘制人行道绿化

（1）把其他线图层设置为当前图层。单击"绘图"工具栏中的"直线"按钮，绘制一条长为 60 的水平直线。重复"直线"命令，绘制一条长为 4 的垂直直线。

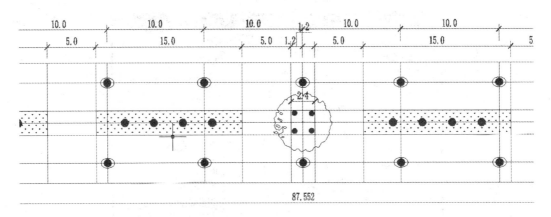

图 16-12　泛光灯和香樟复制

（2）单击"修改"工具栏中的"复制"按钮，复制刚刚绘制好的垂直直线，向右复制的位移分别为 5，10，15，20，25，30，35，40，45，50，55，60。

单击"修改"工具栏中的"复制"按钮，复制刚刚绘制好的水平直线，向上复制的位移分别为 0.2，0.9，1.1，4.0。

（3）把标注尺寸图层设置为当前图层，单击"标注"工具栏中的"线性"按钮，标注直线尺寸。

（4）单击"标注"工具栏中的"连续"按钮，进行连续标注。在命令行输入 ddedit 命令，把垂直方向的标注修改为 4.0～5.0。

（5）绘制两端折断线。完成的图形和尺寸如图 16-13 所示。

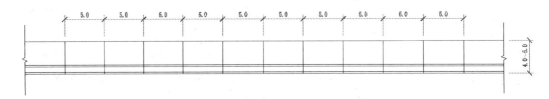

图 16-13　人行道绿化定位线

（6）把亮化图层设置为当前图层，单击"绘图"工具栏中的"圆"按钮，绘制半径为 0.4 的圆。

（7）把填充图层设置为当前图层，单击"绘图"工具栏中的"图案填充"按钮，填充圆。单击对话框里"图案（P）"右边的按钮进行更换图案样例，进入"填充图案选项板"对话框，选择"SOLID"图例进行填充。

（8）单击"修改"工具栏中的"复制"按钮，复制香樟图例到指定的位置。

（9）单击"修改"工具栏中的"矩形阵列"按钮，选择刚刚绘制好的复制香樟和埋地灯为阵列对象，设置行数为 1 列数为 11，设置列间距 5。

完成的图形如图 16-14 所示。

（10）把亮化图层设置为当前图层，单击"绘图"工具栏中的"直线"按钮，绘制一条长为 6.6 的水平直线。重复"直线"命令，绘制一条长为 0.3 的垂直直线。

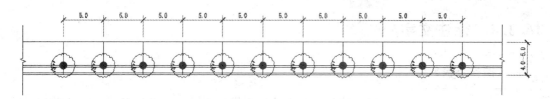

图 16-14　埋地灯复制

（11）单击"绘图"工具栏中的"样条曲线"按钮～，绘制灯罩。

（12）单击"绘图"工具栏中的"圆弧"按钮╱，绘制圆弧。

（13）把标注尺寸图层设置为当前图层，单击"标注"工具栏中的"线性标注"按钮╟，标注外形尺寸。完成的图形参照图 16-15（a）所示。

（14）把亮化图层设置为当前图层，单击"绘图"工具栏中的"椭圆"按钮◎，绘制高杆灯，指定轴的端点，十字光标指向水平方向，输入 1.0，指定另一条半轴长度，十字光标指向垂直方向，输入 0.5。完成的图形参照图 16-15（b）所示。

（15）单击"修改"工具栏中的"偏移"按钮▣，向里面偏移 0.1，完成的图形参照图16-15（c）所示。

（16）单击"修改"工具栏中的"删除"按钮✍，删除多余的标注尺寸和直线。

（17）单击"修改"工具栏中的"镜像"按钮▲，选择刚刚绘制好的图形为镜像对象，完成的图形参照图 16-15（d）所示。

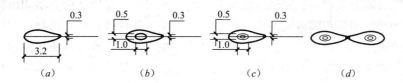

（a）　　　　　　（b）　　　　　　（c）　　　　　　（d）

图 16-15　高杆灯绘制流程

（18）单击"修改"工具栏中的"缩放"按钮🗗，把绘制好高杆灯缩小 2 倍，即输入的比例因子为 0.5。

（19）单击"修改"工具栏中的"复制"按钮🗂，复制到指定位置，完成的图形参照图 16-16 所示。

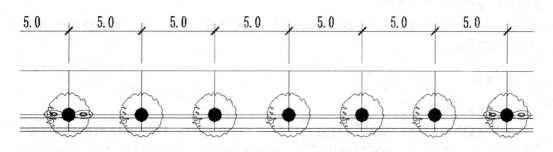

图 16-16　高杆灯复制

16.3.4 标注文字

【操作步骤】

1. 使用 Ctrl＋C 命令复制道路平面图中的里程桩号关键点，然后 Ctrl＋V 粘贴到道路绿化平面图中。

2. 单击"绘图"工具栏中的"多行文字"按钮 **A**，标注文字、图名和说明，完成的图形如图 16-1 所示。

16.4 屋顶花园概述

屋顶绿化对增加城市绿地面积，改善日趋恶化的人类生存环境空间；改善城市高楼大厦林立，改善众多道路的硬质铺装而取代的自然土地和植物的现状；改善过度砍伐自然森林，各种废气污染而形成的城市热岛效应，沙尘暴等对人类的危害；开拓人类绿化空间，建造田园城市，改善人民的居住条件，提高生活质量，以及对美化城市环境，改善生态效应有着极其重要的意义。

1. 设计原则

屋顶花园成败的关键在于减轻屋顶荷载，改良种植土、屋顶结构类型和植物的选择与植物设计等问题。屋顶花园组成要素主要是自然山水，各种建筑物和植物，按照园林美的基本法则构成美丽的景观。但因其在屋顶有限的面积内造园受到特殊条件的制约，不完全等同于地面的园林，因此有其特殊性。屋顶营造花园，一切造园要素受建筑物顶层的负荷的有限性限制。因此，在屋顶花园中不可设置大规模的自然山水、石材。设置小巧的山石，要考虑建筑屋顶承重范围。在地形处理上以平地处理为主。水池一般为浅水池，可用喷泉来丰富水景。设计时要做到：

（1）以植物造景为主，把生态功能放在首位。

（2）确保营建屋顶花园所增加的荷重不超过建筑结构的承重能力，屋面防水结造能安全使用。

（3）因为屋顶花园相对于地面的公园、游园等绿地来讲面积较小，必须精心设计，才能取得较为理想的艺术效果。

（4）尽量降低造价，从现有条件来看，只有较为合理的造价，才能可能使屋顶花园得到普及而遍地开花。

2. 分类

（1）休闲屋面

在屋顶进行绿色覆盖的同时，建造园林小品、花架、廊亭以营造出休闲娱乐、高雅舒适的空间。给人们提供一个释放工作压力、排解生活烦恼、修身养性、畅想未来的优美场所。

（2）生态屋面

就是在屋面上覆盖绿色植被、并配有给排水设施，使屋面具备隔热保温，净化空气，阻噪吸尘增加氧气的功能，从而提高人居生活品质。生态屋面不但能有效增加绿地面积，更能有效维持自然生态平衡，减轻城市热岛效应。

（3）种植屋面

是每一个热爱生活的人都希望拥有的。能够有一个绿色的庭院，并能采摘食用自己亲手种植的果实，是一件多么惬意的享受啊！劳动的愉悦、清爽的环境、洁净的空气、丰富的含氧量，甚至是一份意外的经济回报。屋顶光照时间长，昼夜温差大、远离污染源，所种的瓜果蔬菜含糖量比地面提高 5％以上，碳水化合物丰富，那是用金钱也难买的纯天然绿色食品。

（4）复合屋面

是集"休闲屋面"、"生态屋面"、"种植屋面"于一身的屋面处理方式。在一个建筑物上既有休闲娱乐的场所又有生态种植的形式。这是针对不同样式的建筑所采用的综合性屋面处理模式。它能够兼优并举，使一个建筑物呈多样性，让人们的生活丰富多彩，尽享其中之乐趣，有效地提高生活品质，促使环境的优化组合。让我们的生存环境进一步的人性化、个性化，彻底体现出人与大自然和谐共处、互为促进的理性生态。

3. 总体布局

屋顶花园的形式，同园林本身的形式是相同的，创作上仍然分为自然式、规则式和混合式。

（1）自然式园林布局

一般采取自然式园林的布局手法，园林空间的组织，地形地物的处理，植物配置等均以自然的手法，以求一种连续的自然景观组合。讲究植物的自然形态与建筑、山水、色彩的协调配合关系，植物配置讲究树木花卉的四时生态、高矮搭配、疏密有致。追求的是色彩变化、丰富层次和较多的景观轮廓。

（2）规则式园林布局

规则式布局注重的是装饰性的景观效果，强调动态与秩序的变化。植物配置上形成规则的、有层次的、交替的组合，表现出庄重、典雅、宏大的气氛。多采用不同色彩的植物搭配，景观效果更为醒目，屋顶花园在规则式布局中，点缀精巧的小品，结合植物图案，常常使不大的屋顶空间变为景观丰富、视野开阔的区域。

（3）混合式园林布局

混合式园林布局，注重自然与规则的协调与统一，求得景观的共融性。自然与规则的特点都有，又都自成一体，其空间构成在点的变化中形成多样的统一，不强调景观的连续，更多的注意个性的变化。混合式布局在屋顶花园中使用较多。

屋顶花园的规划设计，使屋顶的自然生态环境与城市总体生态环境融为一体，城市文明永延续与生活环境文化融合。在楼顶隔热防水层上培育一层植被，一是可扩大绿化面积，拓展城市绿肺；二是可以提供新的休息场所，提高人们的生活质量；三是可以依靠屋顶植物截留部分降水，减轻高强度降水对城市防洪排灌系统的压力和冲击；四是可以为顶层住户免去一些冬冷夏热的影响。不仅如此，我们也可因此看到屋顶花园是可持续发展的重要组成部分：地面上的花园给人们沐浴阳光，休闲活动带来方便，但通常在开畅的空间营造起来的花园价格非常贵，其中土地资金占很大一部分，屋顶花园则相对有很大优势，但从占用土地上来讲，是免费的，相比之下屋顶花园要比地面上开畅空间的花园投资少许多。

16.5 屋顶花园绘制

绘制思路

使用直线命令绘制屋顶轮廓线；使用直线、矩形、圆弧、插入块绘制门和水池；使用阵列、样条曲线、矩形、圆等命令绘制园路和铺装；使用矩形、圆、插入块命令绘制园林小品；使用填充命令填充园路和地被；使用插入和复制命令复制花卉；使用直线、复制、矩阵、单行文字绘制花卉表；使用多行文字标注文字，完成保存屋顶花园平面图，如图16-17所示。

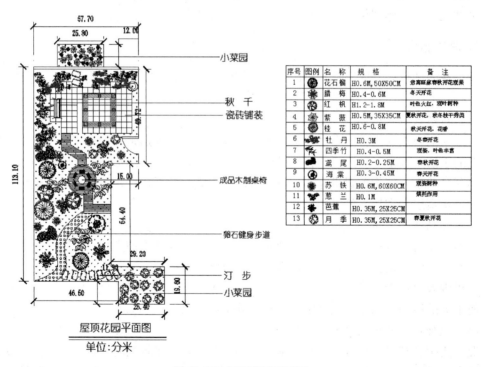

图 16-17 屋顶花园平面图

16.5.1 绘图前准备与设置

【操作步骤】

1. 要根据绘制图形决定绘图的比例，建议采用 1：1 的比例绘制。

2. 建立新文件

打开 AutoCAD 2014 应用程序，以"A3. dwt"样板文件为模板，建立新文件，将新文件命名为"屋顶花园. dwg"，并保存。

3. 设置绘图工具栏

在任意工具栏处单击鼠标右键，从打开的快捷菜单中选择"标准"，"图层"，"特性"，"绘图"，"修改"，"文字"和"标注"这七个选项，调出这些工具栏，并将它们移动到绘图窗口中的适当位置。

4. 设置图层

设置以下二十二个图层："芭蕉"，"标注尺寸"，"葱兰"，"地被"，"桂花、紫薇"，"海棠"，"红枫"，"花石榴"，"蜡梅"，"露台"，"轮廓线"，"牡丹"，"铺地"，"山竹"，"水池"，"苏铁"，"图框"，"文字"，"鸢尾"，"园路"，"月季"，"坐凳"，把"轮廓线"设置为当前图层，设置好的各图层的属性如图 16-18 所示。

5. 标注样式设置

根据绘图比例设置标注样式，对标注样式线、符号和箭头、文字、主单位进行设置，具体如下：

线：超出尺寸线为 2.5，起点偏移量为 3；

符号和箭头：第一个为建筑标记，箭头大小为 2，圆心标记为标记 1.5；

文字：文字高度为 3，文字位置为垂直上，从尺寸线偏移为 3，文字对齐为 ISO 标准；

主单位：精度为 0.00，比例因子为 1。

图 16-18　屋顶花园平面图图层设置

6. 文字样式的设置

单击"文字"工具栏中的"文字样式"按钮，进入"文字样式"对话框，选择仿宋字体，宽度因子设置为 0.8。文字样式的设置如图 16-3 所示。

16.5.2 绘制屋顶轮廓线

【操作步骤】

1. 在状态栏，单击"正交模式"按钮，打开正交模式，在状态栏，单击"对象捕捉"按钮，打开对象捕捉模式。

2. 单击"绘图"工具栏中的"直线"按钮，绘制屋顶轮廓线。

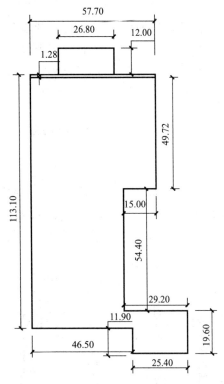

图16-19　屋顶花园平面图外部轮廓绘制

3. 单击"修改"工具栏中的"复制"按钮，复制上面绘制好的水平直线，向下复制的距离为1.28。

4. 把标注尺寸图层设置为当前图层，单击"标注"工具栏中的"线性标注"按钮，标注外形尺寸。完成的图形和绘制尺寸如图16-19所示。

16.5.3 绘制门和水池

【操作步骤】

1. 单击"绘图"工具栏中的"矩形"按钮，绘制 9×0.6 的矩形。单击"绘图"工具栏中的"圆弧"按钮，绘制门，门的半径为9。

2. 单击"修改"工具栏中的"复制"按钮，复制上面绘制好的水平直线，向下复制的距离为9。

3. 从设计中心插入水池平面图例。

单击"标准"工具栏中的"设计中心"按钮，进入"设计中心对话框"，点击"文件夹"按钮，在文件夹列表中鼠标左键单击 HomeDesigner. Dwg，然后单击 Home Designer. Dwg 下的块，选择洗脸池作为水池的图例。鼠标右键单击洗脸池图例后，选择"插入块（I）"，如图 16-20 所示，弹出"插入"对话框，设置里面的选项，如图 16-21 所示，按"确定"按钮进行插入，指定 XYZ 轴比例因子：0.01。

4. 把标注尺寸图层设置为当前图层，单击"标注"工具栏中的"线性标注"按钮，标注外形尺寸。完成的图形和绘制尺寸如图16-22所示。

16.5.4 绘制园路和铺装

【操作步骤】

1. 把园路图层设置为当前图层，单击"绘图"工具栏中的"直线"按钮，绘制定位轴线。

2. 单击"绘图"工具栏中的"样条曲线"按钮，绘制坐下面园路。

3. 单击"绘图"工具栏中的"直线"按钮，绘制直线园路。

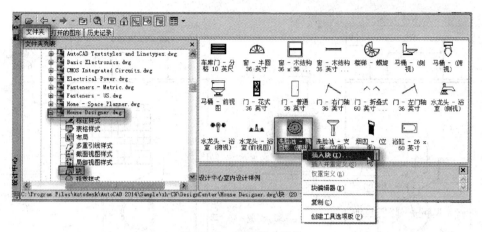

图 16-20　块的插入操作

图 16-21　"插入"对话框

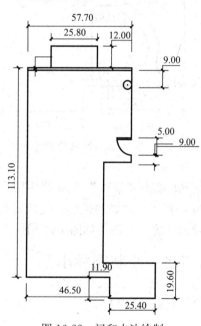

图 16-22　门和水池绘制

4. 单击"绘图"工具栏中的"圆"按钮⊘，绘制圆形园路。

5. 把标注尺寸图层设置为当前图层，单击"标注"工具栏中的"线性标注"按钮⊢，标注外形尺寸。

6. 单击"标注"工具栏中的"连续"按钮⊪，进行连续标注。

7. 单击"标注"工具栏中的"半径标注"按钮◎，进行圆标注。完成的图形和绘制尺寸如图 16-23 所示。

8. 单击"绘图"工具栏中的"矩形"按钮▭，绘制 3×3 的矩形。单击"修改"工具栏中的"矩形阵列"按钮▦，选择矩形为阵列对象设置行数为 9、列数为 9，行偏移为 3、列偏移为 3。

9. 单击"修改"工具栏中的"删除"按钮∅，删除多余的标注尺寸，完成的图形如图 16-24 所示。

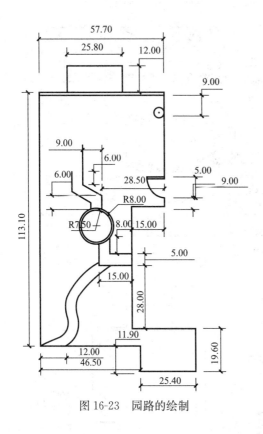

图 16-23　园路的绘制

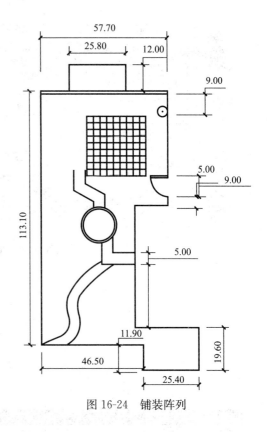

图 16-24　铺装阵列

10. 单击"修改"工具栏中的"复制"按钮，复制绘制好的矩形，完成其他区域铺装的绘制，完成的图形如图 16-25 所示。

16.5.5　绘制园林小品

【操作步骤】

1. 单击"标准"工具栏中的"设计中心"按钮，进入"设计中心"对话框，点击"文件夹"按钮，在文件夹列表中鼠标左键单击 Home-Space Planner. Dwg，然后单击 Home-Space Planner. Dwg 下的块，选择桌子-长方形的图例。鼠标右键单击桌子-长方形图例后，选择"插入块（I）"，进入插入对话框，设置里面的选项，按确定按钮进行插入。从设计中心插入，图例的位置，椅子的插入比例为 0.002。

2. 单击"修改"工具栏中的"环形阵列"按钮，选择椅子图形为阵列对象对其进行阵列操作，圆的圆心为阵列中心点设置项目数为

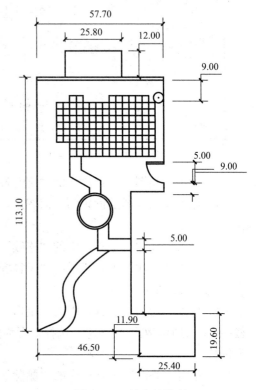

图 16-25　铺装的绘制

466

6，如图 16-26 所示。

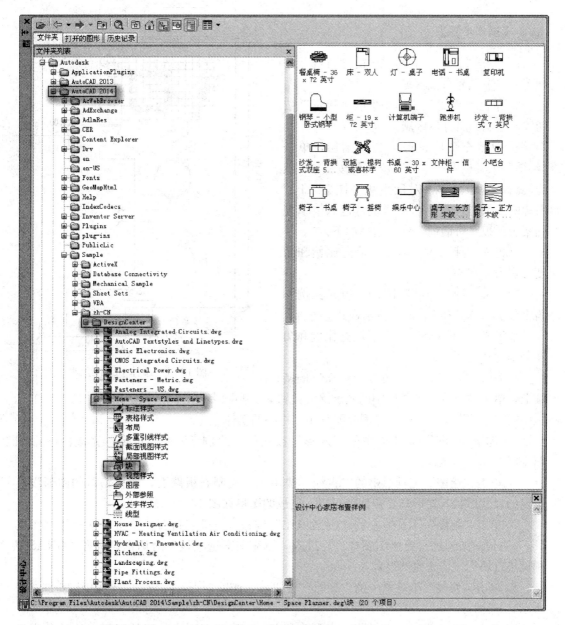

图 16-26　插入图形

坐凳平面图，使用 Ctrl＋C 命令复制，然后 Ctrl＋V 粘贴到屋顶花园.dwg 中。

3. 单击"修改"工具栏中的"移动"按钮✛，把木质环形坐凳移动到合适的位置。

4. 单击"修改"工具栏中的"缩放"按钮◻，缩小 100 倍，即比例因子为 0.01。

5. 使用直线、矩形、旋转以及镜像命令命令绘制秋千。

完成的图形如图 16-27 所示。

16.5.6 填充园路和地被

【操作步骤】

1. 单击"绘图"工具栏中的"直线"按钮，绘制园路分隔区域。

2. 单击"绘图"工具栏中的"矩形"按钮，绘制园路分隔区域。

3. 把填充图层设置为当前图层，单击"绘图"工具栏中的"图案填充"按钮，填充园路和地被。单击对话框里"图案（P）"右边的按钮进行更换图案样例，进入"填充图案选项板"对话框，分次选择如下：

自定义"卵石 6"图例，填充比例和角度分别为 2 和 0；

预定义"DOLMIT"图例，填充比例和角度分别为 0.1 和 0，孤岛显示样式为外部；

预定义"GRASS"图例，填充比例和角度分别为 0.1 和 0。

4. 图 16-28（b）是在图 16-28（a）的基

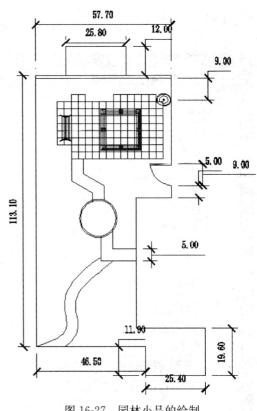

图 16-27　园林小品的绘制

础上，单击"修改"工具栏中的"删除"按钮，删除多余分隔区域。单击"修改"工具栏中的"修剪"按钮，框选删除园林小品重叠的实体。

5. 单击"绘图"工具栏中的"矩形"按钮，绘制 5×4 的矩形，完成的图形如图 16-29（a）所示。

6. 单击"绘图"工具栏中的"直线"按钮，绘制石板路石，石板路石的图形没有固定的尺寸形状，外形只要相似就可以。完成的图形如图 16-29（b）所示。

7. 单击"绘图"工具栏中的"图案填充"按钮，填充路石。单击对话框里"图案（P）"右边的按钮进行更换图案样例，进入"填充图案选项板"对话框，选择"GRASS"图例进行填充。填充比例设置为 0.05。

8. 单击"修改"工具栏中的"删除"按钮，删除矩形，完成的图形如图 16-29（c）所示。

9. 单击"修改"工具栏中的"旋转"按钮，旋转刚刚绘制好的图形，旋转角度为 −15°。

10. 单击"绘图"工具栏中的"创建块"按钮，进入"块定义"对话框，创建为块并输入块的名称。绘制流程如图 16-29（d）所示。

11. 单击"修改"工具栏中的"复制"按钮，复制石板路石。

12. 单击"修改"工具栏中的"镜像"按钮，复制石板路石。完成的图形如图 16-30 所示。

(a)　　　　(b)

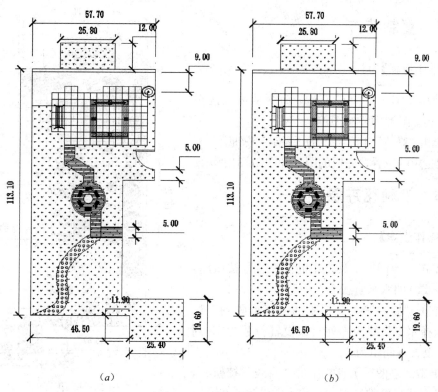

图 16-28　填充完的图形

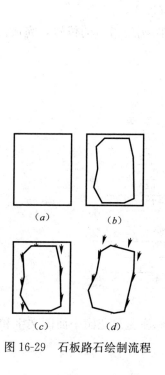

图 16-29　石板路石绘制流程

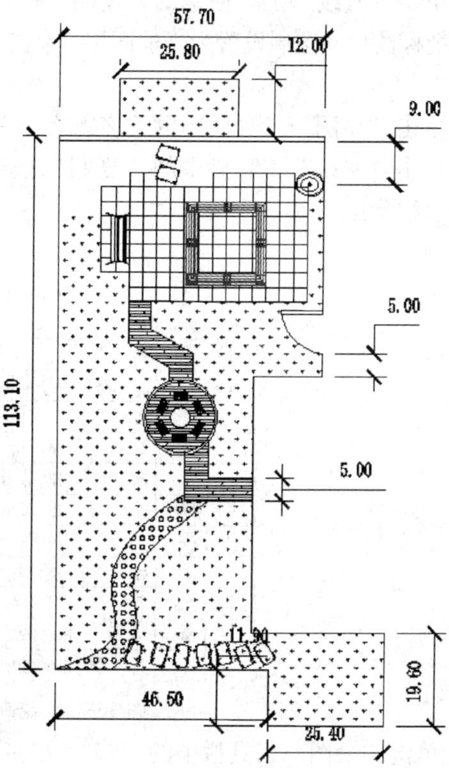

图 16-30　石板路石复制

16.5.7　复制花卉

【操作步骤】

1. 使用 Ctrl＋C 和 Ctrl＋V 命令从风景区规划图例 .dwg 图形中复制图例。

2. 单击"修改"工具栏中的"复制"按钮，复制图例到指定的位置，完成的图形如图 16-31 所示。

16.5.8　绘制花卉表

【操作步骤】

1. 单击"绘图"工具栏中的"直线"按钮，绘制一条 110 的水平直线。

2. 单击"修改"工具栏中的"矩形阵列"按钮，选择水平直线为阵列对象设置行数为 15 列数为 1，设置行间距为 6。

3. 单击"绘图"工具栏中的"直线"按钮，连接水平直线最外端端点。

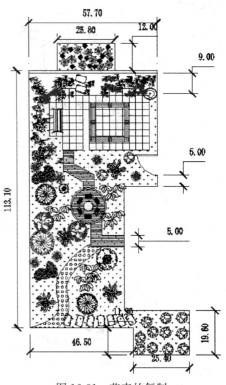

图 16-31　花卉的复制

4. 单击"修改"工具栏中的"复制"按钮，复制垂直直线。

5. 把标注尺寸图层设置为当前图层，单击"标注"工具栏中的"线性标注"按钮，标注外形尺寸。

6. 单击"绘图"工具栏中的"多行文字"按钮 **A**，标注文字。

7. 单击"修改"工具栏中的"复制"按钮，复制图例到指定的位置，完成的图形如图 16-32 所示。

序号	图例	名　称	规　格	备　注
1		花石榴	H0.6M, 50X50CM	意寓旺家春秋开花观果
2		蜡　梅	H0.4-0.6M	冬天开花
3		红　枫	H1.2-1.8M	叶色火红，观叶树种
4		紫　薇	H0.5M, 35X35CM	夏秋开花，秋冬枝干秀美
5		桂　花	H0.6-0.8M	秋天开花，花香
6		牡　丹	H0.3M	冬春开花
7		四季竹	H0.4-0.5M	观姿，叶色丰富
8		鸢　尾	H0.2-0.25M	春秋开花
9		海　棠	H0.3-0.45M	春天开花
10		苏　铁	H0.6M, 60X60CM	观姿树种
11		葱　兰	H0.1M	烘托作用
12		芭　蕉	H0.35M, 25X25CM	
13		月　季	H0.35M, 25X25CM	春夏秋开花

图 16-32　花卉表格文字标注

8. 单击"绘图"工具栏中的"多行文字"按钮 **A**，标注屋顶花园平面图文字和图名。完成的图形如图 16-17 所示。

第  章

园林建筑图绘制

园林建筑作为造园四要素之一，是一种独具特色的建筑，既要满足建筑的使用功能要求，又要满足园林景观的造景要求，并与园林环境密切结合，与自然融为一体的建筑类型。

本章主要通过亭的平面图、立面图、屋顶仰视图、屋面结构图及亭基础平面图的绘制方法来讲述园林建筑图的绘制。

   点

- ◎ 园林建筑概述
- ◎ 园林建筑图绘制
- ◎ 亭平面图绘制
- ◎ 亭立面图绘制
- ◎ 亭屋顶仰视图绘制

17.1 园林建筑概述

园林建筑作为造园四要素之一，是一种独具特色的建筑，既要满足建筑的使用功能要求，又要满足园林景观的造景要求，并与园林环境密切结合，与自然融为一体的建筑类型。

1. 功能

（1）满足功能要求

园林是改善、美化人们生活环境的设施，也是工人们休息、游览、文化娱乐的场所，随着园林活动的日益增多，园林建筑类型也日益丰富起来，主要由茶室、餐厅、展览馆、体育场所等等，以满足人们的需要。

（2）满足园林景观要求

1）点景：点景要与自然风景融会结合，园林建筑常成为园林景观的构图中心主体，或易于近观的局部小景，或成为主景，控制全园布局，园林建筑在园林景观构图中常有画龙点睛的作用。

2）赏景：赏景作为观赏园内外景物的场所，一栋建筑常成为画面的管点，而一组建筑物与游廊相连成为动观全景的观赏线。因此，建筑朝向、门窗位置大小要考虑赏景的要求。

3）引导游览路线：园林建筑常常具有起乘转合的作用，当人们的视线触及某处优美的园林建筑时，游览路线就会自然而然的延伸，建筑常成为视线引导的主要目标。人们常说的步移景异就是这个意思。

4）组织园林空间：园林设计空间组合和布局是重要内容，园林常以一系列的空间的变化巧妙安排给人以艺术享受，以建筑构成的各种形式的庭院及游廊、花墙、圆洞门等恰是组织空间、划分空间的最好手段。

2. 特点

（1）布局

园林建筑布局上要因地制宜，巧于因借，建筑规划选址除考虑功能要求外，要善于利用地形，结合自然环境，与自然融为一体。

（2）情景交融

园林建筑应结合情景，抒发情趣，尤其在古典园林建筑中，常与诗画结合，加强感染力，达到情景交融的境界。

（3）空间处理

在园林建筑的空间处理上，尽量避免轴线对成，整形布局，力求曲折变化，参差错落，空间布置要灵活通过空间划分，形成大小空间的对比，增加层次感，扩大空间感。

（4）造型

园林建筑在造型上更重视美观的要求，建筑体型、轮廓要有表现力，增加园林画面美，建筑体量、体态都应与园林景观协调统一，造型要表现园林特色，环境特色，地方特色。一般而言，在造型上，体量宜轻盈，形式宜活泼，力求简洁明快，通透有度，达到功能与景观的有机统一。

（5）装修

在细节装饰上，应有精巧的装饰，增加本身的美观，又以之用来组织空间画面。如常用的挂落、栏杆、漏窗、花格等。

3. 园林建筑的分类

按使用功能划分：

（1）游憩性建筑：有休息、游赏使用功能，具有优美造型，如亭、廊、花架、榭、舫、园桥等。

（2）园林建筑小品：以装饰园林环境为主，注重外观形象的艺术效果，兼有一定使用功能，如园灯、园椅、展览牌、景墙、栏杆等。

（3）服务性建筑：为游人在旅途中提供生活上服务的设施，如小卖部、茶室、小吃部、餐厅、小型旅馆、厕所等。

（4）文化娱乐设施开展活动用的设施：如游船码头、游艺室、俱乐部、演出厅、露天剧场、展览厅等。

（5）办公管理用设施：主要由公园大门、办公室、实验室、栽培温室，动物园还应有动物兽室。

4. 园林建筑构成要素

（1）亭

亭在我国园林中是运用最多的一种建筑形式。无论是在传统的古典园林中，或是在新中国成立后新建的公园及风景游览区，都可以看到有各种各样的亭子，屹立于山冈之上；或依附在建筑之旁；或漂浮在水池之畔。以玲珑美丽、丰富多样的形象与园林中的其他建筑、山水、绿化等相结合，构成一幅幅生动的画图。在造型上，要结合具体地形，自然景观和传统设计并以其特有的娇美轻巧，玲珑剔透形象与周围的建筑，绿化，水景等结合而构成园林一景。

亭的构造大致可分为亭顶、亭身、亭基三部分。体量宁小勿大，形制也较细巧，以竹、木、石、砖瓦等地方性传统材料均可修建。现在更多的是用钢筋混凝土或兼以轻钢、铝合金、玻璃钢、镜面玻璃、充气塑料等新亦如此材料组建而成。

亭四面多开放，空间流动，内外交融，榭廊亦如此。解析了亭也就能举一反三于其他楼阁殿堂。亭榭等体量不大，但在园林造景中作用不小，是室内的室外；而在庭院中则是室外的室内。选择要有分寸，大小要得体，即要有恰到好处的比例与尺度，只顾重某一方面都是不允许的。任何作品只有在一定的环境下，它才是艺术，科学。生搬硬套学流行，会失去神韵和灵性，就谈不上艺术性与科学性。

园亭，是指园林绿地中精致细巧的小型建筑物。可分为两类，一是供人休憩观赏的亭，另是具有实用功能的票亭、售货亭等。

1）园亭的位置选择

建亭地位，要从两方面考虑，一是由内向外好看，二是由外向内也好看。园亭要建在风景好的地方，使入内歇足休息的人有景可赏留得住人，同时更要考虑建亭后成为一处园林美景，园亭在这里往往可以起到画龙点睛的作用。

2）园亭的设计构思

园亭虽小巧却必须深思才能出类拔萃。

首先是选择所设计的园亭，是传统或是现代？是中式或是西洋？是自然野趣或是奢华富贵？这些款式的不同是不难理解的。

其次，是同种款式中，平面、立面、装修的大小、形状、繁简也有很大的不同，需要斟酌。例如同样是植物园内的中国古典园亭，牡丹园和槭树园不同。牡丹亭必须重檐起翘，大红柱子；槭树亭白墙灰瓦足矣。这是因他们所在的环境气质不同而异。同样是欧式古典园顶亭，高尔夫球场和私宅庭园的大小有很大不同，这是因他们所在环境的开阔郁闭不同而异。同是自然野趣，水际竹筏嬉鱼和树上权窝观鸟不同，这是因环境的功能要求不同而异。

再次，所有的形式、功能、建材是在演变进步之中的，常常是相互交叉的，必须着重于创造。例如，在中国古典园亭的梁架上，以卡普隆阳光板作顶代替传统的瓦，古中有今，洋为我用，可以取得很好的效果。以四片实墙，边框采用中国古典园亭的外轮廓，组成虚拟的亭，也是一种创造。用悬索、布幕、玻璃、阳光板等，层出不穷。

只有深入考虑这些关节，才能标新立异，不落俗套。、

3）园亭的平立面

园亭体量小，平面严谨。自点状伞亭起，三角、正方、长方、六角、八角以至圆形、海棠形、扇形，由简单而复杂，基本上都是规则几何形体，或再加以组合变形。根据这个道理，可构思其他形状，也可以和其他园林建筑如花架、长廊、水榭组合成一组建筑。

园亭的平面组成比较单纯，除柱子、坐凳（椅）、栏杆，有时也有一段墙体、桌、碑、井、镜、匾等。

园亭的平面布置，一种是一个出入口，终点式的；还有一种是两个出入口，穿过式的。视亭大小而采用。

4）园亭的立面

因款式的不同有很大的差异。但有一点是共同的，就是内外空间相互渗透，立面显得开畅通透。园亭的立面，可以分成几种类型。这是决定园亭风格款式的主要因素。如：中国古典、西洋古典传统式样。这种类型都有程式可依，困难的是施工十分繁复。中国传统园亭柱子有木和石两种，用真材或混凝土仿制；但屋盖变化多，如以混凝土代木，则所费工、料均不合算，效果也不甚理想。西洋传统形式，现在市面有各种规格的玻璃钢、GRC柱式、檐口，可在结构外套用。

平顶、斜坡、曲线各种新式样。要注意园亭平面和组成均甚简洁，观赏功能又强，因此屋面变化不妨多一些。如做成折板、弧形、波浪形，或者用新型建材、瓦、板材；或者强调某一部分构件和装修，来丰富园亭外立面。

仿自然、野趣的式样。目前用得多的是竹、松木、棕榈等植物外型或木结构、真实石材或仿石结构，用茅草作顶也特别有表现力。

5）有关亭的设计归纳起来应掌握下面几个要点：

第一，首先必须选择好位置，按照总的规划意图选点。

第二，亭的体量与造型的选择，主要应看它所处的周围环境的大小、性质等，因地制宜而定。

第三，亭子的材料及色彩，应力求就地选用地方材料，不独加工便利，又易于配合自然。

（2）廊

廊子本来是作为建筑物之间的联系而出现的，中国属木构架体系的建筑物，一般液体建筑的平面形状都比较简单，经常通过廊、墙等把一幢幢的单体建筑组织起来，形成空间层次丰富多变的中国传统建筑的特色之一。

廊子通常不止在两个建筑物或两个观赏点之间，成为空间联系和空间分化的一种重要手段。它不仅具有遮风避雨、交通联系的实际功能，而且对园林中风景的展开和观赏程序的层次起着重要的组织作用。

廊子还有一个特点，就是它一般是一种"虚"的建筑元素，两排细细的列柱顶着一个不太厚实的廊顶。在廊子的以便可透过柱子之间的空间观赏廊子的另一边的景色，象一曾"帘子"一样，似隔非隔、若隐若现，白噶廊子两边的空间有分又有合的联系起来，起到一般建筑元素达不到的效果。

中国园林中廊的结构常用的有：木结构、砖石结构、钢及混凝土结构、竹结构等。廊顶有坡顶、平顶和拱顶等。中国园林中廊的形式和设计手法丰富多样。其基本类型，按结构形式可分为：双面空廊、单面空廊、复廊、双层廊和单支柱廊五种。按廊的总体造型及其与地形、环境的关系可分为：直廊、曲廊、回廊、抄手廊、爬山廊、叠落廊、水廊、桥廊等。

双面空廊。两侧均为列柱，没有实墙，在廊中可以观赏两面景色。双面空廊不论直廊、曲廊、回廊、抄手廊等都可采用，不论在风景层次深远的大空间中，或在曲折灵巧的小空间中都可运用。北京颐和园内的长廊，就是双面空廊，全长 728m，北依万寿山，南临昆明湖，穿花透树，把万寿山前十几组建筑群联系起来，对丰富园林景色起着突出的作用。

单面空廊。有两种：一种是在双面空廊的一侧列柱间砌上实墙或半实墙而成的；一种是一侧完全贴在墙或建筑物边沿上。单面空廊的廊顶有时作成单坡形，以利排水。

复廊。在双面空廊的中间夹一道墙，就成了复廊，又称"里外廊"。因为廊内分成两条走道，所以廊的跨度大些。中间墙上开有各种式样的漏窗，从廊的一边透过漏窗可以看到廊的另一边景色，一般设置两边景物各不相同的园林空间。如苏州沧浪亭的复廊就是一例，它妙在借景，把园内的山和园外的水通过复廊互相引借，使山、水、建筑构成整体。

双层廊。上下两层的廊，又称"楼廊"。它为游人提供了在上下两层不同高程的廊中观赏景色的条件，也便于联系不同标高的建筑物或风景点以组织人流，可以丰富园林建筑的空间构图。

5. 水榭

水榭作为一种临水园林建筑在设计上除了应满足功能需要外，还要与水面、池岸自然融合，并在体量、风格、装饰等方面与所处园林环境相协调。其设计要点如下：

（1）在可能范围内，水榭应三面或四面临水。如果不宜突出于池岸（湖）岸，也应以平台作为建筑物与水面的过渡，以便使用者置身水面之上更好的欣赏景物。

（2）水榭应尽可能贴近水面。当池岸地平距离水面较远时，水榭地平应根据实际情况降低高度。此外，不能将水榭地平与池岸地平取齐，这样会将支撑水榭下部的混凝土骨架暴露出来，影响整体景观效果。

（3）全面考虑水榭与水面的高差关系。水榭与水面的高差关系，在水位无显著变化的情况下容易掌握；如果水位涨落变化较大，设计师应在设计前详细了解水位涨落的原因与规律，特别是最高水位的标高。应以稍高于最高水位的标高作为水榭的设计地平，以免水淹。

（4）巧妙遮挡支撑水榭下部的骨架。当水榭与水面之间高差较大，支撑体又暴露得过于明显时，不要将水榭的驳岸设计成整齐的石砌岸边，而应将支撑的柱墩尽量向后设置，在浅色平台下部形成一条深色的阴影，在光影的对比中增加平台外挑的轻快感。

（5）在造型上，水榭应与水景、池岸风格相协调，强调水平线条。有时可通过设置水廊、白墙、漏窗，形成平缓而舒朗的景观效果。若在水榭四周栽种一些树木或翠竹等植物，效果会更好。

6. 围墙

（1）围墙设计的原则

1）能不设围墙的地方，尽量不设，让人接近自然，爱护绿化。

2）能利用空间的办法，自然的材料达到隔离的目的，尽量利用。高差的地面、水体的两侧、绿篱树丛，都可以达到隔而不分的目的。

3）要设置围墙的地方，能低尽量低，能透尽量透，只有少量须掩饰隐私处，才用封闭的围墙。

4）使用围墙处于绿地之中，成为园景的一部分，减少与人的接触机会，由围墙向景墙转化。善于把空间的分隔与景色的渗透联系一起来，有而似无，有而生情，才是高超的设计。

（2）围墙按构造分类

围墙的构造有竹木、砖、混凝土、金属材料几种。

1）竹木围墙：竹篱笆是过去最常见的围墙，现已难得用。有人设想过种一排竹子而加以编织，成为"活"的围墙（篱），则是最符合生态学要求的墙垣了。

2）砖墙：墙柱间距 3~4m，中开各式漏花窗，是节约又易施工、管养的办法。缺点是较为闭塞。

3）混凝土围墙：一是以预制花格砖砌墙，花型富有变化但易爬越；二是混凝土预制成片状，可透绿也易管、养。混凝土墙的优点是一劳永逸，缺点是不够通透。

4）金属围墙

- 以型钢为材，断面有几种，表面光洁，性韧易弯不易折断，缺点是每 2~3 年要油漆一次。
- 以铸铁为材，可做各种花型，优点是不易锈蚀又价不高，缺点是性脆又光滑度不够。订货要注意所含成分不同。
- 锻铁、铸铝材料。质优而价高，局部花饰中或室内使用。

• 各种金属网材，如镀锌、镀塑铅丝网、铝板网、不锈钢网等。

现在往往把几种材料结合起来，取其长而补其短。混凝土往往用作墙柱、勒脚墙。取型钢为透空部分框架，用铸铁为花饰构件。局部、细微处用锻铁、铸铝。

围墙是长形构造物。长度方向要按要求设置伸缩缝，按转折和门位布置柱位，调整因地面标高变化的立面；横向则关及围墙的强度，影响用料的大小。利用砖、混凝土围墙的平面凹凸、金属围墙构件的前后交错位置，实际上等于加大围墙横向断面的尺寸，可以免去墙柱，使围墙更自然通透。

7. 花架

花架是攀缘植物的棚架，又是人们消夏避暑之所。花架在造园设计中往往具有亭、廊的作用，做长线布置时，就像游廊一样能发挥建筑空间的脉络作用，形成导游路线；也可以用来划分空间增加风景的深度。作点状布置时，就像亭子一般，形成观赏点，并可以在此组织环境景色的观赏。花架又不同于亭、廊空间更为通透，特别由于绿色植物及花果自由地攀绕和悬挂，更添一翻生气。花架在现代园林中除了供植物攀缘外，有时也取其形式轻盈以点缀园林建筑的某些墙段或檐头，使之更加活泼和具有园林的性格。

花架造型比较灵活和富于变化，最常见的形式是梁架试，另一种形式是半边列柱半边墙垣，上边叠架小坊，它在划分封闭或开敞的空间上更为自如。造园趣味类似半边廊，在墙上亦可以开设景窗使意境更为含蓄。此外新的形式还有单排柱花架或单柱式花架。

花架的设计往往同其他小品相结合，形成一组内容丰富的小品建筑，如布置坐凳供人小憩，墙面开设景窗、漏花窗、柱间或嵌以花墙，周围点缀叠石、小池以形式吸引游人的景点。

花架在庭院中的布局可以采取附件式，也可以采取独立式。附件式属于建筑的一部分，是建筑空间的延续，如在墙垣的上部，垂直墙面的上部，垂直墙面的水平搁置横墙想两侧挑出。它应保持建筑自身的统一的比列与尺度，在功能上除了供植物攀缘或设桌凳供游人休憩外，也可以只起装饰作用。独立式的布局应在庭院总体设计中加以确定，它可以在花丛中，也可以在草坪边，使庭院空间有起有伏，增加平坦空间的层次，有时亦可傍山临池随势弯曲。花架如同廊道也可以起到组织游览路线和组织观赏点的作用，布置花架时一方面要格调清新，另一方面要致意与周围建筑和绿化栽培在风格上的同意。在我国传统圆满林中较少采用花架，以其与山水园格调不尽相同。但在现代园林中融合了传统园林和西洋园林的诸多技法，因此花架这一小品形式在造园艺术中日益为造园设计者所乐用。

（1）花架设计要点

1）花架在绿荫掩映下要好看，好用，在落叶之后也要好看，好用因此要把花架作为一件艺术品，而不单作构筑物来设计，应注意比例尺寸、选材和必要的装修。

2）花架体型不宜太大。太大了不易做得轻巧，太高了不易荫蔽而显空旷，尽量接近自然。

3）花架的四周，一般都较为通透开畅，除了作支承的墙、柱，没有围墙门窗。花架的上下（铺地和檐口）两个平面，也并不一定要对称和相似，可以自由伸缩交叉，相互引申，使花架置身于园林之内，融汇于自然之中，不受阻隔。

4）最后也是最主要的一点，是要根据攀援植物的特点、环境来构思花架的形体；根据攀援植物的生物学特性，来设计花架的构造、材料等。

一般情况下，一个花架配置一种攀援植物，配置 2～3 种相互补充的也可以见到。各种攀援植物的观赏价值和生长要求不尽相同，设计花架前要有所了解。例如：紫藤花架，紫藤枝粗叶茂，老态龙钟，尤宜观赏。设计紫藤花架，要采用能负荷、永久性材料，显古朴、简练的造型。葡萄架、葡萄浆果有许多耐人深思的寓言、童话，似可作为构思参考。种植葡萄，要求有充分的通风、光照条件，还要翻藤修剪，因此要考虑合理的种植间距。猕猴桃、棚架猕猴桃属有 30 余种，为野生藤本果树，广泛生长于长江流域以南林中、灌丛、路边，枝叶左旋攀援而上。设计此棚架之花架板，最好是双向的，或者在单向花架板上再放临时"石竹"，以适应猕猴桃只旋而无吸盘的特点。整体造型，纤细现代不如粗犷乡土为宜。对于茎干草质的攀援植物，如葫芦、茑萝、牵牛等，往往要借助于牵绳而上，因此，种植池要近；在花架柱梁板之间也要有支撑、固定，方可爬满全棚。

（2）几种常见花架类型

1）双柱花架，好似以攀援植物作顶的休憩廊。值得注意的是供植物攀援的花架板，其平面排列可等距（一般每 50cm 左右），也可不等距，板间嵌入花架砖，取得光影和虚实变化；其立面也不一定是直线的，可曲线、折线，甚至由顶面延伸至两侧地面，如"滚地龙"一般。

2）单柱花架，当花架宽度缩小，两柱接近而成一柱时，花架板变成中部支承两端外悬。为了整体的稳定和美观，单柱花架在平面上宜做成曲线、折线形。

3）各种供攀援用的花墙、花瓶、花钵、花柱。

（3）花架常用的建材

1）混凝土材料，是最常见的材料。基础、柱、梁皆可按设计要求，唯花架板量多因距近，且受木构断面影响，宜用光模、高强度等级混凝土一次捣制成型，以求轻巧挺薄。

2）金属材料，常用于独立的花柱、花瓶等。造型活泼、通透、多变、现代、美观，唯需经常养护油漆，且阳光直晒下温度较高。

3）玻璃钢、CRC 等，常用于花钵、花盆。

花架的四周，一般都较为通透开畅，除了作支撑的墙、柱，没有围堵门窗。花架的上下（铺地和檐口）两个平面，也并不一定要对称和相似，可以自由伸缩交叉，相互引申，使花架置身于园林之内，融汇于自然之中，不受阻隔。

最后也是最主要的一点，是要根据攀缓植物的特点、环境来构思花架的形体；根据樊缓植物的生物学特性，来设计花架的构造、材料等。

花架高度应控制在 2.5～2.8m，适宜尺度给人以易于亲近，近距离观赏藤蔓植物的机会。花架开间一般控制在 3～4m，太大了构件显得笨拙臃肿。进深跨度则常用 2700mm、3000mm、3300mm。

17.2　园林建筑图绘制

园林建筑的设计程序一般分为初步设计和施工图设计两个阶段，较复杂的工程项目还要进行技术设计。

初步设计主要是提出方案，说明建筑的平面布置、立面造型、结构选型等内容，绘制出建筑初步设计图，送有关部门审批。

技术设计主要是确定建筑的各项具体尺寸和构造做法；进行结构计算，确定承重构件的截面尺寸和配筋情况。

施工图设计主要是根据已批准的初步设计图，绘制出符合施工要求的图纸。园林建筑景观施工图一般包括平面图、施工图、剖面图以及建筑详图等内容。与建筑施工图的绘制基本类似。

1. 初步设计图的绘制

（1）初步设计图的内容

包括基本图样：总平面图、建筑平立剖面图、有关技术和构造说明、主要技术经济指标等。通常要作一幅透视图，表示园林建筑竣工后外貌。

（2）初步设计图的表达方法

初步设计图尽量画在同一张图纸上，图面布置可以灵活些，表达方法可以多样，例如可以画上阴影和配景，或用色彩渲染，以加强图面效果。

（3）初步设计图的尺寸

初步设计图上要画出比例尺并标注主要设计尺寸，例如总体尺寸、主要建筑的外形尺寸、轴线定位尺寸和功能尺寸等。

2. 施工图的绘制

设计图审批后，再按施工要求绘制出完整的建施、结施图样及有关技术资料。绘图步骤如下：

（1）确定绘制图样的数量。根据建筑的外形、平面布置、构造和结构的复杂程度决定绘制那儿种图样。在保证能顺利完成施工的前提下，图样的数量应尽量少。

（2）在保证图样能清晰地表达其内容的情况下，根据各类图样的不同要求，选用合适的比例，平立剖面图尽量采用同一比例。

（3）进行合理的图面布置。尽量保持各图样的投影关系，或将同类型的，内容关系密切的图样集中绘制。

（4）通常先画建筑施工图，一般按总平面→平面图→立面图→剖面图→建筑详图的顺序进行绘制。再画结构施工图，一般先画基础图、结构平面图，然后分别画出各构件的结构详图。如图 17-1 所示为座椅的施工图。

1）视图包括平、立、剖面图，表达座椅的外形和各部分的装配关系。

2）尺寸在标有建施的图样中，主要标注与装配有关的尺寸、功能尺寸、总体尺寸。

3）透视图园林建筑施工图常附一个单体建筑物的透视图，特别是没有设计图的情况下更是如此。透视图应按比例用绘图工具画。

4）编写施工总说明。施工总说明包括的内容有：放样和设计标高、基础防潮层、楼面、楼地面、屋面、楼梯和墙身的材料和做法，室内外粉刷、装修的要求、材料和做法等。

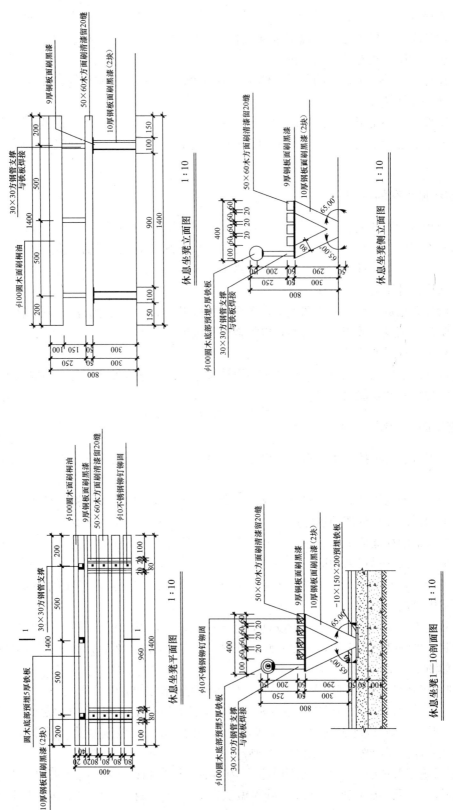

图 17-1　座椅施工图

17.3 亭平面图绘制

 绘制思路

使用直线命令绘制平面定位轴线；使用直线、矩形、圆、填充等命令绘制平面轮廓线；使用单行文字标注文字，对图形进行修剪整理，完成保存四角亭平面图，如图17-2所示。

17.3.1 绘图前准备及设置

【操作步骤】

1. 要根据绘制图形决定绘图的比例，建议采用1∶1的比例绘制。

2. 建立新文件

打开 AutoCAD 2014 应用程序，以"无样板打开-公制"建立一个新的文件，将新文件命名为"亭平面图.dwg"并保存。

3. 设置图层

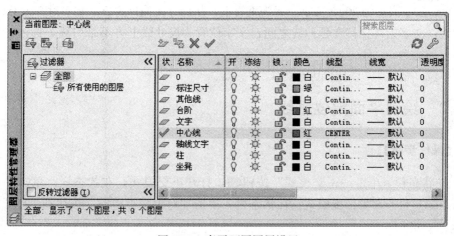

图17-2 四角亭平面图

根据需要我们设置以下八个图层："标注尺寸"，"文字"，"其他线"，"台阶"，"中心线"，"坐凳"，"轴线文字"和"柱"，把"中心线"设置为当前图层，设置好的各图层的属性如图17-3所示。

图17-3 亭平面图图层设置

4. 新建了 AXIS50 样式

单击"标注"工具栏中的"文字样式"按钮，进入"文字样式"对话框，选择右边

"新建（N）"按钮，进入"新建文字样式"对话框，输入样式名为：DIM＿FONT，然后按"确定"按钮，重返"文字样式"对话框，对字体进行设置，然后按"确定"按钮完成操作，操作如图17-4所示。

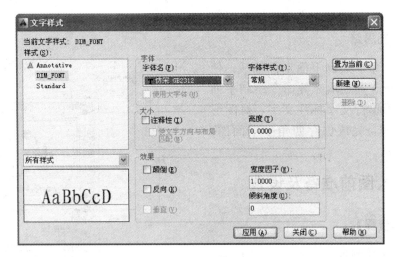

图17-4　文字样式建立操作步骤

5.新建标注样式

单击"标注"工具栏中的"标注样式"按钮，进入"标注样式管理器"对话框，在标注样式管理器对话框中单击"新建"按钮，然后进入了创建新标注样式对话框，输入新建样式名，然后按"继续"按钮，来进行标注样式的设置。

设置新标注样式时，根据绘图比例，对线、符号和箭头、文字、主单位选项卡进行设置，具体如下：

线：超出尺寸线为250，起点偏移量为300；

符号和箭头：第一个为建筑标记，箭头大小为100，圆心标记为标记0.09；

文字：文字高度为200，文字位置为垂直上，从尺寸线偏移为50，文字对齐为ISO标准；

调整：文字始终保持在延伸线之间，文字位置为尺寸线上方不带引线，标注特征比例为使用全局比例；

主单位：精度为0，比例因子为1。

17.3.2　绘制平面定位轴线

【操作步骤】

1.在状态栏，单击"正交模式"按钮，打开正交模式，在状态栏，单击"对象捕捉"按钮，打开对象捕捉模式，在状态栏，单击"对象捕捉追踪"按钮，打开对象捕捉追踪。

2.单击"绘图"工具栏中的"直线"按钮，绘制一条长为5000的水平直线。重复"直线"命令，取水平直线中点绘制一条长为5000的垂直直线，选中两条直线右击，在快捷菜单中单击"特性"，打开"特性"对话框，设置线型比例为15，结果如图17-5所示。

3. 单击"修改"工具栏中的"复制"按钮 🔌，复制刚刚绘制好的水平直线，分别向上复制的位移分别为 1200，1300，1500，1850，2000，2400，分别向下复制的位移分别为 1200，1300，1500，1850，2000，2400。

4. 单击"修改"工具栏中的"复制"按钮 🔌，复制刚刚绘制好的垂直直线，向右复制的位移分别为 700，1000，1300，1500，1850，2000。向左复制的位移分别为 700，1000，1300，1500，1850，2000。

5. 把标注尺寸图层设置为当前图层，单击"标注"工具栏中的"线性"按钮 🔲 和"连续"按钮 🔲，标注尺寸，如图 17-6 所示。

图 17-5　四角亭平面定位轴线

6. 把其他线图层设置为当前图层，单击"绘图"工具栏中的"直线"按钮 ✏ 和"圆"按钮 🔵，在尺寸线上绘制长为 950 的直线，然后在绘制的直线端点处绘制半径为 200 的圆。

7. 把轴线文字图层设置为当前图层，单击"绘图"工具栏中的"多行文字"按钮 **A**，输入定位轴线的编号，完成的图形如图 17-7 所示。

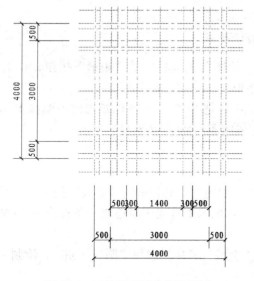

图 17-6　四角亭平面定位轴复制

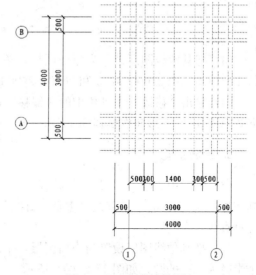

图 17-7　四角亭轴线标注

17.3.3　绘制平面轮廓线

【操作步骤】

1. 柱和矩形的绘制

（1）把柱图层设置为当前图层，单击"绘图"工具栏中的"圆"按钮 🔵，绘制直径为

200 的圆柱。

（2）单击"绘图"工具栏中的"图案填充"按钮，填充圆柱。单击对话框里"图案（P）"右边的按钮进行更换图案样例，进入"填充图案选项板"对话框，选择"SOLID"图例进行填充。完成的图形如图 17-8（a）所示。

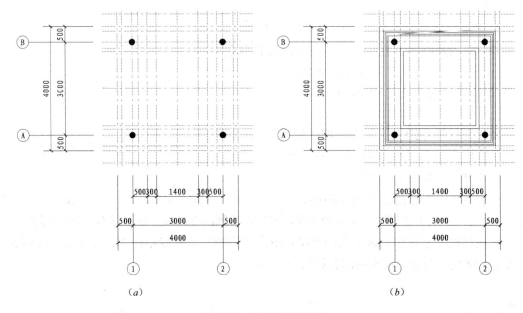

图 17-8　柱和矩形绘制

（3）把其他线图层设置为当前图层，单击"绘图"工具栏中的"矩形"按钮，绘制 4000×4000，3700×3700 和 2600×2600 的矩形。

（4）单击"修改"工具栏中的"偏移"按钮，把 2600×2600 的矩形向内偏移 100，把 3700×3700 矩形向内偏移 50，100，150。完成的图形如图 17-8（b）所示。

2. 绘制拼花

（1）将"中心线"图层设置为当前层，单击"绘图"工具栏中的"直线"按钮，绘制一条长为 3000 的水平直线。重复"直线"命令，取水平直线中点绘制一条长为 2500 的垂直直线。

（2）把其他线图层设置为当前图层，单击"绘图"工具栏中的"圆"按钮，绘制一个半径为 250 的圆，如图 17-9（a）所示。

（3）单击"修改"工具栏中的"旋转"按钮，把水平线以圆心作为基点，旋转的角度为 45°，如图 17-9（b）所示。

（4）单击"绘图"工具栏中的"圆"按钮，以 45°直线与圆的交点为圆心绘制半径为 250 的圆。完成的图形如图 17-9（c）所示。

（5）单击"修改"工具栏中的"环形阵列"按钮，阵列刚刚绘制好的圆，设置阵列项目为 4，填充角度为 360°，如图 17-10 所示。

（6）单击"修改"工具栏中的"删除"按钮，删除多余圆和轴线。

（7）单击"绘图"工具栏中的"图案填充"按钮，填充交集部分，单击对话框里

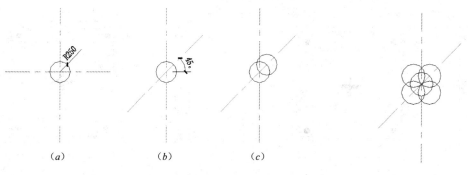

图 17-9　拼花绘制流程　　　　　　　　　　　图 17-10　拼花阵列图

"图案（P）"右边的按钮进行更换图案样例，进入"填充图案选项板"对话框，选择"石料-12"图例进行填充。填充的比例设置如图 17-11 所示。完成的图形如图 17-12 所示。

图 17-11　拼花填充设置

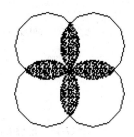

图 17-12　拼花

3. 绘制踏步和坐凳

（1）单击"绘图"工具栏中的"直线"按钮 ，绘制长 2000，宽为 400 的踏步。然后单击"绘图"工具栏中的"矩形"按钮 ，绘制 100×30 的凳面，同理，再次绘制一个较大的矩形，如图 17-13 所示。

（2）单击"修改"工具栏中的"复制"按钮 ，复制水平方向矩形的距离分别为 150，300，450。

（3）单击"修改"工具栏中的"矩形阵列"按钮 ，阵列垂直方向的凳面，设置行数为 21，列数为 1，行偏移为 150，如图 17-14 所示。

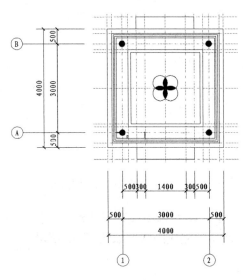

图 17-13　绘制凳面

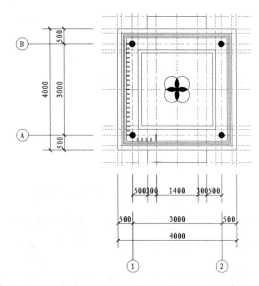

图 17-14　阵列凳面

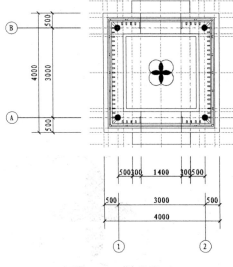

图 17-15　镜像凳面

（4）单击"修改"工具栏中的"镜像"按钮，以水平方向为对称轴进行复制。重复"镜像"命令，以垂直方向为对称轴进行复制。最后整理图形，结果如图 17-15 所示。

（5）单击"修改"工具栏中的"修剪"按钮，框选剪切多余的实体。

4. 标注文字

（1）将文字图层设置为当前层，在命令行中输入"qleader"命令，标注文字。

（2）单击"绘图"工具栏中的"直线"按钮、"多段线"按钮和"多行文字"按钮，标注图名。

（3）单击"修改"工具栏中的"删除"按钮，删除多余的对称轴线。完成的图形如图 17-2 所示。

17.4　亭立面图绘制

绘制思路

使用直线命令绘制立面定位轴线；使用直线、矩形、圆、填充等命令绘制立面轮廓线；使用多行文字标注文字，完成保存亭立面图，如图 17-16 所示。

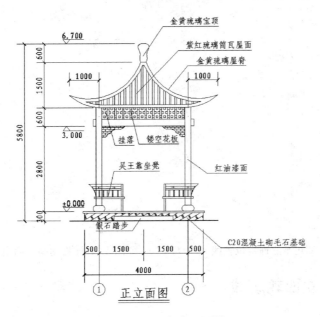

图 17-16　四角亭立面图

17.4.1　绘图前准备及设置

选择菜单栏中的"文件"→"打开"命令，将源文件/第 17 章中的亭平面图打开，将其另存为"亭立面图"，然后删除所有的图形，其对图层，文字和标注的设置仍然保留在该文件中。

17.4.2　绘制立面定位轴线

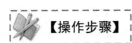

1. 在状态栏，单击"正交模式"按钮，打开正交模式，在状态栏，单击"对象捕捉"按钮，打开对象捕捉模式，在状态栏，单击"对象捕捉追踪"按钮，打开对象捕捉追踪。

2. 将中心线图层设置为当前层，单击"绘图"工具栏中的"直线"按钮，绘制一条长为 5000 的水平直线。重复"直线"命令，取水平直线中点绘制一条长为 5900 的垂直直线，选中两条直线右击，在快捷菜单中单击"特性"，打开"特性"对话框，设置线型比例为 15，如图 17-17 所示。

3. 单击"修改"工具栏中的"复制"按钮，复制刚刚绘制好的水平直线，分别向上复制的位移分别为 300，780，1200，3100，3700，5200，5800。

4. 单击"修改"工具栏中的"复制"按钮，复制刚刚绘制好的垂直直线，向右复制的位移分别为 700，1000，1300，1500，1850，2000，2500。向左复制的位移分别为 700，1000，1300，1500，1850，2000，2500，如图 17-18 所示。

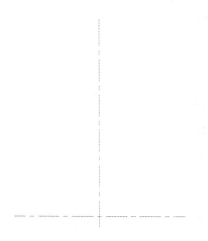

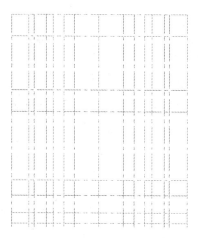

图 17-17　四角亭立面定位轴线　　　　　图 17-18　四角亭立面定位轴线复制

17.4.3　绘制立面轮廓线

【操作步骤】

1. 绘制立面基础

（1）把其他线图层设置为当前图层，首先单击"绘图"工具栏中的"多段线"按钮，绘制一条水平地面线。然后输入 w 来确定多段线的宽度为 10。

（2）单击"绘图"工具栏中的"矩形"按钮，绘制 4100×50 和 2000×150 的矩形，单击"绘图"工具栏中的"直线"按钮，在图中合适的位置处绘制两条短直线，结果如图 17-19 所示。

（3）单击"绘图"工具栏中的"图案填充"按钮，填充基础。单击对话框里"图案（P）"右边的按钮进行更换图案样例，进入"填充图案选项板"对话框，选择"BRSTONE"图例进行填充。填充的角度和比例如图 17-20 所示。完成的图形如图 17-21 所示。

2. 绘制圆柱立面

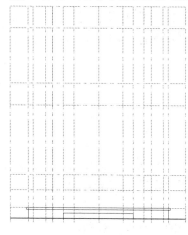

图 17-19　四角亭立面基础

（1）单击"绘图"工具栏中的"矩形"按钮，绘制柱底，输入 f 来确定指定矩形的圆角半径为 100，输入 D 来确定矩形的尺寸，指定矩形的长度为 400，指定矩形的宽度为 200。

（2）单击"绘图"工具栏中的"直线"按钮，绘制立柱，完成的图形如图 17-22（a）所示。

（3）单击"绘图"工具栏中的"直线"按钮，坐凳立面水平线。

（4）单击"绘图"工具栏中的"矩形"按钮，绘制坐凳立面竖向线。

（5）单击"绘图"工具栏中的"圆弧"按钮，绘制圆弧。

图17-20 四角亭立面基础填充设置

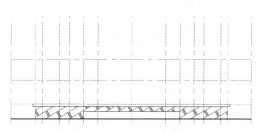

图17-21 四角亭立面基础填充

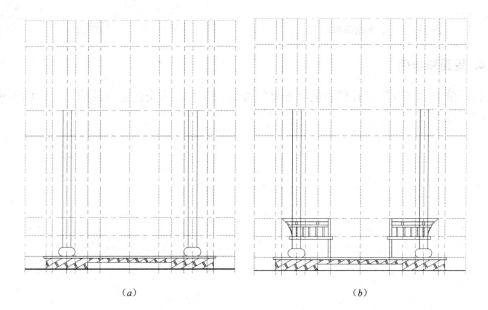

(a) (b)

图17-22 柱和坐凳立面绘制

(6) 单击"修改"工具栏中的"镜像"按钮△,以垂直中心线为镜像线复制坐凳立面,如图17-22 (b) 所示。

3. 绘制亭顶轮廓线

(1) 单击"绘图"工具栏中的"矩形"按钮□,绘制亭梁。

(2) 单击"绘图"工具栏中的"样条曲线"按钮∿,绘制挂落。

(3) 单击"绘图"工具栏中的"直线"按钮╱,绘制亭屋脊直线。

（4）单击"绘图"工具栏中的"圆弧"按钮，绘制圆弧。

（5）单击"绘图"工具栏中的"直线"按钮，绘制屋顶直线。

（6）单击"绘图"工具栏中的"样条曲线"按钮，绘制屋顶曲线。完成的图形如图 17-23 所示。

（7）单击"修改Ⅱ"工具栏中的"编辑多段线"按钮，将图 17-23 中选择部分编辑成多段线。

（8）单击"修改"工具栏中的"偏移"按钮，向内偏移 100，完成的图形如图 17-24 所示。

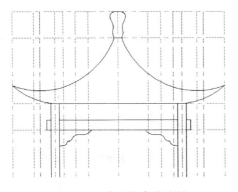

图 17-23　亭顶轮廓线绘制

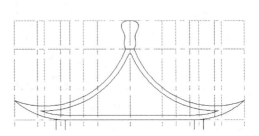

图 17-24　亭屋脊偏移

4. 屋面和挂落

（1）单击"修改"工具栏中的"删除"按钮，删除多余的定位轴线，完成的图形如图 17-25（a）所示。

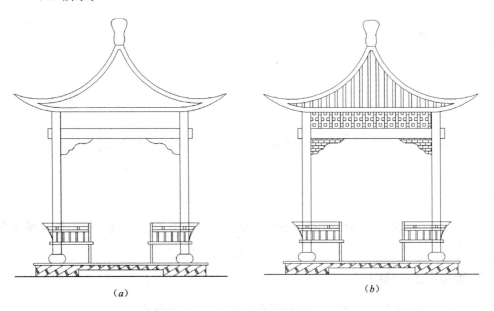

（a）　　　　　　　　　　　（b）

图 17-25　屋面、挂落填充

（2）单击"绘图"工具栏中的"图案填充"按钮，填充命令屋面和挂落，单击对话框里"图案（P）"右边的按钮进行更换图案样例，进入"填充图案选项板"对话框，各次选择如下：

预定义"ANSI32"图例，填充比例和角度分别为 20 和 45；

预定义"BOX"图例，填充比例和角度分别为 10 和 180；

预定义"BRICK"图例，填充比例和角度分别为 10 和 0。

图形如图 17-25（*b*）所示。

5. 标注尺寸和文字

（1）将标注尺寸设置为当前层，单击"标注"工具栏中的"线性"按钮┠和"连续"按钮╟╟，标注尺寸。

（2）单击"绘图"工具栏中的"直线"按钮╱和"多行文字"按钮**A**，标注标高。

（3）将文字图层设置为当前层，在命令行中输入"QLEADER"命令，标注文字。

（4）单击"绘图"工具栏中的"直线"按钮╱、"多段线"按钮⟲和"多行文字"按钮**A**，标注图名，整理图形，结果如图 17-16 所示。

17.5 亭屋顶仰视图绘制

✦ **绘制思路**

调用亭平面图中的定位轴线；使用直线、矩形、圆、填充等命令绘制立面轮廓线；使用多行文字标注文字，完成保存亭屋顶仰视图，如图 17-26 所示。

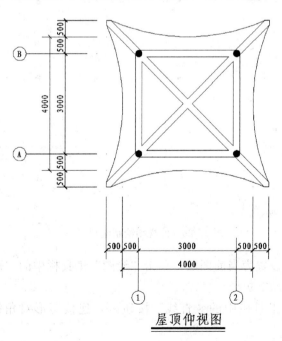

屋顶仰视图

图 17-26 四角亭屋顶仰视图

17.5.1　绘图前准备及设置

【操作步骤】

选择菜单栏中的"文件"→"打开"命令，将源文件/第 17 章中的亭平面图打开，将其另存为"亭屋顶仰视图"，然后删除部分图形进行整理，结果如图 17-27 所示。

17.5.2　绘制立面轮廓线

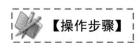

【操作步骤】

1. 在状态栏，单击"正交模式"按钮，打开正交模式，在状态栏，单击"对象捕捉"按钮，打开对象捕捉模式，在状态栏，单击"对象捕捉追踪"按钮，打开对象捕捉追踪。

2. 把柱图层设置为当前图层，单击"绘图"工具栏中的"圆"按钮，绘制半径为 100 的圆柱。

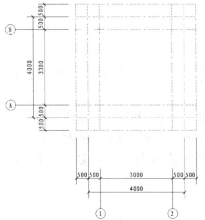

图 17-27　四角亭屋顶仰视图定位轴线

3. 单击"绘图"工具栏中的"图案填充"按钮，填充圆柱。单击对话框里"图案（P）"右边的按钮进行更换图案样例，进入"填充图案选项板"对话框，选择"SOLID"图例进行填充。完成的图形如图 17-28（a）所示。

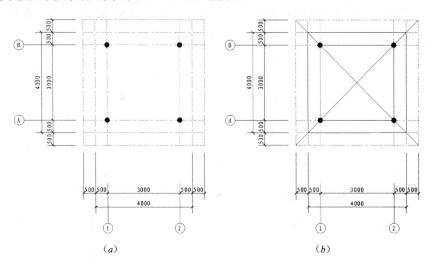

（a）　　　　　　　　　　　　　　　（b）

图 17-28　仰视图绘制流程（一）

4. 把其他线图层设置为当前图层，单击"绘图"工具栏中的"矩形"按钮，绘制 4000×4000，3000×3000 矩形。

5. 单击"绘图"工具栏中的"直线"按钮，连接矩形对角线，完成的图形如图 17-28（b）所示。

6. 单击"修改"工具栏中的"偏移"按钮，把 300×300 矩形和对角线向内外各偏移的距离为100，完成的图形如图17-29（a）所示。

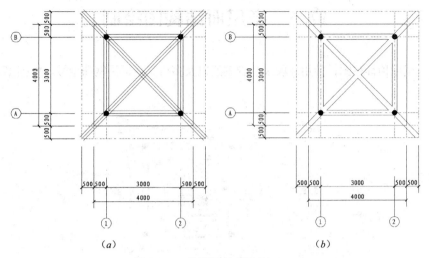

图17-29　仰视图绘制流程（二）

7.单击"修改"工具栏中的"删除"按钮，删除偏移前绘制矩形和对角线。

8.单击"修改"工具栏中的"修剪"按钮框选剪切多余的实体，完成的图形如图17-29（b）所示。

9.单击"绘图"工具栏中的"圆弧"按钮，使用三点绘制圆弧，完成的图形如图17-30（a）所示。

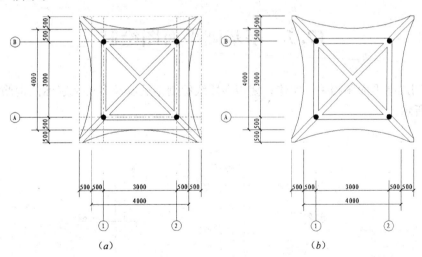

图17-30　仰视图绘制流程（三）

10.单击"修改"工具栏中的"删除"按钮，使用删除命令多余矩形和轴线。

11.单击"绘图"工具栏中的"直线"按钮，连接对角线偏移直线两端，完成的图形如图17-30（b）所示。

12.标注文字

单击"绘图"工具栏中的"多行文字"按钮**A**，标注文字和图名。完成的图形如图17-26所示。

17.6   亭屋面结构图绘制

直接调用屋顶仰视图；使用多段线绘制钢筋以及多行文字标注钢筋型号，如图 17-31 所示。

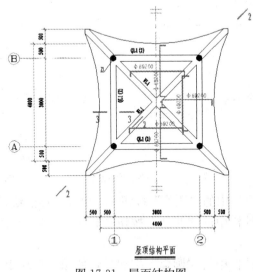

图 17-31   屋面结构图

17.7   亭基础平面图绘制

直接调用亭平面图相关的实体；使用多段线绘制钢筋以及多行文字标注钢筋型号，如图 17-32 所示。

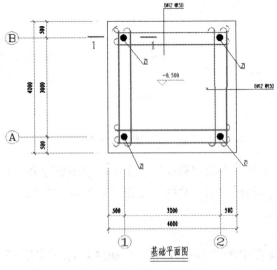

图 17-32   基础平面图

17.8　亭详图绘制

利用二维绘制和修改命令绘制亭详图，这里不再赘述，结果如图 17-33 所示。

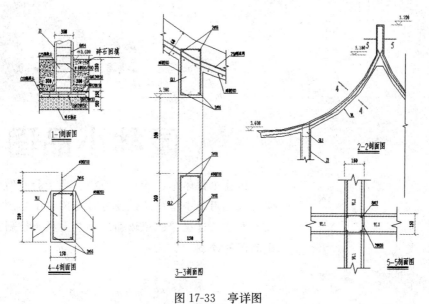

图 17-33　亭详图

第 **18** 章

园林小品图绘制

园林中供休息、装饰、照明、展示和为园林管理及方便游人之用的小型建筑设施称之为园林小品。

本章通过坐凳、垃圾箱及铺装大样的绘制来讲述园林小品图的绘制

 学习要点

◉ 园林小品概述

◉ 坐凳绘制

◉ 垃圾箱绘制

◉ 铺装大样绘制

18.1 园林小品概述

园林中供休息、装饰、照明、展示和为园林管理及方便游人之用的小型建筑设施。一般没有内部空间，体量小巧，造型别致，富有特色，并讲究适得其所。这种建筑小品设置在城市街头、广场、绿地等室外环境中便称为城市建筑小品。园林建筑小品在园林中既能美化环境，丰富园趣，为游人提供文化休息和公共活动的方便，又能使游人从中获得美的感受和良好的教益。

1. 园林小品的分类

园林建筑小品按其功能分为五类。

（1）供休息的小品

包括各种造型的靠背园椅、凳、桌和遮阳的伞、罩等。常结合环境，用自然块石或用混凝土作成仿石、仿树墩的凳、桌；或利用花坛、花台边缘的矮墙和地下通气孔道来作椅、凳等；围绕大树基部设椅凳，既可休息，又能纳荫。

（2）装饰性小品

各种固定的和可移动的花钵、饰瓶，可以经常更换花卉。装饰性的日晷、香炉、水缸，各种景墙（如九龙壁）、景窗等，在园林中起点缀作用。

（3）照明的小品

园灯的基座、灯柱、灯头、灯具都有很强的装饰作用。

（4）展示性小品

各种布告板、导游图板、指路标牌以及动物园、植物园和文物古建筑的说明牌、阅报栏、图片画廊等，都对游人有宣传、教育的作用。

（5）服务性小品

如为游人服务的饮水泉、洗手池、公用电话亭、时钟塔等；为保护园林设施的栏杆、格子垣、花坛绿地的边缘装饰等；为保持环境卫生的废物箱等。

2. 园林小品设计原则

园林装饰小品在园林中不仅是实用设施，且可作为点缀风景的景观小品。因此它即有园林建筑技术的要求，又有造型艺术和空间组合上的美感要求。一般在设计和应用时应遵循以下原则。

（1）巧于立意

园林建筑装饰小品作为园林中局部主体景物，具有相对独立的意境，应具有一定的思想内涵，才能产生感染力。如我国园林中常在庭院的白粉墙前置玲珑山石、几竿修竹，粉墙花影恰似一幅花鸟国画，很有感染力。

（2）突出特色

园林建筑装饰小品应突出地方特色、园林特色及单体的工艺特色，使其有独特的格调，切忌生搬硬套，产生雷同。如广州某园草地一侧，花竹之畔，设一水罐形灯具，造型简洁，色彩鲜明，灯具紧靠地面与花卉绿草融成一体，独具环境特色。

（3）融于自然

园林建筑小品要将人工与自然浑然一体，追求自然又精于人工。"虽由人作，宛如天开"则是设计者们的匠心之处。如在老榕树下，塑以树根造型的园凳，似在一片林木中自然形成的断根树桩，可达到以假乱真的程度。

（4）注重体量

园林装饰小品作为园林景观的陪衬，一般在体量上力求与环境相适宜。如在大广场中，设巨型灯具，有明灯高照的效果，而在小林阴曲径旁，只宜设小型园灯，不但体量小，造型更应精致；又如喷泉、花池的体量等，都应根据所处的空间大小确定其相应的体量。

（5）因需设计

园林装饰小品，绝大多数有实用意义，因此除满足美观效果外，还应符合实用功能及技术上的要求。如园林栏杆具有各种使用目的，对于各种园林栏杆的高度也就有不同的要求；又如围墙则需要应从围护要求来确实其高度及其他技术上的要求。

（6）功能技术要相符

园林小品绝大多数具有实用功能，因此除满足艺术造型美观的要求外，还应符合实用功能及技术的要求。例如园林栏杆的高度，应根据使用目的不同有所变化。又如园林坐凳，应符合游人休息的尺度要求；又如园墙，应从围护要求来确定其高度及其他技术要求。

（7）地域民族风格浓

园林小品应充分考虑地域特征和社会文化特征。园林小品的形式，应与当地自然景观和人文景观相协调，尤其在旅游城市，建设新的园林景观时，更应充分注意到这一点。

园林小品设计需考虑的问题是多方面的，不能局限于几条原则，应学会举一反三，融会贯通。园林小品作为园林之点缀，一般在体量上力求精巧，不可喧宾夺主，失去分寸。如园林灯具，在大型集散广场中，可设置巨型灯具，以起到明灯高照的效果；而在小庭院、林荫曲径旁边，则只适合放置小型园灯，不但体量要小，而且造型要更加精致。其他如喷泉、花台的大小，均应根据其所处的空间大小确定其体量。

3. 园林小品主要构成要素

园门洞与窗洞（空窗，漏窗，景窗）。

园景规划设计应该包括园墙，门洞（又称墙洞），空窗（又称月洞），漏窗（又称漏墙或花墙窗洞），室外家具，出入口标志等小品设施的设计。同时园林意境的空间构思与创造，往往又具有通过它们作为空间的分隔，穿插，渗透，陪衬来增加景深变化，扩大空间，使方寸之地能小中见大，并在园林艺术上又巧妙的作为取景的话框，随步移景，遮移视线又成为情趣横溢的造园障景。

（1）墙

园林景墙有分隔空间、组织导游、衬托景物、装饰美化或遮蔽视线的作用，是园林空间构图的一个重要因素。其作用在于加强了建筑线条、质地、阴阳、繁简及色彩上的对比。其式样可分为博古式、栅栏式、组合式和主题式等几类。

（2）装饰隔断

其作用在于加强了建筑线条、质地、阴阳、繁简及色彩上的对比。其式样可分为博古式、栅栏式、组合式和主题式等几类。

（3）门窗洞口

门洞的形式有曲线形、直线形、混合式现代园林建筑中还出现一些新的不对称的门洞式样，可以称之为自由型。门洞，门框游人进出繁忙，易受碰挤磨损，需要配置坚硬耐磨的材料，特别位于门碱榫部位的材料，更应如此；若有车辆出入，其宽度应该考虑车辆的净空要求。

（4）园凳、椅

椅、园凳的首要功能是供游人就座休息，欣赏周围景物。园椅不仅作为休息、赏景的设施，而又作为园林装饰小品．以其优美精巧的造型．点缀园林环境，成为园林景色之一。

（5）引水台，烧烤场及路标等

为了满足游人日常之需和野营等特殊需要，在风景区应该设置引水台和烧烤场，以及野餐桌，路标，厕所，废物箱，垃圾筒等。

（6）铺地

园中铺地，其实是一种地面装饰。铺地形式多样，有乱石铺地、冰裂纹，以及各式各样的砖花地等。砖花地形式多样，若做得巧妙，则价廉形美。

也有铺地是用砖、瓦等与卵石混用拼出美丽的图案，这种形式是用立砖为界，中间填卵石；也有的用瓦片，以瓦的曲线做出"双钱"及其他带有曲线的图形。这种地面是园林中的庭院常用的铺地形式。另外，还有利用卵石的不同大小或色泽，拼搭出各种图案。例如，以深色（或较大的）卵石为界线，以浅色（或较小的）卵石填入其间，拼填出鹿、鹤、麒麟等，或拼填出"平升三级"等吉祥如意的图形，当然还有"暗八仙"或其他形象。总之，可以用这种材料铺成各种形象的地面。

用碎的大小不等的青板石，还可以铺出冰裂纹地面。冰裂纹图案除了形式美之外，还有文化上的内涵。文人们喜欢这种形式，它具有"寒窗苦读"或"玉洁冰清"之意，隐喻出坚毅、高尚、纯朴之意。这又是一种文化了。

（7）花色景梯

园林规划中结合造景和功能之需，采用不同一般花色景梯小品，有的依楼倚山，有的凌空展翅，或悬挑睡眠等造型，既满足交通功能之需，又以本身姿丽，丰富建筑空间的艺术景观效果。花色楼梯造型新颖多姿，与宾馆庭院环境相融相宜。

（8）栏杆边饰等装饰细部

园林中的栏杆除起防护作用外，还可用于分隔不同活动内容的空间。划分活动范围以及组织人流。以栏杆点缀装饰园林环境。

（9）园灯

园灯中使用的光源及特征

• 汞灯：使用寿命长，是目前园林中最合适的光源之一。

• 金属卤化物灯：发光效率高，显色性好，也使用于照射游人多的地方，但使用范围受限制。

- 高压钠灯：效率高，多用于节能，照度要求高的场事，如道路，广场，游乐员之中，但不能真实的反映绿色。
- 荧光灯：由于照明效果好，寿命长，在范围教小的庭院中适用，但不适用广场和低温条件工作。
- 白炽灯：能使红，黄更美丽显目。但寿命短，维修麻烦。
- 水下照明彩灯

园林中使用的照明器及特征
- 投光器：用在白炽灯，高强度放电处，能增加节日快乐的气氛，能从一个反向照射树木，草坪，纪念碑等。
- 杆头式照明器：布置在院落一例或庭院角隅，适于全面照射铺地路面，树木，草坪，有静谧浪漫的气氛。
- 低照明器：有固定式，直立移动式，柱式照明器。

植物的照明：
- 照明方法：树木照明可用自下而上照射的方法，以消除叶里的黑暗阴影。尤当其具有的照度为周围倍数时，被照射的树木就可以得到购景中心感。在一般的绿化环境中，需要的照度为 $50\sim100lx$。
- 光源：汞灯，金属卤化灯都适用于绿化照明，但要看清树或花瓣的颜色，可使用白炽灯。同时应该尽可能地安排不直接出现的光源，以免产生色的偏差。
- 照明器：一般使用投光器，调整投光的范围和灯具的高度，以取得预期效果。对于低矮植物多半使用仅产生向下配光的照明器。

灯具选择与设计原则：
- 外观舒适并符合使用要求与设计意图。
- 艺术性要强，有助于丰富空间的层次和立体感，形成阴影的大小，明暗要有分寸。
- 与环境和气氛相协调。用"光"与"影"来衬托自然的美，创造一定的场面气氛，分隔与变化空间。
- 保证安全。灯具线路开关乃至灯杆设置都要采取安全措施。
- 形美价廉，具有能充分发挥照明功效的构造。

园林照明起具构造：
- 灯柱：多为支柱形，构成材料有钢筋混凝土，钢管，竹木及仿竹木，柱截面多为圆形和多边形两种。
- 灯具：有球形，半球形，圆及半圆筒形，角形，纺锤形，圆和角椎形，组合形等。所用材料则有：贴，镀金金属铝，钢化玻璃，塑脚，搪瓷，陶瓷，有机玻璃等。
- 灯泡灯管：普通灯、荧光灯、水银灯、钠灯及其附件。

园林照明标准：
- 照度：目前国内尚无统一标准，一般可采用 $0.3\sim1.5lx$，作为照度保证。
- 光悬挂高度：一般取 4.5m 高度。而花坛要求设置低照明度的园路，光源设置高度小于等于 1.0m 为宜。

（10）雕塑小品

园林建筑的雕塑小品主要是指带观赏性的小品雕塑，园林雕塑的取材应与园林建筑环境相协调，要有统一的构思。园林雕塑小品的题材确定后，在建筑环境中应如何配置是一个值得探讨的问题。

（11）游戏设施

游戏设施较为多见的有秋千、滑梯、沙场、爬杆、爬梯、绳具、转盘等等。

18.2 坐 凳 绘 制

✦ 绘制思路

绘制坐凳平面图；绘制坐凳立面图；绘制坐凳剖面图；绘制凳脚及红砖镶边大样，如图 18-1 所示。

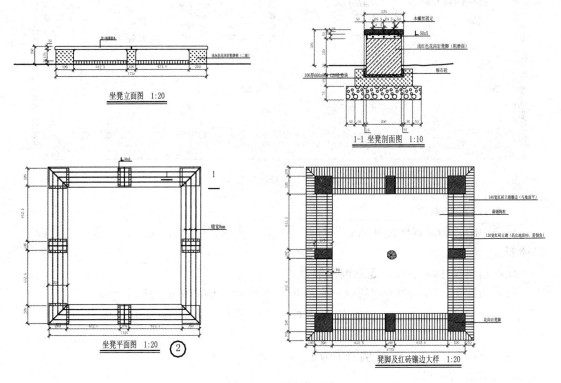

图 18-1　坐凳施工图

18.2.1 绘图前准备以及绘图设置

【操作步骤】

1. 要根据绘制图形决定绘图的比例，建议采用 1∶1 的比例绘制。

2. 建立新文件

打开 AutoCAD 2014 应用程序，以"A4.dwt"样板文件为模板，建立新文件，将新文件命名为"坐凳.dwg"并保存。

3. 设置绘图工具栏

在任意工具栏处单击鼠标右键，从打开的快捷菜单中选择"标准"，"图层"，"对象特性"，"绘图"，"修改"，"修改Ⅱ"，"文字"和"标注"这八个选项，调出这些工具栏，并将它们移动到绘图窗口中的适当位置。

4. 设置图层

设置以下四个图层："标注尺寸"，"中心线"，"轮廓线"，"文字"，把这些图层设置成不同的颜色，使图纸上表示更加清晰，将"中心线"设置为当前图层。设置好的图层如图 18-2 所示。

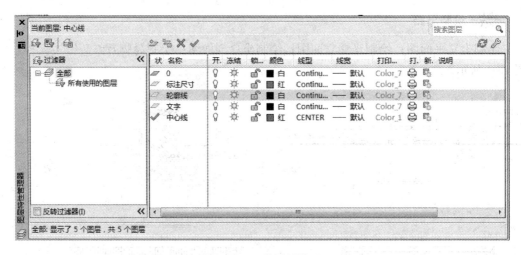

图 18-2　坐凳图层设置

5. 标注样式的设置

根据绘图比例设置标注样式，对标注样式线、符号和箭头、文字、主单位进行设置，具体如下：

线：超出尺寸线为 25，起点偏移量为 30；

符号和箭头：第一个为建筑标记，箭头大小为 30，圆心标记为标记 15；

文字：文字高度为 30，文字位置为垂直上，从尺寸线偏移为 15，文字对齐为 ISO 标准；

主单位：精度为 0.0，比例因子为 1。

6. 文字样式的设置

单击"文字"工具栏中的"文字样式"按钮，进入"文字样式"对话框，选择仿宋字体，宽度因子设置为 0.8。

18.2.2　绘制坐凳平面图

【操作步骤】

1. 绘制坐凳平面图定位线

（1）在状态栏，单击"正交模式"按钮，打开正交模式，在状态栏，单击"对象捕捉"按钮口，打开对象捕捉模式，在状态栏，单击"对象捕捉追踪"按钮，打开对象捕捉追踪。

（2）单击"绘图"工具栏中的"直线"按钮，绘制一条长为1725的水平直线。重复"直线"命令，取其端点绘制一条长为1725的垂直直线。

（3）把标注尺寸图层设置为当前图层，单击"标注"工具栏中的"线性标注"按钮口，标注外形尺寸。完成的图形和尺寸如图18-3（a）所示。

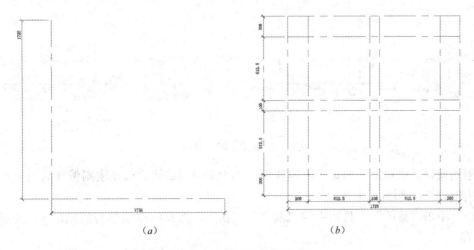

（a）　　　　　　　　　　　　（b）

图18-3　坐凳平面定位轴线

（4）单击"修改"工具栏中的"删除"按钮，删除标注尺寸线。

（5）单击"修改"工具栏中的"复制"按钮，复制刚刚绘制好的水平直线，分别向上复制的距离分别为200，812.5，912.5，1525，1725。

（6）单击"修改"工具栏中的"复制"按钮，复制刚刚绘制好的垂直直线，向右复制的距离分别为200，812.5，912.5，1525，1725。

（7）单击"标注"工具栏中的"线性"按钮口，标注直线尺寸，然后单击"标注"工具栏中的"连续"按钮口，进行连续标注。完成的图形和尺寸如图18-3（b）所示。

2. 绘制坐凳平面图轮廓

（1）把轮廓线图层设置为当前图层，单击"绘图"工具栏中的"矩形"按钮口，绘制200×200，200×100和100×200的矩形。作为坐凳基础支撑，完成的图形如图18-4（a）所示。

（2）单击"绘图"工具栏中的"矩形"按钮口，绘制角钢固定连接。

（3）单击"绘图"工具栏中的"圆"按钮，绘制直径为5的圆，作为连接螺栓。

（4）单击"修改"工具栏中的"复制"按钮，复制刚刚绘制好的图形到指定位置，完成的图形如图18-4（b）所示。

（5）单击"修改"工具栏中的"复制"按钮，把外围定位轴线向外平行复制，距离为12.5。

（6）单击"绘图"工具栏中的"矩形"按钮口，绘制1750×1750的矩形1。

（7）单击"修改"工具栏中的"偏移"按钮，向矩形内偏移50，得到矩形2。然后

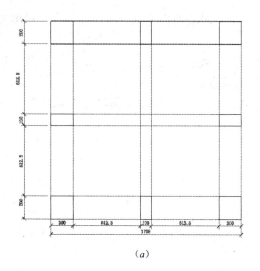 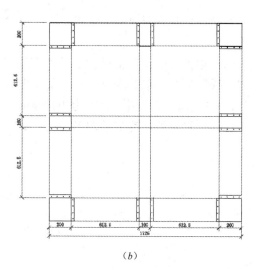

(a)   (b)

图 18-4　坐凳平面绘制（一）

选择刚刚偏移后的矩形，向矩形内偏移 50，得到矩形 3。然后选择刚刚偏移后的矩形，向矩形内偏移 50，得到矩形 4。

（8）单击"修改"工具栏中的"偏移"按钮▣，选择刚刚偏移后的矩形 4，向矩形内偏移 75。

（9）单击"修改"工具栏中的"偏移"按钮▣，选择偏移后的矩形 2，向矩形内偏移 8。然后选择偏移后的矩形 3，向矩形内偏移 8。选择偏移后的矩形 4，向矩形内偏移 8。

（10）单击"绘图"工具栏中的"直线"按钮▱，连接最外面和里面的对角连线。

（11）单击"修改"工具栏中的"偏移"按钮▣，偏移对角线。向对角线左侧偏移 4，向对角线右侧偏移 4。

（12）把标注尺寸图层设置为当前图层，单击"标注"工具栏中的"线性标注"按钮▱，标注线性尺寸。

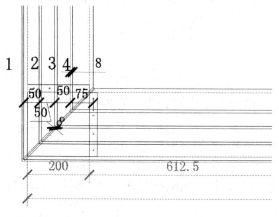

图 18-5　坐凳平面绘制（二）

（13）单击"标注"工具栏中的"连续"按钮▱，进行连续标注。

（14）单击"标注"工具栏中的"对齐标注"按钮▱，进行斜线标注。

（15）单击"绘图"工具栏中的"多行文字"按钮**A**，标注文字。完成的图形如图 18-5 所示。

（16）单击"修改"工具栏中的"删除"按钮▱，删除定位轴线、多余的文字和标注尺寸。

（17）利用上述方法完成剩余边线的绘制，单击"修改"工具栏中的"修剪"按钮▱，框选删除多余的实体，完成的图形如图 18-6（a）所示。

（18）单击"绘图"工具栏中的"多行文字"按钮**A**，标注文字和图名，完成的图形

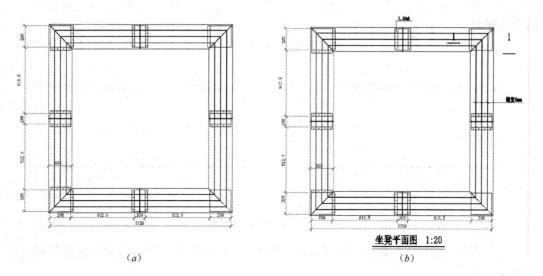

（a）   （b）

坐凳平面图　1:20

图 18-6　坐凳平面绘制（三）

如图 18-6（b）所示。

18.2.3　绘制坐凳立面图

【操作步骤】

1. 绘制坐凳立面图定位线

（1）把中心线图层设置为当前图层，单击"绘图"工具栏中的"直线"按钮，绘制一条长为 2600 的水平直线。重复"直线"命令，绘制一条长为 200 的垂直直线。

（2）单击"修改"工具栏中的"复制"按钮，复制刚刚绘制好的水平直线，分别向上复制的距离分别为 40，165，200。重复"复制"命令，复制刚刚绘制好的垂直直线，向右复制的距离分别为 200，812.5，912.5，1525，1725。

（3）把标注尺寸图层设置为当前图层，单击"标注"工具栏中的"线性"按钮，标注直线尺寸，然后单击"标注"工具栏中的"连续"按钮，进行连续标注。完成的图形和尺寸如图 18-7 所示。

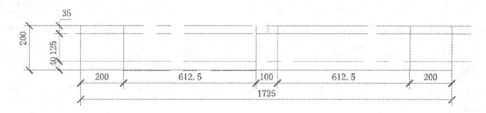

图 18-7　坐凳立面定位轴线

2. 绘制坐凳立面轮廓线

（1）单击"绘图"工具栏中的"多段线"按钮，绘制地面线。输入 w 来确定多段线的宽度为 5。

（2）单击"绘图"工具栏中的"矩形"按钮口，绘制 200×165，200×35 和 100× 200 的矩形。

（3）单击"绘图"工具栏中的"直线"按钮，绘制直线。完成的如图 18-8 所示。

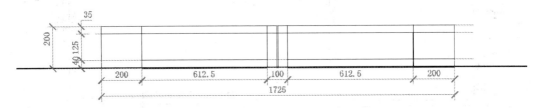

图 18-8　绘制地面线及轮廓线

（4）单击"修改"工具栏中的"修剪"按钮，选择上步绘制直线为修剪对象对其进行修剪处理。

（5）单击"修改"工具栏中的"删除"按钮，删除定位轴线。

（6）单击"修改"工具栏中的"分解"按钮，炸开矩形。

（7）单击"修改"工具栏中的"圆角"按钮，当前工作空间的功能区上未提供倒角坐凳立面边缘，指定圆角半径为 12.5。

（8）单击"绘图"工具栏中的"直线"按钮，绘制长为 40 垂直直线。

（9）单击"修改"工具栏中的"矩形阵列"按钮，选择上步绘制的垂直直线为阵列对象，设置阵列行数为 1、列数为 21，列偏移为 30，如图 18-9 所示。

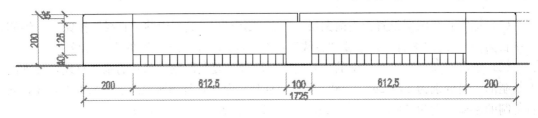

图 18-9　坐凳阵列

单击"修改"工具栏中的"偏移"按钮，选择左右两侧竖直直线分别向内进行偏移，偏移距离为 12.5，并对偏移线段进行修剪。

（10）单击"绘图"工具栏中的"图案填充"按钮，填充坐凳基础。单击对话框里"图案（P）"右边的按钮进行更换图案样例，进入"填充图案选项板"对话框，选择"混凝土 3"图例进行填充。填充比例和角度填充的图样和设置比例如图 18-10 所示。

完成的如图 18-11（a）所示。

（11）单击"绘图"工具栏中的"多段线"按钮，绘制地面线。输入 w 来确定多段线的宽度为 3。

（12）单击"绘图"工具栏中的"直线"按钮，绘制角钢。重复"直线"命令，连接坐凳。完成的如图 18-11（b）所示。

（13）把文字图层设置为当前图层，单击"绘图"工具栏中的"多行文字"按钮A，标注文字。完成的图形如图 18-12 所示。

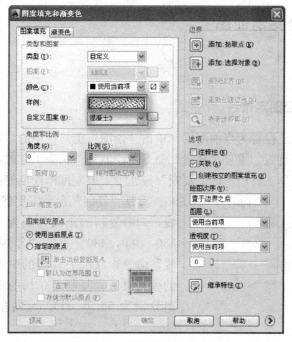

图 18-10 坐凳立面填充设置

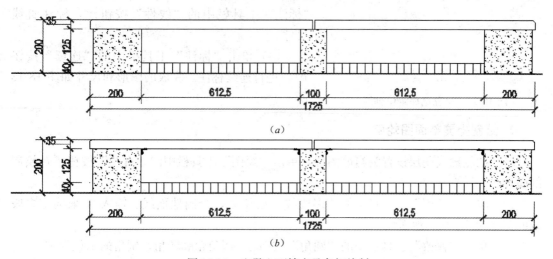

图 18-11 坐凳立面填充及角钢绘制

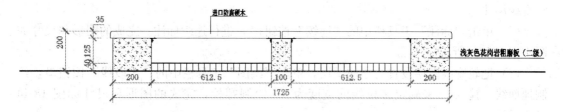

坐凳立面图 1:20

图 18-12 坐凳立面绘制流程

18.2.4 绘制坐凳剖面图

【操作步骤】

1. 绘制坐凳剖面图定位线

（1）把中心线图层设置为当前图层，单击"绘图"工具栏中的"直线"按钮，绘制一条长为 452 的水平直线。重复"直线"命令，绘制一条长为 190 的垂直直线。

（2）单击"修改"工具栏中的"复制"按钮，复制刚刚绘制好的水平直线，向上复制的距离分别为 75，140，190，340，390。重复"复制"命令，复制刚刚绘制好的垂直直线，向右复制的距离分别为 50，100，115，315，330，380，430。重复"复制"命令，重复"直线"命令，取水平直线的中点绘制一条长为 200 的垂直直线。复制 200 长的直线，向右复制的距离分别为 60.5，114.5。向左复制的距离分别为 60.5，110.5。

（3）把标注尺寸图层设置为当前图层，单击"标注"工具栏中的"线性"按钮，标注直线尺寸。

（4）单击"标注"工具栏中的"连续"按钮，进行连续标注。完成的图形和尺寸如图 18-13 所示。

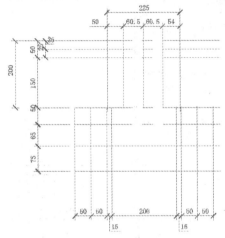

图 18-13 坐凳剖面定位轴线

2. 绘制坐凳剖面图轮廓

（1）把轮廓线图层设置为当前图层，单击"绘图"工具栏中的"直线"按钮，绘制剖面直线。

（2）单击"绘图"工具栏中的"多段线"按钮，绘制地面线。输入 w 来确定多段线的宽度为 5，绘制地面线。

（3）单击"修改"工具栏中的"圆角"按钮，倒角轮廓转角，倒角的半径为 10。

（4）把标注尺寸图层设置为当前图层，单击"标注"工具栏中的"线性"按钮，标注直线尺寸。

（5）单击"标注"工具栏中的"连续"按钮，进行连续标注。完成的图形和尺寸如图 18-14（a）所示。

（6）把轮廓线图层设置为当前图层，单击"绘图"工具栏中的"多段线"按钮，绘制地面线。输入 w 来确定多段线的宽度为 5。绘制螺栓，完成的图形和尺寸如图 18-14（b）所示。

（7）单击"修改"工具栏中的"删除"按钮，删除定位轴线。完成的图形如图 18-15（a）所示。

（8）单击"绘图"工具栏中的"图案填充"按钮，填充坐凳基础。单击对话框里

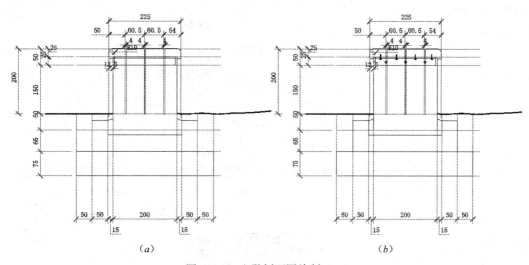

图 18-14　坐凳剖面图绘制（一）

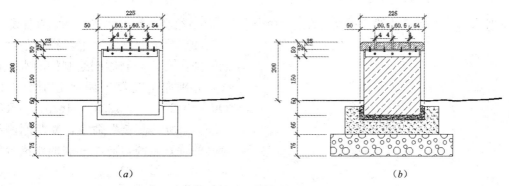

图 18-15　坐凳剖面图绘制（二）

"图案（P）"右边的按钮进行更换图案样例，进入"填充图案选项板"对话框，各次选择如下：自定义"石料-12"图例，填充比例和角度分别为 500 和 45；

自定义"混凝土 3"图例，填充比例和角度分别为 5 和 0；

自定义"混凝土 1"图例，填充比例和角度分别为 0.1 和 45；

预定义"ANSI33"图例，填充比例和角度分别为 10 和 0；

预定义"GOST-WOOD"图例，填充比例和角度分别为 5 和 315。

完成的图形如图 18-15（b）所示。

（9）单击"绘图"工具栏中的"多行文字"按钮 A，标注文字和图名，完成的图形如图 18-16 所示。

18.2.5　绘制凳脚及红砖镶边大样

【操作步骤】

1. 绘制凳脚及红砖镶边大样定位线

（1）把中心线图层设置为当前图层，单击"绘图"工具栏中的"直线"按钮，绘制

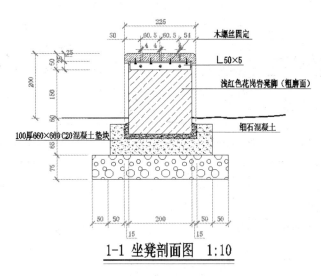

图 18-16　坐凳剖面图绘制（三）

一条长为 1925 的水平直线。重复"直线"命令，取其端点绘制一条长为 1925 的垂直直线。

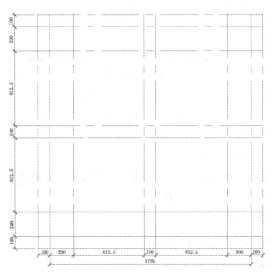

图 18-17　凳脚及红砖镶边大样定位轴线

（2）单击"修改"工具栏中的"复制"按钮，复制刚刚绘制好的水平直线，分别向上复制的距离分别为 100，300，912.5，1012.5，1625，1825，1925。重复"复制"命令，复制刚刚绘制好的垂直直线，向右复制的距离分别为 100，300，912.5，1012.5，1625，1825，1925。

（3）把标注尺寸图层设置为当前图层单击"标注"工具栏中的"线性"按钮，标注直线尺寸。

（4）单击"标注"工具栏中的"连续"按钮，进行连续标注。完成的图形和尺寸如图 18-17 所示。

2. 绘制凳脚及红砖镶边大样轮廓

（1）把轮廓线图层设置为当前图层，单击"绘图"工具栏中的"矩形"按钮，绘绘制 200×200，200×100，100×200，1925×1925 的矩形，完成的图形如图 18-18（a）所示。

（2）单击"修改"工具栏中的"偏移"按钮，把最外围的矩形向内偏移 120，240，300。

（3）单击"绘图"工具栏中的"直线"按钮，连接对角线。

（4）单击"绘图"工具栏中的"圆弧"按钮，绘制陶粒，完成的图形如图 18-18（b）所示。

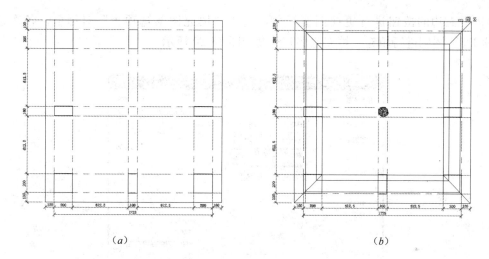

图 18-18　凳脚及红砖镶边大样绘制流程（一）

（5）单击"修改"工具栏中的"删除"按钮，删除多余的定位轴线。

（6）单击"绘图"工具栏中的"直线"按钮，在外围矩形的交点绘制 2 条 300 的水平和垂直的直线。

（7）单击"修改"工具栏中的"矩形阵列"按钮，选择绘制的水平直线为阵列对象设置阵列行数为 64，列数为 1，行间距 30／。选择垂直直线为阵列对象设置其阵列行数为 1 列数为 64。列间距为 30。

（8）单击"修改"工具栏中的"镜像"按钮，复制镜像命令复制阵列部分，完成的图形如图 18-19（a）所示。

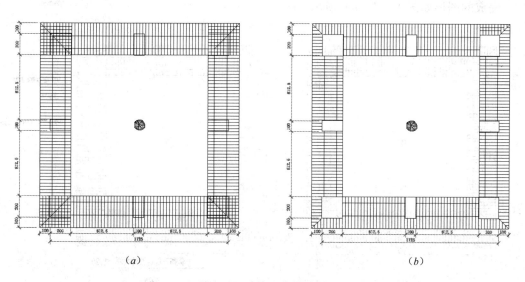

图 18-19　凳脚及红砖镶边大样绘制流程（二）

（9）单击"修改"工具栏中的"修剪"按钮，框选剪切多余的实体，完成的图形如图 18-19（b）所示。

（10）单击"绘图"工具栏中的"图案填充"按钮，填充基础。单击对话框里"图

511

案（P）"右边的按钮进行更换图案样例，进入"填充图案选项板"对话框，各次选择
"ANSI33"图例进行填充。填充比例和角度如图 18-20 所示。

图 18-20　凳脚及红砖镶边大样填充样式设置

完成的图形如图 18-21（a）所示。

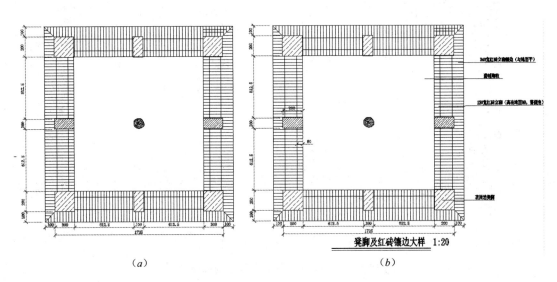

（a）　　　　　　　　　　　　　　　（b）

图 18-21　凳脚及红砖镶边大样绘制流程（二）

（11）单击"绘图"工具栏中的"多行文字"按钮 **A**，标注文字和图名，完成坐凳，
完成的图形如图 18-21（b）所示。

18.3　垃圾箱绘制

18.3.1　绘图前准备以及绘图设置

绘制思路

绘制垃圾箱平面图；绘制垃圾箱立面图，如图18-22所示。

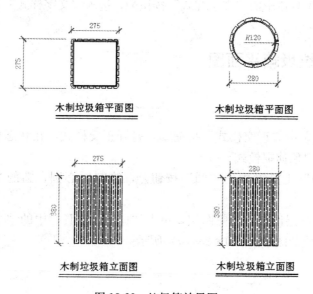

图18-22　垃圾箱效果图

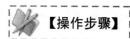【操作步骤】

1. 要根据绘制图形决定绘图的比例，建议采用1∶1的比例绘制。

2. 建立新文件

打开AutoCAD 2014应用程序，以"A4.dwt"样板文件为模板，建立新文件，将新文件命名为"垃圾箱.dwg"并保存。

3. 设置绘图工具栏

在任意工具栏处单击鼠标右键，从打开的快捷菜单中选择"标准"，"图层"，"对象特性"，"绘图"，"修改"，"修改Ⅱ"，"文字"和"标注"这八个选项，调出这些工具栏，并将它们移动到绘图窗口中的适当位置。

4. 设置图层

设置以下四个图层："标注尺寸"，"中心线"，"轮廓线"，"文字"，把这些图层设置成不同的颜色，使图纸上表示更加清晰，将"轮廓线"设置为当前图层。设置好的图层如图18-2所示。

5. 标注样式的设置

根据绘图比例设置标注样式，对标注样式线、符号和箭头、文字、主单位进行设置，具体如下：

线：超出尺寸线为 25，起点偏移量为 30；

符号和箭头：第一个为建筑标记，箭头大小为 30，圆心标记为标记 15；

文字：文字高度为 30，文字位置为垂直上，从尺寸线偏移为 15，文字对齐为 ISO 标准；

主单位：精度为 0.0，比例因子为 1。

6. 文字样式的设置

单击"文字"工具栏中的"文字样式"按钮，进入"文字样式"对话框，宽度因子设置为 0.8。

18.3.2 绘制垃圾箱平面图

【操作步骤】

1. 在状态栏，单击"正交模式"按钮，打开正交模式，在状态栏，单击"对象捕捉"按钮，打开对象捕捉模式。

2. 单击"绘图"工具栏中的"圆"按钮，绘制同心圆，圆的半径分别为：140，125，120。

3. 把标注尺寸图层设置为当前图层，单击"标注"工具栏中的"半径标注"按钮，标注外形尺寸。完成的图形如图 18-23（a）所示

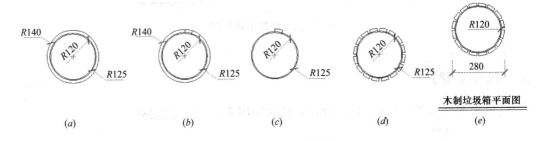

图 18-23　垃圾箱平面绘制流程

4. 单击"绘图"工具栏中的"直线"按钮，在半径为 140，125 之间使用直线绘制两条直线，完成的图形如图 18-23（b）所示。

5. 单击"修改"工具栏中的"修剪"按钮，删除最外部圆多余部分，完成的图形如图 18-23（c）所示。

6. 单击"修改"工具栏中的"环形阵列"按钮。阵列的设置为环形阵列，中心点为同心圆的圆心，项目总数为 16，填充角度为 360，选择外围装饰部分为阵列对象。完成的图形如图 18-23（d）所示。

7. 把文字图层设置为当前图层，单击"绘图"工具栏中的"多行文字"按钮，标

注文字如图 18-23（*e*）所示。

18.3.3 绘制垃圾箱立面图

【操作步骤】

1. 把轮廓线图层设置为当前图层，单击"绘图"工具栏中的"矩形"按钮 ▱，绘制 280×380 的矩形。

2. 把中心线图层设置为当前图层，单击"绘图"工具栏中的"直线"按钮 ✎，取其 280 边的中点绘制垂直直线，完成的图形如图 18-24（*a*）所示。

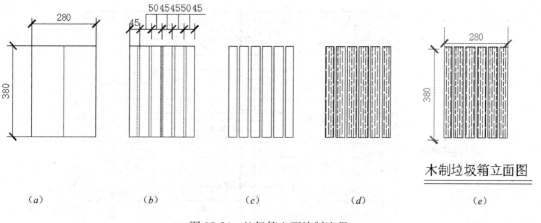

（*a*）　　　　　（*b*）　　　　　（*c*）　　　　　（*d*）　　　　　（*e*）

图 18-24　垃圾箱立面绘制流程

3. 单击"修改"工具栏中的"复制"按钮 🗐，复制刚刚绘制好的竖向线，向右复制的距离分别为 5，45，55，95，105，向左复制的距离分别为 5，45，55，95，105。

4. 把标注尺寸图层设置为当前图层，单击"标注"工具栏中的"线性"按钮 ⊢，标注直线尺寸。

5. 单击"标注"工具栏中的"连续"按钮 ⊪，进行连续标注，复制尺寸和完成的图形如图 18-24（*b*）所示。

6. 单击"绘图"工具栏中的"矩形"按钮 ▱，绘制矩形。

7. 单击"修改"工具栏中的"删除"按钮 ✎，删除多余的直线，完成的图形如图 18-24（*c*）所示。

8. 单击"绘图"工具栏中的"图案填充"按钮 ▨，填充矩形，单击对话框里"图案（P）"右边的按钮进行更换图案样例，进入"填充图案选项板"对话框，选择"GOST-WOOD"图例进行填充，填充比例和角度分别为 5 和 0，完成的图形如图 18-24（*d*）所示。

9. 把文字图层设置为当前图层，单击"绘图"工具栏中的"多行文字"按钮 **A**，标注文字和图名如图 18-24（*e*）所示。

10. 把标注尺寸图层设置为当前图层，单击"标注"工具栏中的"线性"按钮 ✎，标注直线尺寸如图 18-24（*e*）所示。

18.4　铺装大样绘制

✦ **绘制思路**

使用阵列命令绘制网格；使用填充命令进行填充铺装区域；使用多行文字标注文字，完成保存铺装大样，如图 18-25 所示。

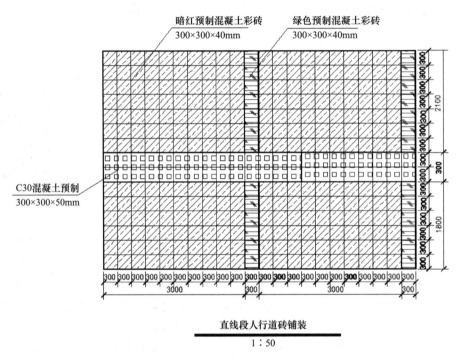

图 18-25　铺装大样

18.4.1　绘图前准备以及设置

【操作步骤】

1. 要根据绘制图形决定绘图的比例，建议采用 1∶1 的比例绘制，1∶50 的出图比例。

2. 建立新文件

打开 AutoCAD 2014 应用程序，以"A3.dwt"样板文件为模板，建立新文件，将新文件命名为"铺装大样.dwg"并保存。

3. 设置绘图工具栏

在任意工具栏处单击鼠标右键，从打开的快捷菜单中选择"标准"，"图层"，"对象特性"，"绘图"，"修改"，"修改Ⅱ"，"文字"和"标注"这八个选项，调出这些工具栏，并将它们移动到绘图窗口中的适当位置。

4. 设置图层

设置以下四个图层："标注尺寸"，"材料"，"文字"，和"铺装"，将"铺装"设置为当前图层。设置好的图层参数如图 18-26 所示。

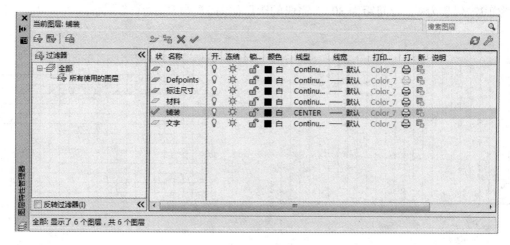

图 18-26　铺装大样图层设置

5. 标注样式的设置

根据绘图比例设置标注样式，对标注样式线、符号和箭头、文字、主单位进行设置，具体如下：

线：超出尺寸线为 125，起点偏移量为 150；

符号和箭头：第一个为建筑标记，箭头大小为 150，圆心标记为标记 75；

文字：文字高度为 150，文字位置为垂直上，从尺寸线偏移为 75，文字对齐为 ISO 标准；

主单位：精度为 0，比例因子为 1。

6. 文字样式的设置

单击"文字"工具栏中的"文字样式"按钮，进入"文字样式"对话框，选择仿宋字体，宽度因子设置为 0.8。

18.4.2　绘制直线段人行道

【操作步骤】

1. 在状态栏，单击"正交模式"按钮，打开正交模式，在状态栏，单击"对象捕捉"按钮，打开对象捕捉模式，在状态栏，单击"对象捕捉追踪"按钮，打开对象捕捉追踪。

2. 单击"绘图"工具栏中的"直线"按钮，绘制一条长为 6600 的水平直线。重复"直线"命令，绘制一条长为 4500 的垂直直线。使用直线命令绘制正交的直线，水平的为 6600，垂直的为 4500。

3. 复制垂直直线，单击"修改"工具栏中的"矩形阵列"按钮，选择垂直直线为阵列对象，设置行数为 1 列数为 23，列间距为 300。

4. 把标注尺寸图层设置为当前图层，单击"标注"工具栏中的"线性标注"按钮⊢，标注外形尺寸。完成的图形如图 18-27 所示。

5. 单击"修改"工具栏中的"矩形阵列"按钮▦，选择垂直直线为阵列对象。设置行数为 16，列数为 1、行间距为 300。完成的图形如图 18-28 所示。

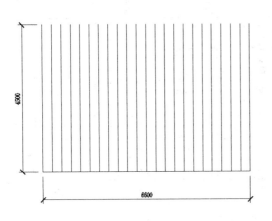

图 18-27　直线段人行道方格网绘制（一）　　图 18-28　直线段人行道方格网绘制（二）

6. 把材料图层设置为当前图层，多次单击"绘图"工具栏中的"图案填充"按钮▨，填充铺装。单击对话框里"图案（P）"右边的按钮进行更换图案样例，进入"填充图案选项板"对话框，各次选择如下：

预定义"ANSI33"图例，填充比例和角度分别为 15 和 -45；

预定义"CORK"图例，填充比例和角度分别为 15 和 0；

预定义"SQUARE"图例，填充比例和角度分别为 750 和 0。

填充完的图形如图 18-29 所示。

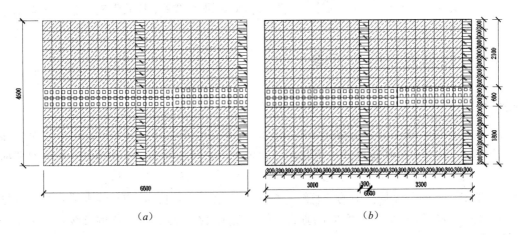

（a）　　　　　　　　　　　　　　（b）

图 18-29　铺装大样绘制

7. 把铺装图层设置为当前图层，单击"绘图"工具栏中的"多段线"按钮⤴，设置起始点宽度为 15，端点宽度为 15，加粗铺装分隔区域。

8. 把标注尺寸图层设置为当前图层，单击"标注"工具栏中的"线性标注"按钮 ⊢，标注外形尺寸。

9. 单击"标注"工具栏中的"连续"按钮 ⊬，进行连续标注。然后使用线性以及连续标注尺寸，完成的图形如图 18-29（b）所示。

10. 把文字图层设置为当前图层，单击"绘图"工具栏中的"多行文字"按钮 A，标注文字和图名。完成的图形如如图 18-25 所示。

在市政规划设计中，市政供热管网作为附属工程是市政规划设计的重要内容和重要组成部分。城市供热是由集中热源所产生的蒸汽或热水通过管网供给一个城市或部分地区生产和生活使用的供热方式，它由热源、热网、热用户三个部分组成。

城市供热系统，是城市经济和社会发展的重要基础设施，其发展水平是城市现代化的标志。发展城市集中供热区已成为我国城市建设的一项基本政策。城市供热具有节约能源、减少污染、有利生产、方便生活的综合经济效益、环境效益和社会效益。

一般来说一套完整的城市供热管网施工图通常包括锅炉房、热网、热力站（城市集中供热系统中热网与用户的连接站）组成，对于大型的热水供热管网还需要设置中继泵站。锅炉房施工图一般包括设计说明及设备表、热力系统流程图、燃气系统流程图、锅炉房设备平面图、锅炉房管道平面图、锅炉间及夹层送排风平面图、剖面图、锅炉间及夹层送风系统图、集水器接管及安装示意图等等。热网施工图一般包括热网管线平面图、热网管道系统图、管线纵剖面图、管线横剖面图、管线节点、检查室图、防腐保温结构图等等。热力站和中继泵站一般包括设备、管道平面图、剖面图、管系图以及流程图等等。构成图纸的图号是每张供热工程施工图的简称并加上图纸的顺序号，例如热施-1、热施-2等。市政供热管网图是依据正投影原理和轴测投影原理的原理绘制，同时还要符合国家有关建筑制图标准和建筑行业的习惯表达。

第六篇　供热管网施工篇

本篇主要目的在于通过学习使读者掌握市政热网的基础知识，在此基础上了解热网施工图的基本知识以及绘图步骤，使读者对热网施工图的表达方式、绘图步骤有所了解，能识别 AutoCAD 热网施工图。重点对热网施工图中管线平面图、管线纵剖面图、检查室进行 AutoCAD 绘图讲解，使读者能把握使用 AutoCAD 进行热网施工图制图的一般方法。为今后从事有关热网工程设计、施工和运行管理工作打下坚实基础。

由于城市供热中的锅炉房、热源热力站和中继泵站偏重于机械图绘制，由于篇幅所限，本篇主要介绍了市政热网的绘制。希望读者能从本章中学会市政热网 AutoCAD 施工图绘制的基本思路、方法和步骤。

第 19 章

供热管网制图基础

本章主要目的在于通过学习使读者掌握市政热网的基础知识，在此基础上了解热网施工图的基本知识以及绘图步骤，使读者对热网施工图的表达方式、绘图步骤有所了解。

学 习 要 点

- 供热管网布置原则
- 供热管网布置形式
- 供热管道的排水、放气与疏水装置
- 供热管道检查室及检查平台
- 供热工程施工图绘制的具体要求
- 案例简介

19.1　供热管网布置原则

供热管网布置形式以及供热管线在平面位置（定线）的确定，是供热管网布置的两个主要内容。

供热管道平面位置的确定——定线，应遵守如下的基本原则：

1. 经济上合理

主干线力求短直、主干线尽量走热负荷集中区。

2. 技术上可靠

供热管道应尽量避开土质松软地区、地震断裂带、滑坡危险地带以及地下水位高等不利地段。

3. 对周围环境影响少而协调

供热管道应少穿主要交通线。一般平行于道路中心线并应尽量敷设在车行道以外的地方。供热管道与建筑物、构筑物或其他管道的最小水平净距和最小垂直净距，可见规范。供热管道确定后，根据地形图，制定纵断面图和地形竖向规划设计。

19.2　供热管网布置形式

供热管网分成环状管网和枝状管网，枝状管网如图 19-1 所示，供热管网的管道直径随着与热源距离的增加而减小，且建设投资小，运行管理比较简便。但枝状管网没有备用功能，供热的可靠性差，当管网某处发生故障时，在故障点以后的热用户都将停止供热。

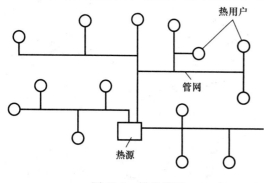

图 19-1　枝状管网

环状管网如图图 19-2 所示，供热管道主干线首尾相接构成环路，管道直径普遍较大，环状管网具有良好的备用功能，当管路局部发生故障时，可经其他连接管路继续向用户供热，甚至当系统中某个热源出现故障不能向热网供热时，其他热源也可向该热源的网区继续供热，管网的可靠性好，环状管网通常设两个或两个以上的热源。

由于城市集中供热管网的规模较大，故从结构层次上又将管网分为一级管网和二级管网。一级管网是连接热源与区域热力站的管网，又称为输送管网；二级管网以热力站为起点，把热媒输配到各个热用户的热力引入口处，又称为分配管网。一级管网的形式代表着供热管网的形式，如果一级管网为环状，就将供热管网称为环状管网；若一级管网为枝

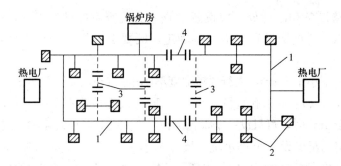

图 19-2　环状管网

1—级管网；2—热力站；3—使热网具有备用功能的跨接管；4—使热源具有备用功能的跨接管

状，就将供热管网称为枝状管网。二级管网基本上都是枝状管网，将热能由热力站分配到一个或几个街区的建筑物内。

19.3　供热管道的排水、放气与疏水装置

为了在需要时排除管道内的水，放出管道内聚集的空气和排出蒸汽管道中的沿途凝水，供热管道必须敷设一定的坡度，并配置相应的排水、放气及疏水装置。

热水和凝结水管道的低点处（包括分段阀门划分的每个管段的低点处），应安装排水装置。排水装置应保证一个排水段的排水时间不超过下面的规定：对于 $DN \leqslant 300mm$ 的管道，排水时间为（2～3）h；对于 $DN350～500mm$ 的管道，排水时间为（4～6）h；对于 $DN \geqslant 600mm$ 的管道，排水时间为（5～7）h，规定排水时间主要是考虑在冬季出现事故时能迅速排水，缩短抢修时间，以免采暖系统和管路冻结。如图 19-3 所示。

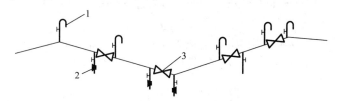

图 19-3　热水或凝结水管道排水和放气装置

1—放气阀；2—排水阀；3—阀门

放气装置应设在管段的最高点，如图 19-3 所示。放气管直径需根据管道直径来确定。

为排除蒸汽管道的沿途凝水，蒸汽管道的低点和垂直升高管段前应设置启动疏水和经常疏水装置。同一坡向的管段，在顺坡情况下每隔 400～500m，逆坡时每隔 200～300m应设启动疏水和经常疏水装置。

19.4　供热管道检查室及检查平台

对于地下敷设的供热管道，在装有阀门、排水与放气、套筒补偿器、疏水器等需要经

常维护管理的管路设备和附件处，应设置检查室。检查室的结构尺寸，应根据管道的根数、管径、阀门及附件的数量和规格大小确定，既要考虑维护操作方便，又要尽可能地紧凑。

　　检查室的净高不小于 1.8m，人行通道宽度不小于 0.6m，干管保温结构外表面距检查室地面不应小于 0.6m，检查室人孔直径不小于 0.7m，人孔数量不少于 2 个，并应对角布置。当检查室面积小于 4m² 时，可只设一个人孔。在每个人孔处，应装设梯子或爬梯，以便工作人员出入。检查室内至少设一个集水坑，尺寸不小于 0.4m×0.4m×0.5m（长×宽×深），位于人孔的下方。检查室地面应坡向集水坑，其坡度为 0.01。检查室地面低于地沟内底应不小于 0.3m。

　　当检查室内设备和附件不能从人孔进出时，在检查室顶板上应设安装孔，安装孔的位置和尺寸应保证最大设备的出入和便于安装。所有分支管路在检查室内均应装设关断阀和排水管，以便当支线发生事故时能及时切断管路，并将管道中的积水排除。检查室内公称直径大于或等于 300mm 的阀门应设支承。检查室盖板上的覆土深度不得小于 0.3m。检查室布置图例如图 19-4 所示。

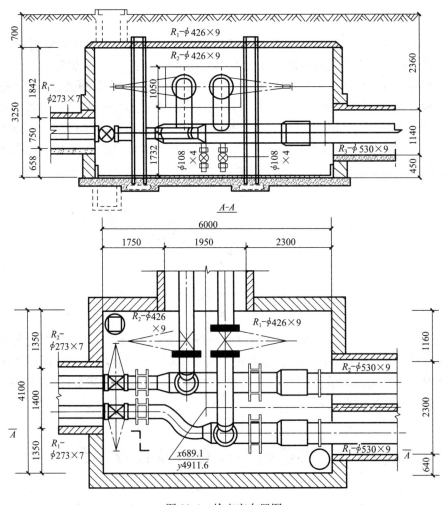

图 19-4　检查室布置图

架空敷设的中、高支架敷设的管道，在安装阀门、排水、放气、除污装置的地方应设操作平台，操作平台的尺寸应保证维修人员操作方便，平台周围应设防护栏杆。

19.5 供热工程施工图绘制的具体要求

1. 图画

（1）一张图上布置几种图样时，宜按平面图在下，剖面图在上，管系图、流程图或详图在右的原则绘制。无剖面图时，可将管系图放在平面图上方。一张图上布置几个平面图时，宜按下层平面图在下，上层平面图在上的原则绘制。

（2）设备和主要材料表的格式宜符合表格19-1的规定。

设备和主要材料表　　　　　　　　　表 19-1

序　号	编　号	名　称	型号和规格	材　质	单　位	数　量	质量（kg）		备　注
							单　件	总　计	

（3）设备明细表的格式宜符合表19-2的规定。

设备明细表　　　　　　　　　表 19-2

编　号	名　称	型号和规格	材　质	单　位	数　量	备　注

（4）材料或零部件明细表的格式宜符合表19-3的规定。

材料或零部件明细表　　　　　　　　　表 19-3

序　号	图号或标注图号及页码	名称及规格	材　质	单　位	数　量	质量（kg）		备　注
						单　件	总　计	

表19-1、表19-2、表19-3单独成页时，表头应在表的上方；附属于图纸之中时，表头应在表的下方并紧贴标题栏，表宽应与标题栏宽相同。表19-1、表19-2、表19-3的续表均应排列表头。

2. 管道规格

（1）管道规格的单位应为毫米，可省略不写。

（2）管道规格应注写在管道代号之后，其注写方法应符合下列规定：

1）低压流体输送用焊接钢管应用公称直径表示；

2）输送流体用无缝钢管、螺旋缝或直缝焊接钢管，当需要注明外径和壁厚时，应在外径×壁厚数值前冠以"φ"表示。不需要注明时，可采用公称直径表示。

（3）管道规格的标注位置应符合图 19-5 规定：

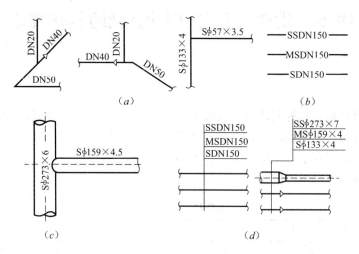

图 19-5　管道规格的标注

1）对水平管道可标注在管道上方；对垂直管道可标注在管道左侧；对斜向管道可标注在管道斜上方，如图 19-5（*a*）所示。

2）采用单线绘制的管道，也可标注在管线断开处，如图 19-5（*b*）所示。

3）采用双线绘制的管道，也可标注在管道轮廓线内，如图 19-5（*c*）所示。

4）多根管道并列时，可用垂直于管道的细实线作公共引出线，从公共引出线作若干条间隔相同的横线，在横线上方标注管道规格。管道规格的标注顺序应与图面上管子排列顺序一致。当标注位置不足时，公共引出线可用折线，如图 19-5（*d*）所示。

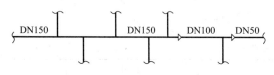

图 19-6　分出支管和变径时管道规格的标注

（4）管道规格变化处应绘制异径管图形符号，并在该图形符号前后标注管道规格。有若干分支而不变径的管道应在起止管段处标注管道规格；管道很长时，尚应在中间一处或两处加注管道规格，如图 19-6 所示。

3. 管道画法

（1）表示一段管道时（图 19-7*a*、图 19-8*a*）或省去一段管道时（图 19-7*b*、图 19-8*b* 所示）可用折断符号。折断符号应成双对应。

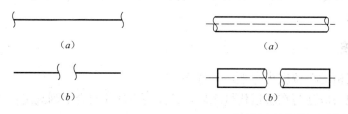

图 19-7 单线绘制的管道　　　　图 19-8　双线绘制的管道

（2）管道交叉时，在上面或前面的管道应连通；在下面或后面的管道应断开，如图 19-9、图 19-10 所示。

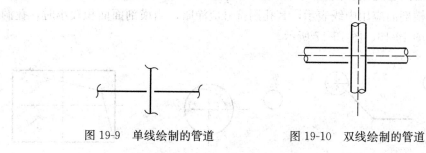

图 19-9　单线绘制的管道　　　　图 19-10　双线绘制的管道

（3）管道分支时，应表示出支管的方向，如图 19-11、图 19-12 所示。

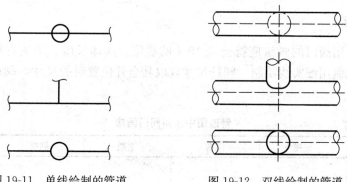

图 19-11　单线绘制的管道　　　　图 19-12　双线绘制的管道

（4）管道重叠时，若需要表示位于下面或后面的管道，可将上面或前面的管道断开。管道断开时，若管道上、下、前、后关系明确，可不标注断开点编号，如图 19-13、图 19-14 所示。

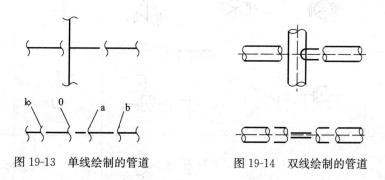

图 19-13　单线绘制的管道　　　　图 19-14　双线绘制的管道

（5）管道接续的表示方法应符合图 19-15 的规定。

1）管道接续引出线应采用细实线绘制。始端指在折断处，末端为折断符号的编号；

2）同一管道的两个折断符号在一张图中时，折断符号的编号应用小写英文字母表示。标注在直径为 $\phi5\sim8$mm 的细实线圆内，如图 19-15 (a) 所示。

3）同一管道的两个折断符号不在一张图中时，折断符号的编号应用小写英文字母和图号表示，标注在直径为 $\phi 10 \sim 12mm$ 的细实线圆内。上半圆内应填写字母，下半圆内应填写对应折断符号所在图纸的图号，如图 19-15（b）所示。

（6）单线绘制的管道其横剖面应用细线小圆表示，圆直径宜为粗线宽的 3～4 倍。双线绘制的管道其横剖面应用中线表示，其孔洞符号应涂暗；当横剖面面积较小时，孔洞符号可不绘出，如图 19-16、图 19-17 所示。

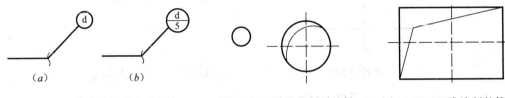

图 19-15　管道连接的表示方法　　　图 19-16　单线绘制的管道　　　图 19-17　双线绘制的管道

4. 阀门画法

管道图中常用阀门的画法应符合表 19-4 的规定。阀体长度、法兰直径、手轮直径及阀杆长度宜按比例用细实线绘制。阀杆尺寸宜取其全开位置时的尺寸，阀杆方向应符合设计要求。

管道图中常用阀门画法　　　　　　　表 19-4

名　称	俯视	仰视	主视	侧视	轴测投影
截止阀					
闸阀					
蝶阀					
弹簧式安全阀					

5. 常用代号和图形符号

（1）管道代号应符合表 19-5 的规定。

管道代号　　　　　　　　　　　　表 19-5

管道名称	代号	管道名称	代号
供热管线（通用）	HP	自流凝结给水管	CG
蒸汽管（通用）	S	排气管	EX
饱和蒸汽管	S	给水管（通用）自来水管	W
过热蒸汽管	SS	生产给水管	PW
二次蒸汽管	FS	生活给水管	DW
高压蒸汽管	HS	锅炉给水管	BW
中压蒸汽管	MS	省煤器回水管	ER
低压蒸汽管	LS	连续排污管	CB
凝结水管（通用）	C	定期排污管	PB
有压凝结水管	CP	冲灰水管	SL
采暖供水管（通用）	H	排水管	D
采暖回水管（通用）	HR	放气管	V
一级管网供水管	H1	冷却水管	CW
一级管网回水管	HR1	软化水管	SW
二级管网供水管	H2	除氧水管	DA
二级管网回水管	HR2	除盐水管	DM
空调用供水管	AS	盐液管	SA
空调用回水管	AR	酸液管	AP
生产热水供水管	P	碱液管	CA
生产热水回水管	PR	亚硝酸钠溶液管	SO
生活热水供水管	DS	磷酸三钠溶液管	TP
生活热水循环管	DC	燃油管	O
补水管	M	回油管	RO
循环管	CI	污油管	WO
膨胀管	E	燃气管	G
信号管	SI	压缩空气管	A
溢液管	OF	氮气管	N
取样管	SP		

（2）阀门、控制元件和执行机构的图形符号应符合表 19-6 的规定。阀门的图形符号与控制元件或执行机构的图形符号相组合可构成下表中未列出的其他具有控制元件或执行机构的阀门的图形符号。

阀门、控制元件和执行机构的图形符号　　　　　　　　表 19-6

名　称	图形符号	管道名称	代　号
阀门（通用）	▷◁	闸阀	▷◁
截止阀	▷◁	蝶阀	▯
节流阀	▷◁	柱塞阀	▶◀

名　称	图形符号	管道名称	代　号
球阀		平衡阀	
减压阀		底阀	
安全阀（通用）		浮球阀	
角阀		快速排污阀	
三通阀		疏水器	
四通阀		烟风管道手动调节阀	
止回阀（通用）		烟风管道蝶阀	
升降式止回阀		烟风管道插板阀	
旋启式止回阀		插板式煤闸门	
调节阀（通用）		插管式煤闸门	
旋塞阀		呼吸阀	

6. 锅炉房图样画法

（1）流程图

1）流程图可不按比例绘制。

2）流程图应表示出设备和管道间的相对关系以及过程进行的顺序。

3）流程图应表示全部设备及流程中有关的构筑物、并标注设备编号或设备名称。设备、构筑物等可用图形符号或简化外形表示，同类型设备图形应相似。

4）图上应绘出管道和阀门等管路附件，标注管道代号及规格，并宜注明介质流向。

5）管道与设备的接口方位宜与实际情况相符。

6）绘制带控制点的流程图时，应符合自控专业的制图规定。如自控专业不单另出图时应绘出设备和管道上的就地仪表。

7）管线应采用水平方向或垂直方向的单线绘出，转折处应画成直角。管线不宜交叉，当有交叉时，应使主要管线连通，次要管线断开。管线不得穿越图形。

8）管线应采用粗实线绘制，设备应采用中实线绘制。

9）宜在流程图上注释管道代号和图形符号，并列出设备明细表。

（2）设备、管道平面图和剖面图

1）锅炉房的平面图应分层绘制，并应在一层平面图上标注指北针。

2）有关的建筑物轮廓线及门、窗、梁、柱、平台等应按比例绘制，并应标出建筑物定位轴线、轴线间尺寸和房间名称。在剖面图中应标注梁底、屋架下弦底标高及多层建筑的楼层标高。

3）所有设备应按比例绘制并编号，编号应与设备明细表相对应。

4）应标注设备安装的定位尺寸及有关标高。宜标注设备基础上表面标高。

5）应绘出设备的操作平台，并标注各层标高。

6）应绘出各种管道，并应标注其代号及规格；应标注管道的定位尺寸和标高。

7）应绘出有关的管沟和排水沟等，宜标注沟的定位尺寸和断面尺寸等。

8）应绘出管道支吊架，并注明安装位置。支吊架宜编号。支吊架一览表应表示出支吊架型式和所支吊管道的规格。

9）非标准设备、需要详尽表达的部位和零部件应绘制详图。

（3）鼓、引风系统管道平面图和剖面图

1）鼓、引风系统管道平面图和剖面图可单独绘制。

2）图中应按比例绘制设备简化轮廓线，并应标注定位尺寸。

3）烟、风管道及附件应按比例逐件绘制。每件管道及附件均应编号，并与材料或零部件明细表相对应。

4）图中应详细标注管道的长度、断面尺寸及支吊架的安装位置。

5）需要详尽表达的部位和零部件应绘制详图和编制材料或零部件明细表。

（4）上煤、除渣系统平面图和剖面图

1）图中应按比例绘制输煤廊、破碎间、受煤坑等建筑轮廓线，并应标注尺寸。

2）图中应按比例绘制输煤及碎煤设备，并标注设备定位尺寸和编号。

3）水力除渣系统灰渣沟平面图中，应绘出锅炉房、沉渣池、灰渣泵房等建筑轮廓线，并标注尺寸。应标注灰渣沟的坡度及起止点、拐弯点、变坡点、交叉点的沟底标高。

4）水力除渣系统平面图和剖面图中应绘出冲渣水管及喷嘴等附件，应标注灰渣沟的位置、长度、断面尺寸。

5）胶带输送机安装图应绘出胶带、托辊、机架、滚筒、拉紧装置、清扫器、驱动装置等部件，并应标注各部件的安装尺寸和编号，且与零部件明细表相对应。

7. 热网图样画法

（1）热网管线平面图

1）热网管线平面图应在供热区域平面图或地形图的基础上绘制。供热区域平面图或地形图应表达下列内容：

反映现状地形、地貌、海拔标高、街区等有关的建筑物或建筑红线；反映有关的地下管线及构筑物。应绘出指北针。

标注道路名称。对于地下管线应注明其名称（或代号）及规格，并标注其位置。

对于无街区、道路等参照物的区域，应标注坐标网。采用测量坐标网时，可不绘制指北针。

2）应注明管线中心与道路、建筑红线或建筑物的定位尺寸，在管线起止点、转角点等重要控制点处宜标注坐标。非 90°转角，应标注两管线中心线之间小于 180°的角度值。

3）应标出管线的横剖面位置和编号。对枝状管网其剖视方向应从热源向热用户方向观看。横剖面形式相同时，可不标注横剖面位置。

4）地上敷设时，可用管线中心线代表管线，管道较少时亦可绘出管道组示意图及其中心线；管沟敷设时，可绘出管沟的中心线及其示意轮廓线；直埋敷设时，可绘出管道组示意图及其管线中心线。不需区别敷设方式和不需表示管道组时，可用管线中心线表示管线。

5）应绘制管路附件或其检查室以及管线上为检查、维修、操作所设其他设施或构筑物。地上敷设时，尚应绘出各管架；地下敷设时，应标注固定墩、固定支座等支座；标注上述各部位中心线的间隔尺寸。上述各部位宜用代号加序号进行编号。

6）供热区域平面图或地形图上的内容应采用细线绘制。当用管线中心线代表管线时，管线中心线应采用粗实线绘制。管沟敷设时，管沟轮廓线应采用中实线绘制。

7）表示管道组时，可采用同一线型加注管道代号及规格，亦可采用不同线型加注管道规格来表示各种管道。

8）宜在热网管线平面图上注释所采用的线型、代号和图形符号。

（2）热网管道系统图

1）图中应绘出热源、热用户等有关的建筑物和构筑物，并标注其名称或编号。其方位和管道走向应与热网管线平面图相对应。

2）图中应绘出各种管道，并标注管道的代号及规格。

3）图中应绘出各种管道上的阀门、疏水装置、放水装置、放气装置、补偿器、固定管架、转角点、管道上返点、下返点和分支点，并宜标注其编号。编号应与管线平面图上的编号相对应。

4）管道应采用单线绘制。当用不同线型代表不同管道时，所采用线型应与热网管线平面图上的线型相对应。

5）将热网管道系统图的内容并入热网管线平面图时，可不另绘制热网管道系统图。

（3）管线纵剖面图

1）管线纵剖面图应按管线的中心线展开绘制。

管线纵剖面图应由管线纵剖面示意图、管线平面展开图和管线敷设情况表组成。这三部分相应部位应上下对齐。

2）绘制管线纵剖面示意图应符合下列规定：

距离和高程应按比例绘制，铅垂方向和水平方向应选用不同的比例，并应绘出铅垂方向的标尺。水平方向的比例应与热网管线平面图的比例一致。

应绘出地形、管线的纵剖面。

应绘出与管线交叉的其他管线、道路、铁路、沟渠等，并标注与热力管线直接相关的标高，用距离标注其位置。

地下水位较高时应绘出地下水位线。

3）在管线平面展开图上应绘出管线、管路附件及管线设施或其他构筑物的示意图。

在各转角点应表示出展开前管线的转角方向。非 90°角尚应标注小于 180°的角度值，如图 19-18 所示。

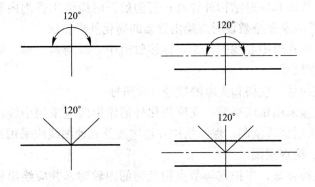

图 19-18　管线平面展开图上管线转角角度的标注

4）管线敷设情况表应采用表 19-7 的形式。表头中所列栏目可根据管线敷设方式等情况编排与取舍，亦可增加有关项目。

管线敷设情况表　　　　　　　　　　　　　　　　　表 19-7

桩　　号		
编号		
设计地面标高（m）		
自然地面标高（m）		
管底标高（m）		
管架顶面标高（m）		
管沟内底标高（m）		
槽底标高（m）		
距离（m）		
里程（m）		
坡度　　　距离（m）		
横剖面编号		
管道代号及规格		

5）设计地面应采用细实线绘制；自然地面应采用细虚线绘制；地下水位线应采用双点画线绘制；其余图线应与热网管线平面图上采用的图线对应。

6）标高的标注应符合下列规定：

在管线始端、末端、转角点等平面控制点处应标注标高；

在管线上设置有管路附件或检查室处应标注标高；

管线与道路、铁路、涵洞及其他管线的交叉处宜标注标高。

各点的标高数值应标注在表 19-7 中该点竖线的左侧，标高数值书写方向应与竖线平行。一个点的前、后标高不同时，应在该点竖线左右两侧标注。

各管段的坡度数值至少应计算到小数点后第三位，当要求计算精度更高时可计算到小数点后第五位。

（4）管线横剖面图

1）管线横剖面图的图名编号应与热网管线平面图上的编号一致。

2）图中应绘出管道和保温结构外轮廓；管沟敷设时应绘出管沟内轮廓，直埋敷设时应绘出开槽轮廓；管沟及架空敷设时应绘出管架的简化外形轮廓。

3）图中应标注各管道中心线的间距，标注管道中心线与沟、槽、管架的相关尺寸和沟、槽、管架的轮廓尺寸。

4）应标注管道代号、规格和支座的型号（或图号）。

5）管道轮廓线应采用粗线绘制；支座简化外形轮廓线应采用中线绘制；支架和支墩的简化外形轮廓应采用细线绘制；保温结构外轮廓线及其他图线应采用细线绘制。

（5）管线节点、检查室图

1）图中应绘出检查室、保护穴等节点构筑物的内轮廓，并应绘出检查室的入孔，宜绘出爬梯和集水坑。管沟敷设时，应绘出与检查室相连的一部分管沟。地上敷设时，有操作平台的节点应绘出操作平台或有关构筑物的外轮廓和爬梯。

2）阀门的绘制应符合本标准第 3.6 节的有关规定。并应采用简化外形轮廓的方式绘制补偿器等管路附件。

图面上应标注下列内容：

- 管道代号及规格；
- 管道中心线间距、管道与构筑物轮廓的距离；
- 管路附件的主要外形尺寸；
- 管路附件之间的安装尺寸；
- 检查室的内轮廓尺寸、操作平台的主要外轮廓尺寸；
- 标高。

图面上宜标注下列内容：

- 供热介质流向；
- 管道坡度。

3）图中应绘出就地仪表和检测预留件。

4）补偿器安装图应注明管道代号及规格、计算热伸长量、补偿器型号、安装尺寸及其他技术数据。有多个补偿器时可采用表格列出上述项目。

8. 热力站和中继泵站图样画法

（1）设备、管道平面图和剖面图

1）建筑物轮廓应与建筑图一致，并应标出定位轴线、房间名称，绘出门、窗、梁、柱、平台等。

2）一层平面图上应标注指北针。

3）各种设备均应按比例绘制，并宜编号。编号应与设备明细表或设备和主要材料表相对应。

4）设备、设备基础和管道应标注定位尺寸和标高；应标注设备、管道及管路附件的安装尺寸。

5）各种管道均应标注代号及规格，并宜用箭头表示介质流向。

6）管道支吊架可在平面图或剖面图上用图形符号表示。采用吊架时，应绘制吊点位置图。当支吊架类型较多时宜编号并列表说明。

7）当一套图样中有管系图时，剖面图可简化。

（2）管系图

1）管系图可按轴测投影法绘制。管系图应表示管道系统中介质的流向、流经的设备以及管路附件等的连接、配置状况。设备及管路附件的相对位置应符合实际，并使管道、设备不重叠。管系图的布图方位应与平面图一致。

2）管道应采用单线绘制。

3）管道应标注标高。

4）各种管道均应标注代号及规格，并宜用箭头表示介质流向。

5）设备和需要特指的管路附件应编号，并应与设备和主要材料表相对应。

6）应绘出管道放气装置和放水装置。

7）管道支吊架可在图上用图形符号表示。

8）可在管系图上绘出设备和管路上的就地仪表；绘制带控制点的管系图时，应符合自控专业的制图规定。

9）宜注释管道代号和图形符号。

19.6 案 例 简 介

本工程为室外热力管道项目。热力网的布置在城市建设规划的指导下，考虑热负荷分布，热源位置，与各种地上、地下管道及构筑物、园林绿地的关系和水文、地质条件等多种因素经技术经济比较确定。为枝状网形式。

近期热媒为 95/70℃ 低温水，供热负荷 14.0MW，流量为 482.00m³/h；远期热媒为 115/80℃，供热负荷 42.0.0MW，流量为 1032.00m³/h。热媒工作压力 1.0MPa。

热力网管道的位置和敷设方式要求如下：

1. 城镇道路上的热力网管道一般平行于道路中心线，并应尽量敷设在车行道以外的地方，一般情况下同一条管道应只沿道路的一侧直埋敷设。

2. 穿过厂区和通过非建筑区的热力网管道沿道路边沿直埋敷设。

横穿道路的热力管道采用车道下半通行 2.0×1.6m 管沟敷设。

3. 热力网管道的覆土深度应符合下列要求。

（1）管沟盖板和检查室盖板覆土深度不宜小于 0.7m 和 0.2m；

（2）直埋管道最小覆土深度不应小于表 19-8 规定。

直埋管道最小覆土深度 表 19-8

管径（mm）		50～125	150～200	250～300	350～400	＞450
覆土深度（m）	车行道下	0.8	1.0	1.2	1.2	1.2
	非车行道	0.6	0.6	0.8	0.8	0.9

管道材料及连接：

1. 管道采用 $DN \geq 200$ 为螺旋缝电焊钢管。管道钢材的质量及规格应符合《城市供热管道设计》规范的规定；$DN \leq 150$ 为热轧无缝钢管（GB 8163—87 标准）。

2. 管道的连接采用焊接。管道与设备、阀门等需要拆卸的附件连接时，应采用法兰连接。

3. 弯头的钢材质量，壁厚不小于管道厚。焊接弯头宜双面焊接。

4. 钢管焊制三通，支管开孔补强及干管的轴向补强按图中大样进行。

5. 热力网管道所用的变径管应采用压制或钢板卷制。其材质不应低于管道钢材质量。壁厚不小于管道壁厚。

附件与设施：

1. 阀门：供水管道上为蜗轮传动法兰式蝶阀，回水管道为水力平衡阀（$p_g = 1.6\text{MPa}$）。

2. 伸缩器：为钢制套筒单向型（$p_g = 1.6\text{MPa}$）。

3. 井室、固定墩及局部管沟做法：见详图和如标准图集（87SR416-1，2）。

第 **20** 章

热力管网附属设施绘制

本章主要目的在于通过学习使读者掌握热力管网图的绘制，能识别 AutoCAD 热网施工图。重点对热网施工图中管线平面图、管线纵剖面图、检查室进行 AutoCAD 绘图讲解，使读者能把握使用 AutoCAD 进行热网施工图制图的一般方法。

    学 习 要 点

- ◎ 热力管网节点图
- ◎ 检查井绘制
- ◎ 伸缩器井绘制
- ◎ 热力管网设计说明、材料表及图例
- ◎ 热力管网平面图绘制
- ◎ 热力管网纵断面图绘制
- ◎ 供热管道断面图

20.1　热力管网节点图

绘制思路

使用直线和复制命令绘制管网节点定位轴线；使用直线、矩形、填充命令节点平面轮廓线；使用多段线绘制管网节点；标注文字，完成保存管网节点详图，如图 20-1 所示。

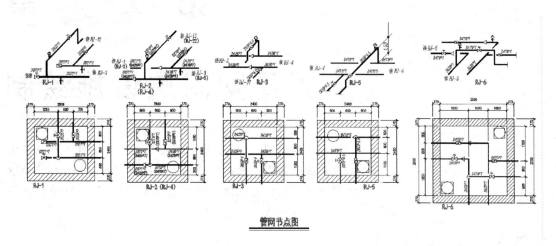

图 20-1　管网节点图

20.1.1　绘图前准备以及绘图设置

【操作步骤】

1. 要根据绘制图形决定绘图的比例，在此我们采用的是 1∶1 的绘图比例。

2. 建立新文件

打开 AutoCAD 2014 应用程序，以"A3.dwt"样板文件为模板，建立新文件，将新文件命名为"管网节点图.dwg"，并保存。

3. 设置绘图工具栏

在任意工具栏处单击鼠标右键，从打开的快捷菜单中选择"标准"，"图层"，"样式"，"绘图"，"修改"，"文字"和"标注"这七个选项，调出这些工具栏，并将它们移动到绘图窗口中的适当位置。

4. 设置图层

设置以下五个图层："标注尺寸"，"文字"，"轮廓线"，"热力管网"和"中心线"，将"中心线"图层设置为当前图层。设置好的图层如图 20-2 所示。

5. 文字样式的设置

单击"标注"工具栏中的"文字样式"按钮，进入"文字样式"对话框，选择仿宋字体，宽度因子设置为 0.8。

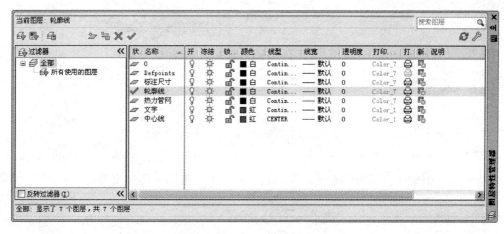

图 20-2　管网节点图图层的设置

6. 标注样式的设置

根据绘图比例设置标注样式，对标注样式线、符号和箭头、文字、主单位进行设置，具体如下：

线：超出尺寸线为 100，起点偏移量为 120；

符号和箭头：第一个为建筑标记，箭头大小为 120，圆心标记为标记 60；

文字：文字高度为 120，文字位置为垂直上，从尺寸线偏移为 60，文字对齐为 ISO 标准；

调整：文字位置为尺寸线旁边，标注特征比例为使用全局比例；

主单位：精度为 0，比例因子为 1。

20.1.2　绘制管网节点定位轴线（RJ-1 节点详图）

【操作步骤】

1. 在状态栏，单击"正交模式"按钮█，打开正交模式，在状态栏，单击"对象捕捉"按钮□，打开对象捕捉模式。

2. 将中心线层设置为当前图层，单击"绘图"工具栏中的"直线"按钮╱，绘制一条长为 3840 的水平直线。重复"直线"命令，绘制一条长为 3440 的垂直直线。

3. 把标注尺寸图层设置为当前图层，单击"标注"工具栏中的"线性标注"按钮┤，标注外形尺寸。完成的图形和尺寸如图 20-3 所示。

4. 单击"修改"工具栏中的"删除"按钮✐，删除标注尺寸线。

5. 单击"修改"工具栏中的"复制"按钮❀，复制刚刚绘制好的水平直线，分别向上复制的位移分别为 370，750，1170，1970，2390，2770，3140，3440。重复"复制"命令，复制刚刚绘制好的垂直直线，向右复制的位移分别为 370，750，1620，2420，2790，3170，3540，3840。

6. 单击"标注"工具栏中的"线性"按钮┤，标注直线尺寸。

7. 单击"标注"工具栏中的"连续"按钮┝┝，进行连续标注。完成的图形和复制的尺寸如图 20-4 所示。

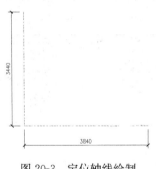

图 20-3　定位轴线绘制

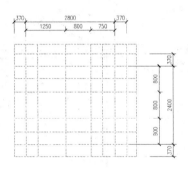

图 20-4　定位轴复制

20.1.3　绘制节点平面轮廓线

【操作步骤】

1. 把轮廓线图层设置为当前图层，单击"绘图"工具栏中的"圆"按钮，绘制半径为 300 的圆。

2. 单击"绘图"工具栏中的"矩形"按钮，绘制 3540×3140，2800×2400，600×600 的矩形，完成的图形如图 20-5 所示。

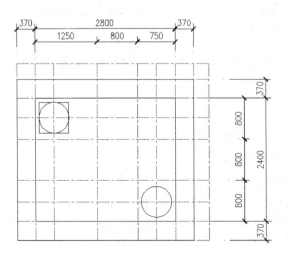

图 20-5　RJ-1 平面轮廓线绘制

20.1.4　绘制管网节点

【操作步骤】

1. 在状态栏，右键单击"极轴追踪"按钮，进入"设置（s）"下拉菜单，进入"草图设置"对话框，极轴追踪的参数设置如图 20-6 所示。然后按"确定"按钮完成极轴追踪的设置。

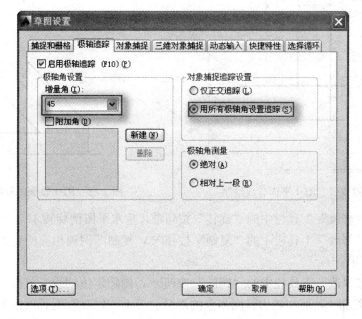

图 20-6　极轴追踪设置

2. 将热力管网设置为当前图层，单击"绘图"工具栏中的"多段线"按钮⌐，输入 w 来设置起点和终点的宽度为 30，绘制长为 2600 的多段线。

3. 单击"绘图"工具栏中的"多段线"按钮⌐，输入 w 来设置起点和终点的宽度为 30，绘制长为 1470 的多段线。重复"多段线"命令，输入 w 来设置起点和终点的宽度为 30，绘制长为 2270 的多段线。完成的图形如图 20-7 所示。

4. 单击"绘图"工具栏中的"多段线"按钮⌐，输入 w 来设置起点和终点的宽度为 30，绘制长为 400，750，1450 的水平多段线。重复"多段线"命令，输入 w 来设置起点和终点的宽度为 30，绘制长为 800 的垂直多段线。在状态栏，单击"正交模式"按钮，取消正交模式。重复"多段线"命令，输入 w 来设置起点和终点的宽度为 30，沿 45°方向绘制长为 2400 的多段线。在状态栏，单击"正交模式"按钮，打开正交模式，向下绘制垂直的长为 750 多段线，然后沿 45°方向绘制长为 350 的多段线。

5. 单击"绘图"工具栏中的"多段线"按钮⌐，输入 w 来设置起点和终点的宽度为 30，绘制长为 600，1400 的水平多段线。重复"多段线"命令，输入 w 来设置起点和终点的宽度为 30，沿 45°方向绘制长为 1500 的多段线。

6. 把标注尺寸图层设置为当前图层，单击"标注"工具栏中的"线性"按钮，标注直线尺寸。

7. 单击"标注"工具栏中的"连续"按钮，进行连续标注。单击"标注"工具栏中的"对齐标注"按钮，标注斜向尺寸。

完成的图形和尺寸如图 20-8 所示。

8. 单击"修改"工具栏中的"删除"按钮，删除标注尺寸线。

9. 绘制热力管网节点图例，由于篇幅以及图例比较简单，这里就不再详细介绍。

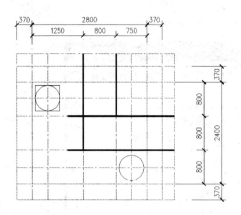

图 20-7　RJ-1平面管线绘制

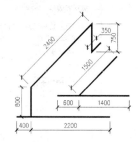

图 20-8　RJ-1轴测图管线绘制

10. 单击"修改"工具栏中的"旋转"按钮◯，把水平图例旋转45°。

11. 单击"修改"工具栏中的"复制"按钮◯，复制图例到相应的交点上，完成的图形如图 20-9 所示。

12. 单击"修改"工具栏中的"删除"按钮✎，删除定位轴线。单击"修改"工具栏中的"修剪"按钮⼁，剪切热力管网多余的部分。单击"修改"工具栏中的"打断"按钮⾮，进行热力管网的打断。完成的图形如图 20-10 所示。

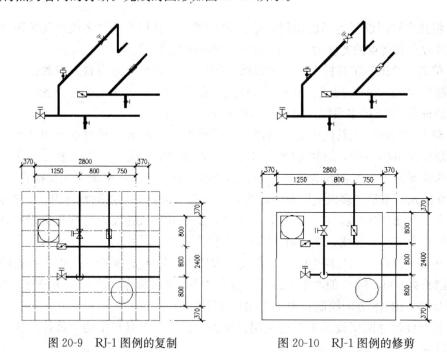

图 20-9　RJ-1图例的复制

图 20-10　RJ-1图例的修剪

20.1.5　标注文字，完成管网节点详图

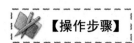【操作步骤】

1. 单击"绘图"工具栏中的"图案填充"按钮▨，填充矩形。单击对话框里"图案

（P）"右边的按钮进行更换图案样例，进入"填充图案选项板"对话框，选择"ANSI31"图例进行填充。填充比例和角度如图 20-11 所示。

2. 把文字图层设置为当前图层，单击"文字"工具栏中的"单行文字"按钮AI，标注45°方向的文字需要指定文字的旋转角度 45°来标注 45°方向的文字。

3. 单击"文字"工具栏中的"单行文字"按钮AI，标注水平方向文字。

4. 单击"文字"工具栏中的"单行文字"按钮AI，标注垂直方向文字，指定文字的旋转角度为 90°。

5. 单击"修改"工具栏中的"复制"按钮，复制相同的文字到指定的位置。完成的图形如图 20-12 所示。

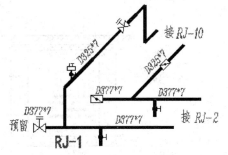

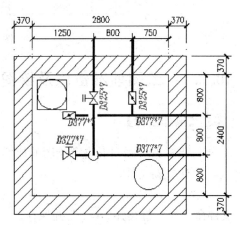

图 20-11　RJ-1 填充图案比例设置　　　　图 20-12　RJ-1 节点详图文字标注

同理，完成其他热力管网节点详图的绘制，完成的图形如图 20-1 所示。

20.2　检查井绘制

✦ 绘制思路

绘制检查井平面图；绘制检查井立面图；绘制检查井材料表，如图 20-13 所示。

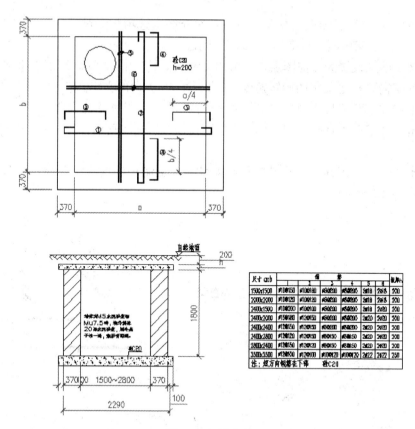

图 20-13　检查井

20.2.1　绘图前准备以及绘图设置

【操作步骤】

1. 要根据绘制图形决定绘图的比例，采用的是 1∶1 的绘图比例。

2. 建立新文件

打开 AutoCAD 2014 应用程序，以"A3.dwt"样板文件为模板，建立新文件，将新文件命名为"检查井.dwg"并保存。

3. 设置绘图工具栏

在任意工具栏处单击鼠标右键，从打开的快捷菜单中选择"标准"，"图层"，"样式"，"绘图"，"修改"，"文字"和"标注"这七个选项，调出这些工具栏，并将它们移动到绘图窗口中的适当位置。

4. 设置图层

设置以下五个图层："标注尺寸"，"文字"，"轮廓线"，"钢筋"和"中心线"，将"中心线"图层设置为当前图层。设置好的图层如图 20-14 所示。

5. 文字样式的设置

单击"标注"工具栏中的"文字样式"按钮，进入"文字样式"对话框，选择仿宋字体，宽度因子设置为 0.8。

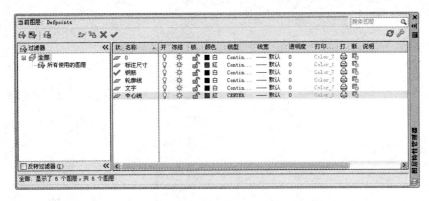

图 20-14　检查井图层的设置

6. 标注样式的设置

根据绘图比例设置标注样式，对标注样式线、符号和箭头、文字、主单位进行设置，具体如下：

线：超出尺寸线为 100，起点偏移量为 120；

符号和箭头：第一个为建筑标记，箭头大小为 120，圆心标记为标记 60；

文字：文字高度为 120，文字位置为垂直上，从尺寸线偏移为 60，文字对齐为 ISO 标准；

调整：文字位置为尺寸线旁边，标注特征比例为使用全局比例；

主单位：精度为 0，比例因子为 1。

20.2.2　绘制检查井平面图

 【操作步骤】

1. 绘制检查井平面图定位轴线

（1）在状态栏，单击"正交模式"按钮，打开正交模式，在状态栏，单击"对象捕捉"按钮，打开对象捕捉模式。

（2）单击"绘图"工具栏中的"直线"按钮，绘制一条长为 3540 的水平直线。重复"直线"命令，绘制一条长为 3540 的垂直直线。

（3）把标注尺寸图层设置为当前图层，单击"标注"工具栏中的"线性标注"按钮，标注外形尺寸。完成的图形和尺寸如图 20-15 所示。

（4）单击"修改"工具栏中的"删除"按钮，删除标注尺寸线。

（5）单击"修改"工具栏中的"复制"按钮，复制刚刚绘制好的水平直线，分别向上复制的位移分别为 370，910，1070，2470，2630，3170，3540。重复"复制"命令，复制刚刚绘制好的垂直直线，向右复制的位移分别为 370，1070，2470，2630，3170，3540。

（6）把标注尺寸图层设置为当前图层，单击"标注"工具栏中的"线性"按钮，标注直线尺寸。

（7）单击"标注"工具栏中的"连续"按钮，进行连续标注。完成的图形和复制的尺寸如图 20-16 所示。

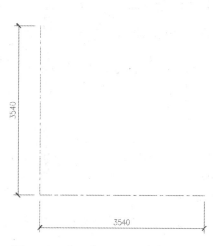

图 20-15　检查井平面图定位轴线绘制

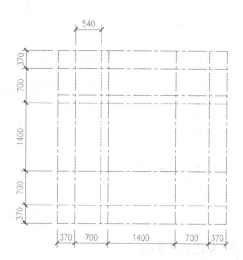

图 20-16　检查井平面图定位轴复制

2. 绘制平面轮廓线

（1）把轮廓线图层设置为当前图层，单击"绘图"工具栏中的"圆"按钮，绘制半径为 340 的圆。

（2）单击"绘图"工具栏中的"矩形"按钮，绘制 3540×3540，2800×2800 的矩形，完成的图形如图 20-17 所示。

3. 绘制钢筋

单击"绘图"工具栏中的"多段线"按钮，输入 w 来设置起点和终点的宽度为，15，绘制多段线。完成的图形如图 20-18 所示。

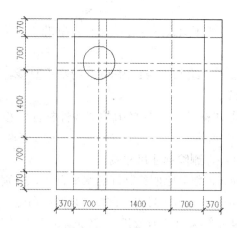

图 20-17　检查井平面图轮廓线绘制

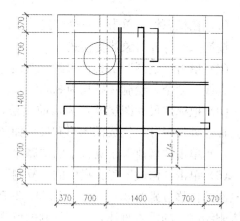

图 20-18　检查井平面图钢筋绘制

4. 标注文字

（1）单击"修改"工具栏中的"删除"按钮，删除定位轴线和标注尺寸线。

（2）把文字图层设置为当前图层，单击"文字"工具栏中的"单行文字"按钮 **AI**，标注文字。

（3）单击"绘图"工具栏中的"圆"按钮 ，绘制半径为 60 的圆。

（4）单击"修改"工具栏中的"复制"按钮 ，复制文字到指定的位置。

（5）单击"文字"工具栏中的"编辑文字"按钮 ，对文字进行修改。完成的图形如图 20-19 所示。

5. 标注尺寸

（1）把标注尺寸图层设置为当前图层，单击"标注"工具栏中的"线性"按钮 ，标注其他直线尺寸。

（2）单击"标注"工具栏中的"连续"按钮 ，进行连续标注。完成的图形如图 20-20（a）所示。

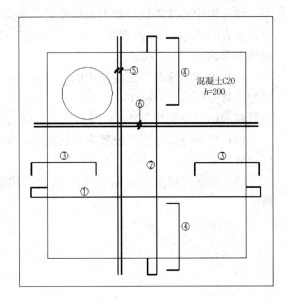

图 20-19　检查井平面图文字标注

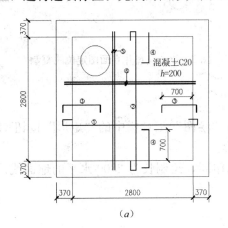 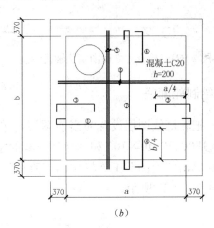

（a）　　　　　　　　　　　　（b）

图 20-20　检查井平面图尺寸标注

（3）单击"文字"工具栏中的"编辑文字"按钮 ，对标注文字进行修改。完成的图形如图 20-20（b）所示。

20.2.3　绘制检查井立面图

【操作步骤】

1. 绘制定位线

（1）把轮廓线图层设置为当前图层，单击"绘图"工具栏中的"矩形"按钮 ，绘制 2440×200 的矩形。

（2）把中心线图层设置为当前图层，单击"绘图"工具栏中的"直线"按钮 ⁄，绘制一条垂直的长为 2100 的直线。重复"直线"命令，绘制一条水平的长为 2440 的直线。完成的图形如图 20-21 所示。

（3）单击"修改"工具栏中的"复制"按钮 ，复制刚刚绘制好的水平直线，向上复制的位移分别为 1800，1900，2100。重复"复制"命令，复制刚刚绘制好的垂直直线，向左复制的位移分别为 750，1120，1220，向右复制的位移分别为 750，1120，1220。

（4）把标注尺寸图层设置为当前图层，单击"标注"工具栏中的"线性"按钮 ，标注直线尺寸。

（5）单击"标注"工具栏中的"连续"按钮 ，进行连续标注。完成的图形如图 20-22 所示。

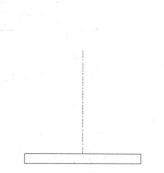

图 20-21　检查井立面图定位轴线绘制

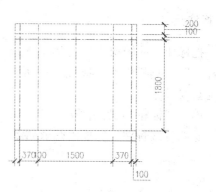

图 20-22　检查井立面图定位线复制

2. 绘制轮廓线

（1）把轮廓线图层设置为当前图层，单击"绘图"工具栏中的"矩形"按钮 ，绘制 370×1800、2440×100 和 2800×100 的矩形。

（2）单击"绘图"工具栏中的"直线"按钮 ⁄，绘制长为 2800 水平的地面线。完成的图形如图 20-23 所示。

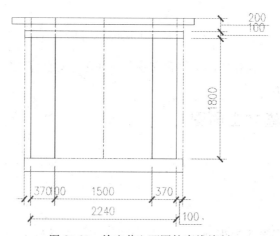

图 20-23　检查井立面图轮廓线绘制

3. 标注文字和尺寸

（1）单击"修改"工具栏中的"删除"按钮，删除多余的定位轴线。

（2）把文字图层设置为当前图层，单击"绘图"工具栏中的"多行文字"按钮 **A**，标注文字。完成的图形如图 20-24 所示。

（3）单击"文字"工具栏中的"编辑文字"按钮，对标注尺寸文字进行修改，完成的图形如图 20-25 所示。

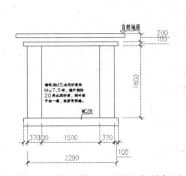

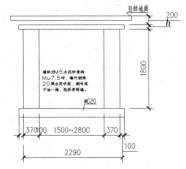

图 20-24　检查井立面图文字的标注　　　　图 20-25　检查井立面图标注尺寸的修改

4. 填充图形

（1）单击"绘图"工具栏中的"图案填充"按钮，填充管道断面图。单击对话框里"图案（P）"右边的按钮进行更换图案样例，进入"填充图案选项板"对话框，各次选择如下：

预定义"AR-HBONE"图例，填充比例和角度分别为 0.75 和 0；

预定义"ANSI31"图例，填充比例和角度分别为 50 和 0；

自定义图案"混凝土 3"图例，填充比例和角度分别为 20 和 0。

（2）单击"修改"工具栏中的"删除"按钮，删除多余的矩形。完成的图形如图 20-26 所示。

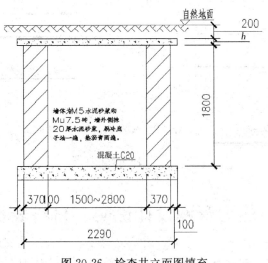

图 20-26　检查井立面图填充

20.2.4 绘制检查井材料表

钢筋材料表的绘制如热力管网设计说明中材料表的绘制，这里就不再过多阐述，完成的图形如图 20-27 所示。

尺寸 aXb	钢 筋						板厚h
	1	2	3	4	5	6	
1500x1500	φ10@150	φ10@180	φ8@200	φ8@200	2φ18	2φ18	200
2000x2000	φ10@120	φ10@120	φ8@200	φ8@200	2φ18	2φ18	200
2400x1500	φ10@200	φ10@100	φ8@200	φ8@200	2φ18	2φ20	200
2400x2000	φ15@180	φ12@150	φ8@200	φ8@200	2φ20	2φ20	200
2400x2400	φ12@150	φ12@150	φ8@200	φ8@200	2φ20	2φ20	200
2400x2800	φ12@120	φ12@150	φ8@150	φ8@150	2φ20	2φ20	200
2800x2400	φ12@150	φ12@120	φ8@150	φ8@150	2φ20	2φ20	200
3500x3500	φ12@100	φ12@100	φ10@120	φ10@120	2φ22	2φ22	250

注：短方向钢筋在下部　　混凝土C20

图 20-27　检查井钢筋材料表

20.3　伸缩器井绘制

使用直线和复制命令绘制伸缩器井定位轴线；使用直线、矩形、填充命令伸缩器井轮廓线；使用多段线绘制伸缩器井管网节点；标注文字，绘制伸缩器井详图，如图 20-28 所示。绘制方法与检查井绘制方法类似，这里不再赘述。

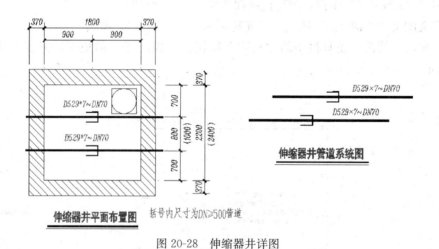

图 20-28　伸缩器井详图

20.4　热力管网设计说明、材料表及图例

热力管网设计说明一般包括设计依据、工程概况、设计范围、热力管道管材及工程量

一览表以及图例构成。

绘制思路

使用多行文字命令输入热力管网设计说明；使用直线、复制、阵列命令绘制材料表，然后使用多行文字命令输入文字；绘制图例，如图 20-29 所示。

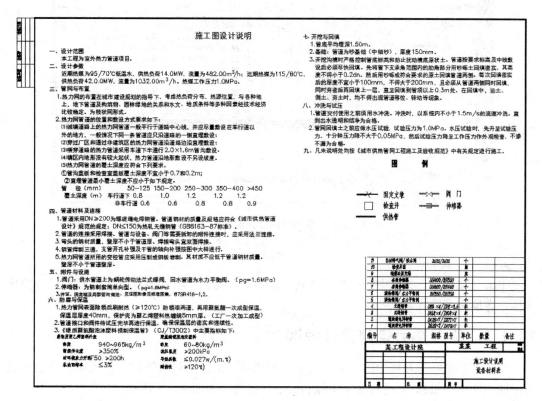

图 20-29　给水设计说明效果图

20.4.1　前期准备以及绘图设置

【操作步骤】

1. 要根据绘制图形决定绘图的比例，我们建议使用 1∶1 的比例绘制。

2. 建立新文件

打开 AutoCAD 2014 应用程序，以 "A2.dwg" 样板文件为模板，建立新文件，将新文件命名为 "热力管网设计说明.dwg" 并保存。

3. 设置绘图工具栏

在任意工具栏处单击鼠标右键，从打开的快捷菜单中选择 "标准"，"图层"，"特性"，"绘图"，"修改"，"文字" 和 "标注" 这七个选项，调出这些工具栏，并将它们移动到绘图窗口中的适当位置。

4. 设置图层

设置以下七个图层："轮廓线"，"文字"，"阀门"，"供热器"，"固定支墩"，"检查井"，"伸缩器"，把文字图层设置为当前图层，设置好的各图层的属性如图 20-30 所示。

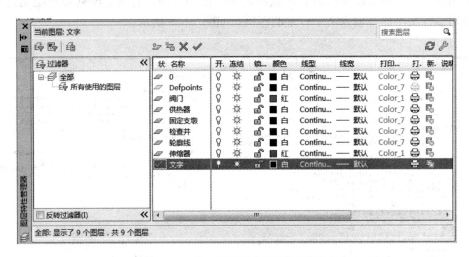

图 20-30　热力管网设计说明图层设置

5. 文字样式的设置

单击"文字"工具栏中的"文字样式"按钮，进入"文字样式"对话框，选择仿宋字体，宽度因子设置为 0.8。

20.4.2　输入热力管网设计说明

单击"绘图"工具栏中的"多行文字"按钮**A**，来标注热力管网设计说明。点击功能区下的"文本编辑器"，进行文字字体和大小的设置。如图 20-31 所示。

图 20-31　多行文字输入界面

完成的图形如图 20-32 所示。

施工图设计说明

一、设计范围
本工程为室外热力管道项目。

二、设计参数
近期热媒为95/70℃低温水，供热负荷14.0MW，流量为482.00m³/h，远期热媒为115/80℃，供热负荷42.0.0MW，流量为1032.00m³/h。热媒工作压力为1.0MPa。

三、管网与布置
1. 热力网的布置在城市建设规划的指导下，考虑热负荷分布、热源位置，与各种地上、地下管道及构筑物、园林绿地的关系和水文、地质条件等众多因素经技术经济比较确定，为枝状网形式。
2. 热力网管道的位置和敷设方式要求如下：
(1)城镇道路上的热力网管道一般平行于道路中心线，并应尽量敷设在车行道以外的地方，一般情况下同一条管道应只沿道路的一侧埋敷设；
(2)穿过厂区和通过非建筑区的热力网管道沿路道路边沿直埋敷设；
(3)横穿道路的热力管道采用车道下通行2.0×1.6m管沟敷设。
(4)镇区内地形有较大起伏，热力管道沿地形敷设不另设坡度。
(5)热力网管道的覆土深度应符合下列要求。
①管沟盖板和检修室盖板覆土深度不宜小于0.7和0.2m；
②直埋管道最小覆土深度不应小于下列规定。
管　径（mm）　50~125 150~200 250~300 350~400 >450
覆土深度（m）车行道下 0.8　1.0　1.2　1.2　1.2
　　　　　　非车行道 0.6　0.6　0.8　0.8　0.9

四、管道材料及连接
1. 管道采用DN≥200为螺旋缝电焊钢管。管道钢材的质量及规格应符合《城市供热管道设计》规范的规定，DN≤150为热轧无缝钢管（GB 8163-87标准）。
2. 管道的连接采用焊接。管道与设备、阀门等需要拆卸的附件连接时，应采用法兰连接。
3. 弯头的钢材质量，壁厚不小于管道厚。焊接弯头宜双面焊接。
4. 钢管焊接三通，支管开孔补强及干管的轴向补强按图中大样进行。
5. 热力管道所用的变径管应采用压制或钢板卷制，其材质不应低于管道钢材质量。壁厚不小于管道壁厚。

五、附件与设备
1. 阀门：供水管道上为蜗轮传动法兰式蝶阀，回水管道为水力平衡阀。（pg=1.6MPa）
2. 供油器：为钢制套筒单向型。（pg=1.6MPa）
3. 排气、固定观及疏管按标准图集。见详图和参见标准图集，B7SR416-1,2。

六、防腐与保温
1. 热力管网表面除锈后刷热沥（≥120℃）防锈漆两道，再用聚氨酯一次成型保温。保温层厚度40mm，保护壳为聚乙烯塑料热缠绕5mm厚。（工厂一次加工成型）
2. 管道接口和附件待试压完毕再进行保温，保证保温层的密实和连续性。
3. 《硬质聚氨酯泡沫塑料预制保温管》（CJ/T3002）中主要指标如下：

高密度聚乙烯保护壳材料		聚氨酯硬质泡沫塑料	
密度	940~965kg/m³	密度	60~80kg/m³
断裂伸长率	>350%	抗压强度	>200kPa
耐环境应力开裂F50	>200h	导热系数	≤0.027w/(m·℃)
纵向回缩率	≤3%	耐热性	>120℃

七、开挖与回填
1. 管底平均埋深1.50m。
2. 基础：管道为砂基础（中细砂），厚度150mm。
3. 开挖沟槽时严格控制管底标高和防止扰动槽底原状土。管道按要求标高及中线敷设后必须尽快回填。先将管下支承范围内的肋角部分用砂砾土回填密实，其高度不得小于0.2m。然后用砂砾或符合要求的原土回填管道两侧，每次回填密实后的厚度不宜小于100mm，不得大于200mm，且必须从管道两侧同时回填，同时夯密后再回填至上一层，直至回填到管顶以上0.3m处。在回填中，进土、倒土、夯土时，均不得出现管道移位、转动等现象。

八、冲洗与试压
1. 管道交付使用之前须用水冲洗。冲洗时，以系统内不小于1.5m/s的流速冲洗。直到出水透明和纯净为合格。
2. 管网回填土之前应做水压试验，试验压力为1.0MPa。水压试验时，先升至试验压力，十分钟压力降不大于0.05MPa，然后试验压力降至工作压力作外观检查，不渗、不漏为合格。

九、凡未说明处均按《城市供热管网工程施工及验收规范》中有关规定进行施工。

图 20-32　标注完后的设计说明

20.4.3　绘制材料表

【操作步骤】

1. 把轮廓线图层设置为当前图层，在状态栏，单击"正交模式"按钮，打开正交模式，在状态栏，单击"对象捕捉"按钮，打开对象捕捉模式。

2. 单击"绘图"工具栏中的"直线"按钮，绘制一条长为180的水平直线。重复"直线"命令，绘制一条长为92的垂直直线。

完成的图形如图20-33所示。

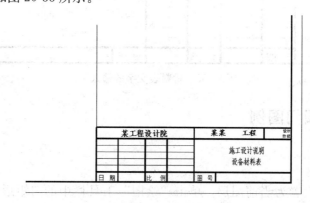

图 20-33　材料表方格网绘制

3. 单击"修改"工具栏中的"复制"按钮 ，复制刚刚绘制好的水平直线，向上复制的距离分别为 15，22，29，36，43，50，57，64，71，78，85，92。重复"复制"命令，复制刚刚绘制好的垂直直线，向右复制的距离分别为 13，67，105，121，145，180。完成的图形如图 20-34 所示。

图 20-34　复制完的图形

4. 把文字图层设置为当前图层，单击"绘图"工具栏中的"多行文字"按钮**A**，来输入文字，完成的图形如图 20-35 所示。

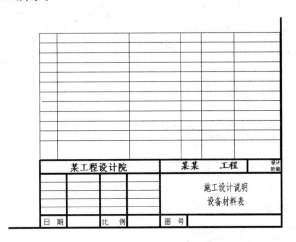

11	自动排气阀/泄水阀	DN25/DN25	个		
10	检查井室		座		
9	钢筋混凝土固定墩		座		
8	套筒伸缩器	DN400/DN350	个		
7	套筒伸缩器	DN500/DN450	个		
6	涡轮蝶阀/水力平衡阀	DN350/DN350	个		
5	涡轮蝶阀/水力平衡阀		个		
4	无缝钢管	D89×4/D76×3.5	米		
3	无缝钢管	D133×4/D108×4	米		
2	螺旋缝电焊钢管	D426×7/D377×7	米		
1	螺旋缝电焊钢管	D529×7/D478×7	米		
编号	名　称	规格 型号	单位	数量	备注

图 20-35　材料表文字的输入

20.4.4　绘制阀门图例

【操作步骤】

1. 把阀门图层设置为当前图层，单击"绘图"工具栏中的"矩形"按钮 ，绘制 6.5x5 矩形。完成的图形如图 20-36（a）所示。

2. 单击"绘图"工具栏中的"直线"按钮 ✐，绘制矩形对角线和竖向线，完成的图形如图 20-36（b）所示。

3. 单击"绘图"工具栏中的"多段线"按钮 ⇗，输入 w 来指定起点和端点的宽度为 0.5，输入 l 来指定直线的长度为 7.5。完成的图形如图 20-36（c）所示。

4. 单击"修改"工具栏中的"镜像"按钮 ⚠，以矩形长边中点的连线为镜像轴复制刚刚绘制好的多段线。完成的图形如图 20-36（d）所示。

5. 单击"修改"工具栏中的"删除"按钮 ✐，删除矩形。单击"绘图"工具栏中的"多行文字"按钮 **A**，标注文字。完成的图形如图 20-36（e）所示。

同理，绘制其他图例。完成的图形如图 20-37 所示。

图 20-36　阀门图例绘制　　　　　图 20-37　热力管网图例绘制

20.5　热力管网平面图绘制

✦ **绘制思路**

直接调用道路平面布置图所需内容；使用直线、复制命令绘制热力管网和以及定位轴线；调用热力管网设计说明中的图例，复制到指定的位置；用多行文字命令标注文字，完成保存热力管网平面图，如图 20-38 所示。

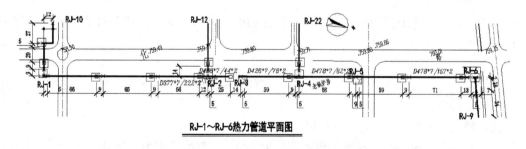

图 20-38　热力管网平面图

20.5.1　前期准备以及绘图设置

【操作步骤】

1. 要根据绘制图形决定绘图的比例，采用的是 1∶1 的绘图比例。

2. 建立新文件

打开 AutoCAD 2014 应用程序，以"A4.dwt"样板文件为模板，建立新文件，将新文件命名为"热力管网平面布置图.dwg"并保存。

3. 设置绘图工具栏

在任意工具栏处单击鼠标右键，从打开的快捷菜单中选择"标准"，"图层"，"样式"，"绘图"，"修改"，"文字"和"标注"这七个选项，调出这些工具栏，并将它们移动到绘图窗口中的适当位置。

4. 设置图层

设置以下十一个图层："标注尺寸"，"文字"，"轴线"，"道路"，"阀门"，"供热器"，"固定支墩"，"检查井"，"伸缩器"，"其他线"和"湖渠"，将"轴线"图层设置为当前图层。设置好的图层如图 20-39 所示。

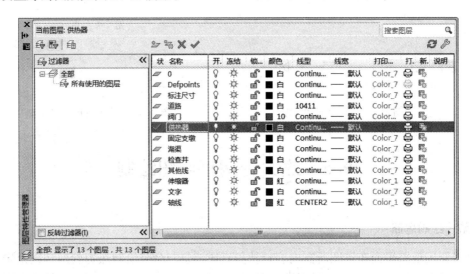

图 20-39　热力管网平面图图层的设置

5. 文字样式的设置

单击"标注"工具栏中的"文字样式"按钮，进入"文字样式"对话框，选择仿宋字体，宽度因子设置为 0.8。

6. 标注样式的设置

根据绘图比例设置标注样式，对标注样式线、符号和箭头、文字、调整和主单位进行设置，具体如下：

线：超出尺寸线为 5，起点偏移量为 6；

符号和箭头：第一个为建筑标记，箭头大小为 6，圆心标记为标记 6；

文字：文字高度为 6，文字位置为垂直上，从尺寸线偏移为 3，文字对齐为 ISO 标准；

调整：文字位置为尺寸线旁边，标注特征比例：使用全局比例；

主单位：精度为 0，比例因子为 1。

20.5.2　绘制热力管网以及定位轴线

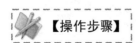【操作步骤】

1. 调用的部分如图 20-40 所示。

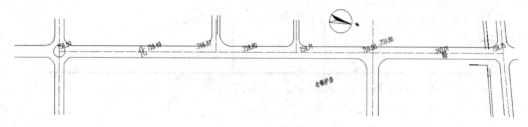

图 20-40 调用原有图形部分

2. 在状态栏，单击"正交模式"按钮█，打开正交模式，在状态栏，单击"对象捕捉"按钮█，打开对象捕捉模式。

3. 单击"修改"工具栏中的"复制"按钮█，复制道路中线，向下复制的距离为 29。重复"复制"命令，复制刚刚绘制完的水平直线，分别向上的距离为 9，14，18，38，43，62，70。重复"复制"命令，复制左边竖向道路轴线，向左复制的距离为 25。重复"复制"命令，复制刚刚绘制完的垂直直线，分别向右的距离为 5，12，71，80，145，154，210，222，227，252，266，271，330，349，412，423，426，485，494，565，578，583，590。

4. 把标注尺寸图层设置为当前图层，单击"标注"工具栏中的"线性标注"按钮█，标注外形尺寸。

5. 单击"标注"工具栏中的"连续"按钮█，进行连续标注。图形如图 20-41 所示。

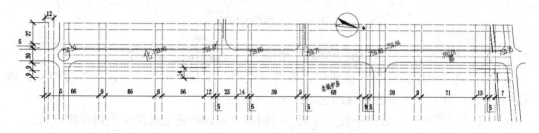

图 20-41 道路中心线复制

20.5.3 布置图例

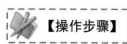【操作步骤】

1. 使用 Ctrl＋C 复制热力管网设计说明中的图例，使用 ctrl＋V 粘贴到热力管网平面图中。直接调用的图形如图 20-42 所示。

2. 单击"修改"工具栏中的"复制"按钮█，复制图例到相应的位置。

图 20-42 调用的图例

3. 把供热器图层设置为当前图层，单击"绘图"工具栏中的"多段线"按钮█，绘制道路管网，输入 w 来设置直线的起点、端点的宽度为 0.5。

4. 单击"修改"工具栏中的"删除"按钮█，删除多余的道路轴线，经过以上绘制的图形如图 20-43 所示。

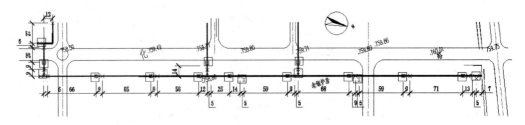

图 20-43 图例的复制

5. 单击"修改"工具栏中的"修剪"按钮，剪切多余的部分。

6. 单击"绘图"工具栏中的"圆"按钮，绘制同心圆，圆的半径分别为：0.5，1。

7. 把其他线图层设置为当前图层，单击"绘图"工具栏中的"图案填充"按钮，填充圆环。单击对话框里"图案（P）"右边的按钮进行更换图案样例，进入"填充图案选项板"对话框，选择"SOLID"图例进行填充。完成的图形如图 20-44 所示。

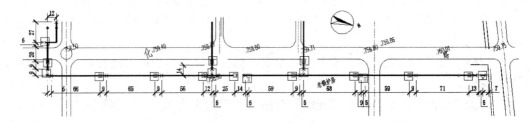

图 20-44 图例的修剪

8. 单击"修改"工具栏中的"复制"按钮，复制斜的道路中线。

9. 把供热器图层设置为当前图层，单击"绘图"工具栏中的"多段线"按钮，绘制道路管网，输入 w 来设置直线的起点、端点的宽度为 0.5。

10. 单击"修改"工具栏中的"复制"按钮，复制固定支墩图例到指定的位置。

11. 把标注尺寸图层设置为当前图层，单击"标注"工具栏中的"对齐标注"按钮，标注直线尺寸。

12. 单击"标注"工具栏中的"连续标注"按钮，进行连续标注。完成的图形如图 20-45 所示。

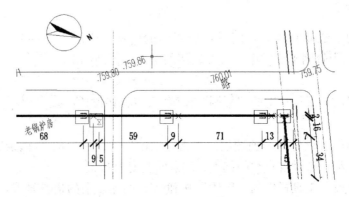

图 20-45 斜向热力管网绘制

13. 单击"绘图"工具栏中的"多行文字"按钮 **A**,标注坐标文字,注意要把文字图层设置为当前图层。

14. 单击"修改"工具栏中的"复制"按钮,复制相同的内容。完成的图形如图20-38所示。

20.6　热力管网纵断面图绘制

绘制思路

使用直线、阵列命令绘制方格网;使用直线、复制命令绘制其他其他线;根据高程,使用直线、多段线命令绘制地面线、纵坡设计线;使用单行文字命令输入文字;保存热力管网纵断面图,如图20-46所示。

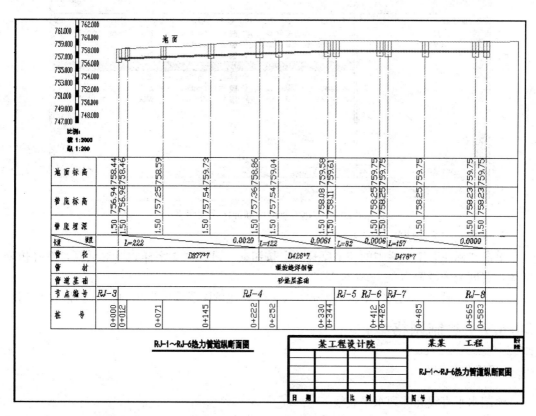

图 20-46　热力管网纵断面图

20.6.1　前期准备以及绘图设置

【操作步骤】

1. 要根据绘制图形决定绘图的比例,建议使用1:1的比例绘制,横向1:2000、纵

561

向 1:200 的图纸比例。

2. 建立新文件

打开 AutoCAD 2014 应用程序，以 "A3.dwt" 样板文件为模板，建立新文件，将新文件命名为 "热力管网纵断面图.dwg" 并保存。

3. 设置绘图工具栏

在任意工具栏处单击鼠标右键，从打开的快捷菜单中选择 "标准"，"图层"，"特性"，"绘图"，"修改"，"文字" 和 "标注" 这七个选项，调出这些工具栏，并将它们移动到绘图窗口中的适当位置。

4. 设置图层

设置以下五个图层："文字"，"地面线"，"其他线"，"热力管网"，"中心线"，把 "其它线" 图层设置为当前图层，设置好的各图层的属性如图 20-47 所示。

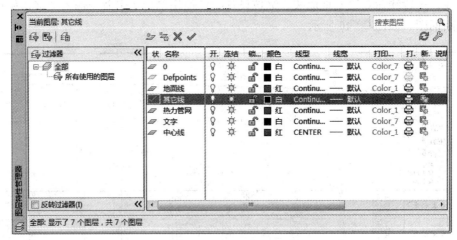

图 20-47　热力管网纵断面图图层设置

5. 文字样式的设置

单击 "标注" 工具栏中的 "文字样式" 按钮，进入 "文字样式" 对话框，选择仿宋字体，宽度因子设置为 0.8。

6. 单击 "修改" 工具栏中的 "缩放" 按钮，比例因子设置为 2，把 A3 图幅放大 2 倍。

20.6.2　绘制网格

【操作步骤】

绘制水平直线和阵列水平直线

1. 在状态栏，单击 "正交模式" 按钮，打开正交模式，在状态栏，单击 "对象捕捉" 按钮，打开对象捕捉模式。

2. 单击 "绘图" 工具栏中的 "直线" 按钮，绘制一条水平的长为 640 的直线。重复 "直线" 命令，绘制一条垂直的长为 200 的直线。完成的图形如图 20-48 所示。

3. 单击 "修改" 工具栏中的 "矩形阵列" 按钮，选择垂直直线为阵列对象。设置行数为 1，列数为 65，列间距为 10。重复 "阵列" 命令选择水平直线为阵列对象。设置行数 17，列数 1，行间距为-10。完成的图形如图 20-49 所示。

图 20-48　方格网直线的绘制

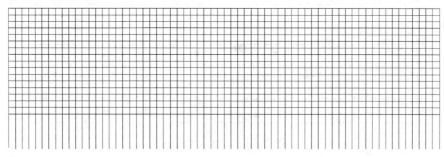

图 20-49　方格网的阵列

20.6.3　绘制其他线

【操作步骤】

1. 单击"绘图"工具栏中的"直线"按钮 ╱，绘制其他线。绘制一条长为 710 的水平直线。

2. 单击"修改"工具栏中的"复制"按钮 ╔，复制刚刚绘制好的水平直线，向下复制的距离分别为 45，90，118，136，154，172，190，210，255。完成的图形如图 20-50 所示。

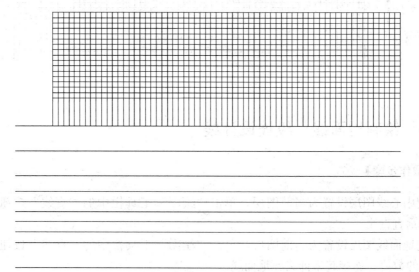

图 20-50　绘制方格网下水平直线绘制

3. 单击"绘图"工具栏中的"直线"按钮 ╱，连接刚刚绘制好的直线的两个端点。重复"直线"命令，绘制桩号和长度分隔线。完成的图形如图 20-51 所示。

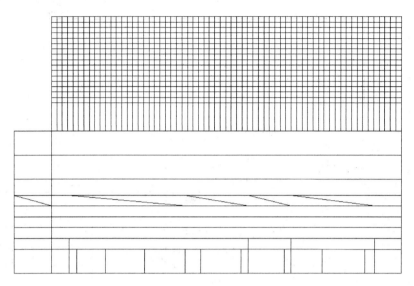

图 20-51　其他线的绘制

4. 单击"绘图"工具栏中的"矩形"按钮，绘制一个 5×10 的矩形。

5. 单击"修改"工具栏中的"复制"按钮，复制刚刚绘制好的矩形。

6. 单击"绘图"工具栏中的"图案填充"按钮，填充矩形。单击对话框里"图案(P)"右边的按钮进行更换图案样例，进入"填充图案选项板"对话框，选择"SOLID"图例进行填充。完成的图形如图 20-52 所示。

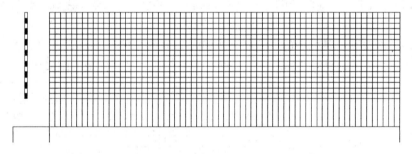

图 20-52　高程绘制

20.6.4　绘制地面线、纵坡设计线

【操作步骤】

1. 把中心线图层设置为当前图层，单击"绘图"工具栏中的"直线"按钮，根据高程绘制垂直直线。

2. 把地面线图层设置为当前图层，单击"绘图"工具栏中的"直线"按钮，根据地面高程的数值，连接起来即为原地面线。

3. 把热力管网图层设置为当前图层，单击"绘图"工具栏中的"多段线"按钮，选择 w 来指定线宽为 2，根据设计高程，连接起来即为热力管网纵坡设计线。

4. 单击"绘图"工具栏中的"矩形"按钮，绘制一个 5×10 的矩形。然后多次单击"修改"工具栏中的"复制"按钮 ，把刚刚绘制好的矩形复制到指定位置。

完成操作后的图形如图 20-53 所示。

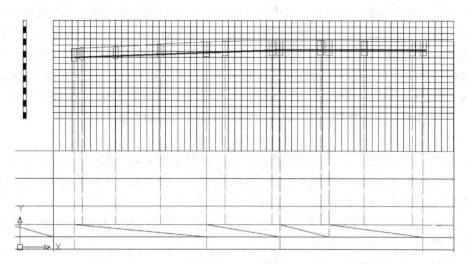

图 20-53　地面线和纵坡设计线的绘制

5. 把文字图层设置为当前图层。单击"文字"工具栏中的"单行文字"按钮**AI**，输入图中的表格文字。

标高文字的输入需要指定文字的旋转角度，在命令行中选择 r 来指定旋转角度，指定旋转角度为 90°。

其他文字的输入类同。完成文字的输入后的图形如图 20-54 所示。

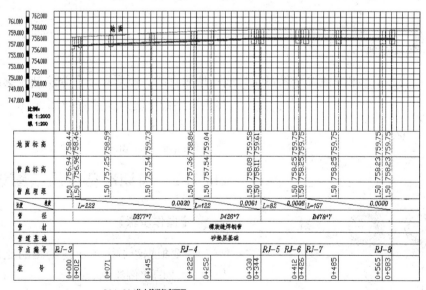

图 20-54　标注完文字后的纵断面图

6. 单击"修改"工具栏中的"删除"按钮 ，删除方格网。完成的图形如图 20-46 所示。

20.6.5　热力管网平面图绘制总结

　　室外供热管网的平面图，是在城市或厂区地形测量平面图的基础上，将供热管网的线路表示出来的平面布置图。将管网上所有的阀门、补偿器、固定支架、检查室等与管线一同标在图上，从而形象地展示了供热管网的布置形式、敷设方式及规模，具体地反映了管道的规格和平面尺寸，管网上附件和设备的规格、型号和数量，检查室的位置和数量等。

　　为了清晰、准确地把管线表示在平面图上，绘制供热管网平面图时，应满足下列要求：

　　1. 供水管道及蒸汽管道，应敷设在供热介质前进方向的右侧。

　　2. 供水管用粗实线表示，回水管用粗虚线表示。

　　3. 在平面图上应绘出经纬网络平面定位线（即城市平面测绘图上的坐标尺寸线）。

　　4. 在管线的转点及分支点处，标出其坐标位置。一般情况下，东西向坐标用"X"表示，南北向坐标用"Y"表示。

　　5. 管路上阀门、补偿器、固定点等的确切位置，各管段的平面尺寸和管道规格，管线转角的度数等均需在图上标明。

　　6. 将检查室、放气井、放水井、固定点进行编号。

　　7. 局部改变敷设方式的管段应予以说明。

　　8. 标出与管线相关的街道和建筑物的名称。

　　本节介绍的热力管网平面图是某城市集中供热管网中一段管道的平面布置图，制图比例为 1∶200。图中细线框代表建筑物，管道采用直埋敷设。

20.7　供热管道断面图

⭐ **绘制思路**

使用直线、矩形和复制命令绘制定位线；使用直线、矩形和圆命令绘制轮廓线；使用多行文字命令输入文字；使用线性、连续和编辑文字命令标注尺寸；进行填充，完成保存供热管道断面图，如图 20-55 所示。

20.7.1　前期准备以及绘图设置

🛠 **【操作步骤】**

　　1. 要根据绘制图形决定绘图的比例，建议使用 1∶1 的比例绘制。

　　2. 建立新文件

　　打 开 AutoCAD 2014 应 用 程 序，以 "A4.dwt"样板文件为模板，建立新文件，将新文件命名为"供热管道断面图.dwg"并保存。

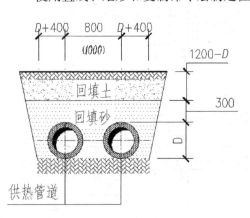

供热管道断面图

图 20-55　热力管网纵断面图

3. 设置绘图工具栏

在任意工具栏处单击鼠标右键，从打开的快捷菜单中选择"标准"，"图层"，"特性"，"绘图"，"修改"，"文字"和"标注"这七个选项，调出这些工具栏，并将它们移动到绘图窗口中的适当位置。

4. 设置图层

根据需要我们设置以下五个图层："文字"，"地面线"，"轮廓线"，"标注尺寸"，"中心线"；把轮廓线图层设置为当前图层，设置好的各图层的属性如图 20-56 所示。

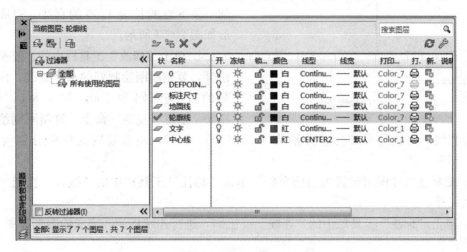

图 20-56　供热管道断面图图层设置

5. 文字样式的设置

单击"标注"工具栏中的"文字样式"按钮，进入"文字样式"对话框，选择仿宋字体，宽度因子设置为 0.8。

6. 标注样式的设置

根据绘图比例设置标注样式，对标注样式线、符号和箭头、文字、主单位进行设置，具体如下：

线：超出尺寸线为 100，起点偏移量为 120；

符号和箭头：第一个为建筑标记，箭头大小为 120，圆心标记为标记 60；

文字：文字高度为 120，文字位置为垂直上，从尺寸线偏移为 60，文字对齐为 ISO 标准；

调整：文字位置为尺寸线旁边，标注特征比例为使用全局比例；

主单位：精度为 0，比例因子为 1。

7. 单击"修改"工具栏中的"缩放"按钮，比例因子设置为 25，把 A4 图幅放大 25 倍。

20.7.2　绘制定位线

【操作步骤】

1. 在状态栏，单击"正交模式"按钮，打开正交模式，在状态栏，单击"对象捕

捉"按钮□，打开对象捕捉模式。

2. 单击"绘图"工具栏中的"矩形"按钮□，绘制 2600×200 的矩形。

3. 把中心线图层设置为当前图层，单击"绘图"工具栏中的"直线"按钮，绘制一条水平的长为 2600 的直线。重复"直线"命令，取其矩形的上边水平直线中点向上绘制一条垂直的长为 1200 的直线。完成的图形如图 20-57 所示。

4. 单击"修改"工具栏中的"复制"按钮，复制刚刚绘制好的水平直线，向上复制的位移分别为 250，500，800，1100，1200。重复"复制"命令，复制刚刚绘制好

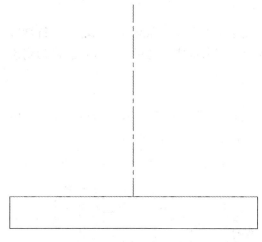

图 20-57　定位轴线绘制

的垂直直线，向左复制的位移分别为 400，1300，1550，向右复制的位移分别为 400，1300，1550。

5. 把标注尺寸图层设置为当前图层，单击"标注"工具栏中的"线性"按钮，标注直线尺寸。

6. 单击"标注"工具栏中的"连续"按钮，进行连续标注。完成的图形如图 20-58 所示。

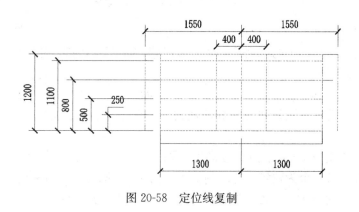

图 20-58　定位线复制

20.7.3　绘制轮廓线

【操作步骤】

1. 单击"修改"工具栏中的"删除"按钮，删除标注尺寸线。

2. 把轮廓线图层设置为当前图层，单击"绘图"工具栏中的"直线"按钮，绘制外部轮廓线。

3. 单击"绘图"工具栏中的"矩形"按钮□，绘制 3100×100 的矩形。完成的图形如图 20-59（a）所示。

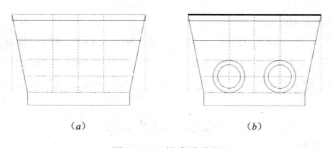

图 20-59　轮廓线绘制

4. 单击"绘图"工具栏中的"多段线"按钮 ⤵，输入 w 来指定起点宽度和端点宽度为 20。

5. 单击"绘图"工具栏中的"圆"按钮 ⊘，绘制一个半径为 250 的圆，重复"圆"命令，绘制一个半径为 180 的同心圆。

6. 单击"修改"工具栏中的"复制"按钮 ⅋，复制这两个同心圆到指定位置。完成的图形如图 20-59（b）所示。

20.7.4　标注文字和尺寸

【操作步骤】

1. 单击"修改"工具栏中的"删除"按钮 ✐，删除多余的定位轴线。

2. 单击"修改"工具栏中的"修剪"按钮 ⼁，剪切定位轴线多余的部分。完成的图形如图 20-60（a）所示。

3. 单击"绘图"工具栏中的"多行文字"按钮 **A**，标注文字和图名。单击"绘图"工具栏中的"直线"按钮 ✐，绘制文字的底部线。完成的图形如图 20-60（b）所示。

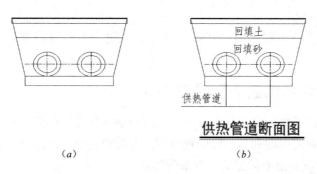

图 20-60　文字的标注

4. 把标注尺寸图层设置为当前图层，单击"标注"工具栏中的"线性"按钮 ⊢，标注直线尺寸。

5. 单击"标注"工具栏中的"连续"按钮 ⊦⊦，进行连续标注。完成的图形如图 20-61（a）所示。

6. 单击"文字"工具栏中的"编辑文字"按钮 ⩪，对标注尺寸文字进行修改，完成的图形如图 20-61 （b） 所示。

7. 把轮廓线图层设置为当前图层，单击"绘图"工具栏中的"圆弧"按钮，绘制圆弧。单击"绘图"工具栏中的"图案填充"按钮，填充管道断面图。单击对话框里"图案（P）"右边的按钮进行更换图案样例，进入"填充图案选项板"对话框，各次选择如下：

"AR-HBONE"图例，填充比例和角度分别为 1 和 0；

"AR-SAND"图例，填充比例和角度分别为 5 和 0；

"DOTS"图例，填充比例和角度分别为 80 和 0；

"AR-HBONE"图例，填充比例和角度分别为 0.3 和 0；

"SOLID"图例。

完成的图形如图 20-62 所示。

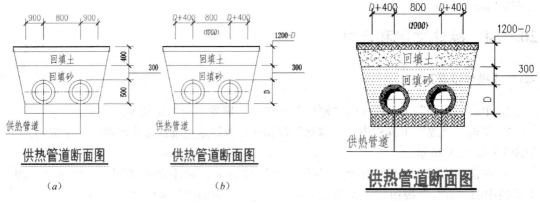

图 20-61　尺寸的标注　　　　　　　　图 20-62　图例的填充

8. 单击"修改"工具栏中的"删除"按钮，删除多余的矩形和直线。完成的图形如图 20-55 所示。

20.7.5　热力管网纵断面图绘制总结

室外供热管网的纵断面图是依据管网平面图所确定的管道线路，在室外地形图的基础上绘制出管道的纵向断面图和地形竖向规划图。在管道的纵断面图上，应表示出：

1. 自然地面和设计地面的标高、管道的标高。

2. 管道的敷设方式。

3. 管道的坡向、坡度。

4. 检查室、排水井和放气井的位置及标高。

5. 与管线交叉的公路、铁路、桥涵、水沟等。

6. 与管线交叉的设施、电缆及其他管道等（如果它们位于供热管道的下方，应注明其顶部标高，如果它们在供热管道的上方，应注明其底部标高）。

由于管道纵断面图没能反映出管线的平面变化情况，有时需将管线平面展开图与纵断面图共同绘制在同一图上，这样纵断面图就更完整全面了。供热管道纵断面图中，纵坐标（管道标高数值坐标）与横坐标（管线沿线高度尺寸坐标）并不相同，通常横坐标的比例采用 1：200，1：100 的比例尺。纵坐标采用 1：50，1：100，1：200 的比例尺。

  本节介绍的是供热管道纵断面图，该图的比例：横坐标（管线沿线高度尺寸坐标）为 1：2000；纵坐标（管道标高数值坐标）为 1：200。供热管道纵断面图上，长度以"米"为单位，取至小数点后一位数；高程以"米"为单位，取至小数点后两位数；坡度以千或万分之有效数字表示。